U0946439

中 国 国 家 标 准 汇 编

451

GB 24887～24927

（2010 年制定）

中国标准出版社　编

中国质检出版社
中国标准出版社
北　京

图书在版编目（CIP）数据

中国国家标准汇编：2010年制定. 451：GB 24887～24927/中国标准出版社编. —北京：中国标准出版社，2011
ISBN 978-7-5066-6485-1

Ⅰ. ①中… Ⅱ. ①中… Ⅲ. ①国家标准-汇编-中国-2010
Ⅳ. ①T-652.1

中国版本图书馆CIP数据核字(2011)第187738号

中国质检出版社
中国标准出版社 出版发行
北京市朝阳区和平里西街甲2号(100013)
北京市西城区三里河北街16号(100045)
网址：www.spc.net.cn
总编室：(010)64275323 发行中心：(010)51780235
读者服务部：(010)68523946
中国标准出版社秦皇岛印刷厂印刷
各地新华书店经销

*

开本 880×1230 1/16 印张 33.75 字数 860 千字
2011年12月第一版 2011年12月第一次印刷

*

定价 220.00 元

出 版 说 明

1.《中国国家标准汇编》是一部大型综合性国家标准全集。自1983年起,按国家标准顺序号以精装本、平装本两种装帧形式陆续分册汇编出版。它在一定程度上反映了我国建国以来标准化事业发展的基本情况和主要成就,是各级标准化管理机构,工矿企事业单位,农林牧副渔系统,科研、设计、教学等部门必不可少的工具书。

2.《中国国家标准汇编》收入我国每年正式发布的全部国家标准,分为"制定"卷和"修订"卷两种编辑版本。

"制定"卷收入上一年度我国发布的、新制定的国家标准,顺延前年度标准编号分成若干分册,封面和书脊上注明"20××年制定"字样及分册号,分册号一直连续。各分册中的标准是按照标准编号顺序连续排列的,如有标准顺序号缺号的,除特殊情况注明外,暂为空号。

"修订"卷收入上一年度我国发布的、修订的国家标准,视篇幅分设若干分册,但与"制定"卷分册号无关联,仅在封面和书脊上注明"20××年修订-1,-2,-3,……"字样。"修订"卷各分册中的标准,仍按标准编号顺序排列(但不连续);如有遗漏的,均在当年最后一分册中补齐。需提请读者注意的是,个别非顺延前年度标准编号的新制定的国家标准没有收入在"制定"卷中,而是收入在"修订"卷中。

读者配套购买《中国国家标准汇编》"制定"卷和"修订"卷则可收齐上一年度我国制定和修订的全部国家标准。

3. 由于读者需求的变化,自1996年起,《中国国家标准汇编》仅出版精装本。

4. 2010年我国制修订国家标准共2 846项。本分册为"2010年制定"卷第451分册,收入国家标准GB 24887～24927的最新版本。

中国标准出版社

2011年8月

目　　录

ICS 65.020.20
B 05

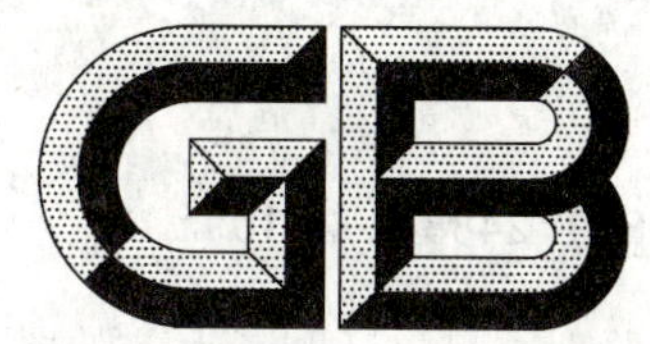

中华人民共和国国家标准

GB/T 24887—2010

植物新品种特异性、一致性、稳定性测试指南 鹅掌楸属

Guidelines for the conduct of tests for distinctness, uniformity and stability—Tuliptree(*Liriodendron* L.)

2010-06-30 发布

2011-01-01 实施

中华人民共和国国家质量监督检验检疫总局
中国国家标准化管理委员会
发布

前　言

本标准的附录 A 为规范性附录，附录 B 为资料性附录。

本标准由国家林业局提出并归口。

本标准起草单位：南京林业大学、国家林业局植物新品种保护办公室。

本标准主要起草人：沈永宝、施季森、孙强、周建仁、黄发吉、王琼、杨玉林。

植物新品种特异性、一致性、稳定性测试指南 鹅掌楸属

1 范围

本标准规定了木兰科鹅掌楸属（*Liriodendron* L.）植物新品种特异性、一致性、稳定性测试技术要求。

本标准适用于所有木兰科鹅掌楸属植物新品种的测试。

2 规范性引用文件

下列文件中的条款通过本标准的引用而成为本标准的条款。凡是注日期的引用文件，其随后所有的修改单（不包括勘误内容）或修订版均不适用于本标准，然而，鼓励根据本标准达成协议的各方研究是否可使用这些文件的最新版本。凡是不注日期的引用文件，其最新版本适用于本标准。

GB/T 19557.1—2004 植物新品种特异性、一致性和稳定性测试指南 总则

3 术语、定义和缩略语

3.1 术语和定义

GB/T 19557.1—2004 中确立的术语和定义适用于本标准。

3.2 缩略语

下列缩略语适用于本标准。

QL——Qualitative Characteristics，质量特征；

QN——Quantitative Characteristics，数量特征；

PQ——Pseudo-qualitative Characteristics，假性质量特征；

MG——Measurement for a Group of Plants，针对一组植株或植株部位进行单次测量得到单个记录；

MS——Measurement for a Number of Single Plants，针对一定数量的植株或植株部位分别进行测量得到多个记录；

VG——Visual Observation for a Group of Plants，针对一组植株或植株部位进行单次目测得到单个记录；

VS——Visual Observation for a Number of Single Plants，针对一定数量的植株或植株部位分别进行目测得到多个记录。

4 DUS 测试技术要求

4.1 测试材料

4.1.1 品种权申请人按规定时间、地点提交符合数量和质量要求的测试品种植物材料。从非测试地国家或地区提交的材料，申请人应按照进出境和运输的相关规定提供海关、植物检疫等相关文件。

4.1.2 提交的测试材料应该是当年或次年能够开花的嫁接或扦插苗。

4.1.3 提交的测试材料数量不得少于 6 株。

4.1.4 待测新品种材料应为无病虫害感染、生长正常的植株。

4.1.5 提交的植物材料不应进行任何影响特征表达的额外处理。如果已经被处理,应提供处理的详细信息。

4.2 测试方法

4.2.1 测试周期和时间

在符合测试条件的情况下,至少测试一个生长周期。

4.2.2 测试地点

测试应在指定的测试基地和实验室中进行。

4.2.3 测试条件

测试应该在待测新品种相关特征能够完整表达的条件下进行。

4.2.4 测试设计

4.2.4.1 待测新品种在测试区应栽种 6 株。与标准品种和相似品种种植在相同地点和环境条件下。

4.2.4.2 如果测试需要提取植株某些部位作为样品时,样品采集不得影响测试植株整个生长周期的观测。

4.2.4.3 除非特别声明,所有的观测应针对 6 株植株或取自 6 株植株的相同部位上的材料进行。

4.2.5 同类特征的测试

4.2.5.1 肉眼观测的典型性花、枝条、叶等特征(见附录 A 中的表 A.1 性状特征)

花:进入盛花期,选取健壮植株、正常生长的树冠中上部枝条(每株测试 5 个花枝)作为花特征的测试材料。

枝条:选取测试植株的当年生枝条的中部作为枝条特征的测试材料,每株测试 5 个枝条。如果以枝条特征作为新品种特异性的评价特征,申请人应在技术问卷(参见附录 B)中明确说明。

叶:选取测试植株当年生枝条的中部叶片作为测试材料,每株选取 5 个枝条,每个枝条选取 5 个叶片作为测试材料。

4.2.5.2 色彩特征(见附录 A 中的表 A.1 性状特征)

色彩特征的观测应按照 4.2.5.1 取样方法对所采集样品以英国皇家园艺协会[1)](RHS)出版的比色卡(RHS Colour Chart)为标准。

4.2.6 个别特征的测试

4.2.6.1 花冠直径(见附录 A 中的表 A.1 性状特征序号 12)特征评价方法

待测植物花冠直径用游标卡尺测定,精确到 0.1 cm。测定时选取最大和最小两个方向测定,取其平均值作为花冠直径。按照下列标准分级:小(<4.5 cm)、中(4.5 cm~6.0 cm)、大(>6.0 cm)。

4.2.6.2 植株株高(见附录 A 中的表 A.1 性状特征序号 1)特征

待测植株株高用量杆或者测高仪、卷尺测定。以标准品种作为分级参照。

5 特异性、一致性和稳定性评价

5.1 特异性

5.1.1 差异恒定

如果待测新品种与相似品种间差异非常清楚,只需要一个生长周期的测试。在某些情况下因环境因素的影响,使待测新品种与相似品种间差异不清楚时,则至少需要两个或两个以上生长周期的测试。

5.1.2 差异显著

质量特征的特异性评价:待测新品种与相似品种只要有一个特征有差异,则可判定该品种具备特异性。

---

1) 该比色卡是由英国皇家园艺协会提供的产品的商品名,给出这一信息是为了方便本标准的使用者,并不表示对该产品的认可。如果其他等效产品具有相同的效果,则可使用这些等效产品。

数量特征的特异性评价：待测新品种与相似品种至少有两个特征有差异，或者一个特征的两个代码的差异，则可判定该品种具备特异性。

假性质量特征的特异性评价：待测新品种与相似品种至少有两个特征有差异，或者一个特征的两个数字不连贯代码的差异，则可判定该品种具备特异性。

5.2 一致性

一致性判断采用异型株法。根据1%群体标准和95%可靠性概率，观测植株中异型株的最大允许值为1。

5.3 稳定性

5.3.1 申请品种在测试中符合特异性和一致性要求，可认为该品种具备稳定性。

5.3.2 特殊情况或存在疑问时，需要通过再次测试一个生长周期，或者由申请人提供新的测试材料，测试其是否与先前提供的测试材料表达出相同的特征。

6 性状特征和相关符号说明

6.1 特征类型

6.1.1 星号特征(见附录A中的表A.1中被标注“(*)”的特征)：是指新品种审查时为协调统一特征描述而采用的重要的品种特征，进行DUS测试时应对所有“星号特征”进行测试。

6.1.2 加号特征(见附录A中的表A.1中被标注“(+)”的特征)：是指对附录A中的表A.1中性状特征表中进行图解说明的特征(见附录A中的图A.1至图A.6)。

6.2 表达状态及代码

附录A中的表A.1中性状特征描述已经明确给出每个特征表达状态的标准定义，为便于对特征表达状态进行描述并分析比较，每个表达状态都有一个对应的数字代码。

6.3 表达类型

GB/T 19557.1—2004已经提供特征的表达类型：质量特征、数量特征和假性质量特征的名词解释。

6.4 标准品种

用于准确、形象地演示某一特征表达状态的品种。

附 录 A
（规范性附录）
品种性状特征

A.1 性状特征表

表 A.1 性状特征表

序号	测试方法	性状特征	性状特征描述	标准品种		代码	性状特征性质	性状特征类型
				中文名	学名			
1	MG (d)	植株:株高	矮 高	帕珀黑尔 阿第斯	*Liriodendron* 'Chapel Hill' *Liriodendron tulipifera* 'Ardis'	3 5	QN	
2	VG (a)	植株:株型	锥形 圆锥形	凡斯盖塔 帕珀黑尔	*Liriodendron tulipifera* 'Fastigiata' *Liriodendron* 'Chapel Hill'	1 2	PQ	(*)(+)
3	VG (a)	主干：树皮裂纹	不明显 明显	阿第斯	*Liriodendron tulipifera* 'Ardis'	1 9	QL	(+)
4	VG (a)	主干：树皮颜色	灰白 紫褐	凡斯盖塔	*Liriodendron tulipifera* 'Fastigiatum'	1 2	QL	(*)
5	VG (a)	主干：树皮皮孔	平 凸	帕珀黑尔	*Liriodendron* 'Chapel Hill'	1 2	QL	(*)
6	VS (a)	一年生枝：颜色	灰绿 紫褐	阿第斯	*Liriodendron tulipifera* 'Ardis'	1 2	PQ	(*)
7	VS (a)	一年生枝：皮孔	不明显 明显	凡斯盖塔	*Liriodendron tulipifera* 'Fastigiatum'	1 9	QL	(+)
8	VS (a)	叶片:形状	马褂形 鹅掌形	阿第斯	*Liriodendron tulipifera* 'Ardis'	1 2	PQ	(*)(+)
9	VS (a) (b)	叶片:颜色	绿 黄绿镶嵌	凡斯盖塔	*Liriodendron tulipifera* 'Fastigiatum'	1 2	PQ	(*)
10	VS (a)	叶片:中部缺刻深度	浅 深	阿第斯	*Liriodendron tulipifera* 'Ardis'	3 5	QN	(+)
11	VS (a)	花冠:形状	碗状 杯状 钟状	凡斯盖塔 帕珀黑尔	*Liriodendron tulipifera* 'Fastigiatum' *Liriodendron* 'Chapel Hill'	1 2 3	QL	(*)(+)
12	MS (c)	花:花冠直径	小 中 大	帕珀黑尔 凡斯盖塔	*Liriodendron* 'Chapel Hill' *Liriodendron tulipifera* 'Fastigiatum'	3 5 7	QN	(*)
13	VS (a)	内花被片:内表面颜色	单色 复色	南杂1号 凡斯盖塔	*Liriodendron* 'Nan 1' *Liriodendron tulipifera* 'Fastigiatum'	1 2	PQ	(*)
14	VS (a) (b)	内花被片:单色颜色	绿 橙黄	南杂1号	*Liriodendron* 'Nan 1'	1 2	PQ	(*)

表 A.1(续)

序号	测试方法	性状特征	性状特征描述	标准品种		代码	性状特征性质	性状特征类型
				中文名	学名			
15	VG (a) (b)	内花被片:复色颜色	绿嵌黄 绿嵌橙	 凡斯盖塔	 *Liriodendron tulipifera* 'Fastigiatum'	1 2	PQ	(*)
16	VG (a)	内花被片:顶端反卷程度	弱 中 强	帕珀黑尔 凡斯盖塔	*Liriodendron*×'Chapel Hill' *Liriodendron tulipifera* 'Fastigiatum'	3 5 7	QN	
17	VG (a)	内花被片:重叠强度	低 中 高	凡斯盖塔 帕珀黑尔	*Liriodendron tulipifera* 'Fastigiatum' *Liriodendron*×'Chapel Hill'	3 5 7	QN	(*)
18	VG (a)	花被片:蜡层	无 有	 帕珀黑尔	 *Liriodendron*×'Chapel Hill'	1 9	QL	
19	VG (a)	外花被片:条纹	无 有	 凡斯盖塔	 *Liriodendron tulipifera* 'Fastigiatum'	1 9	QL	
20	VG (a)	年开花次数	1次 多次	帕珀黑尔	*Liriodendron*×'Chapel Hill'	1 2	QL	(*)

(a) 测试方法见 4.2.5.1;
(b) 测试方法见 4.2.5.2;
(c) 测试方法见 4.2.6.1;
(d) 测试方法见 4.2.6.2。

A.2 性状特征表图解[2)]

A.2.1 表 A.1 中序号 2 品种性状特征(植株:株型)图解见图 A.1。

1
锥形

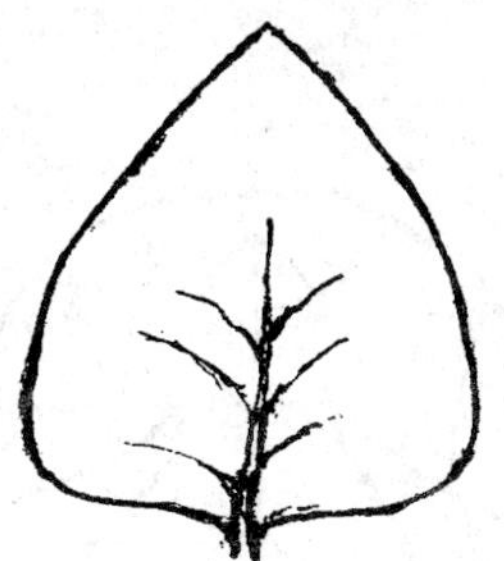
2
圆锥形

图 A.1

2) A.2 各图中出现的 1,2,3,9 等表示的是 A.1 性状特征表中的代码,不是数字编号。

A.2.2 表A.1中序号3品种性状特征(主干:树皮裂纹)图解见图A.2。

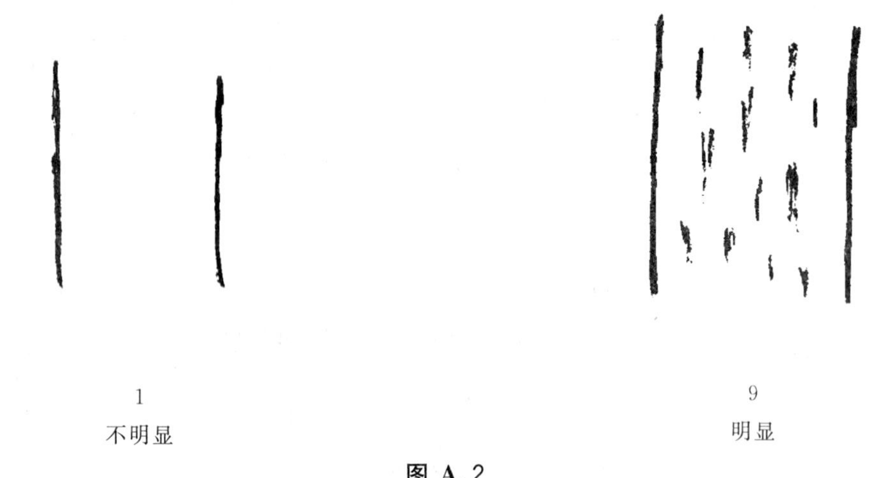

图 A.2

A.2.3 表A.1中序号7品种性状特征(一年生枝:皮孔)图解见图A.3。

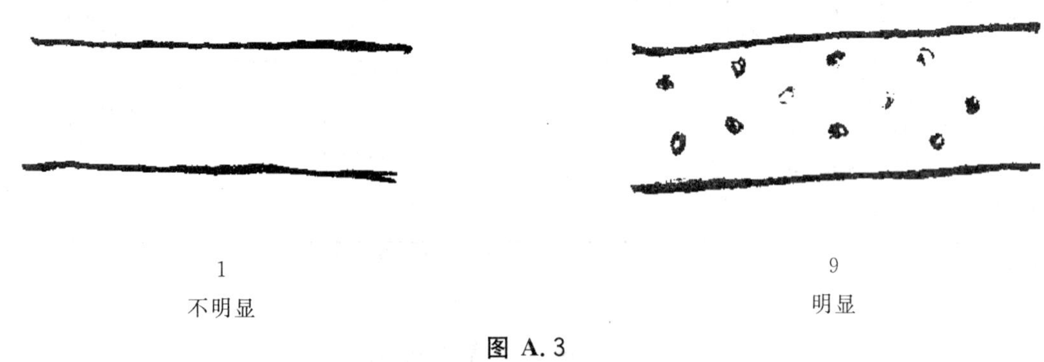

图 A.3

A.2.4 表A.1中序号8品种性状特征(叶片:形状)图解见图A.4。

图 A.4

A.2.5 表 A.1 中序号 10 品种性状特征(叶片:中部缺刻深度)图解见图 A.5。

图 A.5

A.2.6 表 A.1 中序号 11 品种性状特征(花冠:形状)图解见图 A.6。

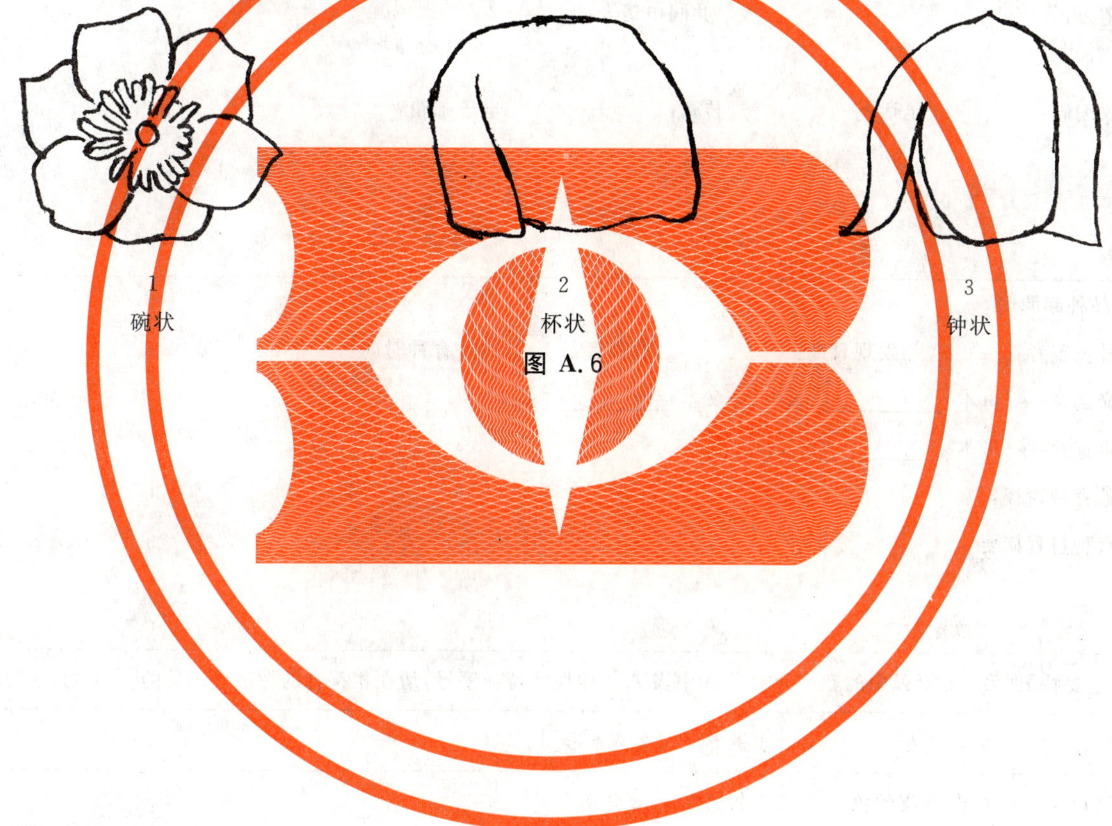

图 A.6

附　录　B
（资料性附录）
技术问卷

技术问卷

编号（申请者不必填写）

1. 申请注册的品种名称（请注明中文名和学名）：
2. 申请人信息 申请人：　　　　共同申请人： 地　址： 邮政编码：　　电话：　　传真：　　电子邮箱：
3. 品种起源 品种发现者：　　发现日期：　　育种者：　　育种时间： 杂交选育：♀（母本）____________× ♂（父本）____________ 实生选育：♀（母本）____________ 其他育种途径： 选育种过程摘要：
4. 主要特征（第1栏括弧中的数字为附录A中表A.1中性状特征序号，请在相符合的特征代码后的[ ]中划"√"）

4.1(2)	植株：株型	1 锥形[ ] 2 圆锥形[ ]
4.2(4)	主干：树皮颜色	1 灰白 [ ] 2 紫褐 [ ]
4.3(5)	主干：树皮皮孔	1 平[ ] 2 凸[ ]
4.4(6)	一年生枝：颜色	1 灰绿 [ ] 2 紫褐 [ ]
4.5(8)	叶片：形状	1 马褂形[ ] 2 鹅掌形[ ]
4.6(9)	叶片：颜色	1 绿[ ] 2 黄绿镶嵌[ ] RHS 名称及编号：主色：______嵌色 1：______
4.7(11)	花冠：形状	1 碗状[ ] 2 杯状 [ ] 3 钟状 [ ]
4.8(15)	内花被片：复色颜色	1 绿嵌黄[ ] 2 绿嵌橙 RHS 名称及编号：主色：______嵌色 1：______

5. 相似品种比较信息 与该品种相似的品种名称： 与相似品种的典型差异：
6. 品种特征综述(按照附录 A 中表 A.1 性状特征表的内容详细描述)
7. 附加信息(能够区分品种的性状特征等) 7.1 抗逆性和适应性(抗旱、抗寒、耐涝、抗盐碱、抗病虫害等特性)： 7.2 繁殖要点： 7.3 栽培管理要点： 7.4 其他信息：
8. 测试要求(该品种测试所需特殊条件等)
9. 有助于辨别申请品种的其他信息

注：上述表格各条款预留空格不足时可另附 A4 纸补充说明。

申请者签名：______________________________ 日期：________年____月____日

参 考 文 献

[1] 国际植物新品种保护联盟关于测试指南制定的相关文件:

TGP/5 Experience and Cooperation in DUS Testing

TGP/6 Arrangements for DUS Testing

TGP/7 Development of Test Guidelines

TGP/8 Trial Design and Techniques Used in The Examination of Distinctness, Uniformity and Stability

TGP/9 Examining Distinctness

TGP/10 Examining Uniformity

TGP/11 Examining Stability

TGP/14 Glossary of Technical, Botanical and Statistical Terms Used in UPOV Documents

TGP/15 New Types of Characteristics

[2] 王章荣,等. 鹅掌楸属树种杂交育种与利用. 北京:中国林业出版社,2004.

[3] 刘玉壶,等. 中国植物志. 第30卷:第一分册. 北京:科学出版社,1996:194-198.

[4] Royal Horticulture Society. RHS Color Chart.

ICS 91.120.25
P 15

中华人民共和国国家标准

GB/T 24888—2010

地震现场应急指挥数据共享技术要求

Technical requirements of data share for emergency command in earthquake occurrence site

2010-06-30 发布　　2010-10-01 实施

中华人民共和国国家质量监督检验检疫总局
中国国家标准化管理委员会　发布

前　　言

本标准的附录A、附录B、附录C和附录D为规范性附录。

本标准由中国地震局提出。

本标准由全国地震标准化技术委员会(SAC/TC 225)归口。

本标准起草单位:中国地震局地震预测研究所、中国地震局工程力学研究所、福建省地震局、中国地震应急搜救中心。

本标准主要起草人:王晓青、孙柏涛、黄宏生、丁香、王东明。

地震现场应急指挥数据共享技术要求

1 范围

本标准规定了地震现场应急指挥数据共享的数据类型、数据编码、数据格式、元数据、数据字典以及数据汇交、数据质量控制、共享数据服务和共享数据维护的基本要求。

本标准适用于地震现场应急指挥技术系统建设(或开发)及相关数据的获取、处理、维护、交换和共享。

2 规范性引用文件

下列文件中的条款通过本标准的引用而成为本标准的条款。凡是注日期的引用文件,其随后所有的修改单(不包括勘误的内容)或修订版均不适用于本标准,然而,鼓励根据本标准达成协议的各方研究是否可使用这些文件的最新版本。凡是不注日期的引用文件,其最新版本适用于本标准。

GB/T 2260　中华人民共和国行政区划代码

GB/T 7408—2005　数据元和交换格式　信息交换　日期和时间表示法(ISO 8601:2000,IDT)

GB/T 10114—2003　县级以下行政区划代码编制规则

GB/T 13923　基础地理信息要素分类与代码

GB/T 17742　中国地震烈度表

GB/T 18208.1—2006　地震现场工作　第1部分:基本规定

GB 18208.2—2001　地震现场工作　第二部分:建筑物安全鉴定

GB/T 18208.3　地震现场工作　第三部分:调查规范

GB/T 18208.4　地震现场工作　第4部分:灾害直接损失评估

DB/T 11.1—2007　地震数据分类与代码　第1部分:基本类别

DB/T 11.2—2007　地震数据分类与代码　第2部分:观测数据

3 术语和定义

下列术语和定义适用于本标准。

3.1

地震现场　earthquake occurrence site

需要实施地震应急、救援并开展相关工作的地区。

[GB/T 18207.2—2005,定义 7.1.6]

3.2

地震现场应急指挥共享数据　shared data for emergency command in earthquake occurrence site

开展**地震现场**应急指挥活动整个过程中所涉及的各种共享数据,包括空间数据、统计数据、文档及其他有关数据。

3.3

元数据　metadata

关于数据的数据。也可称为描述数据或注释数据。

3.4

数据集　dataset

由一组内容表达相同或特征属性一致的相关数据构成的集合。

3.5

地震现场数据共享平台　data shared platform in earthquake occurrence site

提供地震现场数据共享服务的软硬件基础平台的总称。包括通信设备、信息网络设备、服务器、系统软件、数据库软件和GIS软件。

3.6

地震现场数据共享服务　data shared services in earthquake occurrence site

地震现场数据共享平台所提供的信息和技术服务，包括目录服务、导航服务、数据信息发布、数据检索、数据产品加工、数据分发和数据产品分发。

4　共享数据

4.1　数据分类

地震现场应急指挥共享数据应划分为：

a)　基础地理信息数据；

b)　社会经济统计数据；

c)　地震应急基础数据；

d)　影响灾害的背景数据；

e)　救灾资源及其通信联络数据；

f)　地震应急法规与预案数据；

g)　地震现场观测数据；

h)　地震现场震情分析数据；

i)　灾害损失评估与科学考察数据；

j)　建筑物安全鉴定数据；

k)　应急与救灾行动数据；

l)　地震现场音视频和图像数据；

m)　现场指挥记录数据；

n)　地震现场工作报告数据。

4.2　数据内容

4.2.1　基础地理信息数据应包括以下内容：

a)　1∶250 000数字基础地理信息；

b)　1∶50 000数字基础地理信息；

c)　数字行政区划图；

d)　数字遥感影像图。

4.2.2　社会经济统计数据应包括以下内容：

a)　人口统计数据；

b)　经济统计数据；

c)　建筑物统计数据。

4.2.3　地震应急基础数据应包括以下内容：

a)　地震地质构造背景数据；

b)　地震动参数区划图；

c)　重大工程安全性评价数据；

d)　地震活动性数据(包括历史地震目录和仪器记录地震目录)；

e) 地震台站分布信息；

f) 地震现场应急与救援案例。

4.2.4 影响灾害的背景数据应包括以下内容：

a) 重大工程目标数据。主要包括核电站、高坝、大型水库、航天基地和重要机场等数据；

b) 生命线系统数据。主要包括区域通信干线、公路干线、铁路干线、电力干线、大型油气输送管线、城市公路和桥梁、道路和立交桥、轨道交通、通信、供电、供水、供气和供热系统等数据；

c) 次生灾害源数据。主要包括大型油气储罐区、天然气干线管道、炼油厂、化工厂和危险品仓库等易发生火灾、爆炸的危险源数据；光气厂等易产生毒气泄漏的危险源数据；以及水库、悬河段等易发生次生水灾的危险源数据；

d) 地震地质灾害危险区数据。主要包括区域大规模崩塌与滑坡、泥石流、堰塞湖等危险区数据；城市砂土液化、软土震陷、不均匀沉陷、崩塌、滑坡和泥石流等危险区数据；

e) 可能产生严重社会影响的目标数据。主要包括学校、侨乡、国家级旅游景点和国家级文物保护单位、少数民族地区、贫困县等数据；

f) 对灾害造成影响的气候气象、水文和环境等因素的有关数据。

4.2.5 救灾资源及其通信联络数据宜包括以下内容：

a) 国家与地方地震紧急救援队、军队与武警部队、消防力量和医疗救护力量数据；

b) 国家与地方救灾物资储备中心的分布、数量和构成；

c) 各级地震部门、各类应急救援队、各级政府及有关职能部门、军队与武警部队的联络信息。

4.2.6 地震应急法规与预案数据应包括以下内容：

a) 国务院和各省、自治区、直辖市颁布的地震应急与救援的法规；

b) 国家、国务院地震工作主管部门、各级地方人民政府及其地震部门和其他有关职能部门制定的地震应急预案。

4.2.7 地震现场观测数据应包括以下内容：

a) 测震、强震动(烈度)和地磁、地电、地壳形变、地下流体台站(网)信息及其观测数据；

b) 流动测量数据。

4.2.8 地震现场震情分析数据应包括以下内容：

a) 地震现场震情分析报告；

b) 震后趋势判定报告。

4.2.9 地震现场灾害损失评估与科学考察数据应包括以下内容：

a) 破坏的范围和有感范围；

b) 人员伤亡情况；

c) 建(构)筑物破坏及损失情况；

d) 经济损失以及救灾投入费用；

e) 社会生活秩序、工作秩序和生产秩序受破坏及影响情况；

f) 生命线系统、重大工程和重要设施破坏情况及其对社会生产及经济活动影响程度；

g) 地震造成的水灾、火灾、爆炸、疫病、有毒物质泄漏和放射性物质污染等次生灾害情况；

h) 地震形成的滑坡、地裂缝、塌陷和喷砂冒水等地震地质灾害及其对自然和生态环境造成的破坏和影响；

i) 地震发震构造调查；

j) 地震宏观异常现象调查；

k) 地震烈度异常现象调查。

4.2.10 地震现场建筑物安全鉴定数据应包括以下建筑物的鉴定数据：

a) 对抗震救灾有重要意义的建筑物；

b) 人员密集的公共建筑物；

c) 生产与储藏有毒和有害等危险物品的重点建筑物；

d) 对居民生活和恢复正常社会秩序有影响的建筑物。

4.2.11 地震现场应急与救灾行动数据应包括以下内容：

a) 地震现场应急与救援日报；

b) 地震现场应急与救援装备。

4.2.12 地震现场音视频和图像数据应包括以下内容：

a) 数码照片和图片数据；

b) 视频图像；

c) 音频数据；

d) 地震灾害遥感影像。

4.2.13 地震现场指挥记录数据应包括以下内容：

a) 现场工作人员及其职责分工数据；

b) 现场指挥实况记录。

4.2.14 地震现场工作报告数据应包括以下内容：

a) 地震现场应急工作报告；

b) 地震流动监测工作报告；

c) 地震现场震情趋势工作报告；

d) 地震灾害损失评估工作报告；

e) 地震现场建筑物安全鉴定工作报告；

f) 地震现场科学考察工作报告；

g) 地震紧急救援行动报告；

h) 政府抗震救灾工作报告；

i) 灾区恢复重建建议；

j) 地震现场应急工作大事记。

4.3 数据格式

地震现场应急指挥共享数据的数据格式应符合附录 A 的规定。

4.4 数据编码

4.4.1 地震现场应急指挥共享数据代码通用编码规则见附录 B 中的 B.1。

4.4.2 行政村和居委会编码方案见附录 B 中的 B.2。

4.4.3 重点目标编码方案见附录 B 中的 B.3。

4.4.4 房屋建筑和生命线系统编码方案见附录 B 中的 B.4。

4.4.5 地震事件编码规则见附录 B 中的 B.5。

4.4.6 行政区划编码应采用 GB/T 2260 中给出的代码。

4.4.7 各种比例尺数字化基础地理数据的编码应符合 GB/T 13923 规定。

4.4.8 其他与地震相关数据的编码可参照 DB/T 11.1—2007 和 DB/T 11.2—2007 的规定。

5 元数据

5.1 元数据内容

地震现场应急指挥共享数据的元数据应提供以下信息：

a) 标识信息。包括数据集概述、数据集规模信息、地理区域范围、时间范围、高程范围、数据集联系信息和数据集限制；

b) 参照系信息。包括坐标参照系和时间参照系；

c) 地震数据附加信息。包括地震现场描述信息。

5.2 元数据格式要求

地震现场应急指挥共享数据的元数据格式应符合附录 C 的规定。

6 数据字典

6.1 数据字典内容

地震现场应急指挥共享数据的数据字典应提供：

a) 数据库或数据文件全名；

b) 数据库或数据文件简称；

c) 数据库或数据文件存储格式；

d) 数据库或数据文件主要技术参数；

e) 数据库或数据文件内容说明；

f) 数据库数据项定义及说明；

g) 数据项内容说明；

h) 数据使用方法简介；

i) 数据库或数据文件补充信息；

j) 数据字典负责单位信息。

6.2 数据字典格式

地震现场应急指挥共享数据的数据字典格式应符合附录 D 的规定。

7 数据汇交

7.1 数据汇交要求

7.1.1 基础地理信息、社会经济统计、地震应急基础数据、影响灾害的背景数据、救灾资源及其通信联络和地震应急法规与预案六类数据，应在平时准备好并及时汇交。其他类型数据应在地震现场应急工作过程中即时产生，并及时汇交。

7.1.2 数据汇交的数据编码和数据格式应符合附录 B 的要求；汇交的元数据应符合附录 C 的要求；汇交的数据字典应符合附录 D 的要求。

7.2 数据汇交审核

7.2.1 在数据汇交之前，应对数据的完整性和真实性进行审核。

7.2.2 数据汇交审核事项应包括：

a) 数据是否准确；

b) 数据是否齐全；

c) 数据是否符合格式要求；

d) 数据是否符合保密规定；

e) 数据是否符合规定的质量要求；

f) 数据是否具有科学价值和使用价值。

7.3 数据汇交方式

7.3.1 数据汇交可通过地震现场数据共享平台，以网络传输方式实时或准实时汇交，也可通过移动存储介质的方式汇交。

7.3.2 数据汇交时应采取数据保密措施。

8 数据质量控制

8.1 数据质量

8.1.1 数据库设计

8.1.1.1 应根据附录A、附录C和附录D给出的数据格式、元数据和数据字典，以及数据库专业特点要求，进行数据库设计。

8.1.1.2 应重点审查必选字段的完备性。

8.1.2 数据库内容的正确性与合理性

数据库内容不应超出、遗漏或重复；应客观真实，并标明数据的时效和适用范围。

8.1.3 数据的一致性、规范性和完整性

8.1.3.1 应检查数据的一致性。同一共享数据集的数据内容应保持一致。

8.1.3.2 应检查数据内容的完整性。在数据库中应完整地给出一个对象的相关数据，某些对象的某些方面可能暂时没有数据的或没有定义的应标明"暂缺"或"无适用数据"。

8.1.3.3 数据内容的词法和句法应确保正确性，不应出现错误字符和不符合句法的语句。

8.1.3.4 数据内容的表达应符合国际约定俗成的习惯或国家标准和行业标准的名词术语，暂无标准的可按照行业习惯给出规范的名称。

8.1.3.5 由外文翻译得到的术语，应给出原文信息。

8.1.4 数据库的计量单位要求

8.1.4.1 数值型数据应使用国家法定计量单位。

8.1.4.2 有统计要求的字段，应统一计量单位。

8.1.4.3 描述性的字段，宜统一计量单位。

8.2 数据质量检验和数据质量报告

8.2.1 数据质量检验应包括逻辑一致性与完整性检验、定位精度检验、属性精度检验和时间精度检验。

8.2.2 数据质量报告应提供数据情况说明、数据质量检验说明以及综合质量评价的说明。

9 共享服务与维护

9.1 共享平台

9.1.1 地震现场应急指挥数据共享平台建立在地震现场指挥部信息网络软、硬件平台上，应提供地震现场应急指挥共享数据在线发布、交换和服务功能。

9.1.2 地震现场数据共享平台由网络和通信设备、服务器及软件系统构成。

9.2 平台硬件

地震现场共享平台的硬件是以网络和通信设备、计算机硬件为基础，具体技术要求如下：

a) 以无线局域网和有线局域网技术相结合方式组网，实现快速部署；

b) 能够通过有线或无线方式与后方地震应急指挥技术系统实现互联，取得后方信息支持；

c) 服务器及其存储设备应采取分布式管理与服务。

9.3 平台软件

软件平台包括操作系统、数据库管理系统、数据服务系统及应用程序四个部分。

9.4 数据共享服务

9.4.1 共享服务原则

地震现场数据共享服务遵循分类分级服务。在遵守国家法律、法规的前提下，充分考虑用户需求、注重服务效益和保护数据提供者的合法权益。

9.4.2 共享服务方式

9.4.2.1 地震现场应急指挥数据共享服务宜采用在线方式提供；对密级较高，不宜在信息网络上传输

的数据应采用离线方式提供。

9.4.2.2 需要对公众发布的地震现场共享数据,应经审批后向传播媒体公布,并通过后方地震信息网站向公众发布。

9.4.3 共享服务内容

地震现场数据共享服务主要包括以下内容:

a) 目录服务。应提供所有地震现场共享数据的目录服务,包括目录分类列表和基于元数据的目录搜索;

b) 数据在线服务。应提供数据的在线浏览、查询和下载;

c) 数据在线汇交及维护;

d) 数据应用服务。应提供相关的常用专业数据处理软件的介绍、下载或获取方法;

e) 用户服务指南。应提供地震现场共享数据资源概况和使用指南等用户服务指南信息;

f) 注册与登录服务。应提供用户授权、注册与登录服务;

g) 全文检索服务。应提供地震现场数据共享平台全文检索服务;

h) 用户反馈服务。应采用各种方式收集用户对地震现场数据共享服务的意见和建议,为地震现场数据共享平台改进积累资料;

i) 服务统计信息。应提供用户数量,平台访问量,数据在线浏览、数据下载数量和离线数据服务情况,以及用户使用共享数据产生的效益(成果或论文、技术报告)等共享数据服务统计信息。

9.5 数据安全和权限管理

9.5.1 地震现场数据共享平台的设计、建设和运行应采取数据安全保护措施。

9.5.2 数据资源安全应通过以下方式实现:

a) 建立用户权限的认证与授权体系;

b) 建立防火墙、入侵检测与防病毒体系;

c) 建立数据资源备份系统,制定数据备份策略及恢复计划。

9.5.3 应定期对数据库和日志文件进行备份。

附　录　A
（规范性附录）
地震现场应急指挥共享数据格式

A.1　数据库表的命名

A.1.1　地震现场应急指挥数据库中表的表名以英文小写字母及下划线来命名。

A.1.2　对于空间数据，当同一类型数据有多种空间要素时，其表名在通用数据名后加下划线与要素类型字母进行命名。要素类型字母规定如下：

a）p——点要素；

b）l——线要素；

c）r——面要素。

A.1.3　A.5 给出了通用数据表名。

A.2　数据库表结构的描述

地震现场应急指挥数据库表结构的描述应包括：

a）序号：表中字段的顺序号；

b）字段名：表中该字段的唯一标识符。字段名由英文字母、阿拉伯数字及下划线组成。原则上每个英文单词的开头字母应采用大写字母，其他位置应采用小写字母；对于少数已经使用比较普遍的字段名，不受上述约定限制，与现有系统的名字保持一致；

c）字段中文描述：对该字段所表示的数据项的中文描述；

d）数据类型：该字段所表示的数据项的数据类型，类型分为：

  1）char：定长字符型；

  2）nvchar：变长字符型；

  3）int：整型的一种，可表示的数据范围为 0 至 2^{32}-1；

  4）double：双精度浮点型；

  5）single：单精度浮点型；

  6）boolean：布尔型；

  7）blob：二进制大对象型；

e）字段长度：该字段的长度；

f）备注：对该字段的其他说明，包括字段数据的单位和有效取值范围等。

A.3　基础地理信息格式的要求

基础地理信息要素分类与代码应遵循 GB/T 13923 的规定。

A.4　空间数据的基本要求

空间数据文件应以与地震现场应急指挥管理系统数据库相兼容的文件格式存放。空间数据库与其属性数据库通过唯一编码（ID）一一对应，完成两者的关联。编码规则见附录 B。

A.5　分类数据格式

A.5.1　数据表名的表示方法

分类数据格式表中，中文表名后括弧内为英文表名，表名后如标明“属性”字样，表示该表为地理信息数据库中地理数据的属性表。

A.5.2 基础地理信息

A.5.2.1 数字化基础地理信息

数字化基础地理信息应包括 1∶50 000 和 1∶250 000 数据，内容应符合 GB/T 13923 的规定。

A.5.2.2 行政区划

行政区划包括境界和行政驻地。行政区级别应包括省级、地市级、区县级、乡镇级和村级行政区，其境界空间数据的属性表分别见表 A.1、表 A.3～表 A.6。省、自治区、直辖市和特别行政区驻地空间数据的属性表见表 A.2，其他级别行政区驻地参照表 A.2 设计。大型企业空间数据属性表见表 A.7。行政区及大型企业编码应符合附录 B 的规定。

表 A.1 省、自治区、直辖市和特别行政区境界表结构(province_code，面属性)

序号	字段名	字段中文描述	数据类型	字段长度	备　注
1	ID	编码	Char	14	
2	Name	名称	char	100	行政区名称
3	AdminArea	面积	double		km^2(平方千米)
注：ID 为省级行政区代码(2 位)+12 位 0。					

表 A.2 省、自治区、直辖市和特别行政区驻地表结构(procapital_code，点属性)

序号	字段名	字段中文描述	数据类型	字段长度	备　注
1	ID	编码	char	14	
2	Name	名称	char	100	行政区名称
3	Capital_Name	首府名称	char	40	
4	C_Longitude	首府中心经度	double		°(度)
5	C_Latitude	首府中心纬度	double		°(度)
注：ID 为省级行政区代码(2 位)+12 位 0。					

表 A.3 地市级行政区境界表结构(city_code，面属性)

序号	字段名	字段中文描述	数据类型	字段长度	备　注
1	ID	编码	char	14	
2	Full_Name	名称	char	100	行政区全称
3	Name	地市名称	char	40	
注：ID 为地市级行政区代码(4 位)+10 位 0。					

表 A.4 区县级行政区境界表结构(county_code，面属性)

序号	字段名	字段中文描述	数据类型	字段长度	备　注
1	ID	编码	char	14	
2	Full_Name	名称	char	100	行政区全称
3	Name	区县名称	char	40	
注：ID 为区县级行政区代码(6 位)+8 位 0。					

表 A.5 乡镇级行政区境界表结构(town_code,点属性或面属性)

序号	字段名	字段中文描述	数据类型	字段长度	备　注
1	ID	编码	char	14	
2	Name	名称	char	40	
注:ID 为区县行政区划代码(6 位)+乡镇街道代码(3 位)+5 位 0。					

表 A.6 行政村、居民委员会境界表结构(village_code,点属性)

序号	字段名	字段中文描述	数据类型	字段长度	备　注
1	ID	编码	char	14	
2	Name	名称	char	40	
注:ID 村级行政区代码。编码规则见附录 B 表 B.1 和表 B.2。最后 2 位为 0。					

表 A.7 大型企业表结构(enterprise_code,点属性或面属性)

序号	字段名	字段中文描述	数据类型	字段长度	备　注
1	ID	编码	char	14	
2	Name	名称	char	100	全称
注:ID 为区县行政区划代码(6 位)+乡镇街道代码(3 位)+企业代码(3 位)+顺序码(2 位)。					

A.5.2.3 数字遥感影像图

应采用分辨率为亚米级至十米级的震前卫星或航空遥感影像图。

A.5.3 社会经济统计数据

A.5.3.1 人口统计数据

人口按区县、乡镇及村级行政区单元进行统计,其数据格式分别见表 A.8~表 A.10。

表 A.8 区县人口统计表结构(county_population)

序号	字段名	字段中文描述	数据类型	字段长度	备　注
1	ID	编码	char	14	
2	Name	区县名称	char	40	
3	Total	总人口	int		人
4	Family	家庭户户数	int		户
5	Over65	大于 65 岁人口数	int		人
6	Under14	0 岁~14 岁人口数	int		人
7	Resident	居住本地,户口在本地人口数	int		人
8	Year	统计年份	int		a(年)
注:ID 为区县行政区划编码(6 位)+8 位 0。					

表 A.9 乡镇(街道办事处)人口统计表结构(town_population)

序号	字段名	字段中文描述	数据类型	字段长度	备　注
1	ID	编码	char	14	
2	Name	乡镇名称	char	40	
3	Total	总人口	int		人,含流动人口
4	Family	家庭户户数	int		户

表 A.9（续）

序号	字段名	字段中文描述	数据类型	字段长度	备　注
5	Over65	大于 65 岁人口数	int		人
6	Under14	0 岁～14 岁人口数	int		人
7	Resident	户口在本地人口数	int		人
8	Year	统计年份	int		a(年)
注：ID 为乡镇街道编码(9 位)+5 位 0。					

表 A.10　行政村、居民委员会人口统计表结构(village_population)

序号	字段名	字段中文描述	数据类型	字段长度	备　注
1	ID	编码	char	14	
2	Name	行政(社区)名称	char	40	
3	Total	总人口	int		人，含流动人口
4	Family	家庭户户数	int		户
5	Over65	大于 65 岁人口	int		人
6	Under14	0 岁～14 岁年龄人口	int		人
7	Resident	户口在本地人口数	int		人
8	Year	统计年份	int		a(年)
注：ID 为行政村或居民委员会代码(12 位)+2 位 0。					

A.5.3.2　国民经济统计数据

按区县、乡镇及村级行政区单元进行统计，按行政区编码区分不同行政级别。其数据表格式见表 A.11。

表 A.11　国民经济统计表结构(economy)

序号	字段名	字段中文描述	数据类型	字段长度	备　注
1	ID	编码	char	14	
2	Name	行政区名称	char	40	
3	GRP	地区生产总值	double		万元
4	Industry_Value	工业总产值	double		万元
5	Agri_Value	农业总产值	double		万元
6	Service_Value	第三产业总产值	double		万元
7	Income	财政收入	double		万元
8	Outcome	财政支出	double		万元
9	Investment	全社会固定资产投资总额	double		万元
10	Imp_Exp	外贸进出口总额	double		万元
11	Year	统计年份	int		a(年)
注 1：该表须分别以县(县级市)、地(市)和省级行政区为统计单元进行统计。 注 2：各级别行政区编码参考附录 B。					

A.5.3.3　乡镇(街道办事处)建筑物统计数据

地震灾区建筑物面积按乡镇级行政区为单元分结构类型进行统计。其数据格式见表 A.12。

表 A.12 乡镇(街道办事处)建筑物统计表结构(town_building)

序号	字段名	字段中文描述	数据类型	字段长度	备　注
1	ID	编码	char	14	
2	CityName	地市名称	char	40	
3	CountyName	县市名称	char	40	
4	Name	名称	char	40	乡镇(街道办事处)名称
5	StructType	建筑物类型	char	20	
6	BuildTime	建筑年代	char	10	
7	BuildArea	建筑面积	Int		m^2(平方米)
8	BuildPic	建筑物典型照片	blob		
9	Intensity	基本烈度	int		(Ⅰ、Ⅱ、……、Ⅻ)度
10	Gas	管道煤气天然气	char	20	是否有管道煤气管道天然气
11	Year	统计年份	int		a(年)
注：ID为乡镇街道编码(9位)+5位0。应按建筑年代和楼层数(1层、2层～6层和7层以上)分别统计。					

A.5.4 地震应急基础数据

A.5.4.1 活动构造分布图

活动断裂的分布图比例尺宜大于1∶250 000。其属性表结构见表A.13。

表 A.13 活动断裂属性表结构(fault,线属性)

序号	字段名	字段中文描述	数据类型	字段长度	备　注
1	Name	断层名称	char	30	
2	Strike	走向	single		°(度)
3	Dip_Dir	倾向	single		°(度)
4	Dip_Angle	倾角	single		°(度)
5	Length	长度	double		km(千米)
6	Width	断层带平均宽度	double		m(米)
7	Feature	性质	char	20	
8	Active_Period	活动时代	char	20	
9	Comment	备注	char	60	

A.5.4.2 地震动参数区划图

宜采用中国地震动参数区划图,有地震小区划图的区域,宜采用地震小区划图。其比例尺应不小于1∶500 000,其属性表结构见表A.14和表A.15。重大工程安全性评价数据见表16。

表 A.14 地震动峰值加速度区划图表结构(peak_acceleration_map,面属性)

序号	字段名	字段中文描述	数据类型	字段长度	备　注
1	ZoningID	序号	int		
2	EPA	预期地震动峰值加速度值	single		g=10 m/s^2(米每二次方秒)
3	Comment	备注	char	40	

表 A.15 地震动反应谱特征周期区划图表结构(characteristic_period_map,面属性)

序号	字段名	字段中文描述	数据类型	字段长度	备 注
1	ZoningID	序号	int		
2	Tg	反应谱特征周期值	single		s(秒)
3	Comment	备注	char	40	

表 A.16 重大工程安全性评价数据表结构

序号	字段名	字段中文描述	数据类型	字段长度	备 注
1	ProjectID	项目编号	char	12	
2	ProName	工程项目名称	char	40	
3	Location	所在省级和县级行政区名称	char	40	
4	ConstOrg	建设单位	char	30	
5	SiteLong	场址经度	double		°(度)
6	SiteLat	场址纬度	double		°(度)
7	FinishDate	完成日期	char	12	
8	SafAssessOrg	安评单位	char	30	
9	AppOrg	评审单位	char	30	
10	SafAssessRep	安评报告	blob		
11	Comment	备注	nvchar		

A.5.4.3 地震活动性

地震活动性数据包括地震带、潜在震源区、中强以上地震($M\geqslant4\frac{3}{4}$)目录和仪器记录小震目录,表A.17至表A.20分别列出了相应表的空间对象属性数据结构。

表 A.17 地震带属性表结构(seismic_belt,面属性)

序号	字段名	字段中文描述	数据类型	字段长度	备 注
1	Name	地震带名称	char	40	
2	V4	4级以上地震年平均发生率	single		
3	bValue	b值	single		
4	Depth	平均震源深度	int		km(千米)
5	Mu	震级上限	single		
6	Comment	备注	char	40	

表 A.18 潜在震源区分布图属性表结构(potential_source,面属性)

序号	字段名	字段中文描述	数据类型	字段长度	备 注
1	Name	潜在震源名称	char	40	
2	Mu	震级上限	double		
3	Dir1	第一破裂方向	int		°(度)
4	P_1	第一破裂方向概率	double		
5	Dir2	第二破裂方向	int		°(度)

表 A.18（续）

序号	字段名	字段中文描述	数据类型	字段长度	备　注
6	P_2	第二破裂方向概率	double		
7	F1	4.0级～5.4级地震发生概率	double		
8	F2	5.5级～5.9级地震发生概率	double		
9	F3	6.0级～6.4级地震发生概率	double		
10	F4	6.5级～6.9级地震发生概率	double		
11	F5	7.0级～7.4级地震发生概率	double		
12	F6	7.5级以上地震发生概率	double		

表 A.19　历史地震目录属性表结构（strong_catalog，点属性）

序号	字段名	字段中文描述	数据类型	字段长度	备　注
1	EventDate	日期	char	10	年年年年-月月-日日
2	EventTime	时间	char	8	时时：分分：秒秒
3	Location	地名	char	40	
4	Longitude	经度	double		°（度）
5	Latitude	纬度	double		°（度）
6	Magnitude	震级	char	10	
7	Depth	震源深度	int		km（千米）
8	Epicent_Int	震中烈度	int		°（度）
9	Isoline	等震线	blob		扫描位图

表 A.20　小震目录属性表结构（instrument_catalog，点属性）

序号	字段名	字段中文描述	数据类型	字段长度	备　注
1	EventDate	日期	char	10	年年年年-月月-日日
2	EventTime	时间	char	8	时时：分分：秒秒
3	Location	地名	char	40	
4	Longitude	经度	double		°（度）
5	Latitude	纬度	double		°（度）
6	Magnitude	震级	double		
7	Depth	震源深度	int		km（千米）
8	EqType	地震类型	char	2	B——前震；M——主震；A——余震；G——震群；T——双震；空字符串——未注明地震类型
9	Epicent_Int	震中烈度	int		°（度）

A.5.4.4　地震台站数据

地震台站数据格式见表 A.21。

表 A.21 地震台站属性表结构(observation_station,点属性)

序号	字段名	字段中文描述	数据类型	字段长度	备　注
1	station_id	台站编码	char	20	
2	Name	台站名称	char	40	
3	Slevel	台站级别	char	6	
4	Class	台站归类	char	6	
5	Longitude	台站经度	double		°(度)
6	Latitude	台站纬度	double		°(度)
7	Basement	台址和台基条件	char	10	
8	Tel	电话	char	18	
9	Fax	传真	char	18	
10	Mp	手机	char	18	
11	Email	电子邮件地址	char	40	
12	Item	监测项目	char	200	
13	Instrument	主要所用仪器	char	200	
14	Ccomment	备注	char	100	

注1:台站级别为国家级、区域级、省级和地方。
注2:台站归类为数字台站、前兆台、强震台和综合台。
注3:台站编码采用全国统一的标准台站编码。
注4:台站经纬度精确到小数点后3位。
注5:主要所用仪器为该台所用的前兆、测震和强震动观测仪器。

A.5.4.5 震害与救灾案例

震害与救灾案例数据格式见表A.22。相关数据项应遵循GB/T 18208.1—2006、GB/T 17742、GB/T 18208.3和GB/T 18208.4的规定。

表 A.22 震害与救灾案例属性表结构(disaster_case,点属性)

序号	字段名	字段中文描述	数据类型	字段长度	备　注
1	EventID	地震编码	char	14	
2	EventName	地震名称	char	40	
3	Longitude	经度	double		°(度)
4	Latitude	纬度	double		°(度)
5	EventDate	日期	char	10	年年年年-月月-日日
6	Location	地点	char	40	
7	Magnitude	震级	double		
8	Depth	震源深度	char	20	km(千米)
9	Prediction	预报情况	blob		
10	Content	国务院反应内容	blob		
11	Content1	省级政府反应内容	blob		
12	Surface_Dam	地表破坏简述	blob		

表 A.22(续)

序号	字段名	字段中文描述	数据类型	字段长度	备 注
13	Isoline_Map	烈度分布图	blob		
14	Geo_Dam	地震地质灾害	blob		
15	Death_Distribution	人员死亡分布情况	blob		
16	Injury_Distribution	人员重伤分布情况	blob		
17	Homeless_Distribution	失去居所者分布情况	blob		
18	Bud_Dam	建筑物破坏简述	blob		
19	Life_Dam	生命线系统破坏简述	blob		
20	Sec_Disaster	次生灾害	blob		
21	Epi_Disease	瘟疫	blob		
22	Loss_Distribution	经济损失分布情况	blob		
23	Relief	应急救灾综述	blob		
24	Army	动用军队情况	blob	7	
25	Medical	派遣医疗队情况	blob	3	
26	Trans	动用运输工具情况	blob		
27	Mutilmedia	震灾及救灾影像资料	blob		
28	Note	备注	nvchar		

A.5.5 影响灾害的背景数据

A.5.5.1 重大工程目标数据

主要核电站、重要航天基地和重要机场数据表分别见表 A.23 至表 A.26。

表 A.23 核电站属性表结构(nuclear_power_plant,点属性)

序号	字段名	字段中文描述	数据类型	字段长度	备 注
1	ID	编码	char	14	
2	Name	核电站名称	char	40	
3	Location	所在省级和县级行政区名称	char	40	
4	Capacity	总装机容量	char	40	
5	Sl1	安全运行地震动参数	char	40	
6	Sl2	安全停堆地震动参数	char	40	
7	Note	简介	char	200	

表 A.24 水库属性表结构(reservior,面属性)

序号	字段名	字段中文描述	数据类型	字段长度	备 注
1	ID	编码	char	14	
2	Name	名称	char	40	
3	Location	所在位置	char	40	
4	Dam_Height	坝高	int		m(米)
5	Design_Volume	设计库容	int		1×10^4 m^3(三次方米)

表 A.24（续）

序号	字段名	字段中文描述	数据类型	字段长度	备注
6	Perennial_Volume	常年蓄水量	int		1×10^4 m^3（三次方米）
7	Max_Level	最高水位	int		m（米）
8	Dam_Structure	坝体结构	char	20	
9	Intensity	坝体设防烈度	int		（Ⅰ、Ⅱ、……、Ⅻ）度
10	BuildTime	建筑年代	char	4	
11	Status	水库现状	char	200	
注：ID为区县行政区划代码（6位）＋乡镇街道行政区划代码（3位）＋水库代码（3位，参见附录B.2）＋顺序码（2位）。					

表 A.25　航天基地属性表结构（astro_base，点属性）

序号	字段名	字段中文描述	数据类型	字段长度	备注
1	ID	编码	char	14	
2	PostCode	邮政编码	char	6	
3	Name	基地名称	char	40	
4	Location	所在省级和县级行政区名称	char	40	
5	Intensity	烈度	int		（Ⅰ、Ⅱ、……、Ⅻ）度
6	Note	简介	char	200	
注：ID为区县行政区划代码（6位）＋3位0＋航天基地代码（3位，参见附录B.2）＋顺序码（2位）。					

表 A.26　机场属性表结构（airport，点属性或面属性）

序号	字段名	字段中文描述	数据类型	字段长度	备注
1	ID	编码	char	14	
2	Name	名称	char	40	
3	PostCode	邮政编码	char	6	
4	Location	所在省级和县级行政区名称	char	40	
5	AirFldLev	飞行区等级指标	char	10	
6	Civil	是否民用机场	boolean		
7	Plane	起降机型	char	40	
8	Note	简介	char	200	建筑物本身抗震特性描述
注：ID为区县行政区划代码（6位）＋3位0＋机场代码（3位，参见附录B.2）＋顺序码（2位）。					

A.5.5.2　生命线系统

生命线系统应包括公路、铁路、水道、桥梁和隧道（不含市内桥梁隧道）、大型油气管线、港口和码头，其空间要素的属性数据格式分别见表A.27～表A.33。

表 A.27　公路属性表结构（road，线属性）

序号	字段名	字段中文描述	数据类型	字段长度	备注
1	ID	编码	char	14	
2	Name	道路名称	char	40	

表 A.27（续）

序号	字段名	字段中文描述	数据类型	字段长度	备注
3	Class	道路等级	char	20	
4	Cover_Area	区间	char	40	
5	Length	长度	int		km(千米)
6	Width	宽度	int		m(米)
7	Capacity	最大载重量	int		t(吨)
8	Note	简介	char	200	

注1：道路等级，分为高速公路、一级公路、二级公路、三级公路、四级公路、等外公路和情况不明公路。

注2：ID为区县行政区划代码(6位)+乡镇街道行政区划代码(3位)+公路代码(3位，参见附录B.2)+顺序码(2位)。其中国道、省道为省行政区划代码(2位)+7位0+公路代码(3位，参见附录B.2)+顺序码(2位)。

注3：道路名称。如："103国道"。

表 A.28 铁路属性表结构(railway，线属性)

序号	字段名	字段中文描述	数据类型	字段长度	备注
1	ID	编码	char	14	
2	Name	名称	char	40	
3	Class	类别	char	20	
4	Cover_Area	区间	char	40	
5	Double_Line	复线	boolean		
6	Length	长度	int		km(千米)
7	Note	简介	char	200	

注1：铁路类别分为普通铁路，电气化铁路等。

注2：ID为省行政区划代码(2位)+7位0+铁路级别代码(3位，参见附录B.2)+顺序码(2位)。

表 A.29 水道属性表结构(waterway，线属性)

序号	字段名	字段中文描述	数据类型	字段长度	备注
1	ID	编码	char	14	
2	Name	水道名称	char	40	
3	Class	水道类别	char	20	
4	Cover_Area	区间	char	40	
5	Length	长度	int		km(千米)
6	Note	简介	char	200	

注：ID为区县行政区划代码(6位)+3位0+水道代码(3位，参见附录B.2)+顺序码(2位)。

表 A.30 桥梁属性表结构(bridge，线属性或点属性)

序号	字段名	字段中文描述	数据类型	字段长度	备注
1	ID	编码	char	14	
2	Name	桥梁名称	char	40	
3	Class	桥梁类型	char	40	

表 A.30（续）

序号	字段名	字段中文描述	数据类型	字段长度	备　注
4	Location	所在位置	char	40	
5	Grade	桥梁等级	char	20	
6	Length	长度	int		m(米)
7	Width	宽度	int		m(米)
8	Max_Load	最大载重量	int		t(吨)
9	Intensity	抗震设防烈度	int		(Ⅰ、Ⅱ、……、Ⅻ)度
10	Structure	桥梁结构类型	char	30	
11	BuildTime	建筑年代	char	4	
12	Note	简介	char	200	

注1：桥梁类型指公路桥、铁路桥和公铁两用桥。
注2：桥梁等级指：特大型桥梁、大型桥梁、中型桥梁和小型桥梁等。
注3：ID为区县行政区划代码(6位)＋乡镇街道行政区划代码(3位)＋桥梁代码(3位，参见附录B.2)＋顺序码(2位)。

表 A.31　隧道属性表结构(tunnel，线属性或点属性)

序号	字段名	字段中文描述	数据类型	字段长度	备　注
1	ID	编码	char	14	
2	Name	隧道名称	char	40	
3	Class	隧道类型	char	40	
4	Location	所在位置	char	40	
5	Grade	隧道等级	char	10	
6	Length	长度	int		m(米)
7	Width	宽度	int		m(米)
8	Height	最大允许通过高度	double		m(米)
9	Double_Line	是否复线隧道	boolean		
10	Intensity	抗震设防烈度	int		(Ⅰ、Ⅱ、……、Ⅻ)度
11	BuildTime	建设年代	char	4	
12	Note	简介	char	200	

注1：隧道等级分为特大型隧道、大型、中型和小型。
注2：隧道类型分为：铁路隧道和公路隧道；主要指铁路、国道、省道和高速公路等交通线上的隧道，不包括城市内部的海底隧道等。
注3：ID为区县行政区划代码(6位)＋乡镇街道行政区划代码(3位)＋隧道代码(3位，参见附录B.2)＋顺序码(2位)。

表 A.32　大型油气输送管线属性表结构(petropipe，线属性)

序号	字段名	字段中文描述	数据类型	字段长度	备　注
1	ID	编码	char	14	
2	Name	名称	char	40	

表 A.32（续）

序号	字段名	字段中文描述	数据类型	字段长度	备　注
3	Location	所在位置	char	60	穿越地区
4	Feature	管道性质	char	10	
5	BuildTime	建设年代	char	4	
6	Note	简介	char	200	
注：ID为区县行政区划代码(6位)＋3位0＋油气管线代码(3位，参见附录B.2)＋顺序码(2位)。 跨省管道ID为省行政区划代码(2位)＋7位0＋油气管线代码(3位，参见附录B.2)＋顺序码(2位)。					

表 A.33　港口和码头属性表结构(harbor，面属性或点属性)

序号	字段名	字段中文描述	数据类型	字段长度	备　注
1	ID	编码	char	14	
2	Name	名称	char	40	
3	PostCode	邮政编码	char	6	
4	Location	所在位置	char	40	
5	Volume	年吞吐量	char	40	10^4 t(万吨)
6	Intensity	抗震设防标准	char	40	
7	Note	简介	char	200	
注：ID为区县行政区划代码(6位)＋乡镇街道行政区划代码(3位)＋港口代码(3位，参见附录B.2)＋顺序码(2位)。					

A.5.5.3　次生灾害源

次生灾害源包括重大火灾、爆炸、有毒和放射危险源分布、崩塌、滑坡和泥石流危险区分布，其空间要素的属性数据格式分别见表A.34～表A.35。

表 A.34　重大火灾、爆炸、有毒和放射危险源属性表结构(dangerous_source，面属性或点属性)

序号	字段名	字段中文描述	数据类型	字段长度	备　注
1	ID	编码	char	14	
2	UnitName	所属单位名称	char	40	
3	PostCode	邮政编码	char	6	
4	Location	所在位置	char	40	
5	Feature	危险品类别名称	char	10	
6	Storage	危险源储量	char	40	
7	Capacity	主要设备抗震能力	char	60	
8	Intensity	危险品仓库的抗震能力	char	60	
9	Fire	消防能力	char	60	
10	Crowd	周围1 000 m内有无人口密集场所	char	100	
11	Note	简介	char	200	

表 A.34（续）

序号	字段名	字段中文描述	数据类型	字段长度	备　注
注 1：危险源包括大型油气储罐区，炼油厂、化工厂，炸药厂、军火库、危险品仓库、光气厂、放射泄漏源及其他重大毒气源。 注 2：化工类危险源收录标准： a) 液氨：单台储罐储量在 5 t 及以上或总储量在 20 t 及以上； b) 液氯：单台储罐储量在 2 t 及以上或总储量在 10 t 及以上； c) 液态硫化氢：单台储罐储量在 1.0 t 及以上； d) 液态光气：单台储罐（或系统）储量在 1.0 t 及以上； e) 砷化氢：单台储罐储量在 1.0 t 及以上； f) 液态二氧化硫：单台储罐储量在 2.0 t 及以上； g) 原油：单台储罐储量在 200 t 及以上； h) 石油化工原料、中间产品或单台储罐储量在 50 t 及以上的成品。 注 3：ID 为乡镇街道行政区划代码（9 位）＋易燃易爆危险品代码（3 位，参见附录 B.2）＋顺序码（2 位）。					

表 A.35　悬河段分布属性表结构（overground_segment，线属性）

序号	字段名	字段中文描述	数据类型	字段长度	备　注
1	ID	编码	char	14	
2	Name	名称	char	40	
3	Feature	性质	char	40	
4	Location	所在位置	char	40	
5	Flux	最大通过流量	int		m^3/s（立方米每秒）
6	Intensity	抗震设防烈度	int		（Ⅰ、Ⅱ、……、Ⅻ）度
7	Flood	潜在溃堤后淹没面积估计	char	60	km^2（平方千米）
8	Note	简介	char	200	
注 1：河堤性质：水泥、土石、土堤或情况不明；若不同地段河堤性质不同，可分段填表。 注 2：ID 为区县行政区划代码（6 位）＋乡镇街道行政区划代码（3 位）＋悬河段代码（3 位，参见附录 B.2）＋顺序码（2 位）。					

A.5.5.4　地震地质灾害危险区

地震地质灾害危险区包括地震可能造成的崩塌、滑坡、泥石流、堰塞湖、砂土液化、软土震陷和不均匀沉陷等危险区分布，其空间要素的属性数据格式见表 A.36。

表 A.36　地震地质灾害危险区分布属性表结构（geological_hazard，点属性）

序号	字段名	字段中文描述	数据类型	字段长度	备　注
1	ID	编码	char	14	
2	Class	类型	char	7	
3	Note	简介	char	200	
注：ID 为区县行政区划代码（6 位）＋乡镇街道行政区划代码（3 位）＋危险区类型代码（3 位，参见附录 B.2）＋顺序码（2 位）。					

A.5.5.5　可能产生严重社会影响的目标

可能产生严重社会影响的目标，包括学校、侨乡、国家级旅游景点和国家级文物保护单位、少数民族地区、贫困县分布等。分别见表 A.37～表 A.42。

表 A.37　学校数据表结构(school)

序号	字段名	字段中文描述	数据类型	字段长度	备　　注
1	ID	编码	char	14	
2	Full_Name	区县行政区名称	char	40	
3	UnitName	学校名称	char	100	
4	PostCode	邮政编码	char	6	
5	Class	学校性质	char	20	
6	Scale	学校规模	char	100	
7	PlayGround	是否有室外操场	char	100	描述性
8	Teacher	教师人数	int		人
9	Student	学生人数	int		人
10	Note	校舍建筑质量描述	nvchar		
注：ID为区县行政区划代码(6位)＋乡镇街道行政区划代码(3位)＋学校代码(3位，参见附录B.2)＋顺序码(2位)。					

表 A.38　侨乡数据表结构(emigrant_town)

序号	字段名	字段中文描述	数据类型	字段长度	备　　注
1	ID	编码	char	14	
2	Name	名称	char	40	
3	Population	海外侨胞人数	int		人
注：ID为区县行政区划代码(6位)＋8位0。					

表 A.39　旅游景点和自然保护区分布属性表结构(tourism_spot，面属性或点属性)

序号	字段名	字段中文描述	数据类型	字段长度	备　　注
1	ID	编码	char	14	
2	Name	景点或自然保护区名称	char	40	
3	PostCode	邮政编码	char	6	
4	Type	性质	char	16	
5	Note	描述	char	800	
注1：性质分为世界文化遗产；国家级、省级和地市级旅游景点；国家级、省级和地市级自然保护区。 注2：ID为区县行政区划代码(6位)＋乡镇街道行政区划代码(3位)＋旅游景点和自然保护区代码(3位，参见附录B.2)＋顺序码(2位)。					

表 A.40　文物保护单位分布属性表结构(landmark，点属性)

序号	字段名	字段中文描述	数据类型	字段长度	备　　注
1	ID	编码	char	14	
2	Name	名称	char	40	
3	PostCode	邮政编码	char	6	
4	Location	所在位置	char	40	
5	Grade	保护级别	char	10	

表 A.40（续）

序号	字段名	字段中文描述	数据类型	字段长度	备　　注
6	Note	简介	char	200	

注 1：保护级别指国家级、省级和市级。
注 2：ID 为区县行政区划代码(6 位)＋乡镇街道行政区划代码(3 位)＋保护单位代码(3 位，参见附录 B.2)＋顺序码(2 位)。

表 A.41　区县行政区少数民族数据表结构(minority)

序号	字段名	字段中文描述	数据类型	字段长度	备　　注
1	ID	行政区编码	char	14	
2	Name	行政区名称	char	40	
3	is_auto	是否属于民族自治区域	boolean		
4	total_pop	全行政区总人口	int		人
5	Total_Min_Pop	全行政区少数民族人口	int		人
6	Min1_Name	主要少数民族 1 名称	char	40	
7	Min1_Pop	主要少数民族 1 人口	int		人
8	Min1_Bld_Style	少数民族 1 建筑特征描述	nvchar		
9	Min1_Custom	少数民族 1 生活习俗描述	nvchar		
10	Min2_Name	主要少数民族 2 名称	char	40	
11	Min2_Pop	主要少数民族 2 人口	int		人
12	Min2_Bld_Style	少数民族 2 建筑特征描述	nvchar		
13	Min2_Custom	少数民族 2 生活习俗描述	nvchar		
14	Min3_Name	主要少数民族 3 名称	char	40	
15	Min3_Pop	主要少数民族 3 人口	int		人
16	Min3_Bld_Style	少数民族 3 建筑特征描述	nvchar		
17	Min3_Custom	少数民族 3 生活习俗描述	nvchar		
18	Note	简介	nvchar		

注：ID 为区县行政区划代码(6 位)+8 位 0。

表 A.42　贫困县数据表结构(poverty_county)

序号	字段名	字段中文描述	数据类型	字段长度	备　　注
1	ID	ID	char	14	
2	Grade	等级	char	6	国家级或省级
3	Note	简介	char	200	

注 1：贫困县认定等级是指国家级贫困县和省级贫困县，其中国家级贫困县按照国家八七扶贫计划认定。
注 2：ID 为区县行政区划代码(6 位)+8 位 0。

A.5.5.6　气象统计数据

气象统计数据格式见表 A.43。

表 A.43 气候数据表结构(climate)

序号	字段名	字段中文描述	数据类型	字段长度	备　　注
1	ID	编码	char	14	
2	Name	行政区名称	char	40	
3	Month	月份	int		
4	Av_Prec	平均降水量	int		mm(毫米)
5	H_Prec	最高降水量	int		mm(毫米)
6	L_Prec	最低降水量	int		mm(毫米)
7	Av_Temp	平均温度	double		℃(摄氏度)
8	H_Temp	最高温度	double		℃(摄氏度)
9	L_Temp	最低温度	double		℃(摄氏度)
10	Av_Winddir	平均风向	char	10	
11	Av_Windgrade	平均风力	int		级
注：ID 为区县级行政区划代码(6 位)+8 位 0。					

A.5.5.7 水文和环境数据

水文和环境数据宜采用文档的形式，可包含地图、统计图、表格与文字等。

A.5.6 救灾资源及其通信联络数据

A.5.6.1 救灾队伍数据

救灾队伍数据包括专业救灾队伍、行业抢险救灾队伍、消防力量数据，其格式分别见表 A.44～表 A.46。

表 A.44 专业救灾队伍表结构(relief_troop1)

序号	字段名	字段中文描述	数据类型	字段长度	备　　注
1	ID	编码	char	14	
2	Name	救灾力量名称	char	40	
3	PostCode	邮政编码	char	6	
4	Type	力量种类	char	10	
5	Location	所在市、县	char	40	
6	Tel	联系电话	char	20	
7	Scale	救援队伍规模	char	50	
8	Motion_Mode	机动方式	char	50	
9	Capability	救援能力描述	char	200	
10	Note	简介	char	200	
注 1：力量种类为国家与地方地震紧急救援队、工兵部队、舟桥部队、防化部队、武警、森林防火、海事救援、江河救援和特种救援等专业救灾部队。 注 2：队伍规模为团、营、中队、支队和小队。 注 3：ID 为区县级行政区划编码(6 位)+8 位 0。					

表 A.45 行业抢险救灾队伍数据表结构(relief_troop2)

序号	字段名	字段中文描述	数据类型	字段长度	备 注
1	ID	编码	char	14	
2	Name	救灾力量名称	char	40	
3	PostCode	邮政编码	char	6	
4	Type	力量种类	char	20	
5	Location	所在市或县	char	40	
6	Tel	联系电话	char	18	
7	Scale	救援队伍规模	char	50	
8	Motion_Mode	机动方式	char	50	
9	Capability	救援能力描述	char	200	
10	Note	简介	char	200	

注1：力量种类为道路、交通、医疗卫生、通信、电力、水利、油田、供热、工程抢险、天然气、矿山等行业和地方救援力量。

注2：队伍规模为中队、支队、小队。

注3：ID为区县级行政区划编码(6位)+8位0。

表 A.46 消防力量数据表结构(Fire_power)

序号	字段名	字段中文描述	数据类型	字段长度	备 注
1	ID	编码	char	14	
2	Name	消防队名称	char	40	
3	PostCode	邮政编码	char	6	
4	Location	位置	char	50	
5	Tel	联系电话	char	20	
6	Staff	人数	int		人
7	Fire_Truck	消防车辆	int		辆
8	Note	消防能力描述	char	80	

注：ID为区县行政区划代码(6位)+乡镇街道行政区划代码(3位)+消防力量代码(3位，参见附录B.2)+顺序码(2位)。

A.5.6.2 医疗救护力量数据

医疗救护力量数据包含了医院和医疗力量数据，其格式分别见表A.47和表A.48。

表 A.47 医院数据表结构(hospital)

序号	字段名	字段中文描述	数据类型	字段长度	备 注
1	ID	编码	char	14	
2	Name	医院名称	char	40	
3	PostCode	邮政编码	char	6	
4	Location	位置	char	50	
5	Tel	联系电话	char	20	
6	Bed	病床数量	int		床位

表 A.47（续）

序号	字段名	字段中文描述	数据类型	字段长度	备　注
7	Membership	所属部门	char	40	
8	Type	医院类别	char	20	
9	Grade	等级	char	40	
10	Ambulance	急救车辆数量	int		辆
11	Plasma	库存血浆量	int		mL(毫升)
12	Doctor	医生数	int		人
13	Surgery_Dct	外科医生数	int		人
14	Orthopedist	骨科医生数	int		人
15	Anesthetist	麻醉科医生数	int		人
16	Nurse	护理人员数	int		人
17	Note	能力描述	char	300	
注 1：医院类别分为：本市医院、厂矿医院、省医院、中央部委医院、军队驻市医院和急救站。 注 2：等级能力：一级医院、二级医院、三级医院和其他无等级医院不含在内。 注 3：ID 为区县行政区划代码(6 位)＋乡镇街道行政区划代码(3 位)＋医院代码(3 位，参见附录 B.2)＋顺序码(2 位)。					

表 A.48　行政区医疗力量数据表结构(medical)

序号	字段名	字段中文描述	数据类型	字段长度	备　注
1	ID	行政区编码	char	14	
2	Name	区域名称	char	40	
3	Hospital	医院数量	int		个
4	Bed	病床数量	int		床位
5	Ambulance	急救车辆数量	int		辆
6	Plasma	库存血浆量	int		ml(毫升)
7	Doctor	医生数	int		人
8	Surgery_Dct	外科医生数	int		人
9	Orthopedist	骨科医生数	int		人
10	Anesthetist	麻醉科医生数	int		人
11	Nurse	护理人员数	int		人
注：ID 为区县级行政区划编码(6 位)＋8 位 0。					

A.5.6.3　各地物资储备数据(含救灾物资仓库明细)

各地物资储备数据包含了物资储备表和救灾物资仓库明细表，分别见表 A.49～表 A.50。

表 A.49　物资储备仓库数据表结构(storage)

序号	字段名	字段中文描述	数据类型	字段长度	备　注
1	ID	编码	char	14	
2	Name	名称	char	40	
3	PostCode	邮政编码	char	6	

表 A.49（续）

序号	字段名	字段中文描述	数据类型	字段长度	备　注
4	Location	位置	char	50	
5	Tel	联系电话	char	20	
6	Note	简介	char	200	
注：ID 为区县行政区划代码(6 位)＋乡镇街道行政区划代码(3 位)＋物资仓库代码(3 位，参见附录 B.2)＋顺序码(2 位)。					

表 A.50　救灾物资仓库明细数据表结构(storage_inventory)

序号	字段名	字段中文描述	数据类型	字段长度	备　注
1	ID	编码	char	14	
2	Goods_Name	物资种类名称	char	30	
3	Unit	物资种类计量单位	char	10	
4	Quantity	物资数量	int		
5	Note	物资描述	char	100	
注：ID 为区县行政区划代码(6 位)＋乡镇街道行政区划代码(3 位)＋物资仓库代码(3 位，参见附录 B.2)＋顺序码(2 位)。					

A.5.6.4　震时紧急联络信息

震时紧急联络数据包括地震系统联络、地方政府系统联络、地方抗震救灾指挥部联络、灾情速报网络、军队与武警联络数据，分别见表 A.51～表 A.55。

表 A.51　地震系统联系数据表结构(nsb_communication)

序号	字段名	字段中文描述	数据类型	字段长度	备　注
1	ID	编码	char	14	
2	Name	单位名称	char	40	
3	Address	单位地址	char	40	
4	PostCode	邮政编码	char	6	
5	Tel1	值班电话 1	char	20	
6	Tel2	值班电话 2	char	20	
7	Linkman	联系人	char	30	
8	Fax	传真	char	20	
注：ID 为区县级行政区划编码(6 位)＋8 位 0。					

表 A.52　地方政府系统联络数据表结构(local_gov_communication)

序号	字段名	字段中文描述	数据类型	字段长度	备　注
1	ID	编码	char	14	
2	Name	行政区名称	char	40	
3	PostCode	邮政编码	char	6	
4	Tel1	政府值班电话 1	char	20	
5	Tel2	政府值班电话 2	char	20	

表 A.52（续）

序号	字段名	字段中文描述	数据类型	字段长度	备　注
6	Linkman	联系人姓名	char	40	
7	Fax	传真	char	20	

注 1：该表的行政区包括省（自治区、直辖市和特别行政区）、市和县。

注 2：ID 为区县级行政区划编码（6 位）+8 位 0。

表 A.53　地方抗震救灾指挥部联络数据表结构（local_headquarters）

序号	字段名	字段中文描述	数据类型	字段长度	备　注
1	ID	编码	char	14	
2	Name	行政区名称	char	40	
3	PostCode	邮政编码	char	6	
4	Tel1	值班电话 1	char	20	
5	Tel2	值班电话 2	char	20	
6	Chief	指挥长姓名	char	20	
7	Chief_Tel	指挥长电话	char	20	
8	Chief_Mp	指挥长手机	char	20	
9	Secretary_Tel	秘书电话	char	20	
10	Secretary_Mp	秘书手机	char	20	
11	Fax	传真	char	20	

注 1：该表的行政区包括省（自治区、直辖市和特别行政区）、市和县。

注 2：ID 为区县级行政区划编码（6 位）+8 位 0。

表 A.54　灾情速报网络数据表结构（local_net）

序号	字段名	字段中文描述	数据类型	字段长度	备　注
1	ID	编码	char	14	
2	Name	行政区名称	char	50	
3	Unit_Name	单位名称	char	50	
4	PostCode	邮政编码	char	6	
5	People_Name	姓名	char	30	
6	Duty	职务	char	30	
7	Office_Tel	办公电话	char	20	
8	Home_Tel	住宅电话	char	20	
9	MP	手机	char	20	
10	Note	备注	char	50	

注 1：该表的行政区包括省（自治区、直辖市和特别行政区）、市和县。

注 2：ID 为区县级行政区划编码（6 位）+8 位 0。

表 A.55　军队与武警联系数据表结构(troop_communication)

序号	字段名	字段中文描述	数据类型	字段长度	备　注
1	ID	编码	char	14	
2	Name	队伍名称	char	40	
3	PostCode	邮政编码	char	6	
4	Scale	队伍规模	char	10	
5	Location	驻地市县	char	40	
6	Tel1	值班电话 1	char	20	
7	Tel2	值班电话 2	char	20	
8	Fax	传真	char	20	
注:ID 为乡镇街道行政区划代码(9 位)+军队武警力量代码(3 位,参见附录 B.2)+顺序码(2 位)。					

A.5.7　地震应急法规与预案数据

地震应急法规与预案数据格式见表 A.56。

表 A.56　地震应急法规与预案数据表结构(emergcy_plan)

序号	字段名	字段中文描述	数据类型	字段长度	备　注
1	ID	行政区编码	char	14	
2	Full_Name	行政区名称全称	char	40	
3	UnitName	制定或颁布单位名称	char	60	
4	Outline	应急法规或预案全文	nvchar		
5	Member	指挥部成员	nvchar		预案规定的指挥部成员
注 1:行政区指省(自治区、直辖市和特别行政区)、地市和区县。 注 2:预案为省级单位时,ID 为省级行政区划代码(2 位)+12 位 0; 预案为地市行政单位时,ID 为地市行政区划代码(4 位)+10 位 0; 预案为区县行政单位时,ID 用区县行政区划代码(6 位)+8 位 0。 注 3:大型企业(指所辖区域内特大型、大一型和大二型企业)用企业编码。					

A.5.8　地震现场观测数据

A.5.8.1　地震台站分布

地震台站分布数据格式见表 A.57。

表 A.57　地震流动台站属性表结构(mobile_station,点属性)

序号	字段名	字段中文描述	数据类型	字段长度	备　注
1	Station_Id	台站编码	char	20	
2	Name	台站名称	char	40	
3	Longitude	台站经度	double		°(度)
4	Latitude	台站纬度	double		°(度)
5	Basement	台址和台基条件	char	10	
6	Tel	电话	char	18	
7	Mp	手机	char	18	

表 A.57（续）

序号	字段名	字段中文描述	数据类型	字段长度	备　注
8	Email	电子邮件地址	char	40	
9	Item	监测项目	char	200	
10	Instrument	观测仪器	char	200	
11	Ccomment	备注	char	100	
注 1：台站编码采用全国统一的标准台站编码。 注 2：观测仪器为前兆、测震或强震动仪器。					

A.5.8.2 地震活动序列

地震活动序列的数据格式见表 A.58。

表 A.58　地震活动序列数据表结构(eq_catalog)

序号	字段名	字段中文描述	数据类型	字段长度	备　注
1	EventID	地震序号	int	3	本次地震的编码，同一序列唯一
2	EventDate	日期	char	10	年年年年-月月-日日
3	EventTime	时间	char	8	时时：分分：秒秒
4	Location	地名	char	40	
5	Longitude	经度	double		°(度)
6	Latitude	纬度	double		°(度)
7	Magnitude	震级	double		
8	Depth	震源深度	int		km(千米)

A.5.8.3 其他观测数据

其他地震现场观测数据包括强震动和前兆数据，其格式直接采用相应观测项的格式。

A.5.9 地震现场震情分析数据

A.5.9.1 地震现场震情分析报告

地震现场震情分析报告应包括如下内容：

a）地震活动背景分析；

b）地震序列类型分析；

c）震后区域性地震趋势分析。

A.5.9.2 震后趋势判定报告

地震现场震后地震趋势判定报告应包括如下内容：

a）资料使用及处理；

b）异常的核实、分析与判断；

c）地震序列及震型判定；

d）后续地震的预测和地震趋势判定。

A.5.10 地震现场灾害损失评估和科学考察数据

A.5.10.1 人员伤亡

地震造成人员伤亡数据格式见表 A.59 和表 A.60。

表 A.59 行政单元人员伤亡属性表结构(adm_casualty,点属性)

序号	字段名	字段中文描述	数据类型	字段长度	备注
1	EventID	地震编码	char	14	参见 B.5
2	EventName	地震名称	char	40	
3	ID	行政区编码	char	14	
4	Name	行政区名称	char	40	
5	Adm_Area	行政区面积	double		km²(平方千米)
6	Death_Num	死亡人数	int		人
7	Injury_Num	重伤人数	int		人
8	Homeless_Num	失去居所者人数	int		人
9	Event_Impact	地震影响简述	nvchar		

注:地震影响简述包括地震造成的人员伤亡情况,社会生活秩序、工作秩序和生产秩序受破坏及影响情况等。

表 A.60 人员伤亡属性表结构(casualty,点属性)

序号	字段名	字段中文描述	数据类型	字段长度	备注
1	EventID	地震编码	char	14	参见 B.5
2	EventName	地震名称	char	40	
3	Death_Num	死亡人数	int		人
4	Death_Distribution	人员死亡分布情况	nvchar		
5	Injury_Num	重伤人数	int		人
6	Injury_Distribution	人员重伤分布情况	nvchar		
7	Homeless_Num	失去居所者人数	int		人
8	Homeless_Distribution	失去居所者分布情况	nvchar		
9	Event_Impact	地震影响简述	nvchar		

注:地震影响简述包括地震造成的人员伤亡情况;地震造成的社会生活秩序、工作秩序和生产秩序受破坏及影响情况等。

A.5.10.2 行政单元震害及其损失情况

地震造成的灾区某一行政单元建筑物、生命线系统、基础设施的破坏情况和直接经济损失情况数据格式见表 A.61。

表 A.61 行政单元震害及其损失属性表结构(event_loss,点属性)

序号	字段名	字段中文描述	数据类型	字段长度	备注
1	EventID	地震编码	char	14	参见 B.5
2	EventName	地震名称	char	40	
3	ID	行政区编码	char	14	
4	Name	行政区名称	char	40	
5	Adm_Area	行政区面积	double		km²(平方千米)
6	Bldg_Damage	建筑物震害简述	nvchar		
7	Life_Damage	生命线系统工程震害简述	nvchar		

表 A.61（续）

序号	字段名	字段中文描述	数据类型	字段长度	备　　注
8	Infru_Damage	基础设施震害简述	nvchar		
9	Loss_Distribution	经济损失分布情况	nvchar		
10	Loss	经济损失	double		万元
11	Note	备注	nvchar		

A.5.10.3 地震的次生灾害

地震的次生灾害数据格式见表 A.62。

表 A.62 地震的次生灾害属性表结构(sec_hazard,点属性)

序号	字段名	字段中文描述	数据类型	字段长度	备　　注
1	EventID	地震编码	char	14	参见 B.5
2	EventName	地震名称	char	40	
3	Location	地名	char	40	
4	Longitude	经度	double		°(度)
5	Latitude	纬度	double		°(度)
6	Sec_Fire	次生火灾简述	nvchar		
7	Sec_Explosion	次生爆炸简述	nvchar		
8	Sec_Poison_Leak	有毒物质泄漏简述	nvchar		
9	Sec_Radiation	放射性物质污染简述	nvchar		
10	Epi_Disease	传染病和瘟疫简述	nvchar		
11	note	备注	nvchar		
注：地震造成的水灾、火灾、爆炸、疫病、有毒物质泄漏和放射性物质污染等次生灾害情况。					

A.5.10.4 地震地质灾害

地震地质灾害数据格式见表 A.63。

表 A.63 地震地质灾害属性表结构(geo_hazard,点属性)

序号	字段名	字段中文描述	数据类型	字段长度	备　　注
1	EventID	地震编码	char	14	参见 B.5
2	EventName	地震名称	char	40	
3	Location	地名	char	40	
4	Longitude	经度	double		°(度)
5	Latitude	纬度	double		°(度)
6	Sec_Slide	次生滑坡	nvchar		
7	Sec_Crack	次生地裂缝	nvchar		
8	Sec_Liquefaction	沙土液化	nvchar		
9	Fault_Eq	发震构造	nvchar		
10	Macro_Anorm	宏观异常	nvchar		
11	Note	备注	nvchar		
注：地震形成的滑坡、地裂缝、塌陷和喷砂冒水等地震地质灾害及其对自然和生态环境造成的破坏和影响。					

A.5.10.5 地震烈度分布

地震烈度分布数据格式见表 A.64 和 A.65。相关数据项按照 GB/T 17742 的规定。

表 A.64 地震烈度调查点分布属性表结构(inv_seismic_intensity,点属性)

序号	字段名	字段中文描述	数据类型	字段长度	备 注
1	EventID	地震编码	char	14	参见 B.5
2	Location	调查点名称	char	40	
3	Longitude	调查点经度	double		°(度)
4	Latitude	调查点纬度	double		°(度)
5	Intensity	烈度	int		(Ⅰ、Ⅱ、……、Ⅻ)度
6	Note	调查点震害描述	nvchar		

表 A.65 地震烈度分布属性表结构(seismic_intensity,面属性)

序号	字段名	字段中文描述	数据类型	字段长度	备 注
1	EventID	地震编码	char	14	参见 B.5
2	Intensity	烈度	int		(Ⅰ、Ⅱ、……、Ⅻ)度
3	Inte_Area	烈度区面积	double		km^2(平方千米)
4	Note	地震烈度调查概况	nvchar		

A.5.10.6 地震灾害损失评估

地震损失评估应包括各评估区地震灾害损失评估结果、生命线系统和基础设施地震灾害损失、地震总损失评估结果,其数据格式分别见表 A.66～表 A.68。相关数据项按照 GB/T 18208.4 的规定。

表 A.66 评估区地震灾害损失数据表结构(reg_direct_losses)

序号	字段名	字段中文描述	数据类型	字段长度	备 注
1	EventID	地震编码	char	14	参见 B.5
2	EventName	地震名称	char	40	
3	Name	评估区名称	char	30	
4	Reg_Area	评估区面积	Double		km^2(平方千米)
5	Destroy	建筑物毁坏面积	Double		m^2(平方米)
6	S_Damage	建筑物严重破坏面积	Double		m^2(平方米)
7	M_Damage	建筑物中等破坏面积	Double		m^2(平方米)
8	L_Damage	建筑物轻微破坏面积	Double		m^2(平方米)
9	Undamage	建筑物基本完好面积	Double		m^2(平方米)
10	DEcoLoss	直接经济损失	Double		万元
11	Note	评估区或评估对象概况	nvchar		

表 A.67 建筑物震害损失数据表结构

序号	字段名	字段中文描述	数据类型	字段长度	备 注
1	EventID	地震编码	char	14	
2	EventName	地震事件名称	char	30	
3	ID	行政区编码	char	14	

表 A.67（续）

序号	字段名	字段中文描述	数据类型	字段长度	备　注
4	Name	行政区名称	char	40	
5	StructType	结构类型	char	20	
6	DEcoLoss	直接经济损失	double		万元
7	Note	损失概况	nvchar		

表 A.68　生命线系统和基础设施地震灾害损失属性表结构(lifeline_damage,点属性)

序号	字段名	字段中文描述	数据类型	字段长度	备　注
1	EventID	地震编码	char	14	
2	EventName	地震事件名称	char	30	
3	ID	行政区编码	char	14	
4	Name	行政区名称	char	40	
5	DEcoLoss	直接经济损失	double		万元
6	Note	震害损失概况	nvchar		

A.5.11　地震现场建筑物安全鉴定数据

地震现场建筑物安全鉴定包含单体建筑物安全鉴定、建筑物安全鉴定结果及其分布，分别见表A.69和表A.70。相关数据项按照GB 18208.2—2001的规定。

表 A.69　地震总损失数据表结构(all_losses)

序号	字段名	字段中文描述	数据类型	字段长度	备　注
1	EventID	地震编码	char	14	参见B.5
2	EventName	地震名称	char	40	
3	ID	行政区编码	char	14	
4	Name	行政区名称	char	40	
5	Ass_Item	评估项目	char	30	
6	Usage	用途	char	30	
7	DEcoLoss	直接经济损失	Double		万元
8	Relief_Invest	救灾投入	Double		万元
9	All_Loss	地震总损失	Double		万元
10	Note	灾区概况	nvchar		
注1：评估项目包括不同结构类型建筑物、生命线系统、企业、水利、农田、室内外财产等。 注2：用途包括农村民房、城市民房、教育系统、卫生系统、其他公用房。					

表 A.70　单体建筑物安全鉴定属性表结构(bldg_appraise1,点属性)

序号	字段名	字段中文描述	数据类型	字段长度	备　注
1	BuildID	被鉴定建筑编码	char	14	
2	Location	地点	char	40	
3	Dldg_Long	经度	double		°(度)
4	Dldg_Latitude	纬度	double		°(度)

表 A.70（续）

序号	字段名	字段中文描述	数据类型	字段长度	备 注
5	T_Area	面积	double		m^2(平方米)
6	Safty_Area	安全面积	double		m^2(平方米)
7	Usage	用途	nvchar		
8	Structure	结构	nvchar		
9	Floor	建筑层数	int		层
10	BuildTime	建成年份	char	4	
11	Bldg_Quality	建筑物质量	nvchar		
12	Eq_Resist	原抗震设防状况	nvchar		
13	Conclusion	鉴定结论	nvchar		
14	FillInDate	鉴定日期	char	10	年年年年-月月-日日
15	Note	备注	nvchar		

A.5.12 地震现场应急与救灾行动数据

应急与救灾行动包含应急与救灾行动和地震现场救援日报，其数据格式分别见表A.71和表A.72。

表 A.71 建筑物安全鉴定结果及其分布属性表结构(bldg_appraise2，点属性)

序号	字段名	字段中文描述	数据类型	字段长度	备 注
1	EventID	地震编码	char	14	参见B.5
2	EventName	地震名称	char	40	
3	T_Area	鉴定总面积	double		m^2(平方米)
4	Safty_Area	安全面积	double		m^2(平方米)
5	Danger_Area	暂不使用面积	double		m^2(平方米)
6	Rate_Safe_Area	安全面积占的比率	double		
7	Rate_Danger_Area	暂不使用面积占的比率	double		
8	Rate_Education	教育系统鉴定结果(比率)	double		
9	Rate_Medical	医疗系统鉴定结果(比率)	double		
10	Rate_Lifeline	生命线系统鉴定结果(比率)	double		
11	Summary	建筑物安全性概述及建议	nvchar		
12	FillInDate	截止日期	char	10	年年年年-月月-日日
13	Note	备注	nvchar		
注：鉴定的重点对象为在抗震救灾应急期，急需恢复使用或在使用的建筑；用作救灾避难场所和危及救灾避难场所安全的建筑；生产或贮藏有毒或有害等危险物品的建筑；抗震救灾有重要意义的建筑物；人员密集的公共建筑物；对居民生活和恢复正常社会秩序有影响的建筑物。					

表 A.72 应急与救灾行动属性表结构(response_act，点属性)

序号	字段名	字段中文描述	数据类型	字段长度	备 注
1	EventID	地震编码	char	14	参见B.5
2	EventName	地震名称	char	40	

表 A.72（续）

序号	字段名	字段中文描述	数据类型	字段长度	备 注
3	Act_Time	行动时间	char	5	精确到分钟。时时:分分
4	Central_Gov	中央政府反应内容	nvchar		
5	Province_Gov	省级政府反应内容	nvchar		
6	Relief	应急救灾综述	nvchar		
7	Army	动用救灾队伍数量	int		
8	Medical	派遣医疗队数量	int		
9	Trans	动用运输工具数量	int		
10	note	备注	nvchar		

A.5.13 地震现场音视频和图像数据

A.5.13.1 音视频和图片数据

地震现场音视频和图片信息表数据格式见表 A.73。音视频和图片宜采用通用的格式。

表 A.73 地震现场救援日报数据表结构(diary_act)

序号	字段名	字段中文描述	数据类型	字段长度	备 注
1	EventID	地震编码	char	14	参见 B.5
2	EventName	地震名称	char	40	
3	Plan	行动计划	nvchar		
4	Relief	营救出幸存者数量	int		人
5	Num_Trans	救助和运送伤员数量	int		人
6	Corpse	清理遇难者尸体数量	int		人
7	List_Fac	动用设备和仪器清单	nvchar		
8	Material	救灾物资发放	double		
9	Num_Cured	医疗伤者数量	int		人
10	Sum	行动综述	nvchar		
11	FillInDate	日期	char	10	年年年年-月月-日日
12	Note	备注	nvchar		

A.5.13.2 震害遥感影像

应采用分辨率为亚米级至米级的震后卫星或航空遥感影像图。

A.5.14 现场指挥记录数据

现场指挥记录应包括现场工作人员及职责分工和指挥记录表，其数据格式分别见表 A.74 和表 A.75。

表 A.74 地震现场音视频和图片信息表数据表结构(multimedia)

序号	字段名	字段中文描述	数据类型	字段长度	备 注
1	EventID	地震编码	char	14	参见 B.5
2	EventName	地震名称	char	40	
3	Num	编号	int	4	
4	Longitude	拍摄经度	double		°(度)

表 A.74（续）

序号	字段名	字段中文描述	数据类型	字段长度	备　注
5	Latitude	拍摄纬度	double		°(度)
6	Place	拍摄地点	nvchar		
7	Content	调查内容	nvchar		
8	Name	拍摄原始文件名	nvchar		
9	Content	拍摄内容简介	nvchar		
10	PhotoGraphDate	拍摄日期	char	10	年年年年-月月-日日
11	Photographer	拍摄者	char	30	
12	PhotoType	拍摄类型	int		1——数码照片；2——视频数据；3——音频数据。
13	MediaData	音视频图像数据	blob		

表 A.75　现场工作人员及职责分工数据表结构(team_member)

序号	字段名	字段中文描述	数据类型	字段长度	备　注
1	EventID	地震编码	char	14	
2	EventName	地震名称	char	40	
3	Team	工作组名称	char	30	
4	IDGroup	小组编号	char	4	
5	Group	工作小组名	char	30	
6	Duty	职责	char	20	
7	Nmae	姓名	char	30	
8	Sex	性别	char	5	
9	Age	年龄	Int		
10	Affiation	单位	nvchar		
11	Telephone	电话	char	20	
12	Email	邮件地址	nvchar		

表 A.76　指挥记录数据表结构(command_information)

序号	字段名	字段中文描述	数据类型	字段长度	备　注
1	EventID	地震编码	char	14	
2	EventName	地震名称	char	40	
3	InfID	信息编码	char	4	自动按顺序编码
4	Sender	信息发送人	char	50	
5	SendDepartment	信息发送单位	char	50	
6	Incept	信息接收人	char	50	
7	Indepartment	信息接收单位	char	50	
8	Title	信息标题	nvchar		
9	Ccontent	信息内容	nvchar		
10	Flag	是否是新信息	int		
11	Sendtime	发送时间	date	8	

附　录　B
（规范性附录）
地震现场应急指挥共享数据编码规则

B.1　地震现场应急指挥共享数据代码通用编码规则

本标准中有关地震现场应急指挥专题数据的代码由 14 位阿拉伯数字或字母组成，在数据库中的数据类型为字符型(char)，其中第 1 位～第 6 位为县级行政区代码，采用 GB/T 2260 中规定的代码；第 7 位～第 9 位表示乡、镇和街道办事处代码，采用 GB/T 10114—2003 的编码方法(001～099 表示街道办事处，100～199 表示镇，200～399 表示乡，400～599 表示政府机构和企事业单位)；第 10 位～第 12 位表示行政村、居委会和重点目标代码；第 13 位～第 14 位表示自然村和重点目标的序号。其代码定义如图 B.1 所示。

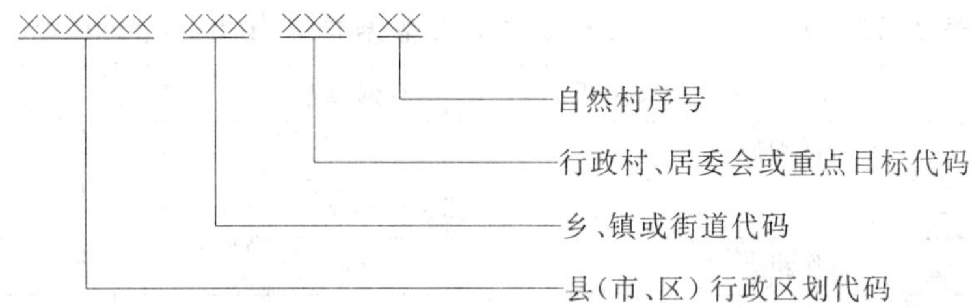

图 B.1　地震现场应急指挥共享数据代码通用编码示意图

B.2　行政村和居委会编码方案

行政村和居委会采用表 B.1 进行编码。

表 B.1　行政村和街区代码范围规定

代码规定	项　目	代码规定	项　目
001～199	居委会	200～399	村委会
400～499	相当于居委会的区域	500～599	相当于村委会的区域

B.3　重点目标编码方案

重点目标采用表 B.2 进行编码。其中，第 10 位表示目标大类，第 11 位～第 12 位表示目标子类或分级。

表 B.2　重点目标代码范围规定

大类代码	大类名称	子类代码	子类名称
a	武装力量	a10	军队
		a20	警察
		a30	民兵预备役部队
b	桥梁和隧道	b10	特大型桥梁
		b20	大型桥梁
		b30	中型桥梁
		b40	小型桥梁

表 B.2（续）

大类代码	大类名称	子类代码	子类名称
b	桥梁和隧道	b50	特大型隧道
		b60	大型隧道
		b70	中型隧道
		b80	小型隧道
		b90	城市内部桥梁
c	通信枢纽	c10	
d	危险源	d10	易燃易爆
		d20	剧毒
		d30	腐蚀
		d40	放射性
		d50	崩塌、滑坡、泥石流、堰塞湖、砂土液化、软土震陷和不均匀沉陷等危险区
		d60	悬河段
e	大型企业	e10	特大型企业
		e20	大一型企业
		e30	大二型企业
		e40	10 万人以上小型城镇的企业
f	消防	f10	消防力量
g	公园绿地	g10	公园
		g20	绿地
		g30	大型场馆
h	医院	h10	一级
		h20	二级
		h30	三级
k	水库	k10	大Ⅰ型水库(库容≥1×10^9 m^3)
		k20	大Ⅱ型水库(库容 1×10^8 m^3～1×10^9 m^3)
		k30	中型水库(库容 1×10^7 m^3～1×10^8 m^3)
		k40	小型水库(库容 1×10^6 m^3～1×10^7 m^3)
m	各种监测站点	m10	气象台站
		m20	地震台站(包括 GPS 和卫星站等)
p	交通主干道	p10	高速公路
		p20	国道
		p30	省道
		p40	县道
		p50	乡村道

表 B.2（续）

大类代码	大类名称	子类代码	子类名称
p	交通主干道	p60	干线铁路
		p70	管内铁路
		p80	水道
		p90	城区内道路
r	河流	r10	
s	学校	s10	小学
		s20	中学
		s30	大学
t	交通枢纽	t10	火车站
		t20	机场
		t30	码头
		t40	长途汽车站
		t50	公交枢纽
w	供水与污水处理	w10	供水
		w20	污水处理厂
y	油气管线	y10	大型过境输油管道
		y20	大型过境输气管线
		y30	城市内部管线
z	其他重点目标	z10	党政机关、金融行业（银行、金库、造币厂）、电力、广播电视和外国驻华机构等
		z20	旅游景点和自然保护区
		z30	核设施
		z40	航天基地
		z50	物资仓库
		z60	文物保护单位

B.4 房屋建筑和生命线系统编码方案

采用表 B.3 进行编码。其中，第 10 位为标识符，第 11 位～第 12 位表示目标子类或分级。

表 B.3 房屋建筑和生命线系统代码范围规定

大类代码	大类名称	子类代码	子类名称
j1	房屋建筑	j10	房屋建筑（不分类）
		j11	多层钢筋混凝土房屋
		j12	多层砌体房屋
		j13	砖混平房
		j14	砖木房屋
		j15	土木房屋

表 B.3（续）

大类代码	大类名称	子类代码	子类名称
j1	房屋建筑	j16	高层建筑
		J17	钢结构建筑
		j19	其他类别
j2	生命线系统	j20	生命线系统(不分类)
		j21	通信系统
		j22	交通系统
		j23	供水系统
		j24	供电系统
		j25	供气系统
j3	水工结构	j30	水工结构
j4	土工结构	j40	土工结构
j5	地下结构	j50	地下结构
j6	大型企业	j60	大型企业
j7	重大设施	j70	重大设施
j8	其他工业构筑物	j80	其他工业构筑物

B.5　地震事件编码规则

本标准中地震事件的编码由14位数字组成，格式为：年(4位)＋月(2位)＋日(2位)＋时(2位)＋分(2位)＋秒(2位)。

在数据库中数据类型为：字符型(char)。

附 录 C
（规范性附录）
地震现场应急指挥共享数据元数据格式

C.1 元数据的构成

C.1.1 元数据内容

本标准采用元数据表描述地震现场应急指挥共享数据元数据的特征。元数据应包括元数据标识信息子集、参照系信息子集和地震数据附加子集三个子集。

C.1.2 标识信息子集

元数据所描述的数据集的基本信息应包括：

a) 覆盖范围信息。数据集边界多边形、垂直方向范围和时间范围；

b) 分发信息。数据资源的分发者和获取资源的传送选项信息；

c) 负责单位信息。数据集负责人、单位和联系方法；

d) 日期信息。说明有关日期和事件；

e) 限制信息。访问和使用数据资源或元数据的限制。

C.1.3 参照系信息子集

数据集使用的空间和时间参照系的说明。

C.1.4 地震数据附加子集

提供地震现场基本情况说明。

C.2 元数据表中的实体和元素的属性

C.2.1 中文名称

赋给元数据实体或元素的一个中文名字。

C.2.2 英文名称

赋给元数据实体或元素的一个标记。元数据实体英文名称开头应为大写字母，而元数据元素的英文名称开头应为小写字母。元数据实体和元素名称之间应没有空格，应采用多个单词的连接，其中每个新单词的开头应为大写字母(如：CharacterSet)。元数据实体和元素的名称在本标准中应是唯一的。

C.2.3 英文缩写

英文缩写在本标准中应是唯一的，可通过可扩展标记语言(XML)、标准通用标记语言(SGML)等执行技术使用这些英文短名。应按照与产生实体和元素英文名称相类似的命名规则产生英文短名。

C.2.4 元数据项定义

对元数据实体或元素的说明。

C.2.5 约束/条件

说明元数据实体或元数据元素是否必须选取的属性。包括以下三个选项：

a) M——必选(Mandatory)：表明该元数据实体或元素必须选择；

b) C——一定条件下必选(Conditional)：表明该元数据实体或元素在满足一定条件时必须选择；

c) O——可选(Optional)：表明该元数据实体或元素是可选的，根据情况决定是否将其包含在元数据文件中。

C.2.6 最大出现次数

元数据实体或元素可以具有的实例的最大数目。只出现一次用“1”表示，重复出现用“N”表示，N为不等于1的固定出现次数，采用相应阿拉伯数字表示(即“2”，“3”等)。

C.2.7 数据类型

说明元数据元素信息的值的类型，包括整型、实型、字符串、日期时间和布尔型。

C.2.8 域

对于一个元数据实体，域说明实体包含的内容(对应元素在元数据表中的行号)。

对于一个元数据元素，域说明允许的值或使用自由文本。

C.3 元数据编写要求

C.3.1 正确性

应按照本标准对元数据表中数据元的类型和值域的规定填写，确保元数据内容的正确性。

C.3.2 真实性

应保证数据表内容真实，无虚假或夸张。

C.3.3 易读性

凡以文本填写的内容，其语言应精练且易懂。

C.3.4 权威性

元数据应由数据库或数据文件的所有者或其认可的作者编写完成，必要时需经过有关部门认可或专家论证。

C.3.5 完整性

应按照本标准对元数据表中数据元的约束条件填写。凡必选内容必须填写。一定条件下必选的内容在满足条件时必须填写。可选内容宜尽可能多地填写，以帮助数据管理者和数据使用者更充分地了解数据。

C.4 元数据录入及使用

C.4.1 录入

可采用字处理软件或符合本标准的专用录入软件录入元数据内容。元数据负责单位以文本文件(文件扩展名为txt)的形式提供有关数据库或数据文件的元数据。

C.4.2 使用

元数据应随数据同时提供。多种数据库和数据文件的元数据可导入数据库，形成元数据库，提供在线查询。

C.4.3 更新

随着数据库或数据文件内容的更新，元数据内容也应及时更新。

C.5 元数据表格式说明

地震现场应急指挥数据的元数据以表格形式给出。表中每行代表一个实体或元素，其中带晕线的行定义实体，每列代表一个属性。

C.6 标识信息

标识信息见表C.1。

表 C.1 标识信息

序号	中文名称	英文名称	英文缩写	元数据项定义	约束/条件	出现最大次数	数据类型	元数据值域
1	数据集标识	Identification	Ident	数据集的标识信息	约束条件取决于有关对象	出现最大次数取决于有关对象	元数据子集	序号 2～65
2	数据集概述	DataSetSummary	IdSum	数据集简介	M	1	实体	序号 3～16
3	数据集中文全称	dataSetChineseFullName	idCName	数据集中文名称	M	1	文本	自由文本
4	数据集中文简称	dataSetChineseShortName	idCShort	数据集中文名称的简称	O	1	文本	自由文本
5	数据集英文全称	dataSetEnglsihFullName	idEName	数据集英文名称	O	1	文本	自由文本
6	数据集英文简称	dataSetEnglishShortName	idEShort	数据集英文名称的缩写	O	1	文本	自由文本
7	完成日期	completeDate	idDate	最近完成(更新)或预定完成日期	M	1	日期	CCYYMMDD(按照GB/T 7408—2005 的规定)
8	版本	Edition	idEd	数据集的版本	C/数据集有新版本?	1	文本	文本
9	语种	language	dataLang	数据集中使用的语种	M	N	文本	文本
10	字符集	characterSet	idChar	数据集使用的字符编码标准的全名	M	1	文本	CharacterSetCode(参照GB 13000 和 ISO 10646-1、GB/T 15273.1—1994 和 ISO 8859:1987 的规定)
11	摘要	abstract	idAbs	数据集内容的简单介绍	M	1	文本	自由文本
12	目的	purpose	idPurp	建立数据集的目的	M	1	文本	自由文本
13	现状	Status	idStatus	数据集进展状况	M	1	文本	自由文本
14	空间分辨率	spacialResolution	idRes	定义数据集中空间数据密度的参数。如比例尺分母、平均地面采样间隔等	O	N	文本	自由文本
15	专题类别	topid	idTopic	说明数据集主题的关键字	M	N	文本	自由文本
16	关键词	keyword	idKeyword	说明数据集专题所用的常用词或短语	O	N	文本	自由文本

表 C.1（续）

序号	中文名称	英文名称	英文缩写	元数据项定义	约束/条件	出现最大次数	数据类型	元数据值域
17	数据集规模信息	Magnitude	IdMag	说明数据集的数据量及有关数据规模的信息	O	1	实体	序号 19～21
18	数据集子集总数	dataSubSetNumber	idSubNum	构成关系型数据库的基表或构成空间型数据库的数据层数	C/关系型数据库及空间型数据库	1	整型	>0
19	字段总数	fieldNumber	idField	关系型数据库基表或空间数据库属性表中字段或属性项总数	C/关系型数据库及空间型数据库	1	整型	>0
20	记录总数	recordNumber	idRecNum	关系型数据库中的记录总数	C/关系型数据库	1	整型	>0
21	总数据量	dataQuantity	idQuan	以发行格式存储的数据集数据总量	O	1	实型	>0；单位：MB
22	地理区域范围	GeographicExtent	GeoExtent	在已知参照系统中整个数据集覆盖的地理区域	C/没有使用地理描述？	1	实体	序号 23～26
23	西边经度	westBoundLongitude	westBL	数据集覆盖范围最西边的经度坐标，单位为十进制度	C/序号 22 有？	1	实型	−180.0≤西边经度≤180.0；西边经度≤东边经度
24	东边经度	eastBoundLongitude	eastBL	数据集覆盖范围最东边的经度坐标，单位为十进制度	C/序号 22 有？	1	实型	−180.0≤东边经度≤180.0；东边经度≥西边经度
25	南边纬度	southBoundLatitude	southBL	数据集覆盖范围最南边的纬度坐标，单位为十进制度	C/序号 22 有？	1	实型	−90.0≤南边纬度≤90.0；南边纬度≤北边纬度
26	北边纬度	northBoundLatitude	northBL	数据集覆盖范围最北边的纬度坐标，单位为十进制度	C/序号 22 有？	1	实型	−90.0≤北边纬度≤90.0；北边纬度≥南边纬度

表 C.1（续）

序号	中文名称	英文名称	英文缩写	元数据项定义	约束/条件	出现最大次数	数据类型	元数据值域
27	地理描述	GeographicDescription	GeoDesc	说明数据集空间范围的常用的或知名的地点或地理区域名	C/没有使用地理范围?	N	实体	序号 28
28	地理标识符	geographicIdentifier	geoId	区位名称的唯一标识	C/序号 30 有?	1	文本	自由文本或数字或代码
29	时间范围	TemporalExtent	TempExtent	数据集内容的时间范围	M	N	实体	序号 33～34
30	起始时间	begin	begin	数据集内容的起始时间	M	1	日期	CCYYMMDD(按照 GB/T 7408—2005 的规定)
31	终止时间	end	end	数据集内容的终止时间	M	1	日期	CCYYMMDD(按照 GB/T 7408—2005 的规定)
32	高程范围	AltitudeExtent	AltExtent	数据集的高程范围	O	1	实体	序号 33～35 高程参照系统(见表 C.8)
33	最小高程值	minimumAltitude	minAlt	数据集中最低高程	C/序号 32 有?	1	实型	陆地＞－155 m,海洋≤0 m
34	最大高程值	maximumAltitude	maxAlt	数据集中最高高程	C/序号 32 有?	1	实型	陆地＜8 848.24 m,海洋≤0 m
35	计量单位	unitOfMeasure	vertUoM	高程单位。如:米	C/序号 32 有?	1	文本	自由文本
36	数据集联系信息	contactInfo	rpCntInfo	与数据集有关的个人或单位的联系信息	O	N	实体	序号 37～49
37	负责方	ResponsiblePart	rpParty	与数据集有关的个人或单位的标识和联系信息	M	N	实体	序号 38～40
38	负责的个人名称	individualName	rpIndName	数据集主要负责人	O	1	文本	自由文本
39	负责单位名称	organisationName	rpOrgName	数据集主要负责单位名称	M	1	文本	自由文本
40	职责	role	role	负责方的职责	O	N	整型	职责代码(见表 C.4)
41	联系信息	Contact	Contact	与负责的个人或单位联系的有关信息	M	N	实体	序号 42～43
42	电话	phone	cntPhone	负责的个人或单位的电话号码	M	N	文本	自由文本

表 C.1（续）

序号	中文名称	英文名称	英文缩写	元数据项定义	约束/条件	出现最大次数	数据类型	元数据值域
43	传真	facsimile	faxNum	负责的个人或单位的传真号码	O	N	文本	自由文本
44	地址	Address	Address	与负责的个人或单位联系的通信地址或电子邮件地址	C/未提供电话或网址？	1	实体	序号 45～49
45	市（县）内的详细地址	detailAddress	addDetail	区、街（路）、门牌号或信箱号	M	N	文本	自由文本
46	市（县）	cityOrCounty	addCity	所在市（县）	O	1	文本	自由文本
47	省（直辖市、自治区和特别行政区）	Province	addPro	所在省（直辖市、自治区和特别行政区）	M	1	文本	自由文本
48	邮政编码	postalCode	postCode	邮政编码	M	1	整型	<1 000 000
49	电子信箱地址	electronicMailAddrss	eMailAdd	负责的个人或单位的电子邮箱地址	O	N	文本	自由文本
50	网络资源	OnLineResource	OnlineRes	能获取有关信息的网址	C/未提供电话或通信地址？	N	实体	序号 51
51	网址	resourceLinkage	reLink	访问网络的方法或地址，包括 URL。如 http://www.gii.getty.edu/tgn_browser/等	M	1	文本	URL（IETF RFC1738，IETF RFC 2056）
52	浏览图	BrowseGraphic	BrowGraph	表示数据集的静态图形（包括图例）	O	N	元数据实体	序号 53～55
53	文件名称	fileName	bgFileName	表示数据集覆盖范围的图形文件的名称	C/有静态图形？	1	文本	自由文本
54	文件类型	fileType	bgfileType	有关图形文件的文件类型，如：CGM，EPS，GIF，JPEG，PS，TIFF	C/有静态图形？	1	文本	自由文本

表 C.1(续)

序号	中文名称	英文名称	英文缩写	元数据项定义	约束/条件	出现最大次数	数据类型	元数据值域
55	网址	browseLinkage	broLink	浏览图形的方法或网络地址	O	N	文本	URL(IETF RFC1738,IETF RFC2056)
56	数据集限制	Constraints	Consts	访问和使用数据集必须遵守的限制信息	O	N	实体	序号 57~60
57	法律限制	LegalConstraints	LegConsts	访问和使用数据集的限制和法律上的先决条件	O	N	实体	序号 58
58	使用限制	useConstraints	useConsts	使用数据集时涉及隐私权、知识产权的保护,或任何特定的约束、限制或注意事项,如:"版权"、"许可证"或"无限制"等	C/序号 57 有?	1	整型	限制代码(见表 C.5)
59	安全限制	SecurityConstraints	SecConsts	由于国家安全、保密或其他考虑,对数据集的限制	O	N	实体	序号 60
60	安全等级	SecurityClassification	secClass	数据集限制的等级名称	C/序号 59 有?	1	整型	数据集使用限制分类代码(见表 C.6)
61	格式	Format	Format	数据分发的格式说明	M	N	实体	序号 62~65
62	格式名称	formatName	forName	数据集提供的数据交换格式名称,如:SDTS	M	1	文本	自由文本
63	版本	edition	resEd	数据格式的版本号	M	N	文本	自由文本
64	发行介质	publishMedia	pubMed	发行数据集所用的介质名	O	N	文本	自由文本,如:CD-ROM、DVD、4 mm 盒式磁带、8 mm 盒式磁带、2.5″盒式磁带、网络、卫星、电话传输、专著、期刊和论文集等
65	网上发行地址	webURL	webURL	访问数据集的网上地址(URL)	O	N	文本	URL

C.7 参照系信息

参照系信息见表 C.2。

表 C.2 参照系信息表

序号	中文名称	英文名称	英文缩写	定义	约束/条件	出现最大次数	数据类型	值域
66	参照系	ReferenceSystem	RefSystem	关于参照系的信息	与引用本实体的对象相同	与引用本实体的对象相同	实体	
67	坐标参照系	CoordinateReferenceSystem	CoRefSys	坐标系统的元数据	与引用本实体的对象相同	与引用本实体的对象相同	实体	第 68～70 行
68	投影	projection	projection	所用投影的名称	O	1	字符串	自由文本
69	椭球体	ellipsoid	ellipsoid	所用椭球体的名称	O	1	字符串	自由文本
70	基准	datum	datum	所用基准的标识	O	1	代码	大地坐标参照系统(见表 C.7)
71	时间参照系	TimeReferenceSystem	TmRefSys	数据集使用的时间参照系说明	与引用本实体的对象相同	与引用本实体的对象相同	实体	第 72 行
72	时间参照系名称	timeReferenceSystemName	tmRefSysName	使用的时间参照系名称	M	1	字符串	自由文本

C.8 地震数据附加信息

地震数据附加信息表 C.3。

表 C.3 地震数据附加信息表

序号	中文名称	英文名称	英文缩写	定义	约束/条件	最大出现次数	数据类型	值域
73	地震数据附加信息	EQAdditionalInformation	EqAddInfo	关于地震数据的补充说明	与引用本实体的对象相同	与引用本实体的对象相同	实体	序号 74～77
74	地震现场调查	EqFieldSurvey	EqFieldSv	是否是大地震发生现场	C/地震现场	1	实体	序号 75～77
75	地震参数	eqParameter	eqPara	地震参数	M	1	文本	地震参数表含地震发震时刻、震中经纬度、震源深度和震级
76	调查时段	surveyPeriod	svPeriod	调查时段	M	1	文本	时间覆盖范围
77	调查范围	surveyCoverage	svCover	调查范围	M	1	文本	地理覆盖范围

C.9 元数据代码

元数据职责代码表、限制代码表、数据集使用限制分类代码表、大地坐标参照系统、高程参照系统代码表分别见表C.4至C.8。

表C.4 职责代码表

序号	中文名称	域码	定义
1	职责编码		负责方的作用
2	内容提供者	001	提供数据方
3	管理员	002	负责维护数据的管理人员
4	拥有者	003	数据拥有者
5	用户	004	数据使用者
6	分发者	005	数据分发人或分发单位
7	元数据提供者	006	提供数据集元数据信息的负责单位
8	生产者	007	生产数据或元数据的负责单位
9	联系单位	008	能够获得有关数据情况或回答有关数据问题的联系单位
10	主要调查者	009	负责采集信息和进行研究的关键人员
11	处理者	010	能够进行数据更新的负责单位
12	出版者	011	出版数据的负责单位

表C.5 限制代码表

序号	中文名称	域码	定义
1	限制		访问或使用数据的限制
2	版权	001	依据版权法生产、出版或出售数字数据的排它权
3	专利权	002	经过专利部门批准注册的独家所有的权利
4	正在申请专利权	003	正在申请专利权
5	许可证	004	正式许可
6	知识产权	005	创造的无形资产
7	其他限制	000	其他限制

表C.6 数据集使用限制分类代码表

序号	中文名称	域码	定义
1	数据集使用限制分类		数据集使用的限制类型
2	公开	001	数据集对外公开
3	非公开	002	数据集不对外公开

表C.7 大地坐标参照系统

序号	中文名称	代码	定义
1	地理坐标类型		
2	笛卡儿坐标系	001	相互正交于原点的n个数轴(n是任意正整数)组成的n维坐标系
3	大地坐标系(经纬度)	002	用经度和纬度所表示的地面点位置的球面坐标

表 C.7（续）

序号	中文名称	代码	定义
4	投影坐标系	003	由不同的投影方法所形成的坐标系
5	极坐标系	004	用某点至极点的距离和方向表示该点位置的坐标系
6	重力相关坐标系	005	重力测量及其计算的一种基准

表 C.8　高程参照系统代码表

序号	高程参照系统名称	代码	定义
1	1956 年黄海高程系	101	1961 年后全国统一采用
2	1985 国家高程基准	102	经国务院批准，国家测绘局于 1987 年 5 月 26 日公布使用
3	地方独立高程系	103	
4	大连高程基准	104	1945 年前东北地区使用
5	大沽高程基准	105	1959 年前用于山东西北部、河南中北部、河北、山西、陕西、内蒙古、宁夏和甘肃等省区，1949 年前后黄委会从有关点起算进行的水准测量成果
6	废黄河高程基准	106	1951 年前后淮河流域使用
7	吴淞高程基准	107	曾在长江水系广泛使用
8	坎门高程基准	108	1949 年前江浙一带使用，1957 年后不再使用
9	珠江高程基准	109	1949 年前后珠江水利部门使用
10	罗星塔高程基准	110	1957 年前闽江流域有关部门使用
11	秀英高程基准	111	1959 年前海南岛广泛使用
12	榆林高程基准	112	1959 年至 1985 年海南岛全岛使用

附 录 D
（规范性附录）
地震现场应急指挥共享数据的数据字典

D.1 数据字典内容

D.1.1 数据字典是数据及数据库的详细说明，它以数据库中数据基本单元为单位，按字母顺序排列，对其内容作详细说明。数据字典可用于数据库数据的查询、识别与相互参考。

D.1.2 地震现场应急指挥共享数据涉及的数据格式包括矢量数据、统计（属性）数据、栅格数据、影像数据、文本数据、音频数据和视频数据等。依据数据格式的特征，数据字典包括的内容有所区别。

D.1.3 地震现场应急指挥共享数据的数据字典的内容、含义和使用限定等见表 D.1。

表 D.1 地震现场应急指挥共享数据的数据字典内容表

序号	内容	含义	使用限定	类型
1	数据库或数据文件全名	中文全称，如："地震现场灾情数据库"、"地震现场应急指挥基础数据库"或文件全名等	任何数据库或数据文件必须说明	文本
2	数据库或数据文件简称	计算机内存储的数据库或数据文件名称及命名规则。如：report. doc、bridge. dbf 和 edles. mdb 等及命名方法说明	可选，加入此项内容可以帮助用户理解和使用该数据	文本
3	数据库或数据文件存储格式	计算机物理存储格式。如：doc、rtf、dbf、e00、dgn、shp、mif、tiff、img、eps 和 avi 等	任何数据库或数据文件必须说明	文本
4	数据库或数据文件主要技术参数	矢量、栅格和影像数据库或数据文件提供使用所需要的必要参数，如投影参数、分辨率和定位点坐标等	矢量、栅格和影像数据库或数据文件必须说明	文本
5	数据库或数据文件内容说明	数据库、数据文件和影像等所表述的主题内容，包括分层信息、表的说明、矢量要素分类信息、几何特征和文件内容简介等	任何数据库或数据文件必须说明	文本
6	数据库数据项定义及说明	矢量和统计数据库包含的所有数据项定义及说明	矢量和统计数据库必须说明	文本
7	数据项内容说明	数据值、代码及依据标准说明	矢量和统计数据库必须说明	文本
8	数据使用方法简介	包括硬件、操作系统及工具软件要求、解压缩方法、数据库装入和调用说明等	任何数据库或数据文件必须说明	文本
9	数据库或数据文件补充信息	数据字典各项内容无法包括的信息或数据字典作者认为有必要让用户了解的信息	可选，加入此项内容可以帮助用户理解和使用该数据	文本

表 D.1（续）

序号	内容	含义	使用限定	类型
10	数据字典负责单位信息	对本数据字典负责的单位或个人信息，包括名称、地址和联系办法等	任何数据库或数据文件必须说明	文本

D.2 数据字典示例

D.2.1 矢量数据库数据字典实例——福州市防震减灾基础背景数据库

数据库全名

福州市防震减灾 1∶25 000 基础数据库。

数据库简称

福州 25 000 基础库。

数据库存储格式

ESRI shape 文件格式，可以转换成其他常用 GIS 格式。

数据库主要技术参数包括：

数据库或数据文件主要技术参数包括：

a） 参数说明：数据采用十进制度为单位的地理坐标表示；

b） 投影：采用 Pulkovo(1942)投影参数。

数据库内容说明

内容概述

该数据库包含福州市地震地质灾害预测分区图层、福州市崩塌与滑坡危险区图层、福州市场地分类控制点分布图层、福州市场地类别分区图层、福州市第四系等厚图层、福州市断裂分布图层、福州市古洼地古河床分布图层、福州市抗震防灾土地利用规划图层、福州市次生火灾易发区图层、福州市砂土液化危险区图层、福州市区避震疏散场地图层、福州市全新统等厚图层和福州市软土震陷区图层。以上数据资料完成日期为 1999 年 12 月。

数据项说明

数据层 1_Catastrophe_region. shp：该数据层是根据福州地形地貌、地震构造、地震地质和工程地质等要素在 1∶25 000 地形图上综合给出福州市地震地质灾害预测分区图。使用者可根据该数据层查询工作区内地震地质灾害的各类数据及其空间分布状况。

属性项_type　　　　地震地质灾害分类

属性项_name　　　　地震地质灾害名称

数据层 2_Landslide. shp：该数据层在 1∶25 000 地质图上根据地形地貌、山体构造和历史地震等预测山体滑坡与崩塌区空间分布范围，使用者可根据该数据层了解工作区内主要山体滑坡与崩塌的空间分布。

属性项_name　　　　危岩区名称

……

数据层 13_Engineering_geology. shp：该数据层在 1:25 000 地质图上给出不同工程地质分类的空间分布范围，使用者可根据该数据层了解工作区内主要工程地质分类单元的空间分布。

属性项_sort　　　　工程地质分类

属性项_name　　　　工程地质名称

数据库数据项定义及说明（按数据项名称字母顺序排列）

数据项 1_name：名称

字段长:30

类型:char

数据项所在数据文件或表名:Landslide. shp

数据项所在数据文件或表名:Catastrophe_region. shp

……

数据项 2_type:地震地质灾害分类

字段长:4

类型:int

数据项所在数据文件或表名:Catastrophe_region. shp

……

数据项内容详细说明

数据项 10_vii_liquefaction:Ⅶ度地震烈度时砂土液化危害等级

数据项 11_EPA:峰值加速度

……

数据使用方法简介

使用地理信息系统软件显示或使用本数据库,如 ARC/INFO、ARCVIEW 或 MAPINFO 等。

数据库或数据文件补充信息

本数据库是福建省地震应急基础数据库建设项目工作成果的一部分。

数据字典负责单位信息

单位名称:福建省地震局

通信地址:福州市华鸿路 7 号省地震局

邮政编码:350003

联系电话:0591-8784××××

传真:0591-8781××××

电子邮件地址:

单位网址:http://www. fjea. gov. cn

D. 2. 2 中国灾害性地震震例与灾情数据库数据字典实例

数据库或数据文件全名

中国震例与地震灾情数据库。

数据库或数据文件简称

MapECDIS. MDB

数据库或数据文件存储格式

ACCESS 数据库格式,可以导出其他常用数据库格式用于数据交换。

地理要素采用 MapInfo Table 格式,可以转换成其他常用 GIS 格式用于数据交换。

数据库或数据文件内容说明

内容概述

该数据库包含:

——1966 年到 1999 年我国开展了震例研究的全部地震,包括定点观测项目异常统计、构造背景、台站、异常情况登记、异常统计表、震害统计和震源机制解等;

——我国有史记录以来至 2000 年破坏性地震的灾情。

数据项说明

数据层 1_EqCase. tab 地震震例基本参数数据库,是 1966 年到 1999 年我国开展了震例研究的全部地震的震中位置(点属性),属性数据包括了地震编码等,通过该编码实现与震例属性数据库各种数据表关联。

属性项_ID　　　　地震编码

属性项_name　　　地震震例名称

……

数据层 2_EqDisaster.tab 地震灾情数据库，是我国有史记录以来至 2000 年破坏性地震的震中位置(点属性)，属性数据包括了地震编码等，通过该编码实现与地震灾害属性数据库各种数据表关联。

属性项_ID　　　　地震编码

属性项_name　　　破坏性地震名称

……

……

数据库数据项定义及说明

数据项 1_ID 地震编码

字段长:4

类型:char

数据项所在数据文件或表名:地震基本参数

数据项所在数据文件或表名:定点观测项目异常统计 1

数据项所在数据文件或表名:震源机制解

……

数据项所在数据文件或表名:地震灾情

数据项 2_death_num 死亡人数:地震造成的死亡人数

字段长:4

类型:int

数据项所在数据文件或表名:地震灾情

……

数据项所在数据文件或表名:灾情统计

数据项 3_latitude 纬度:发生地震位置的纬度

字段长:4

类型:double

数据项所在数据文件或表名:台站

……

数据项所在数据文件或表名:地震灾情

……

数据项内容详细说明

数据项 22_strike1 节面Ⅰ走向:震源机制解的节面Ⅰ走向，单位度，取值×××.×

数据项 23_dip_direction1 节面Ⅰ倾向:震源机制解的节面Ⅰ倾向，取值 N;NE;E;ES;S;WS;W;NW

数据项 24_dip_angle1 节面Ⅰ倾角:震源机制解的节面Ⅰ倾角，单位度，取值××.×

……

数据使用方法简介

可用常用关系型数据库软件读取。

数据字典负责单位信息

单位名称:中国地震局地震预测研究所

通信地址:北京市复兴路 63 号

邮政编码:100036
联系电话:010-8801××××
传真:010-8801××××
电子邮件地址:×××××@ seis. ac. cn
单位网址:http://www. seis. ac. cn

参 考 文 献

[1] GB 13000.1 信息技术 通用多八位编码字符集(UCS)(GB 13000.1—1993,ISO/IEC 10646-1:1993,IDT)

[2] GB/T 15273.1—1994 信息处理 八位单字节编码图形字符集 第一部分:拉丁字母一

[3] GB/T 18207.2—2005 防震减灾术语 第2部分:专业术语

[4] DB/T 11.1—2007 地震数据分类与代码 第1部分:基本类别

[5] DB/T 11.2—2007 地震数据分类与代码 第2部分:观测数据

[6] ISO 8601:2004 Data elements and interchange formats—Information interchange—Representation of dates and times

[7] ISO 8601:2004 Data Elements and Interchange Formats—Information Interchange—Representation of Dates and Times—Third Edition

[8] ISO 8859-1:1987 American National Standard for Information Processing-8—Bit Single—Byte Coded Graphic Character Sets—Part 1:Latin Alphabet No. 1

[9] ISO/IEC 10646-1:1993/AMD. 2:1996(E) Information technology—Universal Multiple—Octet Coded Character Set (UCS)—Part 1:Architecture and Basic Multilingual Plane

[10] ISO/IEC 10646:2003/AMD. 3:2008 Information technology—Universal Multiple—Octet Coded Character Set (UCS)—Amendment 3: Lepcha. 01 Chiki. Saurashtra. Vai and other characters

ICS 91.120.25
P 15

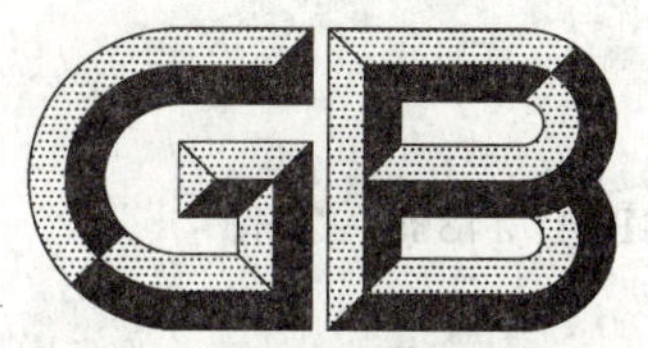

中华人民共和国国家标准

GB/T 24889—2010

地震现场应急指挥管理信息系统

Management information system for emergency command in earthquake occurrence site

2010-06-30 发布 2010-10-01 实施

中华人民共和国国家质量监督检验检疫总局
中国国家标准化管理委员会 发布

前　言

本标准的附录A和附录B为规范性附录，附录C为资料性附录。

本标准由中国地震局提出。

本标准由全国地震标准化技术委员会(SAC/TC 225)归口。

本标准起草单位：中国地震局地震预测研究所、中国地震局工程力学研究所、中国地震应急搜救中心、福建省地震局。

本标准主要起草人：王晓青、孙柏涛、王东明、丁香、黄宏生。

地震现场应急指挥管理信息系统

1 范围

本标准规定了地震现场应急指挥管理信息系统的分级、基本功能、子系统功能、结构、运行环境、配置和数据库的要求。

本标准适用于地震现场应急指挥管理信息系统的设计、开发和应用。

2 规范性引用文件

下列文件中的条款通过本标准的引用而成为本标准的条款。凡是注日期的引用文件，其随后所有的修改单(不包括勘误的内容)或修订版均不适用于本标准，然而，鼓励根据本标准达成协议的各方研究是否可使用这些文件的最新版本。凡是不注日期的引用文件，其最新版本适用于本标准。

GB 18208.2—2001 地震现场工作 第二部分:建筑物安全鉴定

GB/T 18208.3 地震现场工作 第三部分:调查规范

GB/T 18208.4 地震现场工作 第4部分:灾害直接损失评估

GB/T 24888—2010 地震现场应急指挥数据共享技术要求

3 术语和定义

下列术语和定义适用于本标准。

3.1

地震应急 earthquake emergency response

破坏性地震发生前所做的各种应急准备以及地震发生后采取的紧急抢险救灾行动。

[GB/T 18207.1—2008,定义6.1]

3.2

地震现场 earthquake occurrence site

需要实施**地震应急**、救援并开展相关工作的地区。

[GB/T 18207.2—2005,定义7.1.6]

3.3

地震现场应急指挥 emergency command in earthquake occurrence site

地震现场指挥机构组织、协调和调度应急资源(应急队伍和应急物资等)进行应急处置的行为。

4 系统分级及其组成

4.1 系统分级

地震现场应急指挥管理信息系统分为：

a) 国家和省级地震现场应急指挥管理信息系统；

b) 市县级地震现场应急指挥管理信息系统。

4.2 国家和省级系统的组成

国家和省级地震现场应急指挥管理信息系统基本组成见附录A。

4.3 市县级系统的组成

市县级地震现场应急指挥管理信息系统基本组成见附录B。

5 系统功能和要求

5.1 地震现场应急指挥管理信息系统的基本功能应包括：系统通用功能、应急指挥信息分析处理功能和应急指挥辅助信息处理功能。

5.2 系统应具备下列通用功能：

a) 数据库管理；

b) 地理信息操作处理；

c) 灾情上报和信息发布；

d) 系统集成管理。

5.3 系统应提供下列应急指挥信息分析处理功能：

a) 应急指挥辅助决策；

b) 现场应急指挥命令；

c) 应急救援；

d) 后勤保障。

5.4 系统应提供数据交换功能，以便从下列独立运行的地震现场工作系统中输入用于辅助地震现场应急指挥的相关数据，并提供数据的分析处理功能：

a) 地震灾害损失评估；

b) 地震现场科学考察；

c) 地震现场建筑物安全鉴定；

d) 地震现场流动观测；

e) 地震现场分析预报；

f) 地震现场音视频与图像。

5.5 独立运行的地震现场工作系统可完全集成到地震现场应急指挥管理信息系统中，所集成的系统应具有第6章规定的对应子系统功能。

5.6 地震现场应急指挥管理信息系统的基本功能应依据国家地震应急预案和各地方地震应急预案规定的现场应急职能确定。

5.7 在5.1规定的系统基本功能基础上，可适当增加系统功能，但应保持增加的功能与基本功能在功能接口、数据接口方面的一致性。

6 子系统功能

6.1 数据库管理子系统

数据库管理子系统应具备下列空间数据的管理功能：

a) 数据库用户维护管理；

b) 数据库数据维护管理；

c) 数据库查询、统计、统计图(表)创建、结果显示与输出；

d) 数据字典管理、元数据管理；

e) 数据库安全管理。

6.2 应急指挥辅助决策子系统

应急指挥辅助决策子系统应具备下列功能：

a) 紧急处置辅助决策；

b) 灾民紧急安置与物资需求辅助决策；

c) 医疗救护辅助决策；

d) 救灾物资供应辅助决策；

e) 生命线工程功能保障辅助决策；

f) 其他应急指挥辅助决策。

6.3 指挥命令发布子系统

6.3.1 指挥命令发布方式

指挥命令发布子系统应能够通过网络通信方式实现现场指挥中心和后方各级指挥中心之间、现场指挥中心与现场工作小组之间的应急指挥命令的收发。

6.3.2 指挥命令发布与管理功能

指挥命令发布子系统应具备下列功能：

a) 现场应急指挥机构组成、任务分派与协调、运行状态管理；

b) 指挥命令与请求对象管理；

c) 指挥命令与请求内容组织；

d) 指挥命令收发权限管理；

e) 指挥命令与请求签发；

f) 指挥命令与请求收发；

g) 指挥命令收文处置；

h) 指挥命令信息维护与查询。

6.4 信息通告子系统

6.4.1 信息通告内容、对象与方式

信息通告子系统应通过网络通信手段，利用政府信息网、地震信息网、公众信息网渠道向国务院抗震救灾指挥部、各级人民政府、地震部门、新闻媒体、社会公众以及国务院有关部门进行震情和灾情信息、防震减灾知识和地震辟谣信息的通告。

6.4.2 信息通告子系统的功能

信息通告子系统应具备下列功能：

a) 信息通告内容组织；

b) 信息通告对象管理；

c) 信息通告发布权限管理；

d) 信息通告签发；

e) 信息通告发布；

f) 通告信息维护与查询。

6.5 地震现场视频图像数据管理子系统

6.5.1 地震现场视频图像数据输入方式

地震现场视频图像数据管理子系统应通过网络或介质交换的方式输入采用全球卫星定位仪、数码照相机、数码摄像机等设备快速获取的地震现场调查点空间位置数据、震情灾情数据和考察对象的视频图像或语音数据，并将数据保存到系统数据库中。

6.5.2 地震现场视频图像管理子系统的功能

地震现场视频图像管理子系统应具备下列功能：

a) 地震现场视频图像输入；

b) 视频图像数据编辑处理；

c) 视频图像数据库维护管理；

d) 视频图像信息与调查点和调查对象的关联信息处理；

e) 视频图像数据关联查询与回放。

6.6 地震现场灾害调查与损失评估子系统

6.6.1 地震现场灾害损失数据输入方式

地震现场灾害调查与损失评估数据可借助便携式计算机、个人数字助理等计算机设备和全球卫星定位仪进行采集，通过有线、无线通信方式传送到本系统，或直接通过本子系统进行输入。

6.6.2 地震现场灾害调查与损失评估子系统的功能

6.6.2.1 地震现场灾害直接经济损失评估应遵循 GB/T 18208.4 的规定。

6.6.2.2 地震现场灾害损失评估子系统应包括下列功能：

a) 整合并管理以下地震现场灾害调查评估数据：
  ——灾区人口、建(构)筑物和财产基础数据；
  ——抽样调查点信息；
  ——建(构)筑物震害及损失抽样调查数据；
  ——室内财产与室外财产破坏及损失调查数据；
  ——生命线与基础设施损失调查数据。

b) 评估区、烈度区创建；

c) 建(构)筑物破坏比和单位面积室内财产损失统计；

d) 建筑物破坏面积统计；

e) 人员伤亡和失去住所人数统计；

f) 建(构)筑物、室内外财产、生命线系统经济损失评估及其结果汇总；

g) 评估报告的快速创建。

6.7 地震现场科学考察信息管理子系统

6.7.1 地震现场科学考察数据内容

地震现场科学考察数据包括：

a) 地震烈度；

b) 地震宏观异常现象；

c) 工程结构震害；

d) 生命线系统震害；

e) 地震社会影响；

f) 发震构造；

g) 地震地质灾害。

以上各项科学考察数据的获取应遵循 GB/T 18208.3 的规定。

6.7.2 地震现场科学考察子系统功能

地震现场科学考察信息管理子系统应能够对各项地震现场科学考察数据进行维护，并具备下列处理与服务功能：

a) 现场科学考察数据查询统计；

b) 现场科学考察数据输出；

c) 现场科学考察数据交换；

d) 现场科学考察报告快速创建。

6.8 现场建筑物安全鉴定信息管理子系统

6.8.1 现场建筑物安全鉴定数据内容

地震现场建筑物安全鉴定数据包括：

a) 已鉴定建筑物的结构类型、栋数或面积、鉴定结果统计数据；

b) 学校、医院和生命线等重要系统的鉴定结果数据；

c) 建筑物安全鉴定报告。

以上各项地震现场建筑物安全鉴定数据的获取应遵循 GB 18208.2—2001 的规定。

6.8.2 现场建筑物安全鉴定子系统的功能

地震现场建筑物安全鉴定信息管理子系统应能够对各项建筑物安全鉴定数据进行维护，并具备下列处理与服务功能：

a) 现场建筑物安全鉴定数据查询统计；

b) 现场建筑物安全鉴定数据输出；

c) 现场建筑物安全鉴定数据交换；

d) 建筑物安全鉴定报告快速创建。

6.9 震情灾情上报子系统

6.9.1 灾情上报方式与途径

震情灾情上报子系统应通过地震现场网络通信系统，采用网络传输的方式，将地震现场灾情信息快速传递到国务院和各级人民政府抗震救灾指挥部。

6.9.2 震情灾情上报子系统的功能

震情灾情上报子系统功能应具备下列功能：

a) 震情灾情数据关联查询与显示；

b) 上报数据安全与压缩处理；

c) 数据上报授权；

d) 震情灾情数据上报。

6.10 应急救援信息管理子系统

应急救援信息管理子系统应具备下列主要功能：

a) 救援基础信息数据库管理；

b) 灾害规模与类型判定；

c) 应急救援预案管理与动态调整；

d) 可视化灾害现场场景与救援状态显示；

e) 灾区建(构)筑物倒塌与幸存者埋压情况分析；

f) 人员、物资与装备需求，救援类型、救援实施方案等应急救援辅助决策；

g) 专业救援力量，公安、消防、医疗、交通、民政等政府部门救援力量和社会其他救助力量等应急指挥调度与协调。

6.11 后勤保障信息管理子系统

6.11.1 后勤保障信息的内容

后勤保障信息包括现场应急人员信息、物资信息、装备信息、车辆信息、通信和网络设备信息。

6.11.2 后勤保障信息管理子系统的功能

后勤保障信息管理子系统应能够提供现场后勤资源管理与方案制定，并具备下列功能：

a) 后勤保障基础信息管理；

b) 后勤保障预案管理；

c) 后勤保障方案辅助决策；

d) 后勤保障信息动态查询与显示；

e) 网络通信管理。

6.12 地理信息子系统

地理信息子系统应具备下列功能：

a) 空间数据存取与地图工程管理；

b） 空间数据维护管理；

c） 空间数据分析与交换；

d） 地图编辑、查询和浏览；

e） 专题地图创建与输出。

6.13 地震现场流动监测信息管理子系统

6.13.1 地震现场流动监测信息内容

地震现场流动监测信息包括以下内容：

a） 地震现场测震、强震、地壳形变、地下流体等观测台站分布信息；

b） 根据现场测震观测确定的地震序列目录；

c） 根据现场强震观测确定的强地震动参数；

d） 根据现场地壳形变、地下流体等观测确定的异常数据；

e） 现场收集的宏观异常数据。

6.13.2 地震现场流动监测信息管理子系统的功能

地震现场流动监测信息管理子系统应具备下列功能：

a） 地震现场流动监测台站分布信息查询与显示；

b） 地震现场流动监测数据的查询与显示；

c） 地震现场流动监测数据的输出；

d） 地震现场流动监测数据交换。

6.14 地震现场分析预报信息管理子系统

6.14.1 地震现场分析预报信息的内容

地震现场分析预报信息包括以下内容：

a） 地震灾区地震类型、地震序列特征和宏观异常分布特征分析结果；

b） 地震灾区地震趋势会商意见、短临预报和其他相关信息；

c） 全国区域地震趋势会商意见、短临预报和其他相关信息。

6.14.2 地震现场分析预报信息管理子系统的功能

地震现场分析预报管理子系统应能够采用数据交换的方式输入和维护地震现场分析预报信息，并具备以下功能：

a） 地震现场分析预报数据查询与显示；

b） 地震现场分析预报数据输出；

c） 地震现场分析预报数据交换。

6.15 系统集成管理

6.15.1 系统集成管理的基本要求

系统集成管理应在系统软、硬件环境下，按照系统架构体系，系统数据库环境、通过系统数据接口、功能接口将各个子系统有效地集成为一个整体，实现系统功能的集成管理。

6.15.2 系统集成管理的功能要求：

系统集成管理应具有以下功能：

a） 系统功能集成菜单控制；

b） 系统运行环境维护；

c） 系统用户与安全管理；

d） 集成界面管理；

e） 系统运行日志管理；

f) 提供系统帮助。

7 系统结构和运行环境要求

7.1 系统层次结构

7.1.1 地震现场应急指挥管理信息系统应由数据服务层、应用服务层和表现层组成(见附录C)。

7.1.2 数据服务层应包括由地震现场应急指挥所需要的各种空间地理信息、基础数据和专题数据组成的共享空间数据库和空间数据库管理。

7.1.3 应用服务层宜包括应急指挥信息管理所需要的各种应用服务程序,网络(WEB)服务器和地理信息系统(GIS)应用服务器。

7.1.4 表现层应包括用户界面与系统接口,实现系统空间数据的访问、维护管理与处理;应急指挥辅助决策和命令发布;信息通告发布;系统数据查询、浏览和数据交换功能。

7.1.5 各子系统应根据实际需要分别采用客户/服务器(C/S)、浏览器/服务器(B/S)或两者混合的系统体系架构。

7.2 系统硬件配置

7.2.1 部署于国家和省级地震现场应急指挥部的管理信息系统应采用局域网(LAN)或广域网(WAN)网络环境。系统应通过无线或有线通信设备与万维网相连接。系统应运行于由多台计算机组成的现场应急指挥部计算机网络系统,并应具有完备的输入设备、输出设备、多媒体播放设备和网络通信设备。

7.2.2 部署于市县级地震现场应急指挥部的管理信息系统宜采用客户/服务器(C/S)体系架构时,在单机或局域网环境下工作;采用浏览器/服务器(B/S)体系架构时,宜采用广域网环境,并与万维网相连接。系统可运行于一台或多台计算机组成的现场应急指挥部计算机系统,并配备适当的输入设备、输出设备、多媒体播放设备和网络通信设备。

7.3 系统软件配置

7.3.1 地震现场应急指挥管理信息系统应采用通用的可视化操作界面,高稳定性和实用性的操作系统,支持地震现场各种平台软件和集成应用系统的运行,并支持汉字系统。

7.3.2 系统应配备地理信息系统(GIS)软件,并应具备下列基本功能和性能:

a) 与系统软、硬件环境保持兼容性;

b) 与系统数据库保持兼容性;

c) 与相关领域现有GIS应用保持兼容性;

d) 空间地理数据和属性数据的采集、编辑、存储管理、空间查询与分析、专题图制作和数据输出;

e) 支持网络环境下GIS信息的发布;

f) 部署于国家和省级地震现场应急指挥部的管理信息系统配置的GIS软件应具有较强的二次开发能力;

g) 支持汉字系统,版本的升级和良好的售后服务;

h) 具有较强的技术支持力量和较大的用户群体;

i) 支持三维GIS处理与显示;

j) 可具有多媒体数据处理与显示功能。

7.3.3 应配备通用的可处理中文的办公软件。

7.3.4 应配备与操作系统及其应用环境相适应的Web/WebGIS软件。

7.3.5 国家和省级地震现场应急指挥管理信息系统可选配通用的图像处理软件,具有图像预处理、增强处理、模式识别、图像浏览、栅格数据与矢量数据迭加显示与输出打印等功能。

8 系统数据库要求

8.1 系统数据类型

数据库应包含地震现场应急所需要的各种空间数据、基础资料和现场应急工作过程中产生的数据。

8.2 数据库设计依据

系统数据库应按照 GB/T 24888—2010 的规定进行设计与建设。

8.3 系统数据库管理

地震现场应急指挥管理信息系统,应按照 8.1 和 8.2 的规定对系统数据库提供完整的数据库管理功能。

8.4 系统数据库建立与更新

应根据地震现场应急指挥管理信息系统的分级和使用区域,分别建立系统数据库,并应适时进行数据更新。

附　录　A
（规范性附录）
国家和省级地震现场应急指挥管理信息系统基本组成

国家和省级地震现场应急指挥管理信息系统的基本组成如图 A.1 所示。

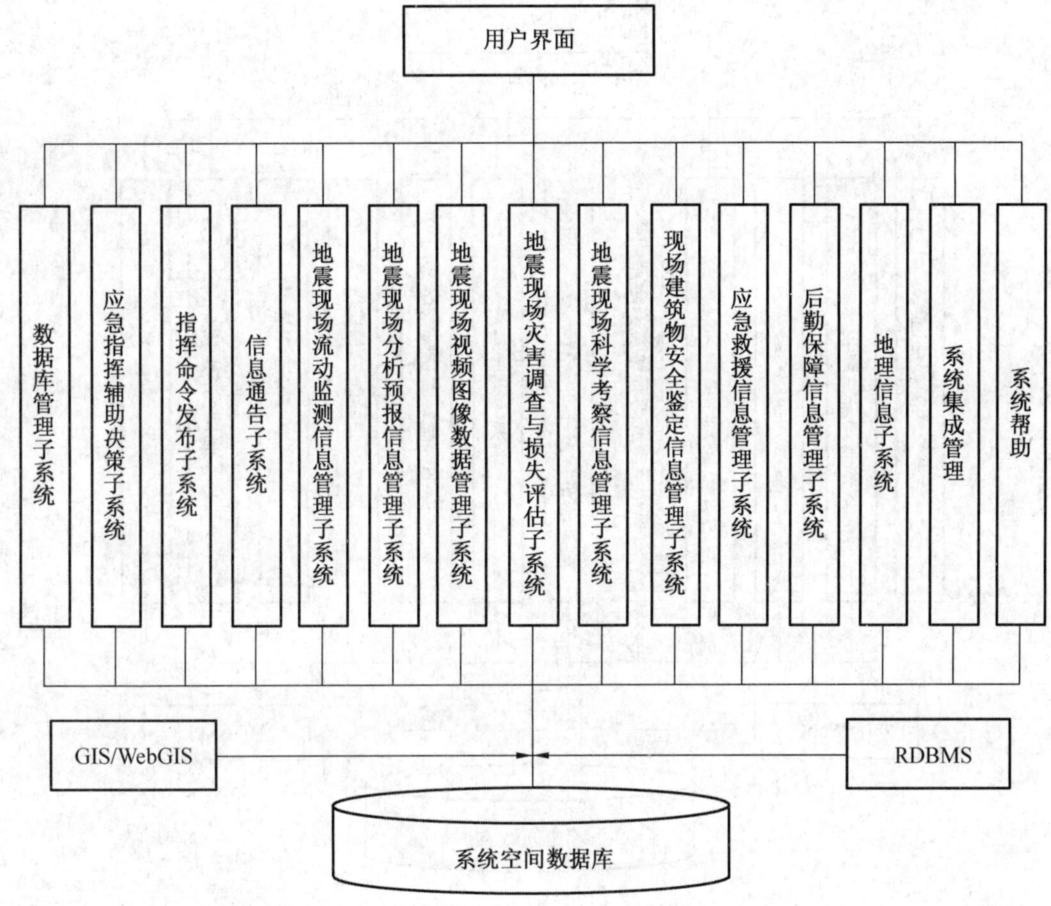

注 1：RDBMS——关系型数据库管理系统；

注 2：　　GIS——地理信息系统；

注 3：WebGIS——基于网络的地理信息系统。

图 A.1　国家和省级地震现场应急指挥管理信息系统基本组成图

附　录　B
（规范性附录）
市县级地震现场应急指挥管理信息系统基本组成

市县级地震现场应急指挥管理信息系统的基本组成如图 B.1 所示。

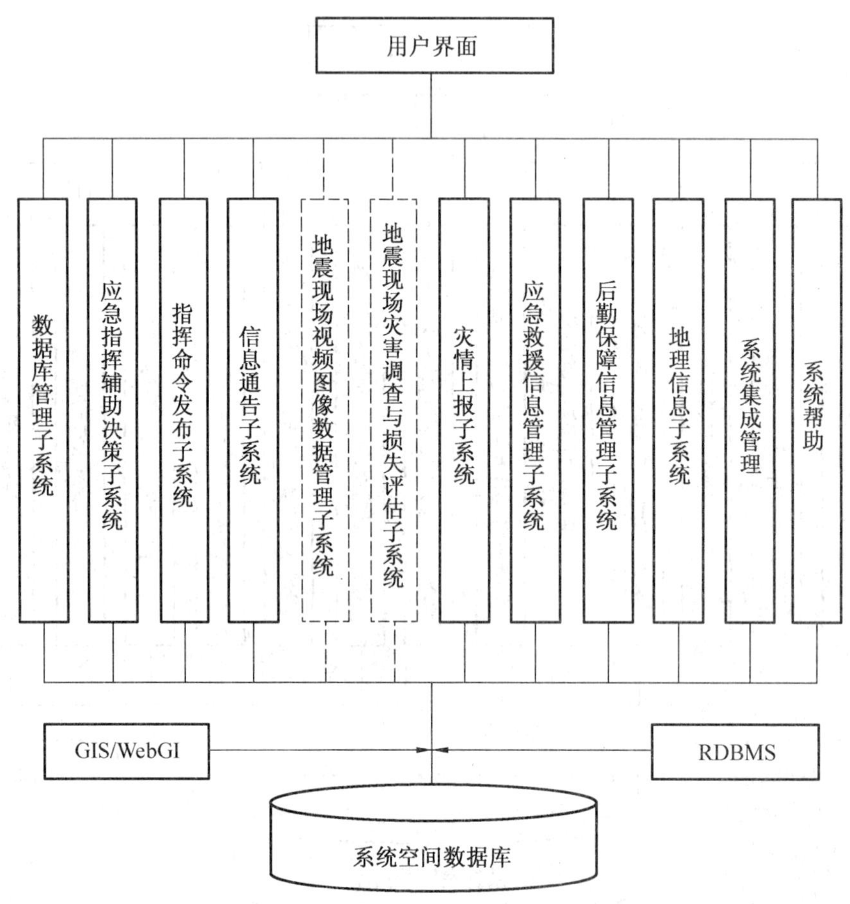

注 1：RDBMS——关系型数据库管理系统；

注 2：　　GIS——地理信息系统；

注 3：WebGIS——基于网络的地理信息系统。

图 B.1　市县级地震现场应急指挥管理信息系统基本组成图

附 录 C
（资料性附录）
地震现场应急指挥管理信息系统的层次结构

现场应急指挥管理信息系统的层次结构见图 C.1 所示。

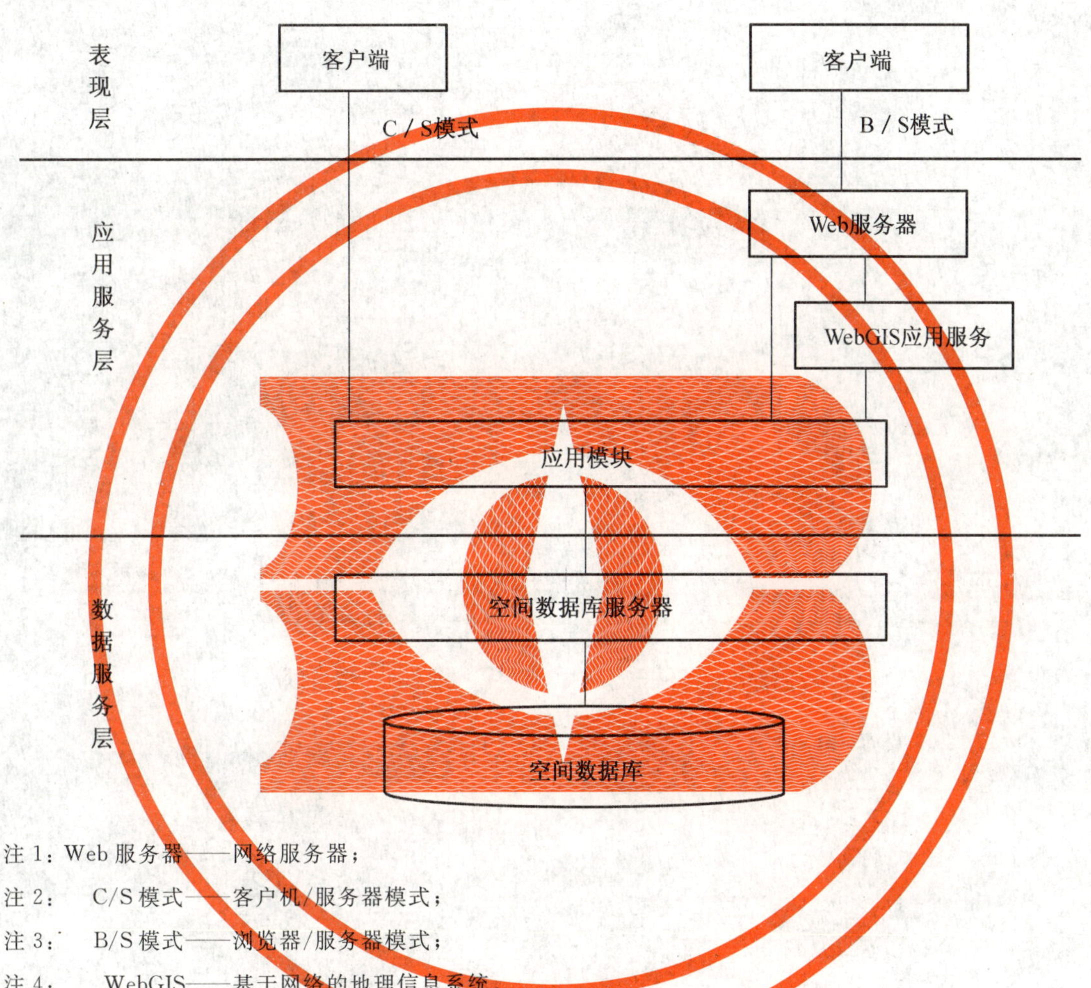

注 1：Web 服务器——网络服务器；

注 2： C/S 模式——客户机/服务器模式；

注 3： B/S 模式——浏览器/服务器模式；

注 4： WebGIS——基于网络的地理信息系统。

图 C.1 地震现场应急指挥管理信息系统的层次结构图

参 考 文 献

[1] GB/T 18207.1—2008 防震减灾术语 第1部分:基本术语
[2] GB/T 18207.2—2005 防震减灾术语 第2部分:专业术语

ICS 65.080
G 20

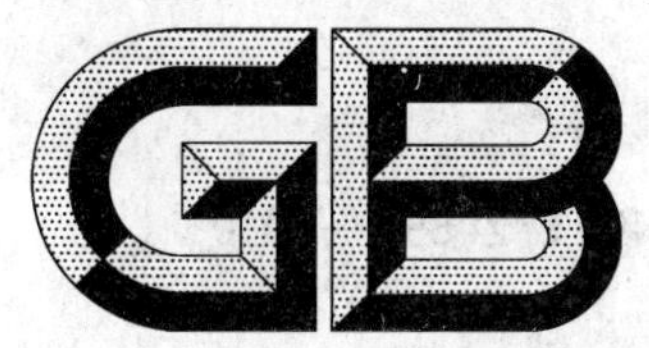

中华人民共和国国家标准

GB/T 24890—2010

复混肥料中氯离子含量的测定

Determination of chloride content for compound fertilizers

2010-06-30 发布　　2011-01-01 实施

中华人民共和国国家质量监督检验检疫总局
中国国家标准化管理委员会　发布

前　言

本标准是复混肥料试验方法系列标准之一，下面列出了这些系列国家标准：

——GB/T 8571—2008《复混肥料　实验室样品制备》；

——GB/T 8572—2010《复混肥料中总氮含量的测定　蒸馏后滴定法》；

——GB/T 8573—2010《复混肥料中有效磷含量的测定　磷钼酸喹啉重量法》；

——GB/T 8574—2010《复混肥料中钾含量的测定　四苯硼酸钾重量法》；

——GB/T 8576—2010《复混肥料中游离水含量的测定　真空烘箱法》；

——GB/T 8577—2010《复混肥料中游离水含量的测定　卡尔·费休法》；

——GB/T 24890—2010《复混肥料中氯离子含量的测定》；

——GB/T 24891—2010《复混肥料粒度的测定》。

本标准由中国石油和化学工业协会提出。

本标准由全国肥料和土壤调理剂标准化技术委员会(SAC/TC 105)归口。

本标准起草单位：国家化肥质量监督检验中心(上海)、黑龙江省谷粮复合肥料有限公司。

本标准主要起草人：李崇明、朱涛、苏刚。

复混肥料中氯离子含量的测定

1 范围

本标准规定了复混肥料(复合肥料)中氯离子含量的测定。

本标准适用于复混肥料(复合肥料)中氯离子含量的测定。

2 规范性引用文件

下列文件中的条款通过本标准的引用而成为本标准的条款。凡是注日期的引用文件,其随后所有的修改单(不包括勘误的内容)或修订版均不适用于本标准,然而,鼓励根据本标准达成协议的各方研究是否可使用这些文件的最新版本。凡是不注日期的引用文件,其最新版本适用于本标准。

GB/T 8571 复混肥料 实验室样品制备

HG/T 2843 化肥产品 化学分析常用标准滴定溶液、标准溶液、试剂溶液和指示剂溶液

3 原理

试料在微酸性溶液中,加入过量的硝酸银溶液,使氯离子转化成为氯化银沉淀,用邻苯二甲酸二丁酯包裹沉淀,以硫酸铁铵为指示剂,用硫氰酸铵标准溶液滴定剩余的硝酸银。

4 试剂和材料

本方法中所用试剂、溶液和水,在未注明规格和配制方法时,均应符合 HG/T 2843 的规定。

4.1 邻苯二甲酸二丁酯;

4.2 硝酸溶液:1+1;

4.3 硝酸银溶液[$c(AgNO_3)=0.05$ mol/L]:称取 8.7 g 硝酸银,溶解于水中,稀释至 1 000 mL,储存于棕色瓶中;

4.4 氯离子标准溶液(1 mg/mL):准确称取 1.648 7 g 经 270 ℃～300 ℃烘干至质量恒定的基准氯化钠于烧杯中,用水溶解后,移入 1 000 mL 量瓶中,稀释至刻度,混匀,储存于塑料瓶中。此溶液 1 mL 含 1 mg 氯离子(Cl^-);

4.5 硫酸铁铵指示液(80 g/L):溶解 8.0 g 硫酸铁铵于 75 mL 水中,过滤,加几滴硫酸,使棕色消失,稀释至 100 mL;

4.6 硫氰酸铵标准滴定溶液[$c(NH_4SCN)=0.05$ mol/L]:称取 3.8 g 硫氰酸铵溶解于水中,稀释至 1 000 mL。

标定方法如下:准确吸取 25.0 mL 氯离子标准溶液于 250 mL 锥形瓶中,加入 5 mL 硝酸溶液和 25.0 mL 硝酸银溶液,摇动至沉淀分层,加入 5 mL 邻苯二甲酸二丁酯,摇动片刻。加入水,使溶液总体积约为 100 mL,加入 2 mL 硫酸铁铵指示液,用硫氰酸铵标准滴定溶液滴定剩余的硝酸银,至出现浅橙红色或浅砖红色为止。同时进行空白试验。

硫氰酸铵标准滴定溶液的浓度 c(mol/L)按式(1)计算:

$$c=\frac{m_1}{0.035\,45\times(V_0-V_1)} \qquad \cdots\cdots(1)$$

式中:

V_0——空白试验(25.0 mL 硝酸银溶液)所消耗硫氰酸铵标准滴定溶液的体积的数值,单位为毫升(mL);

V_1——滴定剩余的硝酸银所消耗硫氰酸铵标准滴定溶液的体积的数值，单位为毫升(mL)；

m_1——所取氯离子标准溶液中氯离子的质量的数值，单位为克(g)；

0.035 45——氯离子的毫摩尔质量，单位为克每毫摩尔(g/mmol)。

计算结果保留到小数点后四位。

5 分析步骤

做两份试料的平行测定。

按 GB/T 8571 规定制备实验室样品。

称取试样约 1 g～10 g(精确至 0.001 g)(称样量范围见表 1)于 250 mL 烧杯中，加 100 mL 水，缓慢加热至沸，继续微沸 10 min，冷却至室温，溶液转移到 250 mL 量瓶中，稀释至刻度，混匀。干过滤，弃去最初的部分滤液。

表 1 称样量范围

氯离子含量(w_1)/%	$w_1<5$	$5\leqslant w_1\leqslant 25$	$w_1>25$
称样量/g	10～5	5～1	1

准确吸取一定量的滤液(含氯离子约 25 mg)于 250 mL 锥形瓶中，加入 5 mL 硝酸溶液，加入 25.0 mL 硝酸银溶液，摇动至沉淀分层，加入 5 mL 邻苯二甲酸二丁酯，摇动片刻。

加入水，使溶液总体积约为 100 mL，加入 2 mL 硫酸铁铵指示液，用硫氰酸铵标准溶液滴定剩余的硝酸银，至出现浅橙红色或浅砖红色为止。同时进行空白试验。

6 分析结果的表述

6.1 分析结果的计算

氯离子的质量分数 w_1，数值以%表示，按式(2)计算：

$$w_1=\frac{(V_0-V_2)\times c\times 0.035\,45}{m_2\times D}\times 100 \qquad\cdots\cdots(2)$$

式中：

V_0——空白试验(25.0 mL 硝酸银溶液)所消耗硫氰酸铵标准滴定溶液的体积的数值，单位为毫升(mL)；

V_2——滴定试液时所消耗硫氰酸铵标准滴定溶液的体积的数值，单位为毫升(mL)；

c——硫氰酸铵标准滴定溶液的浓度的数值，单位为摩尔每升(mol/L)；

m_2——试料质量的数值，单位为克(g)；

D——测定时吸取试液体积与试液的总体积的比值；

0.035 45——氯离子的毫摩尔质量的数值，单位为克每毫摩尔(g/mmol)。

计算结果表示到小数点后两位。取平行测定结果的算术平均值作为测定结果。

6.2 允许差

氯离子含量测定的允许差应符合表 2 的要求。

表 2 氯离子含量测定的允许差

氯离子含量(w_1)/%	$w_1<5$	$5\leqslant w_1\leqslant 25$	$w_1>25$
平行测定结果的绝对差值/% ≤	0.20	0.30	0.40
不同实验室测定结果的绝对差值/% ≤	0.30	0.40	0.60

ICS 65.080
G 20

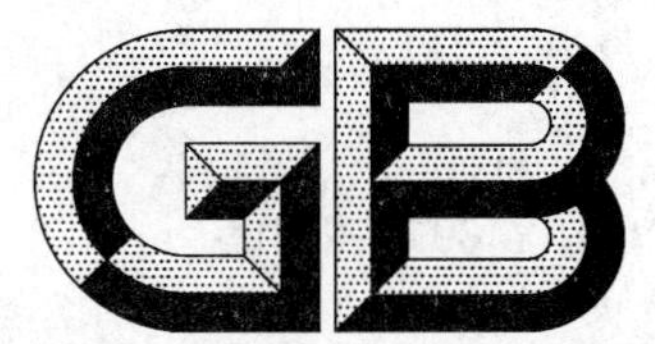

中华人民共和国国家标准

GB/T 24891—2010

复混肥料粒度的测定

Determination of particle size for compound fertilizers

2010-06-30 发布　　　　2011-01-01 实施

中华人民共和国国家质量监督检验检疫总局
中国国家标准化管理委员会　发布

前　言

本标准是复混肥料试验方法系列标准之一，下面列出了这些系列国家标准：

——GB/T 8571—2008《复混肥料　实验室样品制备》；

——GB/T 8572—2010《复混肥料中总氮含量的测定　蒸馏后滴定法》；

——GB/T 8573—2010《复混肥料中有效磷含量的测定　磷钼酸喹啉重量法》；

——GB/T 8574—2010《复混肥料中钾含量的测定　四苯硼酸钾重量法》；

——GB/T 8576—2010《复混肥料中游离水含量的测定　真空烘箱法》；

——GB/T 8577—2010《复混肥料中游离水含量的测定　卡尔·费休法》；

——GB/T 24890—2010《复混肥料中氯离子含量的测定》；

——GB/T 24891—2010《复混肥料粒度的测定》。

本标准由中国石油和化学工业协会提出。

本标准由全国肥料和土壤调理剂标准化技术委员会(SAC/TC 105)归口。

本标准起草单位：国家化肥质量监督检验中心(上海)、黑龙江省谷粮复合肥料有限公司。

本标准主要起草人：朱涛、苏刚。

复混肥料粒度的测定

1 范围

本标准规定了用筛分法测定复混肥料(复合肥料)的粒度。

本标准适用于复混肥料(复合肥料)中粒度的测定。

2 规范性引用文件

下列文件中的条款通过本标准的引用而成为本标准的条款。凡是注日期的引用文件,其随后所有的修改单(不包括勘误的内容)或修订版均不适用于本标准,然而,鼓励根据本标准达成协议的各方研究是否可使用这些文件的最新版本。凡是不注日期的引用文件,其最新版本适用于本标准。

GB/T 6003.1—1997 金属丝编织网试验筛(eqv ISO 3310-1:1990)

GB 15063 复混肥料(复合肥料)

3 原理

用一定规格的试验筛,将实验室样品分成不同粒径的颗粒,称量,计算质量分数。

4 仪器

通常实验室用仪器:

4.1 试验筛(GB/T 6003.1—1997 R40/3 系列):孔径为 1.00 mm、4.75 mm 或 3.35 mm、5.60 mm 的筛子,附盖和底盘;

4.2 天平:感量为 0.5 g;

4.3 振筛机。

5 分析步骤

根据产品颗粒的大小,将筛子按 1.00 mm、4.75 mm 或 3.35 mm、5.60 mm 依次叠好装上底盘,称取按 GB 15063 中规定缩分的实验室样品约 200 g(精确至 0.5 g),分别置于 4.75 mm 或 5.60 mm 筛子上,盖上筛盖,置于振筛机上,夹紧筛盖,振荡 5 min,或进行人工筛分。称量 1.00 mm～4.75 mm 或 3.35 mm～5.60 mm 之间的试料(精确至 0.5 g),夹在筛孔中的试料作不通过此筛处理。

6 分析结果的计算

粒度 w_1,以粒径 1.00 mm～4.75 mm 或 3.35 mm～5.60 mm 的试料占全部试料的质量分数计,数值以%表示,按式(1)计算:

$$w_1 = \frac{m_1}{m} \times 100 \qquad \cdots\cdots(1)$$

式中:

m_1——1.00 mm～4.75 mm 或 3.35 mm～5.60 mm 之间的试料质量的数值,单位为克(g);

m——试料质量的数值,单位为克(g)。

计算结果表示到小数点后一位。

ICS 67.200.10
X 14

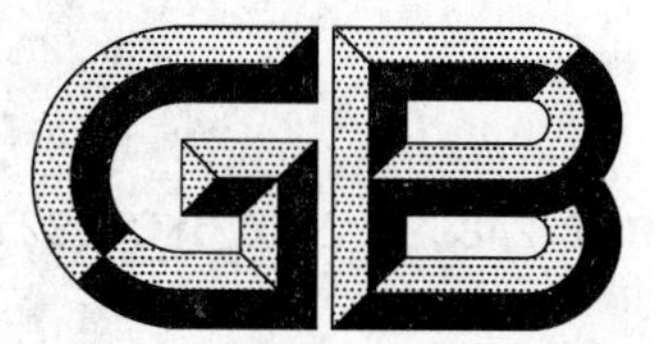

中华人民共和国国家标准

GB/T 24892—2010/ISO 6321:2002

动植物油脂 在开口毛细管中熔点(滑点)的测定

Animal and vegetable fats and oils—Determination of melting point in open capillary tubes (slip point)

(ISO 6321:2002,IDT)

2010-06-30 发布　　　　2011-01-01 实施

中华人民共和国国家质量监督检验检疫总局
中国国家标准化管理委员会　发布

前　　言

本标准等同采用 ISO 6321:2002《动植物油脂　在开口毛细管中熔点(滑点)的测定》(英文版)。

本标准等同翻译 ISO 6321:2002。

为便于使用,本标准做了下列编辑性修改:

a) “本国际标准”一词改为“本标准”;

b) 用小数点“.”代替作为小数点的逗号“,”;

c) 删除国际标准的前言;

d) 用 GB/T 15687—2008《动植物油脂　试样的制备》代替 ISO 661:2003《Animal and vegetable fats and oils—Preparation of test sample》。

本标准的附录 A 为规范性附录,附录 B 为资料性附录。

本标准由国家粮食局提出。

本标准由全国粮油标准化技术委员会归口。

本标准起草单位:国家粮食局科学研究院。

本标准主要起草人:林家永,郝希成。

动植物油脂
在开口毛细管中熔点(滑点)的测定

1 范围

本标准规定了两种以开口毛细管测定动植物油脂(以下简称油脂)熔点(滑点)的方法。

——方法A仅适用于常温下为固态且不呈多晶态油脂熔点(滑点)的测定。

——方法B适用于常温下为固态的所有的动植物油脂熔点(滑点)的测定,也适用于晶态未知油脂熔点(滑点)的测定。

棕榈油样品熔点的测定方法见附录A。

注1:若用方法A测定多晶态结构的油脂试样,所得结果与方法B有所差异,准确度比方法B差。

注2:呈多晶态结构的油脂一般有可可脂和含一定数量2-不饱和1,3-饱和的甘油三酯。

2 规范性引用文件

下列文件中的条款通过本标准的引用而成为本标准的条款。凡是注日期的引用文件,其随后所有的修改单(不包括勘误的内容)或修订版均不适用于本标准,然而,鼓励根据本标准达成协议的各方研究是否可使用这些文件的最新版本。凡是不注日期的引用文件,其最新版本适用于本标准。

GB/T 15687 动植物油脂 试样的制备(GB/T 15687—2008,ISO 661:2003,IDT)

3 术语和定义

下列术语和定义适用于本标准。

3.1

熔点(在开口毛细管中) melting point (in open capillary tubes)

滑点 slip point

在本标准规定的条件下,在一根开口毛细管中的脂肪柱开始向上滑动时的温度。

4 原理

在规定条件下,在毛细管的一端制备一段凝固脂肪柱,将其浸入到一定深度的水中,按规定速率升温,记录毛细管中脂肪柱开始向上滑动时的温度,该温度即为熔点。

5 仪器

实验室常规仪器,尤其是下列仪器。

5.1 毛细管:管壁厚度均匀,两端开口,内径1.0 mm~1.2 mm,外径1.3 mm~1.6 mm,壁厚0.15 mm~0.20 mm,长度50 mm~60 mm。

检验毛细管内外径可用如图1所示的测量规。

毛细管使用之前,需依次用铬酸洗液、水以及丙酮充分洗净,然后放入烘箱中干燥。建议尽量使用新的毛细管。

5.2 温度计:分刻度值为0.1 ℃,需在测定熔点温度范围进行校正。

5.3 搅拌器:电动搅拌器。

单位为毫米

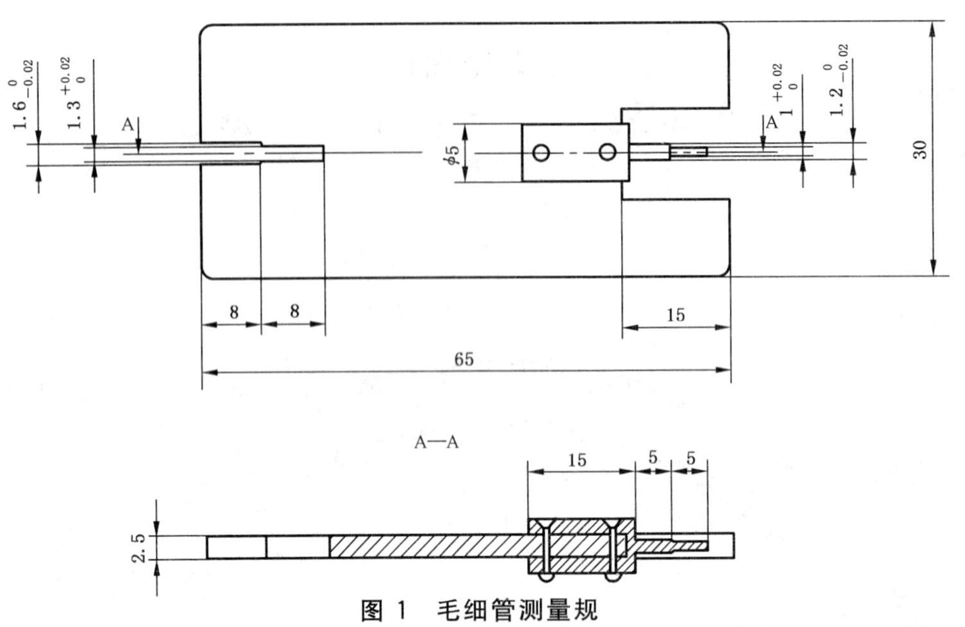

图 1 毛细管测量规

5.4 冷水浴:注入盐水或其他非凝固的液体,保温在－12 ℃～－10 ℃,或倒入碎冰和盐的混合物(质量比为 2∶1),使温度保持在－12 ℃～－10 ℃。

5.5 加热设备:由下列部件组成。

a) 水夹套,玻璃制,有进、出水口,形状和尺寸如图 2 所示;

b) 水浴加热器,能缓慢输送水流,可调控水夹套[5.5a)]的水温,控温速率 0.5 ℃/min～4 ℃/min。

单位为毫米

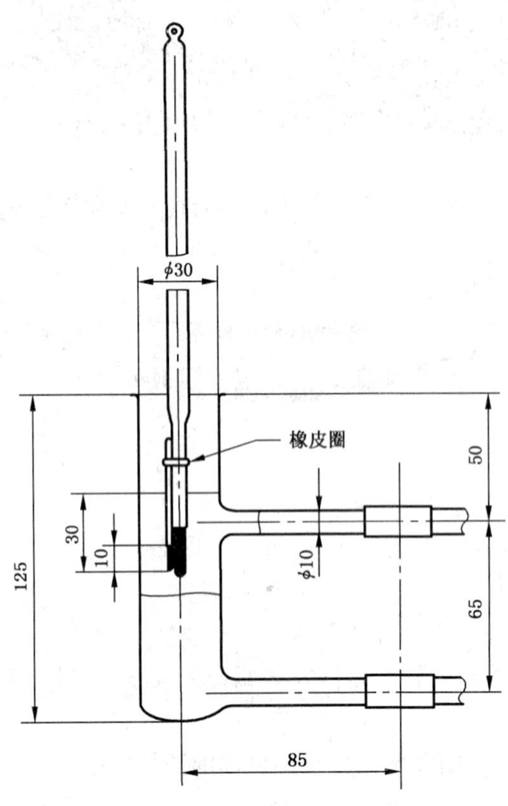

图 2 水夹套

图 3 所示为一典型的加热设备。

按规定速率升温的其他类型的加热设备,如磁搅拌水浴,也可以使用。

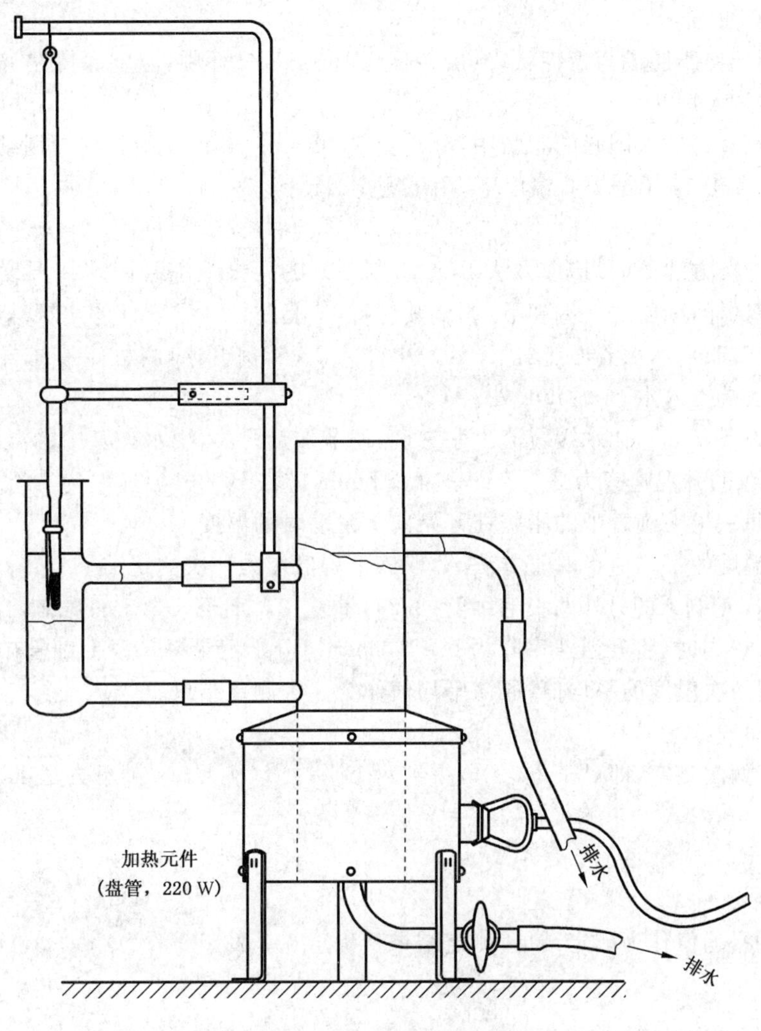

图 3 加热设备例子

6 取样

实验室接收的样品应确实具有代表性,且在运输和储存过程中无损坏或变质。

本标准不规定扦样方法,推荐采用 GB/T 5524[1]。

7 试样制备

按照 GB/T 15687 制备试样。

8 测定步骤

8.1 毛细管试样的制备(方法 A)

在高于试样熔点 5 ℃～10 ℃的温度下,将试样尽快融化。

取两根毛细管(5.1)插入融化试样中,吸取 10 mm±2 mm 的脂肪柱。迅速用纸巾擦净毛细管外表面的脂肪后,立即把毛细管靠在装有冰块的烧杯外表面,冷却几秒钟,使脂肪凝固。然后把毛细管放入冷却水浴(5.4)中冷却 5 min。以下按 8.3 步骤进行测定。

8.2 毛细管试样的制备(方法 B)

在高于试样熔点 5 ℃～10 ℃的温度下,将试样尽快融化。

冷却融化试样,不时加以搅拌,让其温度降至 32 ℃～34 ℃,然后用搅拌器(5.3)进行连续搅拌,使脂肪冷却,至出现雾浊。

用手工继续搅拌使脂肪成为稠糊状,然后转移至 100 mL 烧杯中,温度保持在 17 ℃±2 ℃。在该温度下,静置脂肪试样 24 h 以上。

取 4 根毛细管(5.1)插入调好的脂肪中,分别吸取 10 mm±2 mm 脂肪柱。用纸巾擦净毛细管外表面的脂肪。然后贮存于 17 ℃±2 ℃温度下,用于测定。

8.3 测定

8.3.1 用橡皮圈把按方法 A(8.1)或方法 B(8.2)制备好的两根毛细管固定在温度计(5.2)上,尽量避免将体温传给脂肪试样,脂肪柱一端朝下,调节其位置,使脂肪柱与温度计的水银球相平。

8.3.2 在水夹套[5.5a)]和水浴加热器[5.5b)]中注入 15 ℃凉开水,将固定有试样的温度计插入水夹套的中央,毛细管底端浸入水下 30 mm 处。

8.3.3 开启加热设备(5.5),让水缓缓流过水夹套,调节加热开关,用水夹套中的温度计监测温度,让水温缓缓上升,方法 A 的升温速率为 3 ℃/min～4 ℃/min,方法 B 的升温速率为 1 ℃/min。

8.3.4 分别记录每一根毛细管中的脂肪柱开始向上滑动时的温度。

8.3.5 计算两次温度的平均值。对于方法 A,取该平均值作为一次测定结果。

8.3.6 对于方法 B,用剩下的另外两根毛细管(8.2),重复 8.3.1 至 8.3.3 的操作,当温度升至 8.3.5 所测的平均温度 5 ℃以内时,将升温速率降为 0.5 ℃/min。分别记录每一根毛细管中脂肪柱开始向上滑动时的温度。计算两次温度的平均值,取该平均值作为一次测定结果。

8.4 测定次数

同一试样进行两次测定,即对于方法 A,得到两个平均值(8.3.5),对于方法 B,得到两个最终平均值(8.3.6)。

9 结果表示

取二次测定的平均值作为测定结果,测定结果精确至 0.1 ℃。

10 精密度

10.1 实验室间测试

附录 B 汇集了本方法精密度联合实验室试验数据。对于其他浓度范围和测试对象,这些试验数据可能不适用。

10.2 重复性

同一操作者在同一实验室,使用同一仪器和方法对同一试样进行分析,在短时间内获得两个独立的测定结果的绝对差值,对于方法 A,两次测定结果的绝对差值大于 0.5 ℃的情况不应超过 5%;对于方法 B,两次测定结果的绝对差值大于 1.0 ℃的情况不应超过 5%。

11 试验报告

试验报告应包括:

——有关样品的所有信息;

——取样的方法;

——试验方法(即本标准,方法 A 或方法 B);

——本标准中未规定的或任选的,以及可能影响了实验结果的操作细节;

——测定结果如进行重现性检验,给出最终的测定结果。

附 录 A
（规范性附录）
棕榈油试样的测定方法

将试样融化，在 60 ℃烘箱中用滤纸过滤，避免样品析出结晶。滤液在烘箱中放置 10 min，排除气泡。

取三根干净毛细管插入液态试样中，吸取约 10 mm 的脂肪柱，迅速靠在冰块上冷却，并转动使脂肪凝固，不能让毛细管开口端与冰接触。用纸巾快速擦净毛细管后，放入试管中，再将试管放入已在水浴中平衡到 10 ℃±1 ℃水的烧杯中，然后将烧杯移入 10 ℃±1 ℃恒温水浴中，放置 16 h。

按 8.3.1 至 8.3.3 步骤进行测定，加热水夹套，升温速率 1 ℃/min，接近熔点温度时，将升温速率降为 0.5 ℃/min，记录每个毛细管中的脂肪柱开始向上滑动时的温度。

计算三次温度的平均值，取该平均值作为测定结果。

附 录 B
（资料性附录）
实验室间测试结果

按国际水平，ISO/TC 34/SC 11 于 1982 年和 1986 年主持进行了两次实验室间的检验，共有 35 个实验室参加，其中 20 个实验室对每个试样进行了 3 次测定（2，3 和 8 列），15 个实验室对每个试样进行了 3 次测定（4 至 7 列），统计结果[按 ISO 5725:1986[1)]进行评价]见表 B.1。

棕榈油实验室间的检验结果见表 B.2 和表 B.3。

表 B.1 统计结果

1	2	3	4	5	6	7	8
项目	方法 A		方法 B				
	棕榈仁油	氢化大豆油	可可脂	棕榈油	氢化椰子油	氢化棕榈油	氢化棕榈油
剔除离群值后剩余实验室数	18	18	14	14	13	13	18
平均值/℃	27.6	35.4	31.4	36.3	37.1	45.5	47.5
重复性标准偏差（S_r）/℃	0.15	0.14	0.29	0.35	0.30	0.13	0.15
重复性变异系数/%	0.5	0.4	0.9	1.0	0.8	0.3	0.3
重复性限（r=2.8 S_r）/℃	0.4	0.4	0.8	1.0	0.8	0.4	0.4
再现性标准偏差（S_R）/℃	0.31	0.75	2.0	2.5	0.9	0.5	0.77
再现性变异系数/%	1.1	2.1	6.4	6.9	2.5	1.1	1.7
再现性限（R=2.8 S_R）/℃	0.9	2.1	5.7	7.1	2.6	1.4	2.2

表 B.2 棕榈油试样的方法比较实验

试样		熔点		
		MS 817:1989 AOCS CC 3-25[a]	本标准	
			方法 A	方法 B
棕榈油 palm oil，RBD[b]	1	36.8	38.2	36.5
	2	35.3	37.4	35.5
	3	35.2	37.7	35.5
	4	36.6	38.0	36.5
	5	35.6	37.5	35.5
棕榈液油 palm olein，RBD	1	22.3	24.4	25.5
	2	22.2	24.4	25.5
	3	22.5	24.3	25.5
	4	22.5	24.2	24.9
	5	22.3	24.2	24.9

1） ISO 5725:1986（现已撤消）用于计算精密度数据。

表 B.2（续）

试样		熔点		
		MS 817:1989 AOCS CC 3-25[a]	本标准	
			方法 A	方法 B
棕榈硬酯 palm stearin,RBD	1	35.8	35.6	
	2	35.3	36.6	
	3	35.8	36.4	
	4	35.0	35.8	
	5	35.8	36.8	
粗棕榈油 crude palm oil	1	27.7	27.7	27.6
	2	26.6	27.8	27.6
	3	26.7	26.7	27.0
	4	26.8	26.7	27.0
	5	27.0	27.5	27.4
粗棕榈仁油 crude palm kernel oil	1	27.8	27.8	28.2
	2	27.8	27.6	27.6
	3	27.7	27.5	28.0
	4	27.8	27.2	28.0
	5	27.6	27.3	27.8
棕榈仁油 palm kernel oil,RBD	1	26.2	25.8	28.2
	2	23.4	23.3	27.6
	3	23.5	23.4	28.0
	4	23.4	23.4	28.0
	5	24.6	24.4	27.8
棕榈仁液油 palm kernel olein,RBD	1	26.2	25.8	26.0
	2	23.4	23.3	23.8
	3	23.5	23.4	23.8
	4	23.4	23.4	23.8
	5	24.6	24.4	24.5
棕榈仁硬酯 palm kernel stearin,RBD	1	32.2	32.2	33.0
	2	32.2	32.8	33.0
	3	39.3	38.5	39.4
	4	33.3	33.0	33.2
	5	32.3	33.6	33.2

a 马来西亚标准 MS 817:1989[5]。AOCS 审订方法 CC 3-25，熔点 AOCS 标准 开口毛细管熔点测定法(1992 最新版)。

b RBD:精炼，脱色，脱臭。

表 B.3 棕榈油样品的统计结果

项目	棕榈油	棕榈液油	棕榈硬脂
剔除离群值后剩余实验室数	10	11	11
平均值/℃	37.4	20.5	52.1
重复性标准偏差(S_r)/℃	0.23	0.15	0.09
重复性变异系数/%	0.6	0.7	0.2
重复性限($r=2.8\ S_r$)/℃	0.64	0.42	0.25
再现性标准偏差(S_R)/℃	0.78	0.98	0.54
再现性变异系数/%	2.1	4.8	1.0
再现性限($R=2.8\ S_R$)/℃	2.2	2.7	1.5

参 考 文 献

[1] GB/T 5524—2008 动植物油脂 扦样(GB/T 5524—2008,ISO 5555:2001,IDT)

[2] ISO 5725:1986 Precision of test methods—Determination of repeatability and reproducibility for a standard test method by inter-laboratory tests (实验方法的精密度 采用联合实验室测试确定标准方法的重复性和再现性)

[3] ISO 5725-1:1994 Accuracy(trueness and precision)of methods and results—Part 1:General principles and definitions (测定方法和结果的准确度 第1部分:原理和定义)

[4] ISO 5725-2:1994 Accuracy(trueness and precision)of methods and results—Part 2:Basic method for the determination of repeatability of reproducibility of a standard measurement method (测定方法和结果的准确度 第2部分:测试标准测定方法的重复性和再现性的基本方法)

[5] MS 817:Determination of melting point in open capillary tubes(slip point)for palm oil products (棕榈油产品熔点开口毛细管测定方法)

ICS 67.200.10
X 14

中华人民共和国国家标准

GB/T 24893—2010/ISO 15753:2006

动植物油脂　多环芳烃的测定

Animal and vegetable fats and oils—Determination of polycyclic aromatic hydrocarbons

(ISO 15753:2006,IDT)

2010-06-30 发布　　2011-01-01 实施

中华人民共和国国家质量监督检验检疫总局
中国国家标准化管理委员会　发布

前　言

本标准等同采用国际标准 ISO 15753:2006《动植物油脂　多环芳烃的测定》(英文版)。

为了便于使用,本标准对 ISO 15753:2006 进行了下列编辑性修改:

——“本国际标准”改为“本标准”;

——删除了国际标准的前言;

——规范性引用文件中用现行国家标准 GB/T 15687—2008《动植物油脂　试样的制备》代替 ISO 661:2003 Animal and vegetable fats and oils—Preparation of test sample;

——第 7 章及参考文献中用现行国家标准 GB/T 5524—2008《动植物油脂　扦样》代替 ISO 5555:2001 Animal and vegetable fats and oils—Sampling;

——用小数点“.”代替国际标准中作为小数点的逗号“,”;

——对公式进行编号。

本标准的附录 A 和附录 B 为资料性附录。

本标准由国家粮食局提出。

本标准由全国粮油标准化技术委员会归口。

本标准负责起草单位:南京财经大学。

本标准参与起草单位:上海交通大学、湖北省粮油食品质量监测站。

本标准主要起草人:袁建、汪海峰、鞠兴荣、杨晓蓉、吴时敏、熊宁。

动植物油脂　多环芳烃的测定

1　范围

本标准规定了采用高效液相色谱法测定动植物油脂中15种多环芳烃的相关术语和定义、原理、试剂、仪器设备、一般动植物油脂的前处理方法、椰子油和含短链脂肪酸植物油的前处理方法、高效液相色谱分析、结果表示和精密度。

本标准适用于一般动植物油脂以及椰子油和含短链脂肪酸的植物油中多环芳烃的测定。

本标准不适用于萘、苊和芴等挥发性较强的组分定量分析以及棕榈油和橄榄果渣油中多环芳烃的测定。

荧蒽和苯并(g,h,i)苝的定量检测限为0.3 μg/kg。茚并(1,2,3-c,d)芘的定量检测限为1 μg/kg。其余多环芳烃的定量检测限均为0.2 μg/kg。

2　规范性引用文件

下列文件中的条款通过本标准的引用而成为本标准的条款。凡是注日期的引用文件，其随后所有的修改单(不包括勘误的内容)或修订版均不适用于本标准，然而，鼓励根据本标准达成协议的各方研究是否可使用这些文件的最新版本。凡是不注日期的引用文件，其最新版本适用于本标准。

GB/T 15687　动植物油脂　试样的制备(GB/T 15687—2008,ISO 661:2003,IDT)

3　术语和定义

下列术语和定义适用于本标准。

3.1

多环芳烃　polycyclic aromatic hydrocarbon,PAH

包含两个或两个以上稠合芳香烃环的化合物。按本标准规定条件测定其含量，以毫克每千克(mg/kg)计。

注：通常多环芳烃可分为含2个～4个芳香环的轻多环芳烃和5个及5个以上芳香环的重多环芳烃。

示例：

轻多环芳烃包括：萘(CAS RN[91-20-3])，苊(CAS RN[83-32-9])，苊烯(CAS RN[208-96-8])，芴(CAS RN[86-73-7])，蒽(CAS RN[120-12-7])，菲(CAS RN[85-01-8])，荧蒽(CAS RN[206-44-0])，䓛(CAS RN[218-01-9])，苯并(a)蒽(CAS RN[56-55-3])，芘(CAS RN[129-00-0])。

重多环芳烃包括：苯并(a)芘(CAS RN[50-32-8])，苯并(b)荧蒽(CAS RN[205-99-2])，苯并(k)荧蒽(CAS RN[207-08-9])，苯并(g,h,i)苝(CAS RN[191-24-2])，二苯并(a,h)蒽(CAS RN[53-70-3])，茚并(1,2,3-c,d)芘(CAS RN[193-39-5])。

4　原理

试样中的多环芳烃用乙腈-丙酮混合液萃取，然后依次用C_{18}反相萃取柱和硅酸镁载体键合固定相柱净化，通过高效液相色谱(HPLC)分离，测量在不同激发波长和发射波长处的荧光强度，测定各种多环芳烃的含量。

5　试剂

警告：应注意危险品操作规则，操作时应遵循技术上、组织上和个人的安全措施。

除非另有说明，仅使用分析纯试剂。

所用溶剂在使用前应检查其质量:将溶剂蒸发浓缩约1 000倍(300 mL到300 μL)后,用HPLC分析,色谱图的多环芳烃保留时间处不得出现色谱峰。

5.1 甲醇:超纯(ultra resi-analysed)级[1)]。

5.2 正己烷:色谱纯[1)]。

5.3 乙腈:色谱纯[1)]。

5.4 丙酮:色谱纯[1)]。

5.5 二氯甲烷:色谱纯[1)]。

5.6 甲苯:色谱纯[1)]。

5.7 水:色谱纯[1)]。

5.8 四氢呋喃:色谱纯[1)]。

5.9 混合溶剂1:乙腈-丙酮混合液,6+4。

每个样品的用量:一般方法为41 mL,测定椰子油的特定方法为36 mL。

5.10 混合溶剂2:乙腈-丙酮混合液,8+2。

每个样品的用量:测定椰子油的特定方法为2×11 mL。

5.11 混合溶剂3:正己烷-二氯甲烷混合液,3+1。

每个样品的用量:一般方法为7 mL,测定椰子油的特定方法为2×7 mL。

5.12 四氢呋喃-甲醇混合液:5+5。

5.13 16种多环芳烃标准甲苯溶液[2)]:100 μg/mL,萘、苊烯、苊、芴、菲、蒽、荧蒽、芘、苯并(*a*)蒽、䓛、苯并(*b*)荧蒽、苯并(*k*)荧蒽、苯并(*a*)芘、二苯并(*a*,*h*)蒽、苯并(*g*,*h*,*i*)苝、茚并(1,2,3-*c*,*d*)芘。在-20 ℃下保存。

使用前,将标准溶液取出并平衡温度至室温,平衡时间至少1 h以上。

注:苊烯没有荧光性,因此不能用这些方法测定。

5.14 标准储备溶液:200 ng/mL(200 μg/L)。

用250 μL注射器(6.11)吸取100 μL标准溶液(5.13),注入到50 mL容量瓶(6.20)中,用乙腈(5.3)稀释至刻度。

5.15 标准工作溶液:50 ng/mL(50 μg/L)。

用250 μL注射器(6.11)吸取250 μL标准储备溶液(5.14),注入到750 μL四氢呋喃-甲醇混合液(5.12)或750 μL乙腈(5.3)中。

5.16 C_{18}键合固定相萃取柱[3)]:固定相2 g,体积12 mL。

5.17 硅酸镁载体键合固定相萃取柱[3)]:固定相500 mg,体积3 mL。

5.18 氮气:压力调节至34.5 kPa(5 psi,约1.5 L/min)。

6 仪器设备

实验室常规仪器,以及下列特殊的仪器。

因塑料制品可能含有多环芳烃,一般应使用玻璃容器,可使用一次性的玻璃管。

6.1 离心机:转速≥4 000 r/min,能放置100 mL和10 mL离心管。

6.2 带二元梯度洗脱的HPLC系统:

——配有1 L的溶剂储液器,流动相在线过滤器;

1) 可从Baker公司购得。给出这一信息仅为了方便本标准的使用者,并不代表本标准对这些产品的指定认可。能够获得相同结果的等效产品同样可以使用。

2) 美国环保署(EPA)优先监测的多环芳烃,可从Promochem公司购得。

3) 可从Varian公司购得。给出这一信息仅为了方便本标准的使用者,并不代表本标准对这些产品的指定认可。能够获得相同结果的等效产品同样可以使用。

——泵；

——自动进样器；

——柱温可调节至 25 ℃；

——对各种激发/发射波长可全过程扫描的荧光检测器；

——计算机辅助数据采集和处理系统。

6.3 C_{18}反相键合固定相色谱柱[4]：长 250 mm，内径 4.6 mm，粒径 5 μm，适于多环芳烃的分析。

6.4 涡旋混合器。

6.5 氮吹仪[5]：10 mL 管(可选)，或水浴(6.6)。

建议操作条件：

——水浴温度：35 ℃；

——氮气压力：34.5 kPa。

6.6 水浴：控温 35 ℃。

6.7 天平：感量 0.1 mg。

6.8 离心管：容量 100 mL(每个样品一个)。

6.9 锥形离心管：容量 11 mL(每个样品三个)，具聚四氟乙烯 PTFE 隔膜垫的螺旋封帽(每个样品一个)。

6.10 量筒。

6.11 微量注射器：250 μL。

6.12 注射器：1 000 μL。

6.13 刻度吸量管：5 mL。

6.14 注射器：5 mL，配有与固相萃取(SPE)柱匹配的封帽。

6.15 自动进样器用瓶。

6.16 微量瓶：250 μL。

6.17 超声波水浴：水温不高于 40 ℃。

6.18 巴斯德移液管(巴氏吸管)：顶端加脱脂棉。

6.19 固定架[6]：由支架座和夹子构成，以固定固相萃取柱；或者配置一个自动的固相萃取工作站。

注：根据使用的固相萃取样品处理站的具体情况，萃取方法可能需要调整(如时间、压力和体积)。

6.20 容量瓶：50 mL。

7 扦样

所取样品应具有代表性，且在运输和储藏的过程中无损坏或变质。

本标准不规定扦样方法，推荐采用 GB/T 5524 规定的方法。

8 试样制备

按 GB/T 15687 进行。取样前，液体试样应放置于室温下，并经磁力搅拌器混匀。

固体试样应全部熔化或将部分核心样品熔化并均质。

---

4) 可使用 Vydac 公司的编号为 201TP54 的色谱柱。给出这一信息仅是为了方便本标准的使用者，并不代表对这些产品的指定认可。能够获得相同结果的等效产品同样可以使用。

5) 可使用 Zymark 公司的 Turbovap LV 蒸发器。给出这一信息仅是为了方便本标准的使用者，并不代表对这些产品的指定认可。能够获得相同结果的等效产品同样可以使用。

6) 可使用 Zymark 公司的 Rapid Trace。给出这一信息仅是为了方便本标准的使用者，并不代表对这些产品的指定认可。能够获得相同结果的等效产品同样可以使用。

9 油脂中多环芳烃(PAH)的测定步骤——一般前处理方法

9.1 一般要求

由于油脂含有短链和长链脂肪酸，当环境温度高于 20 ℃时，短链脂肪酸的溶解度会增加。为获得可重复的结果，实验室的环境温度应控制在≤20 ℃，这也是萃取椰子油（或含短链脂肪酸的植物油）中多环芳烃的一个重要条件。

测定前，应用正己烷(5.2)将所有容器冲洗三次。

为计算萃取的回收率(9.3)，每个样品系列都应进行空白试验(9.2)，标准溶液和样品的萃取条件应完全一致。回收率应在 70%～110%之间。平均回收率参见表 A.1。

定量分析时，两份试样应分别进行萃取和测定，以两份试样测定结果的平均值作为最后结果。

整个分析不可能在一天完成。样品萃取液应在≤－18 ℃的冷冻条件下储存过夜。

第一天：按图 A.1 所示完成步骤 1，步骤 2 和步骤 3 中的 C_{18} 固相萃取柱上净化过程。

第二天：完成步骤 3 中的在硅酸镁柱上净化过程并准备样品分析用的 HPLC 系统（参见图 A.1）。

第三天后：进行样品分析（参见表 A.2）。

9.2 空白试验

为了确证溶剂和固相萃取柱不存在污染，应先用空白样品（溶剂混合液，不加油样）对固相萃取柱进行净化测试（按照 9.5、9.6 和第 11 章进行）。得到的色谱图上应没有影响待测物的色谱峰。如果色谱图上含有干扰物，应确定干扰物的来源并加以消除。由于每次空白测定值通常不一致，所以不能用来校正样品值。

9.3 回收率的测定（无基体）

固相萃取柱的萃取效率用标准溶液的测试来验证。用 250 μL 注射器(6.11)吸取 250 μL 标准工作溶液(5.15)，注入 1 750 μL 混合溶剂 1(5.9)中，转移至 C_{18} 固相萃取柱后按照 9.5、9.6 和第 11 章进行试验。

警告：用氮气流（见 9.5.6）除去溶剂时，不可吹干，瓶内应保留约 50 μL 溶液，以免挥发性的多环芳烃损失。

9.4 萃取（液-液萃取）

9.4.1 分离操作流程参见图 A.1。

9.4.2 称取试样约 2.5 g（精确至 1 mg）于 100 mL 离心管(6.8)中，加入 10 mL 混合溶剂 1(5.9)。

9.4.3 用涡旋混合器（半速）振荡离心管 30 s 后，将离心管放入超声波水浴(6.17)中保持 5 min。

9.4.4 再将离心管放入离心机(6.1)，在 4 000 r/min 转速下离心 5 min。

9.4.5 用巴斯德移液管(6.18)小心移取离心管内上层溶液，并转移至已称量的锥形管(6.9)中。

9.4.6 在 35 ℃水浴(6.6)或氮吹仪上(6.5)通氮气流(5.18)蒸发锥形管中的溶剂 30 min～40 min。

9.4.7 再用 10 mL 混合溶剂 1(5.9)按 9.4.3～9.4.5 重复提取二次，萃取液于同一锥形管中。在 35 ℃水浴(6.6)或氮吹仪(6.5)上用氮气流(5.18)浓缩萃取液。

萃取物约 200 mg～800 mg。如萃取物质量大于 800 mg，一般前处理方法（第 9 章）是不适用的，应采用适用椰子油的前处理方法（第 10 章）。

9.5 C_{18} 键合固相萃取柱净化（固-液萃取）

9.5.1 固相萃取柱活化：将固相萃取柱(5.16)放在固定架(6.19)上。先用甲醇(5.1)润洗 2 次，每次 12 mL，再用乙腈(5.3)润洗 2 次，每次 12 mL。溶剂在大气压下流出。

9.5.2 将另一已称量的锥形管(6.9)放在固相萃取柱(5.16)下面。

9.5.3 用注射器(6.12)或刻度吸量管(6.13)吸取 2 mL 混合溶剂 1(5.9)加入到装有萃取物的锥形管(9.4.6)中。将锥形管置于涡旋混合器(6.4)上振荡 15 s，然后离心 30 s。用巴斯德移液管(6.18)将上层溶液转至固相萃取柱(5.16)中。重复上述操作 2 次。合并收集从柱中洗脱出的溶剂和淋洗溶剂。

9.5.4 将5 mL混合溶剂1(5.9)从固相萃取柱的顶端倒入，洗脱液在大气压下流出。

9.5.5 用注射器(6.14)将空气压入固相萃取柱，以洗脱剩余的溶剂和任何可能滞留在固定相中的多环芳烃。

9.5.6 在35 ℃水浴(6.6)或氮吹仪(6.5)上用氮气流除去溶剂。萃取物应不超过50 mg。

9.5.7 用注射器(6.12)吸取1 mL正己烷(5.2)，稀释残留物。密封锥形管，储存于－18 ℃下备用。

9.6 硅酸镁键合固相萃取柱净化(固-液萃取)

9.6.1 萃取液(9.5.7)使用前应在室温下放置平衡1 h以上。

9.6.2 固相萃取柱活化：将固相萃取柱(5.17)放在固定架(6.19)上。先用二氯甲烷(5.5)润洗5次，每次3 mL；再用正己烷(5.2)润洗4次，每次3 mL。

9.6.3 将另一已称量的锥形管(6.9)放在固相萃取柱(5.17)下面。

9.6.4 用注射器(6.12)或刻度吸量管(6.13)吸取1 mL混合溶剂3(5.11)加入到装有萃取液的锥形管(9.6.1)中。将锥形管置于涡旋混合器(6.4)上振摇15 s，然后用巴斯德移液管(6.18)将溶液转移至固相萃取柱(5.17)中。再用混合溶剂3(5.11)冲洗锥形管二次，每次2 mL，将洗涤液同样转移至固相萃取柱上。合并收集从柱中洗脱出的溶剂和淋洗溶剂。

为防止交叉污染，要注意避免移液管和锥形管接触。

9.6.5 用4 mL混合溶剂3(5.11)淋洗固相萃取柱。用注射器(6.14)将空气压入固相萃取柱内，以洗脱滞留溶剂。

9.6.6 在35 ℃水浴(6.6)或氮吹仪(6.5)上，用氮气流(5.18)浓缩溶液至约1 mL(需10 min～15 min)。加入约0.5 mL甲苯(5.6)(保持液)，继续蒸发至约50 μL。溶剂不可完全除去。

9.6.7 通过称量锥形管中萃取物的质量和甲苯的密度计算加入溶剂[甲醇-四氢呋喃(5.12)或乙腈(5.3)]的体积，加入计算量(V_{add})的溶剂使总体积为250 μL。

加入溶剂的体积(V_{add})按式(1)计算：

$$V_{add}=250-\frac{m}{d} \qquad \cdots\cdots(1)$$

式中：

V_{add}——加入的溶剂[甲醇-四氢呋喃(5.12)或乙腈(5.3)]体积，单位为微升(μL)；

m——萃取物的质量，单位为毫克(mg)；

d——甲苯的密度(0.866 9 kg/m³)。

9.6.8 将样品转移至微量瓶(6.16)中，微量瓶置于HPLC自动进样器瓶(6.15)内。

10 油脂中多环芳烃的测定步骤——适用于椰子油的前处理方法

10.1 第一次萃取(液-液萃取)

10.1.1 分离操作流程参见图A.2。

10.1.2 称取约2 g样品(精确至1 mg)于100 mL离心管(6.8)中，加入10 mL混合溶剂1(5.9)。

10.1.3 离心管于涡旋混合器(半速)中振荡30 s后再将其放入超声波水浴(6.17)中保持5 min。

10.1.4 再将离心管放入离心机(6.1)，在4 000 r/min转速下离心5 min。

10.1.5 用巴斯德移液管(6.18)小心移取上层溶液，并转移至锥形管中(6.9)。

10.1.6 在35 ℃水浴(6.6)或氮吹仪(6.5)上通氮气流(5.18)蒸发锥形管中的溶剂30 min～40 min。

10.1.7 再用10 mL混合溶剂1(5.9)重复萃取二次，萃取液于同一锥形管中。在35 ℃水浴(6.6)或氮吹仪(6.5)上用氮气流浓缩萃取液。

10.2 第二次萃取(液-液萃取)

10.2.1 用注射器(6.12)或刻度吸量管(6.13)吸取2 mL混合溶剂1(5.9)加入到装有萃取物的锥形管(10.1.7)中。将锥形管置于涡旋混合器(6.4)上振荡15 s，离心30 s。将萃取液均分成两等份，分别放入两个已称量的锥形管(6.9)中。

为防止交叉污染,切勿使移液管和锥形管接触。

10.2.2 按照10.2.1中的步骤重复萃取两次,萃取液同样均分成两等份,分别放入上述锥形管(10.2.1)中。

10.2.3 在35 ℃水浴(6.6)或氮吹仪(6.5)上,用氮气流(5.18)浓缩两份萃取液。每份浓缩液中萃取物约为250 mg。

10.3 C_{18}键合固相萃取柱净化(固-液萃取)

10.3.1 固相萃取柱活化:将两根固相萃取柱(5.16)放在固定架(6.19)上。先用甲醇(5.1)润洗2次,每次12 mL,再用乙腈(5.3)润洗2次,每次12 mL。溶剂在大气压下流出。

10.3.2 将一个已称量的锥形管(6.9)放在固相萃取柱(5.16)下面。

10.3.3 用注射器(6.12)或刻度吸量管(6.13)吸取2 mL混合溶剂2(5.10)加入到装有萃取物的锥形管(10.2.3)中。将锥形管置于涡旋混合器(6.4)上振荡15 s。用巴斯德移液管(6.18)将每个管中的萃取液全部转入到对应的固相萃取柱(5.16)中。用混合溶剂2(5.10)冲洗锥形管两次,每次2 mL,将洗涤液转移至相应的固相萃取柱上。合并收集从柱中洗脱出的溶剂和淋洗溶剂。

10.3.4 用5 mL混合溶剂2(5.10)淋洗固相萃取柱(注意不要将空气压入固相萃取柱内)。

10.3.5 在35 ℃水浴(6.6)或氮吹仪(6.5)上用氮气流(5.18)除去溶剂。萃取物约为50 mg~100 mg。

10.3.6 用注射器(6.12)吸取1 mL正己烷(5.2),稀释残留物。密封锥形管,储存于−18 ℃下待第二天使用。

10.4 硅酸镁键合固相萃取柱净化(固-液萃取)

10.4.1 萃取液(10.3.6)使用前应在室温下放置平衡1 h以上。

10.4.2 固相萃取柱活化:将固相萃取柱(5.17)放在架子(6.19)上。先用二氯甲烷(5.5)润洗5次,每次3 mL,再用正己烷(5.2)润洗4次,每次3 mL。

10.4.3 将已称量的锥形管(6.9)放在固相萃取柱(5.17)下面。

10.4.4 用注射器(6.12)或刻度吸量管(6.13)吸取1 mL混合溶剂3(5.11)加入到装有萃取液的锥形管中。将锥形管置于涡旋混合器(6.4)上振荡15 s,然后用巴斯德移液管(6.18)将溶液转移至固相萃取柱(5.17)中。用混合溶剂3(5.11)冲洗锥形管二次,每次2 mL,将洗涤液转移至固相萃取柱上。合并收集从柱中洗脱出的溶剂和淋洗溶剂。

10.4.5 用4 mL混合溶剂3(5.11)淋洗固相萃取柱(注意不要将空气压入固相萃取柱内)。

10.4.6 在35 ℃水浴(6.6)或氮吹仪(6.5)上,用氮气流(5.18)浓缩溶液至约1 mL(需10 min~15 min)。合并两次萃取液于同一锥形管中(将一个锥形管中的萃取液转移至另一个锥形管中)。用正己烷(5.2)润洗空的锥形管3次,每次1 mL。用注射器(6.12)加入约0.5 mL甲苯(保持液)(5.6),继续蒸发至约50 μL。溶剂不可完全除去。

10.4.7 通过称量锥形管中萃取物的质量和甲苯的密度计算加入溶剂[甲醇-四氢呋喃(5.12)或乙腈(5.3)]的体积,加入计算量(V_{add})的溶剂使总体积为200 μL。

加入溶剂的体积(V_{add})按式(2)计算:

$$V_{add} = 200 - \frac{m}{d} \qquad (2)$$

式中:

V_{add}——加入的溶剂[甲醇-四氢呋喃(5.12)或乙腈(5.3)]体积,单位为微升(μL);

m——萃取物的质量,单位为毫克(mg);

d——甲苯的密度(0.866 9 kg/m^3)。

10.4.8 将萃取物转移至微量瓶(6.16)中,微量瓶置于HPLC自动进样器瓶(6.15)内。

11 高效液相色谱分析(HPLC)

11.1 操作条件

流动相:混合溶剂 A:乙腈,混合溶剂 B:乙腈-水(5+5)。

流速:1.2 mL/min。

进样量:20 μL。

柱温:25 ℃。

表 1 列出了溶剂洗脱程序。梯度洗脱程序的条件应根据选用的色谱柱而调整。

表 1 反相 C_{18} 柱的梯度洗脱程序

时间/ min	混合溶剂成分 A/ %	混合溶剂成分 B/ %
0	0	100
5	0	100
27	60	40
36	100	0
41	100	0
43	0	100
45	0	100

11.2 检测参数

激发和发射波长会因不同仪器而有微小变化。为了测定最大激发和发射波长,使用 16 种多环芳烃的标准工作溶液(5.15)进行测定,以获得每个化合物的谱图。操作如下:首先,在 300 nm~550 nm 间任意激发波长处扫描发射能量,确定最大发射波长(见表 2)。然后,在 200 nm~350 nm 间扫描激发能量,并结合先前测定的发射波长结果,确定最大激发波长。

对七组保留时间相近的化合物(见表 2)中的每一组,选择一套尽可能接近每个化合物最大波长的激发/发射波长。

作为参照,表 2 列出了通过 HP 1100 荧光计测量而选定的一些波长。

表 2 测试方案

组	组分	时间/ min	激发波长/ nm	发射波长/ nm
1	萘 苊 芴	0	270	324
2	菲 蒽	12.6	248	375
3	荧蒽	16.4	280	462
4	芘 苯并(*a*)蒽 䓛	18.05	270	385
5	苯并(*b*)荧蒽	28.0	256	446

表 2（续）

组	组分	时间/ min	激发波长/ nm	发射波长/ nm
6	苯并(*k*)荧蒽 苯并(*a*)芘 二苯并(*a*,*h*)蒽 苯并(*g*,*h*,*i*)苝	31.1	292	410
7	茚并(1,2,3-*c*,*d*)芘	38.0	274	507

在上述条件下，得到了 16 种多环芳烃的标准溶液的色谱图，如图 1 所示。

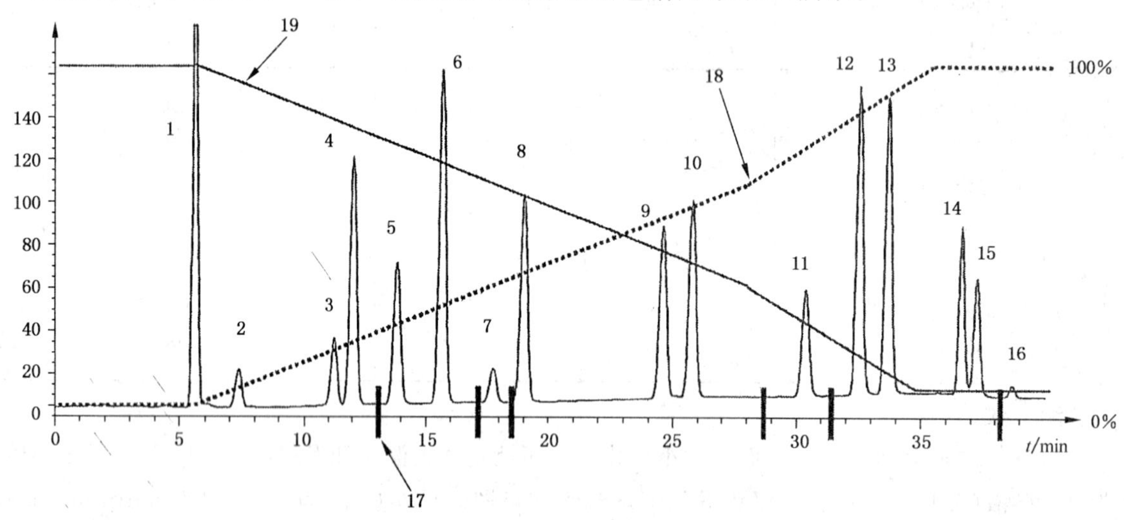

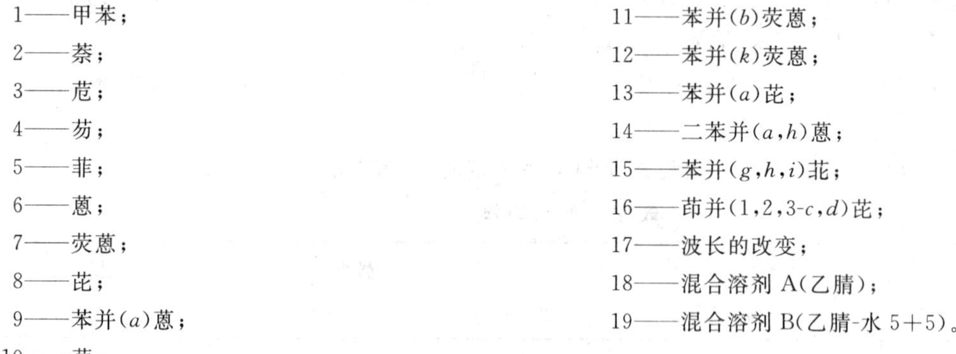

1——甲苯；
2——萘；
3——苊；
4——芴；
5——菲；
6——蒽；
7——荧蒽；
8——芘；
9——苯并(*a*)蒽；
10——䓛；
11——苯并(*b*)荧蒽；
12——苯并(*k*)荧蒽；
13——苯并(*a*)芘；
14——二苯并(*a*,*h*)蒽；
15——苯并(*g*,*h*,*i*)苝；
16——茚并(1,2,3-*c*,*d*)芘；
17——波长的改变；
18——混合溶剂 A(乙腈)；
19——混合溶剂 B(乙腈-水 5+5)。

图 1　标准工作溶液(5.15)的色谱图

11.3　试样和标准品的分析

试样和标准品应至少进样两次。同一试样两次进样峰面积的相对标准偏差不应超过 5%。如果标准偏差超过 5%，应将 HPLC 的条件优化后，再次对试样和标准品进样。

进样次序应如下：

a）标准溶液；

b）标准溶液的萃取液；

c）试样。

作为参照，表 A.2 给出了详细的进样次序。

试样中多环芳烃的存在，是通过比较样品色谱图的保留时间和最相近参考样品色谱图的保留时间来确定的。图 A.3 是一个初榨橄榄油样品的色谱图。

11.4 检验是否存在多环芳烃的实验

每个试样进样两次，一次记录每个化合物的发射光谱，另一次记录激发光谱。通过与参考谱图的比对来确认目标化合物的存在。

12 结果表示

计算前先确认下列几项：

——空白样品质量；

——同一个试样两次进样的相对标准偏差(不应超过5%)；

——每个多环芳烃的回收率(表A.1)。

采用外标法计算。样品中单个多环芳烃含量(c_i)以微克/千克(μg/kg)表示，按式(3)计算：

$$c_i = \frac{A_i \times c_{ir} \times V}{A_{ir} \times m} \quad \cdots\cdots(3)$$

式中：

A_i——同一试样溶液中每个多环芳烃的峰面积(两次进样的平均值)；

A_{ir}——标准工作溶液中每个多环芳烃的峰面积(两次进样的平均值)；

c_{ir}——标准工作溶液中每个多环芳烃的浓度，单位为微克每千克(μg/kg)；

V——最终得到的萃取液的体积，单位为毫升(mL)；

m——试样质量，单位为克(g)。

对于定量分析，每个试样应萃取两次。每个多环芳烃的含量都是两次测定结果的平均值，精确至0.1 μg/kg。

13 精密度

13.1 实验室间试验

附录B详述了本标准精密度的实验室间比对测试结果。重复性限和再现性限的值用95%的置信区间表达。超出给定的检测浓度范围和多环芳烃种类，这些值可能不适用。

13.2 重复性

在同一实验室，由同一操作者使用相同设备，按相同的测试方法，并在短时间内对同一被测对象相互独立进行测试获得的两次独立测定结果的绝对差值超过表3中给出的重复性限(r)的情况不超过5%。

表3 重复性限

单个多环芳烃的浓度(c)/(μg/kg)	0～10	10～100
重复性限(r)/(μg/kg)	$0.37\times c$	$0.12\times c+3.7$

其中c是两次测试结果的平均值，以微克每千克(μg/kg)表示。

13.3 再现性

在不同实验室，由不同的操作者使用不相同的设备，按相同的测试方法，对同一被测对象相互独立进行测试获得的两次独立测定结果的绝对差值超过表4中给出的再现性限(R)的情况不超过5%。

表4 再现性限

单个多环芳烃的浓度(c)/(μg/kg)	0～10	10～40	40～100
再现性限(R)/(μg/kg)	$1.1\times c$	$0.86\times c+1.5$	40

其中c是两次测试结果的平均值，以微克每千克(μg/kg)表示。

14 测试报告

测试报告应详细说明：

——标识样品的全部信息；

——本标准所涉及的测试方法；

——本标准没有具体说明的、或者被认为是可选性的，以及所有可能影响结果的操作细节；

——测定结果及表示单位；

——每个多环芳烃的回收率。

附　录　A
（资料性附录）
回收率、流程图、色谱图和进样次序

A.1　回收率见表 A.1。

表 A.1　油中多环芳烃的平均回收率

化合物	一般方法	适用椰子油的方法
菲	>70％	>70％
蒽	>70％	>70％
荧蒽	>70％	>70％
芘	>70％	>70％
苯并(*a*)蒽	>70％	>70％
䓛	>70％	>70％
苯并(*b*)荧蒽	>70％	>70％
苯并(*k*)荧蒽	>70％	>70％
苯并(*a*)芘	>70％	>60％
二苯并(*a*,*h*)蒽	>70％	>60％
苯并(*g*,*h*,*i*)苝	>60％	>50％
茚并(1,2,3-*c*,*d*)芘	>70％	>50％

A.2　流程图见图 A.1、图 A.2。

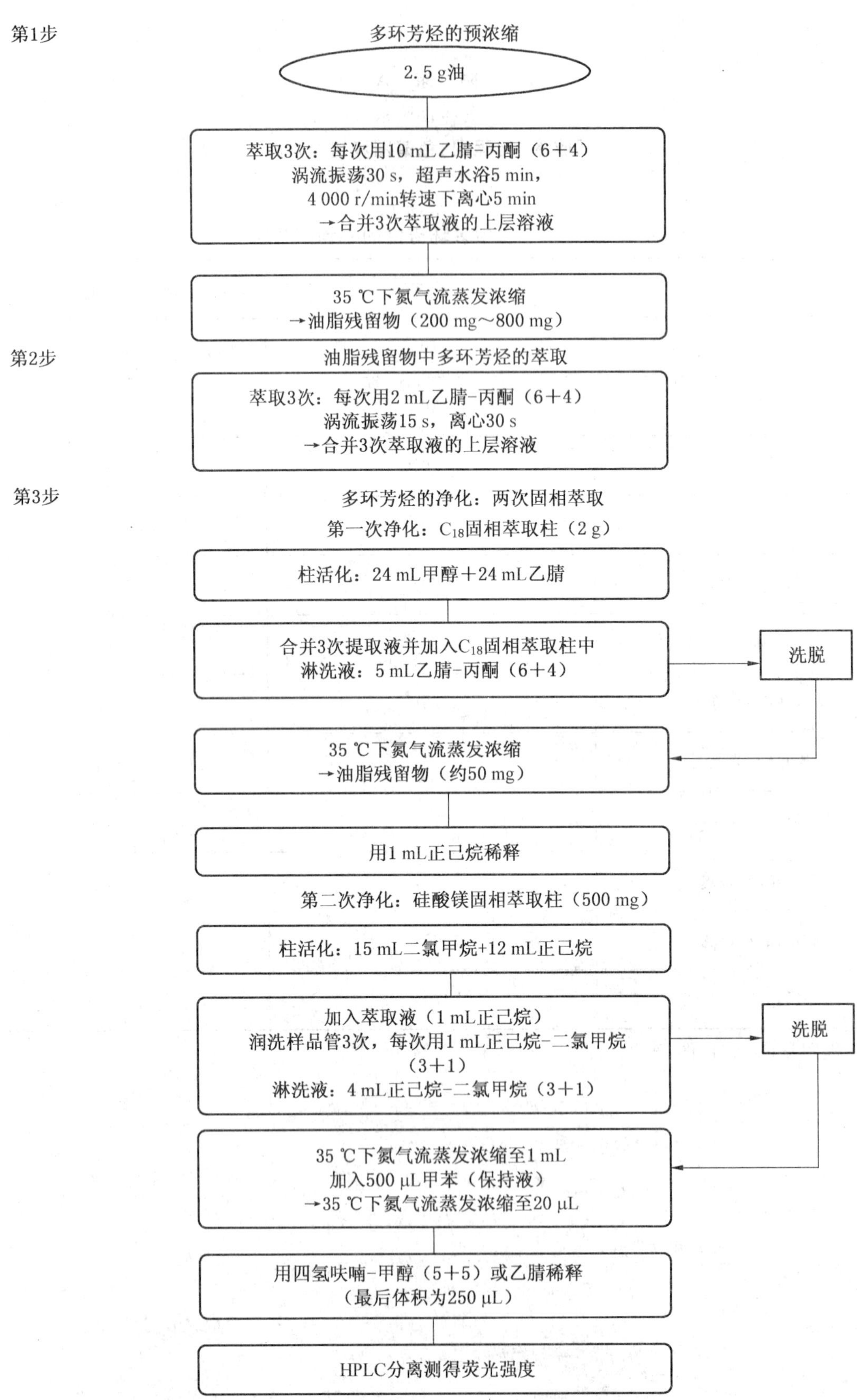

图 A.1 分离步骤的流程图：一般方法

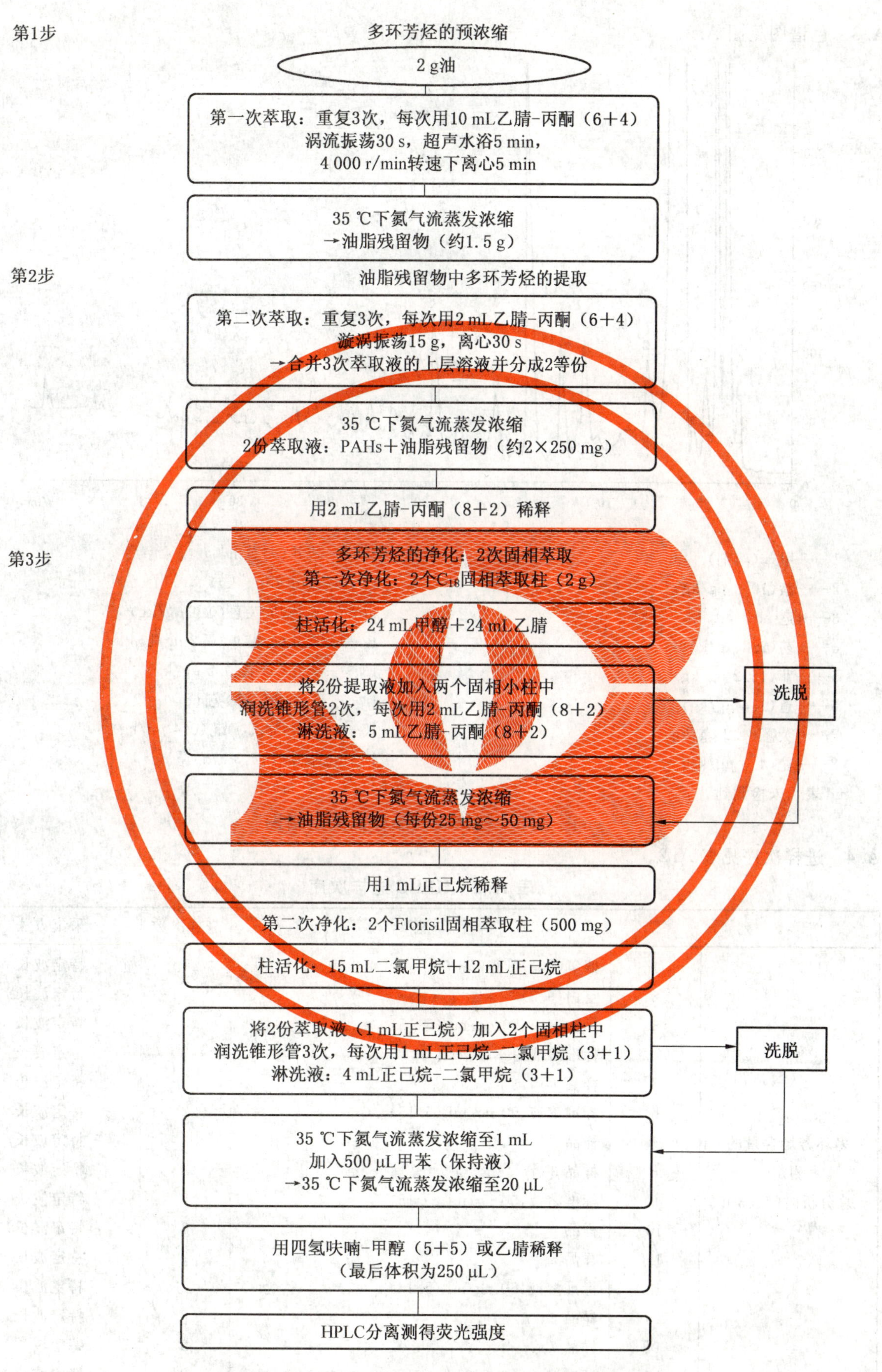

图 A.2 分离步骤的流程图：适用于椰子油的特定方法

A.3 色谱图见图 A.3。

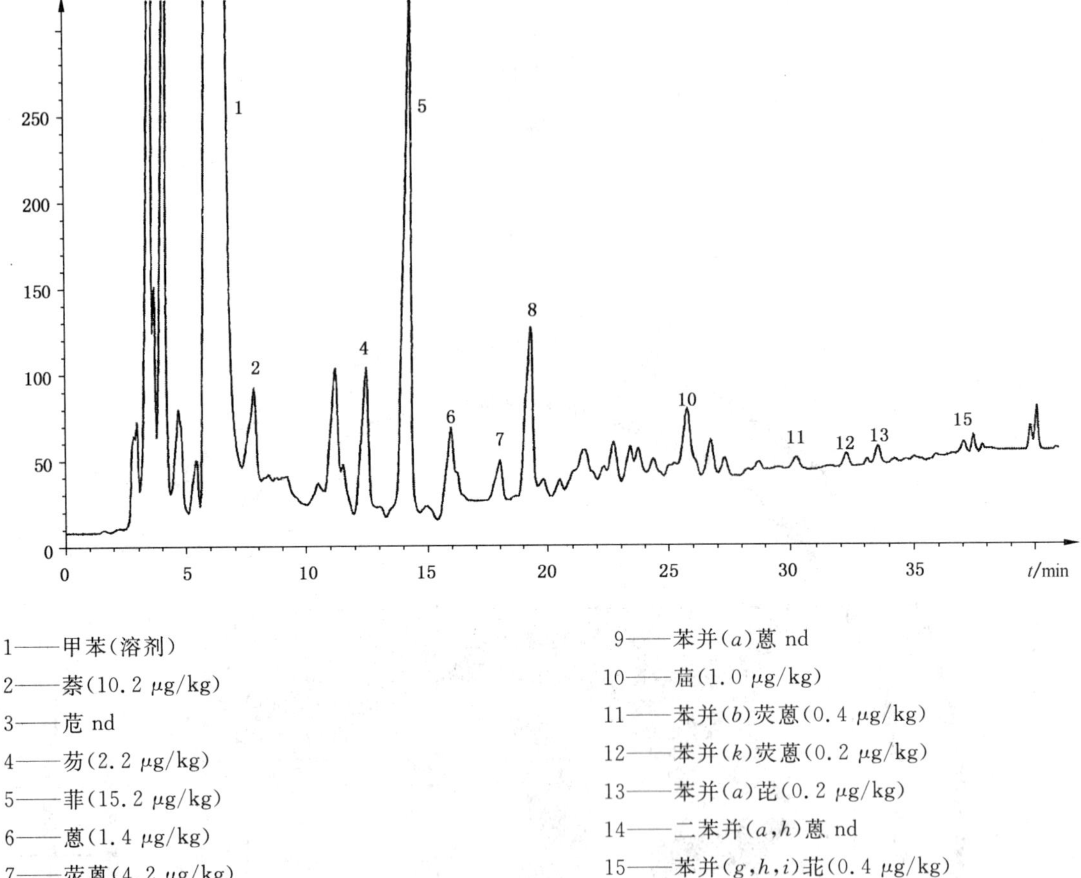

1——甲苯(溶剂)
2——萘(10.2 μg/kg)
3——苊 nd
4——芴(2.2 μg/kg)
5——菲(15.2 μg/kg)
6——蒽(1.4 μg/kg)
7——荧蒽(4.2 μg/kg)
8——芘(4.3 μg/kg)
9——苯并(*a*)蒽 nd
10——䓛(1.0 μg/kg)
11——苯并(*b*)荧蒽(0.4 μg/kg)
12——苯并(*k*)荧蒽(0.2 μg/kg)
13——苯并(*a*)芘(0.2 μg/kg)
14——二苯并(*a*,*h*)蒽 nd
15——苯并(*g*,*h*,*i*)苝(0.4 μg/kg)
16——茚并(1,2,3-*c*,*d*)芘 nd

nd 表示未检测到

图 A.3 初榨橄榄油样品的色谱图

A.4 进样次序见表 A.2。

表 A.2 HPLC 进样次序

列		瓶	进样次数	采集方法
多环芳烃含量的测定 总分析时间:23 h	1	四氢呋喃-甲醇(5+5)	1	特定波长
	2	空白(9.2)	1	特定波长
	3	标准溶液,50 ng/mL(5.15)	2	特定波长
	4	标准溶液的萃取液(9.3)	2	特定波长
	5	样品 1	2	特定波长
	6	标准溶液,50 ng/mL(5.15)	2	特定波长
	7	样品 2	2	特定波长
	8	样品 3	2	特定波长
	9	标准溶液,50 ng/mL(5.15)	2	特定波长
	10	样品 4	2	特定波长
	11	样品 5	2	特定波长
	12	标准溶液,50 ng/mL(5.15)	2	特定波长
	13	样品 6	2	特定波长
	14	样品 7	2	特定波长
	15	标准溶液,50 ng/mL(5.15)	2	特定波长

表 A.2(续)

<table>
<tr><th colspan="2">列</th><th>瓶</th><th>进样次数</th><th>采集方法</th></tr>
<tr><td rowspan="14">验证是否存在多环芳烃</td><td>1</td><td>样品 1</td><td>1</td><td>发射</td></tr>
<tr><td>2</td><td>样品 2</td><td>1</td><td>发射</td></tr>
<tr><td>3</td><td>样品 3</td><td>1</td><td>发射</td></tr>
<tr><td>4</td><td>样品 4</td><td>1</td><td>发射</td></tr>
<tr><td>5</td><td>样品 5</td><td>1</td><td>发射</td></tr>
<tr><td>6</td><td>样品 6</td><td>1</td><td>发射</td></tr>
<tr><td>7</td><td>样品 7</td><td>1</td><td>发射</td></tr>
<tr><td>8</td><td>样品 1</td><td>1</td><td>激发</td></tr>
<tr><td>9</td><td>样品 2</td><td>1</td><td>激发</td></tr>
<tr><td>10</td><td>样品 3</td><td>1</td><td>激发</td></tr>
<tr><td>11</td><td>样品 4</td><td>1</td><td>激发</td></tr>
<tr><td>12</td><td>样品 5</td><td>1</td><td>激发</td></tr>
<tr><td>13</td><td>样品 6</td><td>1</td><td>激发</td></tr>
<tr><td>14</td><td>样品 7</td><td>1</td><td>激发</td></tr>
</table>

附 录 B
（资料性附录）
联合实验室测试结果

2002/2003 年法国油脂协会(ITERG)组织 19 个实验室进行了联合实验室研究，每个实验室对每个样品测试两次，按照 ISO 5725-2 对数据进行统计分析，结果见表 B.1。

表 B.1 联合实验室测试结果

代码	多环芳烃	实验室数	平均	s_r	RSD(r)	r	s_R	RSD(R)	R
A	菲	15	39.95	4.96	12.4%	13.89	13.27	33.2%	37.15
A	蒽	15	31.60	3.47	11.0%	9.71	10.56	33.4%	29.55
A	荧蒽	13	49.70	3.57	7.2%	9.99	13.68	27.5%	38.31
A	芘	13	70.36	4.67	6.6%	13.07	23.47	33.4%	65.71
A	苯并(a)蒽	15	30.64	2.21	7.2%	6.20	9.56	31.2%	26.78
A	䓛	15	34.34	2.39	6.9%	6.68	10.23	29.8%	28.63
A	苯并(b)荧蒽	15	26.00	2.25	8.7%	6.30	8.61	33.1%	24.11
A	苯并(k)荧蒽	14	20.23	1.23	6.1%	3.44	6.76	33.4%	18.94
A	苯并(a)芘	12	18.19	1.23	6.8%	3.44	4.44	24.4%	12.42
A	二苯并(a,h)蒽	15	18.78	2.46	13.1%	6.88	7.24	38.5%	20.27
A	苯并(g,h,i)苝	13	11.63	1.56	13.5%	4.38	4.11	35.3%	11.51
A	茚并(1,2,3-c,d)芘	14	12.91	2.88	22.3%	8.06	5.93	45.9%	16.61
B	菲	17	82.57	4.08	4.9%	11.42	13.94	16.9%	39.02
B	蒽	17	74.72	3.93	5.3%	10.99	14.30	19.1%	40.05
B	荧蒽	17	83.18	3.43	4.1%	9.60	14.23	17.1%	39.83
B	芘	17	112.81	8.25	7.3%	23.09	18.82	16.7%	52.69
B	苯并(a)蒽	17	70.47	3.75	5.3%	10.51	11.62	16.5%	32.54
B	䓛	16	80.96	4.77	5.9%	13.35	13.97	17.3%	39.11
B	苯并(b)荧蒽	17	68.95	4.04	5.9%	11.30	13.32	19.3%	37.30
B	苯并(k)荧蒽	17	55.95	2.72	4.9%	7.62	9.80	17.5%	27.45
B	苯并(a)芘	17	57.78	3.95	6.8%	11.07	12.61	21.8%	35.30
B	二苯并(a,h)蒽	17	48.92	3.46	7.1%	9.69	14.43	29.5%	40.40
B	苯并(g,h,i)苝	17	41.99	3.05	7.3%	8.53	16.01	38.1%	44.82
B	茚并(1,2,3-c,d)芘	15	45.11	5.77	12.8%	16.15	18.00	39.9%	50.39
C	菲	17	7.67	0.72	9.4%	2.01	5.35	69.8%	14.98
C	蒽	15	3.59	0.58	16.1%	1.62	0.86	23.9%	2.40
C	荧蒽	15	4.52	0.85	18.9%	2.39	0.98	21.6%	2.73
C	芘	15	6.12	0.80	13.0%	2.23	1.19	19.4%	3.33

表 B.1(续)

代码	多环芳烃	实验室数	平均	s_r	RSD(r)	r	s_R	RSD(R)	R
C	苯并(*a*)蒽	16	3.79	0.53	13.9%	1.47	0.77	20.4%	2.16
C	䓛	15	4.28	0.64	15.0%	1.80	0.97	22.6%	2.71
C	苯并(*b*)荧蒽	16	3.58	0.54	15.2%	1.52	1.00	27.8%	2.79
C	苯并(*k*)荧蒽	14	2.55	0.41	16.2%	1.16	0.46	18.1%	1.29
C	苯并(*a*)芘	17	3.21	0.40	12.3%	1.11	1.35	42.1%	3.78
C	二苯并(*a*,*h*)蒽	16	2.25	0.36	16.0%	1.01	1.08	48.1%	3.03
C	苯并(*g*,*h*,*i*)苝	16	1.86	0.32	17.1%	0.89	0.86	46.3%	2.41
C	茚并(1,2,3-*c*,*d*)芘	15	1.98	0.34	17.3%	0.96	1.01	51.2%	2.84
D	菲	18	5.48	1.77	32.3%	4.96	5.07	92.5%	14.20
D	蒽	—	—	—	—	—	—	—	—
D	荧蒽	15	0.61	0.18	29.3%	0.50	0.40	65.6%	1.12
D	芘	16	0.88	0.25	28.8%	0.71	0.61	69.0%	1.70
D	苯并(*a*)蒽	—	—	—	—	—	—	—	—
D	䓛	13	0.22	0.04	17.9%	0.11	0.18	81.2%	0.50
D	苯并(*b*)荧蒽	—	—	—	—	—	—	—	—
D	苯并(*k*)荧蒽	—	—	—	—	—	—	—	—
D	苯并(*a*)芘	—	—	—	—	—	—	—	—
D	二苯并(*a*,*h*)蒽	13	0.30	0.03	10.7%	0.09	0.37	123.8%	1.04
D	苯并(*g*,*h*,*i*)苝	12	0.27	0.10	35.7%	0.27	0.59	216.9%	1.64
D	茚并(1,2,3-*c*,*d*)芘	—	—	—	—	—	—	—	—
E	菲	16	14.55	1.60	11.0%	4.48	6.09	41.8%	17.04
E	蒽	15	1.08	0.24	22.2%	0.67	0.43	39.7%	1.20
E	荧蒽	15	4.10	0.48	11.6%	1.33	1.19	28.9%	3.32
E	芘	15	3.69	0.51	13.9%	1.44	1.00	27.1%	2.80
E	苯并(*a*)蒽	15	0.41	0.13	30.5%	0.35	0.40	97.6%	1.12
E	䓛	15	1.17	0.13	11.0%	0.36	0.43	36.6%	1.20
E	苯并(*b*)荧蒽	16	0.40	0.06	16.1%	0.18	0.31	77.7%	0.87
E	苯并(*k*)荧蒽	—	—	—	—	—	—	—	—
E	苯并(*a*)芘	17	0.32	0.04	11.2%	0.10	0.30	94.9%	0.85
E	二苯并(*a*,*h*)蒽	—	—	—	—	—	—	—	—
E	苯并(*g*,*h*,*i*)苝	—	—	—	—	—	—	—	—
E	茚并(1,2,3-*c*,*d*)芘	—	—	—	—	—	—	—	—
F	菲	16	5.03	0.76	15.2%	2.14	5.42	107.7%	15.17

表 B.1(续)

代码	多环芳烃	实验室数	平均	s_r	RSD(r)	r	s_R	RSD(R)	R
F	蒽	13	0.27	0.06	21.2%	0.16	0.31	116.4%	0.88
F	荧蒽	13	1.63	0.36	22.1%	1.01	0.93	57.0%	2.60
F	芘	17	4.52	0.87	19.2%	2.43	4.32	95.6%	12.10
F	苯并(a)蒽	15	2.50	0.32	12.9%	0.90	2.79	111.6%	7.81
F	䓛	14	5.36	0.42	7.9%	1.18	4.86	90.7%	13.61
F	苯并(b)荧蒽	11	0.64	0.13	20.1%	0.36	0.95	149.0%	2.67
F	苯并(k)荧蒽	15	1.07	0.20	19.0%	0.57	1.15	107.8%	3.23
F	苯并(a)芘	12	0.36	0.08	21.8%	0.22	0.53	145.8%	1.47
F	二苯并(a,h)蒽	16	1.26	0.71	56.7%	2.00	1.62	128.4%	4.53
F	苯并(g,h,i)苝	14	0.78	0.18	22.9%	0.50	0.97	124.1%	2.71
F	茚并(1,2,3-c,d)芘	—	—	—	—	—	—	—	—
G	菲	14	3 192	258	8.1%	721	948	29.7%	2 653
G	蒽	14	413	58	14.1%	163	225	54.6%	631
G	荧蒽	13	966	101	10.5%	284	324	33.5%	906
G	芘	15	903	86	9.5%	240	284	31.4%	794
G	苯并(a)蒽	14	247	23	9.1%	63	134	54.2%	375
G	䓛	12	441	16	3.7%	46	160	36.3%	448
G	苯并(b)荧蒽	15	136	11	8.1%	31	43	31.3%	119
G	苯并(k)荧蒽	15	42	5	11.9%	14	12	28.1%	33
G	苯并(a)芘	15	112	13	11.5%	36	33	29.7%	93
G	二苯并(a,h)蒽	13	15	2	12.8%	5	12	79.9%	33
G	苯并(g,h,i)苝	14	68	11	16.3%	31	31	46.2%	88
G	茚并(1,2,3-c,d)芘	13	29	6	22.2%	18	31	108.4%	88
H	菲	15	3.54	0.36	10.2%	1.01	2.70	76.2%	7.55
H	蒽	15	0.87	0.15	16.8%	0.41	0.25	29.1%	0.71
H	荧蒽	13	1.10	0.13	12.0%	0.37	0.30	27.6%	0.85
H	芘	16	1.69	0.29	16.9%	0.80	0.90	53.3%	2.52
H	苯并(a)蒽	16	0.96	0.11	11.5%	0.31	0.36	37.6%	1.01
H	䓛	13	0.93	0.11	11.5%	0.30	0.23	24.2%	0.63
H	苯并(b)荧蒽	17	0.95	0.13	13.2%	0.35	0.40	42.5%	1.13
H	苯并(k)荧蒽	17	0.76	0.08	10.3%	0.22	0.38	50.3%	1.07
H	苯并(a)芘	15	0.64	0.07	10.6%	0.19	0.16	25.7%	0.46
H	二苯并(a,h)蒽	17	0.50	0.08	15.7%	0.22	0.27	53.6%	0.75

表 B.1(续)

代码	多环芳烃	实验室数	平均	s_r	RSD(r)	r	s_R	RSD(R)	R
H	苯并(g,h,i)苝	16	0.53	0.11	21.6%	0.32	0.38	70.8%	1.05
H	茚并(1,2,3-c,d)芘	—	—	—	—	—	—	—	—

样品 A:加入中等浓度(约 50 μg/kg)多环芳烃混合标准品的精炼椰子油。

样品 B:加入高浓度(约 100 μg/kg)多环芳烃混合标准品的初榨橄榄油。

样品 C:加入低浓度(约 5 μg/kg)多环芳烃混合标准品的精炼葵花籽油。

样品 D:精炼葡萄籽油,未加标。

样品 E:初榨橄榄油,未加标。

样品 F:精炼橄榄果渣油,未加标。

样品 G:橄榄果渣油粗油,未加标。

样品 H:加入低浓度(约 1 μg/kg)多环芳烃混合标准品的精炼葵花籽油。

实验室数:筛选后的实验室个数。

平均:平均值(μg/kg 样品)。

s_r:重复性标准偏差(μg/kg)。

s_R:重现性标准偏差(μg/kg)。

RSD(r):重复性相对标准偏差(%)。

RSD(R):重现性相对标准偏差(%)。

r:重复性限度($2.8\times s_r$)。

R:再现性限度($2.8\times s_R$)。

—:超过 50%的原始数据低于定量限,故结果不计入。

参 考 文 献

[1] GB/T 5524—2008 动植物油脂 扦样(GB/T 5524—2008,ISO 5555:2001,IDT).

[2] ISO 5725-1:1994 Accuracy (trueness and precision) of measurement methods and results—Part 1:General principles and definitions.

[3] ISO 5725-2:1994 Accuracy (trueness and precision) of measurement methods and results—Part 2:Basic method for the determination of repeatability and reproducibility of a standard measurement method.

ICS 67.200.10
X 14

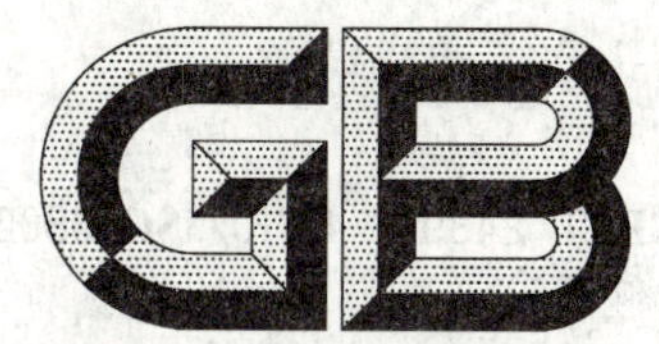

中华人民共和国国家标准

GB/T 24894—2010/ISO 6800:1997

动植物油脂 甘三酯分子 2-位脂肪酸组分的测定

Animal and vegetable fats and oils—Determination of the composition of fatty acids in the 2-position of the triglyceride molecules

(ISO 6800:1997,IDT)

2010-06-30 发布　　2011-01-01 实施

中华人民共和国国家质量监督检验检疫总局
中国国家标准化管理委员会　发布

前　　言

本标准等同采用国际标准ISO 6800:1997《动植物油脂　甘三酯分子2-位脂肪酸组分的测定》(英文版)。

本标准的内容和结构与ISO 6800:1997一致,作了如下编辑性修改:

——“本国际标准”一词改为“本标准”;

——用小数点“.”代替作为小数点的逗号“,”;

——删除国际标准的前言;

——在“规范性引用文件中”,用GB/T 5530《动植物油脂　酸值和酸度测定》代替ISO 660:1996 Animal and vegetable fats and oils—Determination of acid value and of acidity;用GB/T 6682《分析实验室用水规格和试验方法》代替ISO 3696:1987 Water for analytical laboratory use—Specification and test methods;用GB/T 15687《动植物油脂　试样的制备》代替ISO 661:1989 Animal and vegetable fats and oils—Preparation of test sample;用GB/T 17376《动植物油脂　脂肪酸甲酯制备》代替ISO 5509:1978 Animal and vegetable fats and oils—Preparation of methyl esters of fatty acids;用GB/T 17377《动植物油脂　脂肪酸甲酯的气相色谱分析》代替ISO 5508:1990 Animal and vegetable fats and oils—Analysis by gas chromatography of methyl esters of fatty acids。

本标准的附录A为规范性附录,附录B为资料性附录。

本标准由国家粮食局提出。

本标准由全国粮油标准化技术委员会归口。

本标准起草单位:国家粮食局科学研究院。

本标准主要起草人:栾霞、王瑛瑶、张蕊、薛雅琳。

动植物油脂
甘三酯分子2-位脂肪酸组分的测定

1 范围

本标准规定了动植物油脂中甘三酯分子2-位脂肪酸(β或内位)组分的测定。

由于胰脂酶的活性,本方法只适用于熔点45 ℃以下的油脂。

本方法不适用于含有下列组分的油脂:

——含有十二或更少碳原子的脂肪酸(如:椰子油、棕榈仁油、黄油);

——含有二十碳或更多碳原子的高度不饱和脂肪酸(多于四个双键)(如:鱼油和海生动物油);

——含有氧化次基团的脂肪酸。

注:双键位置在n-6至n-11的脂肪酸(如:岩芹酸)被胰脂酶酶解速度非常慢,可能引起错误结果。

2 规范性引用文件

下列文件中的条款通过本标准的引用而成为本标准的条款。凡是注日期的引用文件,其随后所有的修改单(不包括勘误的内容)或修订版均不适用于本标准,然而,鼓励根据本标准达成协议的各方研究是否可使用这些文件的最新版本。凡是不注日期的引用文件,其最新版本适用于本标准。

GB/T 5530 动植物油脂 酸值和酸度测定(GB/T 5530—2005,ISO 660:1996,IDT)

GB/T 6682 分析实验室用水规格和试验方法(GB/T 6682—2008,ISO 3696:1987,MOD)

GB/T 15687 动植物油脂 试样的制备(GB/T 15687—2008,ISO 661:2003,IDT)

GB/T 17376 动植物油脂 脂肪酸甲酯制备(GB/T 17376—2008,ISO 5509:2000,IDT)

GB/T 17377 动植物油脂 脂肪酸甲酯的气相色谱分析(GB/T 17377—2008,ISO 5508:1990,IDT)

3 原理

试样中游离脂肪酸中和后,经柱层析净化,用酶将甘三酯水解成2-单甘酯,经薄层层析(TLC)分离,用气相色谱测定脂肪酸组分含量。

4 试剂

所有试剂均为分析级,水为符合GB/T 6682要求的二级水。

4.1 用于试样净化的试剂

4.1.1 2-丙醇或乙醇:95%(体积分数)。

4.1.2 正己烷或石油醚:沸程范围30 ℃~60 ℃。

4.1.3 2-丙醇:50%(体积分数)或乙醇:50%(体积分数)。

4.1.4 氢氧化钠溶液:0.5 mol/L。

4.1.5 酚酞溶液:1 g酚酞溶于100 mL95%(体积分数)乙醇中。

4.1.6 活化的中性氧化铝:用于柱层析。最近在260 ℃温度活化2 h的中性氧化铝,达到活性Ⅰ级,保存在干燥器中。

4.1.7 氮气。

4.2 用于甘三酯水解的试剂

4.2.1 乙醚:不含过氧化物。

4.2.2 盐酸:6 mol/L。

4.2.3 胆酸钠溶液:1 g/L。

4.2.4 钙溶液:220 g/L(生化试剂)。

4.2.5 缓冲溶液:1 mol/L 三羟甲基氨基甲烷(别名:三羟甲基甲胺、2-氨基-2-丙基-1,3-二醇)溶液。用盐酸(4.2.2)调节至 pH8(用 pH 计测量)。溶液在 0 ℃~4 ℃条件下贮存,保存期 14 天。

4.2.6 胰脂酶:活性 8 单位/mg~20 单位/mg。储存在干燥的冰箱里。使用前取出所需粉状品,使其温度达到室温。

注:可使用有良好活性的市售脂肪酶,也可按附录 A 步骤制备脂肪酶,并检测脂肪酶活性。

4.3 用于分离 2-单甘酯的试剂

4.3.1 乙醇:95%(体积分数)。

4.3.2 正己烷或石油醚:沸程范围 30 ℃~60 ℃。

4.3.3 丙酮。

4.3.4 硅胶:含有粘合剂,用于薄层层析。

4.3.5 展开剂:正己烷或石油醚+乙醚+98%甲酸=70+30+1。

4.3.6 显示剂:2′,7′-二氯荧光黄乙醇溶液(2′,7′-Dichlorofluorescein):2 g/L。100 mL 溶液加 1 滴 1 mol/L 氢氧化钠溶液使呈微碱性。

4.4 用于气相色谱分析 2-单甘酯的试剂

参见 GB/T 17376 和 GB/T 17377。

5 仪器

实验室常用仪器设备,特别是下列仪器设备:

5.1 用于净化样品的仪器

5.1.1 水浴锅:在 30 ℃~40 ℃之间能恒温控制。

5.1.2 层析柱:用于层析分离,内径 13 mm、长 400 mm 的玻璃管,配有烧结玻璃过滤板和活塞开关。

5.1.3 旋转蒸发器:配有 250 mL 圆底烧瓶。

5.1.4 氮吹仪:提供氮气流。

5.1.5 分液漏斗:500 mL。

5.1.6 圆底烧瓶:100 mL。

5.2 用于甘三酯水解的仪器

5.2.1 离心机。

5.2.2 玻璃离心管:10 mL,带有磨口玻璃塞。

5.2.3 电动振荡器:能使离心管激烈摇动。

5.2.4 水浴锅:可恒温控制,温度保持在 40 ℃±0.5 ℃。

5.2.5 注射器:1 mL,配有细针头。

5.2.6 秒表。

5.3 用于分离 2-单甘酯的仪器

5.3.1 展开槽:用于薄层层析,带有磨砂玻璃盖,适合于 200 mm×200 mm 玻璃板。

5.3.2 涂布器:用于制备薄层层析板。

5.3.3 玻璃板:200 mm×200 mm。

5.3.4 微量注射器:3 μL/滴~4 μL/滴。

5.3.5 喷雾器:用于薄层层析板喷射显示剂。

5.3.6 微型刮铲:用于刮下薄层层析板上单甘酯谱带。

5.3.7 烘箱:保持温度 103 ℃±2 ℃。

5.3.8 紫外光灯:检测薄层板上的谱带,波长 254 nm。

5.3.9 圆底烧瓶:25 mL,配有磨口接头的 1 m 长空气冷凝器。

5.3.10 锥形瓶:250 mL,带有磨口玻璃塞。

5.3.11 锥形瓶:50 mL。

5.3.12 玻璃过滤器:烧结玻璃的孔隙为 16 μm~40 μm。

5.3.13 干燥器:内有有效的干燥剂。

5.4 用于气相色谱法分析 2-单甘酯的仪器

参见 GB/T 17376 和 GB/T 17377。

6 取样

十分重要的是实验室收到的样品必须有真实代表性,并在运输和贮存期间不得有损坏和变化。

扦样不是本标准规定的内容,推荐采用 GB/T 5524 规定的方法扦样。

7 试样制备

按 GB/T 15687 规定的步骤制备试样。

8 分析步骤

注:如果要检查测试结果是否满足重复性要求(见 10.2),可按分析步骤 8.1~8.6 进行两个单独测定。

8.1 试样酸值的测定

试样酸值按 GB/T 5530 测定。如果酸值低于 3%(质量分数),可按 8.3 直接通过氧化铝层析柱净化试样;如果酸值高于 3%(质量分数),先按 8.2 在有溶剂存在的情况下用氢氧化钠中和,然后按 8.3 氧化铝层析柱净化试样。

8.2 氢氧化钠中和

将约 10 g 的油样溶解于 100 mL 正己烷或石油醚(4.1.2)中,转入分液漏斗(5.1.5)。加 50 mL 2-丙醇或乙醇(4.1.1),几滴酚酞溶液(4.1.5),加入中和油样游离脂肪酸所需的氢氧化钠溶液(4.1.4)并超量 0.5%。用力振摇 1 min,加 50 mL 蒸馏水再振摇,然后静置。分层后,弃去下层皂液和中间层(粘液和不溶于水的物质)。逐次用 25 mL~30 mL 的 2-丙醇或乙醇溶液(4.1.3)清洗中和油脂的正己烷或石油醚,直至酚酞的粉红色消失为止。

将溶液转移到旋转蒸发器(5.1.3)的底瓶中,在减压条件下去除大部分正己烷或石油醚。减压并通入氮气流(4.1.7)、在 30 ℃~40 ℃条件下,干燥油脂,直到溶剂完全除去为止。

8.3 氧化铝层析柱净化试样

15 g 已活化的氧化铝(4.1.6)与 50 mL 正己烷或石油醚(4.1.2)制备成悬浮液,边振动边倒入层析柱(5.1.2)中,确保氧化铝均匀沉降。当溶剂液面下降到吸附剂以上 1 mm~2 mm 时,把用 25 mL 正己烷或石油醚(4.1.2)溶解的 5 g 油脂溶液,小心地倒入层析柱里,用 100 mL 圆底烧瓶(5.1.6)收集从层析柱流出的洗涤液。

减压蒸馏去除大部分溶剂,充入氮气流(4.1.7),在 30 ℃~40 ℃温度下干燥油脂,直到溶剂完全除去为止。

8.4 水解甘三酯

8.4.1 称取约 0.1 g 净化的试样(8.3)置于 10 mL 离心管(5.2.2)中。如果室温下试样不是液体,将离心管置于 60 ℃~65 ℃的水浴锅内,如果试样还不完全液化,继续浸在水浴中,但不超过 10 s。从水浴锅中取出离心管,迅速进行 8.4.2 到 8.4.5 步骤操作。

8.4.2 向已液化的试样加入已预先称重的约 20 mg 脂肪酶(4.2.6)和 2 mL 缓冲溶液(4.2.5)。小心摇动,然后加入 0.5 mL 的胆酸钠溶液(4.2.3)和 0.2 mL 氯化钙溶液(4.2.4),盖上塞子小心摇动。这些操作步骤应在 30 s 内完成，立即将管子放入 40 ℃水浴锅内，保持手摇 60 s±2 s。

8.4.3 从水浴锅中取出离心管，在 40 ℃下，用振荡器(5.2.3)剧烈摇动 120 s±2 s。

8.4.4 立即加入 1 mL 盐酸(4.2.2)和 1 mL 乙醚(4.2.1)。盖上塞子，并用振荡器(5.2.3)剧烈振摇。

8.4.5 离心分离，用注射器(5.2.5)将有机相转移到试管里。如果在环境温度下试样是固态，再用 1 mL 乙醚浸取，提取物合并到试管中。

8.5 分离 2-单甘酯

8.5.1 薄层板的制备

用乙醇(4.3.1)、正己烷或石油醚(4.3.2)和丙酮(4.3.3)小心清洗玻璃板(5.3.3)，直到脂肪类物质彻底清除。称 30 g 硅胶(4.3.4)装入 250 mL 锥形瓶(5.3.10)中，加入 60 mL 水。盖上塞子，激烈摇动 1 min，立即将浆液倒入涂布器(5.3.2)上，在干净的玻板上涂上 0.25 mm 厚的薄层。接着在空气中至少晾干 1 h。无论是按上述方法制备的薄层板，还是购买的薄层板，都需要在 103 ℃烘箱中(5.3.7)烘 1 h，进行活化。使用前允许薄层板在干燥器(5.3.13)中冷却到室温。

为避免酰基转移，硅胶板可用硼酸饱和处理。反应混合物应尽快进行薄板层析分离。

由于一些硅胶含有可能影响脂肪酸分析的有机物，建议进行空白测试，确保没有这些物质存在。另外，事先把制备的薄层板放在展开槽中，用溶剂展开到薄层板的顶端加以清洗。

8.5.2 2-单甘酯的分离

用微量注射器(5.3.4)将试样提取液(8.4.5)滴在距薄层板(8.5.1)底边 15 mm 的位置，使细滴组成连续带。将薄层板放入展开槽(5.3.1)，展开槽事先加有展开剂(4.3.5)，并已达到饱和状态。盖上盖子进行层析(层析温度约 20 ℃)，直到溶剂到达薄层板上沿 10 mm 处为止。在约 20 ℃温度的空气中干燥薄层板，用喷雾器(5.3.5)将显示剂(4.3.6)喷涂在薄层板上。在紫外光灯(5.3.8)下标出单甘酯的谱带(R_f 值约 0.035)，用微型刮铲(5.3.6)刮下，要避免刮到起点线上的物质。

在室温下是液体的净化试样(8.3)，收集的硅胶移入烧瓶(5.3.9)，按 8.6 步骤进行操作。

在室温下是固体的净化试样(8.3)，收集到的硅胶移入 50 mL 锥形瓶(5.3.11)，加 15 mL 乙醚(4.2.1)，充分摇动。把所有硅胶移入烧结玻璃过滤器(5.3.12)，每次用 15 mL 乙醚冲洗过滤器，共三次。收集过滤液用旋转蒸发器除去乙醚至滤液体积为 4 mL～5 mL，将其转移到已称重的圆底烧瓶(5.3.9)中，用氮气除去余下的乙醚，称重并计算单甘酯的质量。单甘酯的量应占该试样量的 10%～30%(质量分数)，否则要重新水解甘三酯(8.3)或检查脂肪酶活度(见附录 A)。

8.6 气相色谱法分析 2-单甘酯

收集硅胶所获得的单甘酯(或从硅胶中提取的单甘酯)，按 GB/T 17376 方法制备脂肪酸甲酯，采用三氟化硼常规法或中性油脂法。再按 GB/T 17377 气相色谱法测定脂肪酸甲酯。

9 结果表示

计算出各种 2-单甘酯占总 2-单甘酯的比值，以质量分数表示。

结果保留一位小数。

10 精密度

10.1 实验室间测试结果

附录 B 汇总了本标准实验室间测试精密度的情况。这些测试结果得出的数值可能不适用于其他浓度范围和测试对象。

10.2 重复性

在同一实验室，由同一操作者使用相同设备，按相同的测试方法，在短时间内两个独立测试结果的绝对差值不应超过：

脂肪酸酯含量＜5%(质量分数)时，绝对差≤0.2%(质量分数)；

脂肪酸酯含量≥5%(质量分数)时,毛细管柱法的绝对差≤1%(质量分数),填充柱法的绝对差≤3%(质量分数)。

10.3 再现性

在不同的实验室,由不同的操作者使用不同的设备,按相同的测试方法,两个独立测试结果的绝对差值不应超过:

脂肪酸酯含量<5%(质量分数)时,绝对差≤0.5%(质量分数);

脂肪酸酯含量≥5%(质量分数)时,毛细管柱法的绝对差≤3%(质量分数),填充柱法的绝对差≤10%(质量分数)。

11 实验报告

实验报告应说明:

——采样方法(如知道);

——所使用的方法;

——测试结果;

——如果进行了重复性检验,提供最后结果;

——本标准中未指定或自选操作,以及可能影响结果的任何细节。

实验报告应包括关于样品的所有信息。

附 录 A
（规范性附录）
脂肪酶的制备和活性的测定

A.1 脂肪酶的制备

将 5 kg 的鲜猪胰脏冻至 0 ℃，除去周围的固体脂肪和连着的组织，在捣碎机中捣碎，获得糊状物。低温下加入 2.5 L 无水丙酮，搅拌 4 h～6 h，然后离心分离。

用同体积的丙酮萃取残留物三次以上，然后用 1+1 的丙酮和乙醚混合液萃取两次，再用乙醚萃取两次。

在减压条件下干燥残留物 48 h，获得稳定的粉状物为止，储存于冰箱中。

A.2 脂肪酶活性的测定

用 165 mL 阿拉伯树胶溶液(100 g/L)、15 g 碎冰和 20 mL 已中和的油脂，在合适的搅拌装置中，混合搅拌 10 min，制备成乳化油。

取 10 mL 乳化油置于 50 mL 烧杯中，依次加入 0.3 mL 胆酸钠(200 g/L)溶液和 20 mL 蒸馏水。将烧杯置入 37 ℃±0.5 ℃的水浴锅中(见注 1)。

插入 pH 计的电极和螺旋桨搅拌器，用 5 mL 滴定管一滴一滴地加入 0.1 mol/L 氢氧化钠溶液，直到 pH 达到 8.5。

加入足够量(见注 2)精确体积的 0.1%(质量分数)的脂肪酶粉末悬浮水溶液，刚加入时 pH 计仍显示 pH8.3，立即启动秒表，滴入 0.1 mol/L 氢氧化钠溶液，维持 pH8.3 不变，记下每分钟所使用的碱溶液体积，约 10 min。

以时间为横坐标，以维持恒定 pH 所需碱溶液的毫升数为纵坐标，将测定值作图，所得图形应是直线。

注 1：液态油脂，水解温度选定 37 ℃，熔点在 45 ℃以下的脂肪，可选定 40 ℃，以便进行测定。

注 2：脂肪酶悬浮液的用量，应使消耗 1 mL 碱液约需 4 min～5 min。一般需要 2 mL～5 mL 脂肪酶悬浮液，也就是 1 mg～5 mg 的粉末。

脂肪酶单位规定为 37 ℃和 pH8.3 条件下，每分钟释放 1 μmol 酸的酶量。

粉状物酶活性 A(以脂肪酶单位每毫克表示)，按式(A.1)计算：

$$A=\frac{V\times c}{m} \qquad \text{(A.1)}$$

式中：

V——从图形中算出的每分钟消耗氢氧化钠溶液的体积数，单位为毫升每分钟(mL/min)；

m——用于测试的脂肪酶粉状物的质量，单位毫克(mg)，所使用的脂肪酶活性应在 8 单位每毫克至 20 单位每毫克之间；

c——氢氧化钠溶液浓度，单位为毫摩尔每升(mmol/L)(c=100 mmol/L)。

附 录 B
（资料性附录）
实验室间测试结果

B.1 使用填充柱的方法

实验室间测试在荷兰完成，参加实验室 8 个。对猪油、牛油、40%猪油和 60%牛油的混合油样品进行测试，给出剔除离群值后的统计结果（根据 ISO 5725[2] 评价）见表 B.1。测试结果用脂肪酸中甲酯的质量分数表示。

表 B.1 填充柱色谱测试猪油和牛油的统计结果

脂肪酸	$C_{14:0}$	$C_{16:0}$	$C_{16:1}$	$C_{18:0}$	$C_{18:1}$	$C_{18:2}$	$C_{18:3}$
A）猪油							
平均含量（质量分数）	4.0	70.6	3.0	4.5	11.3	4.0	0.39
重复性标准偏差（S_r）	0.14	1.41	0.51	0.40	0.32	0.15	0.04
重复性变异系数/%	3.5	2.0	17.0	8.8	2.8	3.7	9.8
重复性限（r）	0.40	4.00	1.45	1.13	0.89	0.41	0.12
再现性标准偏差（S_R）	0.16	1.78	0.82	0.40	0.72	0.81	0.09
再现性变异系数/%	4.1	2.5	27.4	8.9	6.3	20.4	22.6
再现性限（R）	0.46	5.05	2.33	1.14	2.02	2.28	0.27
B）牛油							
平均含量（质量分数）	7.8	14.2	4.5	9.0	55.0	2.5	0.86
重复性标准偏差（S_r）	0.83	0.54	0.26	0.33	1.93	0.37	0.11
重复性变异系数/%	10.6	3.8	5.8	3.6	3.5	15.0	12.5
重复性限（r）	2.34	1.51	0.73	0.92	5.45	1.05	0.30
再现性标准偏差（S_R）	0.84	0.79	0.26	0.50	2.18	0.69	0.49
再现性变异系数/%	10.7	5.6	5.9	5.5	4.0	27.8	57.4
再现性限（R）	2.37	2.23	0.74	1.40	6.16	1.96	1.39
C）猪油和牛油的混合油，40+60							
平均含量（质量分数）	6.2	36.8	3.7	7.2	38.2	3.0	0.74
重复性标准偏差（S_r）	0.58	0.44	0.28	0.74	1.02	0.20	0.13
重复性变异系数/%	9.4	1.2	7.5	10.3	2.7	6.7	17.3
重复性限（r）	1.65	1.26	0.78	2.11	2.90	0.57	0.36
再现性标准偏差（S_R）	0.58	1.78	0.49	0.79	1.36	0.48	0.25
再现性变异系数/%	9.4	4.8	13.1	10.9	3.6	16.2	33.7
再现性限（R）	1.65	5.05	1.38	2.23	3.84	1.37	0.71

B.2 使用毛细管柱的方法

1993 年，实验室间测试用 3 个橄榄油样品由 AOCS/IOOC 进行，24 个实验室参加。表 B.2 给出甘三酯 2 位 $C_{16:0}$ 和 $C_{18:0}$ 脂肪酸组分含量的统计结果（根据 ISO 5725[2] 评价）。

表 B.2 毛细管柱色谱测试橄榄油的统计结果

样　　品	1	5	8
剔除离群值后实验室数	23	23	22
平均含量(质量分数)	0.86	1.36	1.02
重复性标准偏差(S_r)	0.06	0.07	0.06
重复性变异系数/%	6.70	5.42	5.98
重复性限(r)	0.16	0.21	0.17
再现性标准偏差(S_R)	0.19	0.26	0.17
再现性变异系数/%	21.91	18.51	17.05
再现性限(R)	0.53	0.73	0.49

参 考 文 献

[1] GB/T 5524—2008 动植物油脂 扦样(GB/T 5524—2008,ISO 5555:2001,IDT).

[2] ISO 5725:1986 Precision of test methods—Determination of repeatability and reproducibility for a standard test method by inter-laboratory tests.

ICS 67.060
B 20

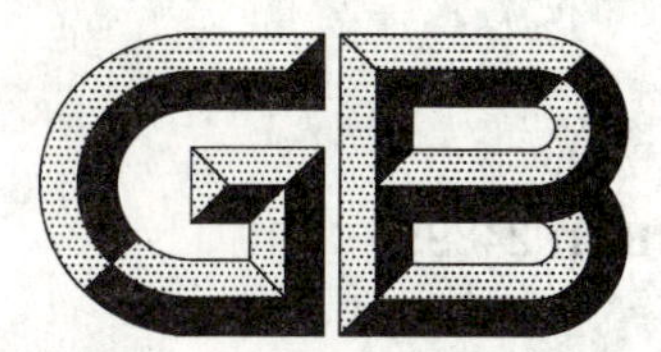

中华人民共和国国家标准

GB/T 24895—2010

粮油检验 近红外分析定标模型验证和网络管理与维护通用规则

Inspection of grain and oils—
General regulations for model authentication of near-infrared analysis and administration and maintenance of network

2010-06-30 发布 2011-01-01 实施

中华人民共和国国家质量监督检验检疫总局
中国国家标准化管理委员会 发布

前言

本标准的附录A和附录B为规范性附录。

本标准由国家粮食局提出。

本标准由全国粮油标准化技术委员会归口。

本标准负责起草单位:国家粮食局标准质量中心、河南工业大学。

本标准参加起草单位:河南省粮油饲料产品监督检验站、湖北省粮油食品质量监测站、吉林粮油质量检测站、福斯分析仪器公司、波通仪器公司。

本标准主要起草人:杜政、唐瑞明、龙伶俐、朱之光、吴存荣、唐怀建、周展明、尹成华、熊宁、冯锡仲、赵武善、刘宇飞。

粮油检验　近红外分析定标模型验证和网络管理与维护通用规则

1　范围

本标准规定了粮油近红外分析定标模型验证和网络管理与维护的术语和定义、近红外分析仪的基本要求、定标模型验证及评价、定标模型转移及评价、仪器与定标模型建档、仪器日常监控、网络管理与维护的要求。

本标准适用于粮油近红外分析仪的定标模型验证和近红外分析网络管理与维护。

2　规范性引用文件

下列文件中的条款通过本标准的引用而成为本标准的条款。凡是注日期的引用文件，其随后所有的修改单(不包括勘误的内容)或修订版均不适用于本标准，然而，鼓励根据本标准达成协议的各方研究是否可使用这些文件的最新版本。凡是不注日期的引用文件，其最新版本适用于本标准。

GB/T 4091　常规控制图

GB/T 5009.9　食品中淀粉的测定

GB 5491　粮食、油料检验　扦样、分样法

GB/T 5497　粮食、油料检验　水分测定法

GB/T 5505　粮油检验　灰分测定法

GB/T 5511　谷物和豆类　氮含量测定和粗蛋白质含量计算　凯氏法

GB/T 5512　粮油检验　粮食中粗脂肪含量测定

GB/T 14488.1　植物油料　含油量测定

GB/T 14489.2　粮油检验　植物油料粗蛋白质的测定

GB/T 15000.5　标准样品工作导则(5)　化学成分标准样品技术通则

GB/T 27025　检测和校准实验室能力的通用要求

3　术语和定义

下列术语和定义适用于本标准。

3.1

粮油近红外分析网络　near-infrared analysis network for grain and oil

利用调制解调器、国际互联网或其他方式将近红外主机和近红外子机连接成为一个整体的粮油质量分析系统。通过实施近红外主机定标模型验证、定标模型转移到近红外子机和仪器稳定性日常监控等工作，保证网络中每台仪器分析、测定结果的准确性和一致性。

3.2

粮油近红外分析仪　near-infrared instrument for grain and oil

基于粮油样品近红外光谱区的吸收特性测定粮油及其制品的组分含量(如水分、脂肪、蛋白质、淀粉、粗纤维)或特性指标的专用分析仪器。

3.3

定标模型　calibration model

利用化学计量学方法建立的样品近红外光谱与对应化学标准值之间关系的数学模型。

3.4

近红外主机 master near-infrared instrument

粮油近红外分析网络中用于定标模型验证及制备定标模型转移样品的粮油近红外分析仪。

3.5

近红外子机 slave near-infrared instrument

粮油近红外分析网络中用于测定样品的粮油近红外分析仪，它使用经近红外主机转移过来的定标模型。

3.6

定标模型转移 calibration model transfer

近红外标准化 standardization of near-infrared instrument

利用经定标模型验证合格的近红外主机校准近红外子机的过程，使近红外子机与主机的测定结果一致。

3.7

样品集 sample set

具有代表性的、基本覆盖相关组分含量范围的样品集合。

3.8

验证样品 check samples

用于验证近红外主机测定结果的准确性和重复性的样品集。

3.9

定标模型转移样品 calibration model transfer samples

用于评价近红外子机与近红外主机测定结果的一致性的样品集。

3.10

监控样品 monitor samples

用于监测近红外分析仪日常工作稳定性的同品种均匀样品。

3.11

离群值 outlier

离开其他测定值较远的样品测定值，表示样品可能与定标模型使用的样品差异较大。

3.12

异常样品 abnormal samples

超限样品 gauge samples

出现离群值的样品。

3.13

标准方法 standard method

测定样品组分含量标准值时所采用的国家、行业或国际标准测试方法。

3.14

定标模型验证 calibration model validation

使用验证样品集验证定标模型准确性和重复性的过程。

注 1：应使用生产商所使用的定标样品集之外的样品验证定标模型。

3.15

校准标准差 standard error of prediction corrected for bias (*SEP*)

验证样品组分的近红外测定值扣除系统偏差后与其标准值之间的标准差，表示定标模型调整后的准确度。校准标准差按公式(1)计算：

$$SEP = \sqrt{\frac{\sum_{i=1}^{n}(\hat{y}_i - y_i - Bias)^2}{n-1}} \quad \cdots\cdots(1)$$

式中：

$\hat{y}_i$——验证样品 i 的组分近红外测定值；

y_i——验证样品 i 的组分标准值；

n——样品数；

$Bias$——系统偏差，即偏差之和除以样品数，$Bias=\frac{1}{n}\sum_{i=1}^{n}d_i$。式中 d_i 为验证样品 i 组分的近红外测定值与标准值的差，即 $d_i=\hat{y}_i-y_i$。

3.16

重复性　repeatability

s_r

在同一实验室，由同一操作者使用同一台仪器，按相同的测试方法，在短时间内通过重新分样和重新装样，对同一被测样品，连续多次测定获得结果的一致性，以标准差计算，用 s_r 表示。

3.17

再现性　reproducibility

s_R

在不同的实验室，由不同操作者使用同一型号的不同仪器，按相同的测试方法，对同一被测样品进行测定，所获得结果的一致性，以标准差计算，用 s_R 表示。

4　粮油近红外分析仪的基本要求

4.1　功能要求

4.1.1　具有分析粮油及其制品的可靠定标模型。

4.1.2　能利用近红外分析仪的水分测定结果，将湿基基础测定结果折算为固定水分基础下的测定结果。

4.1.3　加入粮油近红外分析网络的近红外分析仪应具有联网功能。

4.1.4　能设定用户使用权限。

4.1.5　能预警异常样品。

4.2　性能基本要求

粮油近红外分析仪性能基本要求见表1。

表1　粮油近红外分析仪性能基本要求

品　种	成　分	校准标准差(SEP)≤	重复性(s_r)≤	再现性(s_R)≤
小麦、小麦粉、稻谷、大米	水分	0.20%	0.072%	0.11%
	粗蛋白质	0.30%	0.11%	0.15%
玉米	水分	0.25%	0.11%	0.14%
	粗蛋白质	0.30%	0.11%	0.15%
大豆	水分	0.25%	0.11%	0.15%
	粗蛋白质	0.40%	0.11%	0.15%
	粗脂肪	0.40%	0.15%	0.18%
油菜籽等油料	水分	0.25%	0.11%	0.15%
	粗蛋白质	0.30%	0.11%	0.15%
	粗脂肪	0.50%	0.14%	0.20%

5 定标模型验证及评价(对近红外主机和未入网的近红外分析仪)

5.1 验证的基本要求

5.1.1 下列情况之一,需对近红外分析仪主机或未入网近红外分析仪的已有定标模型进行验证:

a) 定标模型首次使用时,或定标模型更新后,或更换仪器时;

b) 样品来源发生重大改变时;

c) 每个粮油收获季节之前;

d) 仪器维修或更换光源等配件后;

e) 其他需要验证时;

f) 每年至少进行2次验证。

5.1.2 对不同型号的近红外分析仪,应使用具有同样变异度的验证样品集验证定标模型(验证样品按附录A规定的方法制备)。

5.1.3 验证样品应覆盖样品的产地、品种、含量、季节、种植条件、收获条件及应用范围等,并在一定时间段内,按一定的程序采集大量样品,从中挑选具有代表性的样品。验证样品的测定组分含量应在定标模型中该组分的定标含量范围内,尽量覆盖该范围,且呈较均匀的分布,样品数不得少于100个。

5.1.4 样品组分的标准值,由符合GB/T 27025要求的5个以上实验室,按GB/T 15000.5导则,应用规定的标准方法进行测定并统计确定。样品组分化学分析应与近红外测定同期进行。

5.1.5 对粉碎的验证样品,样品的粒度应与定标模型使用的样品粒度分布一致。

5.1.6 验证测试时的温度范围应与定标模型规定的温度范围一致。

5.1.7 使用验证样品获得的定标模型验证结果,只适用于验证样品所涉及的范围。

5.2 验证的内容及评价

5.2.1 准确性验证

采用验证样品集进行定标模型准确性验证,验证的校准标准差(SEP)应符合4.2的要求,对不符合要求的,不能通过验证,应该查明原因,重新进行验证,直至符合要求。

5.2.2 重复性验证

采用验证样品进行定标模型重复性验证。选择组分含量高、中、低的3个验证样品,分别测定10次,各样品测定结果的重复性(s_r)均应符合4.2的要求。对不符合要求的,不能通过验证,应查明原因,重新进行验证,直至符合要求。

6 定标模型转移及评价(对近红外子机)

6.1 将经过近红外主机验证合格的定标模型,通过粮油近红外分析网络向近红外子机转移。

6.2 使用定标模型验证合格的近红外主机测定定标模型转移样品的组分含量。挑选10个以上组分含量不同水平的定标模型转移样品,在近红外子机上进行测定。定标模型转移样品按附录B规定的方法制备。

6.3 定标模型转移的评价:近红外主机与同一型号近红外子机的定标模型转移样品测定结果的再现性(s_R)应符合4.2的要求。对不符合要求的,应查明原因,重新进行测定,直至符合要求。

7 仪器与定标模型建档

7.1 近红外主机和未入网的近红外分析仪及其定标模型和定标模型验证建档

7.1.1 仪器建档内容,包括(但不限于):

——仪器制造商;

——仪器名称及型号;

——仪器序列号;

——安装日期；

——维修记录；

——仪器使用记录；

——软件升级记录。

7.1.2 定标模型和定标模型验证建档内容，包括(但不限于)：

——定标模型的名称和编号；

——定标模型的组分的浓度范围；

——定标模型使用的温度允许范围；

——异常样品的类型、品种、界限及处理的有关信息；

——验证样品类型；

——验证样品个数；

——验证样品采样及制备方法；

——验证样品组分的浓度范围；

——验证样品的测试温度范围；

——测定化学值的标准方法；

——定标模型验证的评价(SEP、s_r)；

——定标模型转移日期(对近红外主机)；

——验证单位；

——验证日期；

——本标准未规定的，或认为是非强制性的，以及可能影响测定结果的全部细节。

7.2 近红外子机与定标模型转移建档

7.2.1 仪器建档内容，包括(但不限于)：

——入网网络名称、入网编号、入网时间；

——仪器制造商；

——仪器名称及型号；

——仪器序列号；

——安装日期；

——维修记录；

——仪器使用记录；

——软件升级记录。

7.2.2 定标模型和定标模型转移建档内容，包括(但不限于)：

——定标模型的名称和编号；

——定标模型的浓度范围；

——定标模型使用的温度允许范围；

——异常样品的类型、品种、界限及处理的有关信息；

——验证样品类型；

——验证样品的浓度范围；

——验证样品的测试温度范围；

——验证单位及验证时间；

——测定化学值的标准方法；

——定标模型验证的评价(SEP、s_r)；

——定标模型转移日期；

——定标模型转移的评价(s_R)；

——近红外子机的单位；

——本标准未规定的，或认为是非强制性的，以及可能影响测定结果的全部细节。

8 仪器日常监控

8.1 对入网与未入网的近红外分析仪，在每天测试之前，至少应用监控样品测试一次，测试结果按 GB/T 4091 的规定，建立不同时间测定监控样品的质量控制图，测试结果偏差的控制限为$\pm 2\times s_r$。监控样品的制备按附录 B 规定的方法进行。

8.2 出现监控样品测试结果偏差超出控制线时，应立即停止使用，并及时通报网络管理者和仪器生产商。

8.3 出现仪器不稳定、重复性不符合 4.2 要求等情况，应立即停止使用，并及时通报网络管理者和仪器生产商。

9 网络管理与维护

9.1 应统一管理粮食近红外分析网络中的近红外主机和近红外子机。

9.2 网络管理与维护的内容，包括(但不限于)：

——定标模型验证样品、定标模型转移样品及监控样品的采集、分析、保存及发送；

——近红外主机定标模型验证及评价；

——近红外定标模型转移及评价；

——近红外主机及近红外子机的日常监控；

——近红外网络仪器维修记录；

——软件升级记录等。

9.3 所有定标模型转移样品或监控样品，从制备后到测定前，应密封保存在不会引起样品成分改变的环境中，且应保证在运输或储存过程中不受损坏。

9.4 验证合格后的定标模型应通过网络管理软件，将定标模型转移给网络中的每一台近红外子机使用。应用定标模型转移样品对近红外子机进行定标模型转移效果评价，不符合要求的，应立即通报网络管理者，查明原因，并重新进行转移效果评价，直至符合要求。

9.5 日常分析工作中，应不予采纳异常样品的近红外测定值。应对异常样品用标准分析方法测定，将测定结果及时通报网络管理者和仪器生产商，以利于今后对定标模型进行升级。

9.6 应做好日常监控记录，并监测网络中近红外子机的工作状况，发现异常应及时处理。

附 录 A
（规范性附录）
验证样品的制备

A.1 样品采样按 GB 5491 的规定执行。

A.2 应分产地、分品种扦取样品，所采集的样品集中组分含量应尽量均匀分布，且能代表近红外分析定标模型成分含量所覆盖的范围。

A.3 除去样品中的杂质及破碎粒后，进行分样，每份样品 2 000 g 以上。

A.4 应使用牢固的包装物密封保存样品，避免运输及保存中可能发生的变化。

A.5 应由符合 GB/T 27025 要求的 5 个以上实验室测定样品组分的含量。

A.6 根据需要，实验室应使用下列规定的标准方法测定样品组分的含量：

——测定水分含量，按 GB/T 5497 的规定执行；

——测定灰分含量，按 GB/T 5505 的规定执行；

——测定谷类粮食及其制品的粗蛋白质含量，按 GB/T 5511 的规定执行；

——测定油料的粗蛋白质含量，按 GB/T 14489.2 的规定执行；

——测定谷类粮食及其制品的粗脂肪含量，按 GB/T 5512 的规定执行；

——测定油料的粗脂肪含量，按 GB/T 14488.1 的规定执行；

——测定总淀粉含量，按 GB/T 5009.9 的规定执行。

A.7 实验室在接收到样品后应立即进行测定，样品一旦启封，应在当天测定完毕。

A.8 测定结果应汇总统一处理，以稳健统计量表示验证样品组分含量的标准值。

附　录　B
（规范性附录）
定标模型转移样品、监控样品的制备

B.1　仪器

近红外分析仪：性能应符合本标准4.2的要求。

B.2　样品的制备

B.2.1　取样：选择同一品种的粮油样品，按GB 5491规定的方法采样。
B.2.2　样品的预处理：应除去样品中的杂质及破碎粒，分样至每份样品500 g左右。
B.2.3　样品均匀性检查：定标模型转移样品应按GB/T 15000.5的规定检查样品的均匀性，不符合均匀性要求的应重新进行分样。
B.2.4　监控样品应有备份样品。

B.3　样品组分的测定

定标转移样品应使用定标模型验证合格的近红外主机（B.1）测定组分含量。监控样品应使用定标模型验证合格的近红外主机（B.1），或定标模型转移合格的近红外子机（B.1）、定标模型验证合格的未入网的近红外分析仪（B.1）测定组分含量。

监控样品测定的组分应选择不易变化的组分，其近红外测定值的重复性应在本标准规定的允许范围内。

B.4　样品的保存

样品应密封，保存于通风、干燥、阴凉环境中。保存期不宜超过一年。

B.5　样品的使用期限

每个监控样品在使用100次之后，或样品出现生虫、被污染时，应重新制备。

参 考 文 献

［1］ American Society for Testing and Materials. 2005. Method E 1655-05：Standard practices for infrared，multivariate，quantitative analysis. The Society，West Conshohocken，PA.

［2］ Williams P C，Norris K H. 1987. Near-infrared technology in the agricultural and food industries. Am. Assoc. Cereal Chem. ，St. Paul，MN.

［3］ Williams P C，Sobering D C. 1993. Comparison of commercial near infrared transmittance and reflectance instruments for analysis of whole grains and seeds. J. Near Infrared Spectrosc. 1：25.

［4］ AACC Method 39-00. Near-infrared methods—Guidelines for model development and maintenance.

ICS 67.060
B 20

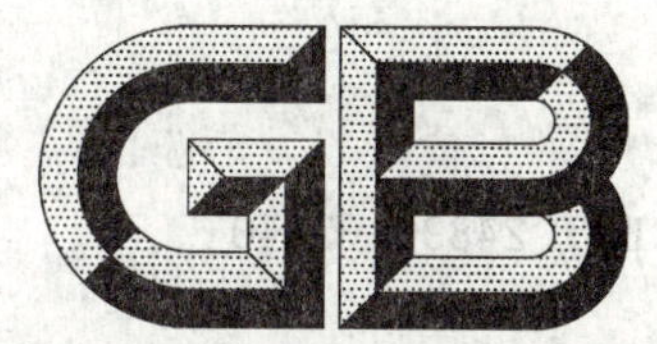

中华人民共和国国家标准

GB/T 24896—2010

粮油检验　稻谷水分含量测定 近红外法

Inspection of grain and oils—Determination of moisture content in paddy—Near-infrared method

2010-06-30 发布　　2011-01-01 实施

中华人民共和国国家质量监督检验检疫总局
中国国家标准化管理委员会　发布

前　　言

本标准的附录A为规范性附录。

本标准由国家粮食局提出。

本标准由全国粮油标准化技术委员会归口。

本标准起草单位：国家粮食局标准质量中心、湖北省粮油食品质量监测站、安徽省粮油产品质量监督检测站、广东国家粮食质量监测中心、浙江省粮油产品质量检验中心、江苏省粮食局粮油质量监测所、四川省粮油中心监测站、贵州国家粮食质量监测中心、云南省粮油产品质量监督检验测试中心、宁夏粮油产品质量检测中心、北京和信昌吉科技发展有限公司。

本标准主要起草人：朱之光、熊宁、余敦年、刘勇、江友玉、季一顺、钟国才、应美蓉、陈建伟、李毅、蒋雁、薛冰、王兴磊、赵坚、刘子豪、刘坚、吴莉莉。

粮油检验　稻谷水分含量测定 近红外法

1　范围

本标准规定了近红外分析方法测定稻谷、糙米及大米水分的术语和定义、原理、仪器设备、样品制备、测定、结果处理和表示、异常样品的确认和处理、准确性和精密度及测试报告的要求。

本标准适用于稻谷、糙米及大米水分含量的快速测试。

本标准不适用于仲裁检验。

2　规范性引用文件

下列文件中的条款通过本标准的引用而成为本标准的条款。凡是注日期的引用文件，其随后所有的修改单(不包括勘误的内容)或修订版均不适用于本标准，然而，鼓励根据本标准达成协议的各方研究是否可使用这些文件的最新版本。凡是不注日期的引用文件，其最新版本适用于本标准。

GB 5491　粮食、油料检验　扦样、分样法

GB/T 5494　粮油检验 粮食、油料的杂质、不完善粒检验

GB/T 5497　粮食、油料检验　水分测定法

GB/T 24895　粮油检验　近红外分析定标模型验证和网络管理与维护通用规则

3　术语和定义

GB/T 24895 确立的术语和定义适用于本标准。

4　原理

利用水分子中的 C—H、N—H、O—H、C—O 等化学键的泛频振动或转动对近红外光的吸收特性，用化学计量学方法建立稻谷近红外光谱与其水分含量之间的相关关系，计算稻谷样品的水分含量。

5　仪器设备

5.1　近红外分析仪：加入粮油近红外分析网络的仪器应符合 GB/T 24895 的要求。未加入粮油近红外分析网络的仪器，应按照 GB/T 24895 中有关定标模型验证的规定验证合格。

5.2　样品粉碎设备(适用于测定粉状样品的近红外分析仪)：粉碎后样品的粒度分布和均匀性应符合近红外分析仪建立定标模型时的要求。使用时应采用和定标模型建立与验证时同样的制备过程。

6　样品制备

6.1　按 GB 5491 的方法对实验室样品进行分样，得到测试样品。

6.2　将测试样品按 GB/T 5494 的方法去除杂质、破碎粒和谷外糙米，制备净稻谷，或将净稻谷制备成糙米、大米测试样品。

7　测定

7.1　测定前的准备

7.1.1　预热和仪器自检，并用监控样品进行日常监测，在使用状态下每天至少用监控样品对近红外分

析仪(5.1)监测一次,监控样品的监控指标采用粗蛋白质含量(干基)。监控样品的制备按附录A的规定执行。

7.1.2 应跟踪每天监测的结果,同一监控样品的粗蛋白质含量测定结果与最初的测定结果比较,应保证测定结果的绝对差小于0.2%。

7.1.3 如监控样品测定结果不符合7.1.2的要求,应停止使用,并报网络管理者或仪器供应商予以调整或维修。

7.1.4 测试样品的温度应控制在定标模型验证规定的测试温度范围内。

7.2 整粒样品的测定

按照近红外分析仪(5.1)说明书的要求,取适量的稻谷(或糙米、大米)样品用近红外分析仪进行测定,记录测试数据。每个样品应测定两次。第一次测试后的样品应与原待测样品混匀后,再次取样进行第二次测定。

7.3 粉碎样品的测定

按照近红外分析仪(5.1)说明书的要求,取适量的稻谷(或糙米、大米)样品,使用规定的粉碎设备(5.2)粉碎,将粉碎好的样品用近红外分析仪进行测定,记录测试数据。每个样品应测定两次。第一次测定后的样品应与原待测样品混匀后,再次取样进行第二次测定。

8 结果处理和表示

8.1 为了得到有效的结果,测定结果应在仪器使用的定标模型所覆盖的水分含量范围内。

8.2 两次测定结果的绝对差应符合10.2的要求,取两次数据的平均值,即为测定结果,测定结果保留小数点后一位。

8.3 如果两个测定结果的绝对差不符合10.2的要求,则必须再进行2次独立测定,获得4个独立测定结果。若4个独立测定结果的极差($X_{max}-X_{min}$)等于或小于允许差的1.3倍,则取4个独立测定结果的平均值作为最终测定结果;如果4个独立测定结果的极差($X_{max}-X_{min}$)大于允许差的1.3倍,则取4个独立测定结果的中位数作为最终测定结果。

8.4 对于仪器报警的异常测定结果,所得数据不应作为有效测定数据。异常样品的确认和处理按第9章的要求执行。

9 异常样品的确认和处理

9.1 异常样品的确认

9.1.1 形成异常样品的原因,可能来自于以下几个方面:

——该样品水分的含量超过了该仪器定标模型的范围;

——该样品品种与参与该仪器定标样品集的品种有很大差异;

——采用了错误的定标模型;

——样品中杂质过多;

——光谱扫描过程中样品发生了位移;

——样品的温度超出定标模型规定的温度范围。

9.1.2 应对造成测定结果异常的原因进行分析和排除,再进行第二次近红外测定,如仍出现报警,则确认为异常样品。

9.2 异常样品的处理

9.2.1 应按GB/T 5497规定的方法对该样品水分进行测定。

9.2.2 应将异常样品的情况通报粮油近红外分析网络管理者或仪器生产商,以利于今后对定标模型进行升级。

10 准确性和精密度

10.1 准确性

验证样品集水分含量扣除系统偏差后的近红外测定值与其标准值之间的标准差(*SEP*)应不大于0.20%。

10.2 重复性

在同一实验室,由同一操作者使用相同的仪器设备,按相同测试方法,在短的时间内通过重新分样和重新装样,对同一被测样品相互独立进行测定,获得的两个测定结果的绝对差应不大于0.2%。

10.3 再现性

在不同实验室,由不同操作人员使用同一型号不同设备,按相同测试方法,对相同的样品,获得的两个独立试验测定结果之间的绝对差应不大于0.3%。

11 测试报告

测试报告应包括(但不限于):

——定标模型名称及编号;

——定标模型的适用浓度范围;

——定标模型允许温度范围;

——已入粮油近红外分析网络的近红外分析仪,应提供所入网络的名称、入网时间、入网编号、定标模型转移时间;

——未入粮油近红外分析网络的近红外分析仪,应提供以下信息:

- 验证样品集浓度范围;
- 验证样品集的测试温度范围;
- 验证单位及验证时间;

——仪器型号与序列号;

——监控样品日常监控信息;

——试样的名称及编号;

——试样采样方法;

——试样制备方法;

——试样测试时的温度;

——试样测定结果;

——采用的测定方法标准;

——出现异常样品时,应提供异常样品类型及处理的有关信息;

——测试单位、测试人及测试时间;

——本标准未规定的,或认为是非强制性的,以及可能影响测定结果的全部细节。

附 录 A
（规范性附录）
监控样品的制备

A.1 仪器

近红外分析仪:符合本标准5.1的要求。

A.2 监控样品的制备

A.2.1 取样:选择品种单一的稻谷,按GB 5491规定的方法采样。

A.2.2 样品的预处理:样品应除去杂质、谷外糙米及破碎粒,分样至每份样品500 g左右。

A.2.3 样品的测试:利用近红外分析仪(A.1)测定样品的粗蛋白质含量(干基)。

A.2.4 监控样品应至少制备两份,其中一份留作备用。

A.3 监控样品的保存

样品应密封,保存于通风、干燥、阴凉的环境中。保存期不宜超过一年。

A.4 监控样品的使用期限

每个监控样品在使用100次之后,或者出现生虫、被污染等,应重新制备。

ICS 67.060
B 20

中华人民共和国国家标准

GB/T 24897—2010

粮油检验　稻谷粗蛋白质含量测定 近红外法

Inspection of grain and oils—Crude protein determination in rice—Near-infrared method

2010-06-30 发布　　2011-01-01 实施

中华人民共和国国家质量监督检验检疫总局
中国国家标准化管理委员会　发布

前　言

本标准的附录A为规范性附录。

本标准由国家粮食局提出。

本标准由全国粮油标准化技术委员会归口。

本标准起草单位：湖北省粮油食品质量监测站、辽宁省粮油检验监测所、湖南省粮油产品质量监测站、江西省粮油质量质量监督检验中心、江苏省粮食局粮食质量监测所、黑龙江省粮油卫生检验监测站、吉林省粮油卫生检验监测站、云南省粮油产品质量监督检验测试中心、佐竹机械（苏州）有限公司、福斯分析仪器公司、波通仪器公司。

本标准主要起草人：熊宁、余敦年、刘利、刘勇、崔国华、刘蓉、章煊、戴波、季澜洋、史玮、邵志凌、赵武善、刘宇飞、王志明、倪姗姗、王艳。

粮油检验　稻谷粗蛋白质含量测定　近红外法

1　范围

本标准规定了近红外方法测定稻谷、糙米及大米粗蛋白质含量(干基)的术语和定义、原理、仪器设备、样品制备、测定、结果处理和表示、异常样品的确认和处理、准确性和精密度及测试报告的要求。

本标准适用于稻谷、糙米及大米粗蛋白质含量(干基)的快速测定。

本标准不适用于仲裁检验。

2　规范性引用文件

下列文件中的条款通过本标准的引用而成为本标准的条款。凡是注日期的引用文件，其随后所有的修改单(不包括勘误的内容)或修订版均不适用于本标准，然而，鼓励根据本标准达成协议的各方研究是否可使用这些文件的最新版本。凡是不注日期的引用文件，其最新版本适用于本标准。

GB 5491　粮食、油料检验　扦样、分样法

GB/T 5494　粮油检验　粮食、油料的杂质、不完善粒检验

GB/T 5497　粮食、油料检验　水分测定法

GB/T 5511　谷物和豆类　氮含量测定和粗蛋白质含量计算　凯氏法

GB/T 24895　粮油检验　近红外分析定标模型验证和网络管理与维护通用规则

3　术语和定义

GB/T 24895 确定的术语和定义适用于本标准。

4　原理

利用蛋白质分子中的 C—H、N—H、O—H、C—O 等化学键的泛频振动或转动对近红外光的吸收特性，用化学计量学方法建立稻谷近红外光谱与粗蛋白质含量之间的相关关系，计算稻谷等样品的粗蛋白含量。

5　仪器设备

5.1　近红外分析仪：加入粮油近红外分析网络的仪器应符合 GB/T 24895 的要求。未加入粮油近红外分析网络的仪器，应按照 GB/T 24895 中有关定标模型验证的规定验证合格。

5.2　样品粉碎设备(适用于测定粉状样品的近红外分析仪)：粉碎后样品的粒度分布和均匀性应符合近红外分析仪建立定标模型时的要求，使用时应采用和定标模型建立与验证时同样的制备过程。

6　样品制备

6.1　按 GB 5491 的方法对实验室样品进行分样，得到测试样品。

6.2　将测试样品按 GB/T 5494 的方法去除杂质、破碎粒及谷外糙米，得净稻谷，或将净稻谷制备成糙米、大米测试样品。

7　测定

7.1　测试前的准备

7.1.1　预热和仪器自检，在使用状态下每天至少用监控样品对近红外分析仪(5.1)监测一次，监控样品

的制备按附录 A 的规定执行。

7.1.2 应跟踪每天检测的结果，同一监控样品的粗蛋白质含量测定结果与最初的测定结果比较，绝对差应不大于 0.2%。

7.1.3 如果监测结果不符合 7.1.2 的要求，应停止使用，并报网络管理者或仪器供应商予以调整或维修。

7.1.4 测试样品的温度应控制在定标模型验证规定的测试温度范围内。

7.2 整粒样品测定

按照近红外分析仪(5.1)说明书的要求，取适量的稻谷(或糙米、大米)样品用近红外分析仪进行测定，记录测定数据。每个样品应测定两次。第一次测定后的测定样品应与原待测样品混匀后，再次取样进行第二次测定。

7.3 粉碎样品的测定

按照近红外分析仪(5.1)说明书的要求，取适量的稻谷(或糙米、大米)样品，使用规定的粉碎设备(5.2)粉碎，将粉碎好的样品用近红外分析仪进行测定，记录测定数据。每个样品应测定两次，第一次测定后的测定样品应与原待测样品混匀后，再次取样进行第二次测定。

8 结果处理和表示

8.1 为了得到有效的结果，测定结果应在仪器使用的定标模型所覆盖的粗蛋白质含量范围内。

8.2 两次测定结果的绝对差应符合 10.2 要求的，取两次数据的平均值为测定结果，测定结果保留小数点后一位。

8.3 如果两个测定结果的绝对差不符合 10.2 的要求，则必须再进行 2 次独立测定，获得 4 个独立测定结果。若 4 个独立测定结果的极差($X_{max}-X_{min}$)等于或小于允许差的 1.3 倍，则取 4 个独立测定结果的平均值作为最终测定结果；如果 4 个独立测定结果的极差($X_{max}-X_{min}$)大于允许差的 1.3 倍，则取 4 个独立测定结果的中位数作为最终测定结果。

8.4 对于仪器测定报警的异常测试结果，所得数据不应作为有效测试数据。异常样品的确认和处理按第 9 章的要求执行。

9 异常样品的确认和处理

9.1 异常样品的确认

9.1.1 形成异常测试结果的原因，可能来自于以下几个方面：

——该样品粗蛋白质含量超过了该仪器的定标模型的范围；

——该样品的品种与参与该仪器定标样品集的品种有很大差异；

——采用了错误的定标模型；

——样品中杂质过多；

——光谱扫描过程中样品发生了位移；

——样品温度超出定标模型规定的温度范围。

9.1.2 应对造成测试结果异常的原因进行分析和排除，再进行第二次近红外测试，如仍出现报警，则确认为异常样品。

9.2 异常样品的处理

9.2.1 应按 GB/T 5497、GB/T 5511 规定的方法对该样品的水分和粗蛋白质含量进行测定，并封存样品。

9.2.2 应将异常样品的情况通报粮油近红外分析网络管理者或仪器生产商，以利于今后对定标模型进行升级。

10 准确性和精密度

10.1 准确性

验证样品集粗蛋白含量扣除系统偏差后的近红外测定值与其标准值之间的标准差(*SEP*)应不大于0.30%。

10.2 重复性

在同一实验室,由同一操作者使用相同的仪器设备,按相同测试方法,在短的时间内通过重新分样和重新装样,对同一被测样品相互独立进行测定,获得的两个测定结果的绝对差不大于0.3%。

10.3 再现性

在不同实验室,由不同操作人员使用同一型号不同设备,按相同测试方法,对相同样品,获得的两个独立测定结果之间的绝对差不大于0.4%。

11 测试报告

测试报告应包括(但不限于):

——定标模型名称及编号;

——定标模型的适用浓度范围;

——定标模型允许温度范围;

——已入粮油近红外分析网络的近红外分析仪,应提供所入网络的名称、入网时间、入网编号、定标模型转移时间;

——未入粮油近红外分析网络的近红外分析仪,应提供以下信息:

- 验证样品集浓度范围;
- 验证样品集的测试温度范围;
- 验证单位及验证时间;

——仪器型号与序列号;

——监控样品日常监控信息;

——试样的名称及编号;

——试样采样方法;

——试样制备方法;

——试样测试时的温度;

——试样测定结果;

——采用的测定方法标准;

——出现异常样品时,应提供异常样品类型及处理的有关信息;

——测试单位、测试人及测试时间;

——本标准未规定的,或认为是非强制性的,以及可能影响测定结果的全部细节。

附 录 A
（规范性附录）
监控样品的制备

A.1 仪器

近红外分析仪：符合本标准 5.1 的要求。

A.2 监控样品的制备

A.2.1 取样：选择品种单一的稻谷，按 GB 5491 规定的方法采样。

A.2.2 样品的预处理：样品应除去杂质、谷外糙米及破碎粒，分样至每份样品 500 g 左右。

A.2.3 样品的测试：利用近红外分析仪（A.1）测定样品的粗蛋白质含量（干基）。

A.2.4 监控样品应至少制备两份，其中一份留作备用。

A.3 监控样品的保存

样品应密封，保存于通风、干燥、阴凉的环境中。保存期不宜超过一年。

A.4 监控样品的使用期限

每个监控样品在使用 100 次之后，或者出现生虫、被污染等，应重新制备。

ICS 67.060
B 20

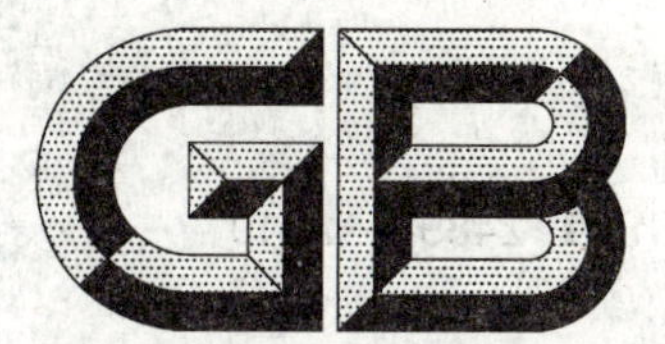

中华人民共和国国家标准

GB/T 24898—2010

粮油检验 小麦水分含量测定 近红外法

Inspection of grain and oils—
Determination of moisture content in wheat—Near-infrared method

2010-06-30 发布　　　　2011-01-01 实施

中华人民共和国国家质量监督检验检疫总局
中国国家标准化管理委员会 发布

前　言

本标准是建立在经典方法基础上的小麦水分含量的快速测定方法，对于仲裁检验，应以国家标准已规定的常规方法，即GB/T 5497《粮食、油料检验　水分的测定》为准。

本标准的附录A为规范性附录。

本标准由国家粮食局提出。

本标准由全国粮油标准化技术委员会归口。

本标准起草单位：河南工业大学、国家粮食储备局无锡科学研究设计院、北京市粮油食品检验所、海南省粮油产品质量监督检验站、天津市粮油质检中心、上海市粮油制品质量监督检验站、浙江省粮油产品质量检验中心、福斯分析仪器公司、波通仪器公司。

本标准主要起草人：卞科、吴存荣、唐怀建、陈志华、王彩琴、唐英、肖庆敏、吕艳春、应美蓉、赵武善、刘宇飞。

粮油检验
小麦水分含量测定　近红外法

1　范围

本标准规定了近红外分析方法测定小麦水分含量的术语和定义、原理、仪器设备、测定、结果处理和表示、异常样品的确认和处理、准确性和精密度及测试报告的要求。

本标准适用于小麦水分含量的快速测定。

本标准不适用于仲裁检验。

2　规范性引用文件

下列文件中的条款通过本标准的引用而成为本标准的条款。凡是注日期的引用文件，其随后所有的修改单(不包括勘误的内容)或修订版均不适用于本标准，然而，鼓励根据本标准达成协议的各方研究是否可使用这些文件的最新版本。凡是不注日期的引用文件，其最新版本适用于本标准。

GB 5491　粮食、油料检验　扦样、分样法

GB/T 5497　粮食、油料检验　水分测定法

GB/T 24895　粮油检验　近红外分析定标模型验证和网络管理与维护通用规则

3　术语和定义

GB/T 24895 确立的术语和定义适用于本标准。

4　原理

利用水分子中的 O—H 等化学键的泛频振动或转动对近红外光的吸收特性，用化学计量学方法建立小麦近红外光谱与其水分含量之间的相关关系，计算小麦样品的水分含量。

5　仪器设备

5.1　近红外分析仪：加入粮油近红外分析网络的仪器应符合 GB/T 24895 的要求。未加入粮油近红外分析网络的仪器，应按照 GB/T 24895 中有关定标模型验证的规定验证合格。

5.2　样品粉碎设备(适用于测定粉状样品的近红外分析仪)：用于全麦粉样品的制备，粉碎后样品的粒度分布和均匀性应符合近红外分析仪建立定标模型时的要求。使用时应采用和定标模型建立与验证时同样的制备过程。

6　测定

6.1　测试前的准备

6.1.1　样品的采集和分样按 GB 5491 的规定执行。

6.1.2　整理样品，除去样品中的杂质和破碎粒。

6.1.3　按照近红外分析仪(5.1)说明书的要求进行仪器预热和自检测试。

6.1.4　在使用状态下，每天至少用监控样品对近红外分析仪(5.1)监测一次，同一监控样品的粗蛋白质含量(干基)测定结果与最初的测定结果比较，绝对差应不大于 0.2%。监控样品的制备按附录 A 的规定执行。

6.1.5 如监控样品测定结果不符合6.1.4的要求，应停止使用，并报网络管理者或仪器供应商予以调整或维修。

6.1.6 测试样品的温度应控制在定标模型验证中规定的测试温度范围内。

6.2 整粒小麦样品的测定

按照近红外分析仪(5.1)说明书的要求，取适量的小麦样品用近红外分析仪进行测定，记录测定数据。每个样品应测定两次，第一次测定后的测定样品应与原待测样品混匀后，再次取样进行第二次测定。

6.3 粉碎样品的测定

按照近红外分析仪(5.1)说明书的要求，取适量的小麦样品，使用规定的粉碎设备(5.2)粉碎，将全麦粉样品用近红外分析仪进行测定，记录测定数据。每个样品应测定两次，第一次测定后的全麦粉样品应与原待测样品混匀后，再次取样进行第二次测定。

7 结果处理和表示

7.1 为了得到有效的结果，测定结果应在仪器使用的定标模型所覆盖的水分含量范围内。

7.2 两次测定结果的绝对差应符合9.2的要求，取两次数据的平均值为测定结果，测定结果保留小数点后一位。

7.3 如果两个测试结果的绝对差值不符合9.2的要求，则必须再进行2次独立测试，获得4个独立测试结果。若4个独立测试结果的极差($X_{max}-X_{min}$)等于或小于允许差的1.3倍，则取4个独立测试结果的平均值作为最终测试结果；如果4个独立测试结果的极差($X_{max}-X_{min}$)大于允许差的1.3倍，则取4个独立测试结果的中位数作为最终测试结果。

7.4 对于仪器报警的异常测定结果，所得数据不应作为有效测定数据。异常样品的确认和处理按第8章的要求执行。

8 异常样品的确认和处理

8.1 异常样品的确认

8.1.1 形成异常测定结果的原因，可能来自以下几个方面：

——该样品水分的含量超过了该仪器定标模型的范围；

——该样品品种与参与该仪器定标样品集的品种有很大差异；

——采用了错误的定标模型；

——样品中杂质过多；

——光谱扫描过程中样品发生了位移；

——样品温度超出定标模型规定的温度范围。

8.1.2 应对造成测定结果异常的原因进行分析和排除，再进行第二次近红外测定，如仍出现报警，则确认为异常样品。

8.2 异常样品的处理

8.2.1 异常样品的水分含量应按GB/T 5497规定的方法进行测定。

8.2.2 应将异常样品的情况通报近红外分析网络管理者或仪器生产商，以利于今后对定标模型进行升级。

9 准确性和精密度

9.1 准确性

验证样品集水分含量扣除系统偏差后的近红外测定值与其标准值之间的标准差(SEP)应不大于0.20%。

9.2 重复性

在同一实验室，由同一操作者使用相同的仪器设备，按相同测试方法，在短的时间内通过重新分样和重新装样，对同一被测样品相互独立进行测定，获得的两次测定结果的绝对差应不大于0.2%。

9.3 再现性

在不同实验室，由不同操作人员，使用同一型号的不同设备，用同一方法，对相同的小麦样品，获得的两个独立测定结果之间的绝对差应不大于0.3%。

10 测试报告

测试报告应包括（但不限于）：

——定标模型名称及编号；

——定标模型的适用浓度范围；

——定标模型允许温度范围；

——已入粮油近红外分析网络的近红外分析仪，应提供所入网络的名称、入网时间、入网编号、定标模型转移时间；

——未入粮油近红外分析网络的近红外分析仪，应提供以下信息：

- 验证样品集浓度范围；
- 验证样品集的测试温度范围；
- 验证单位及验证时间；

——仪器型号与序列号；

——监控样品日常监控信息；

——试样的名称及编号；

——试样采样方法；

——试样制备方法；

——试样测试时的温度；

——试样测定结果；

——采用的测定方法标准；

——出现异常样品时，应提供异常样品类型及处理的有关信息；

——测试单位、测试人及测试时间；

——本标准未规定的，或认为是非强制性的，以及可能影响测定结果的全部细节。

附 录 A
(规范性附录)
监控样品的制备

A.1 仪器

近红外分析仪:符合本标准5.1的要求。

A.2 监控样品的制备

A.2.1 取样:选择品种单一的粮食,按GB 5491规定的方法采样。

A.2.2 样品的预处理:清除样品中的杂质及破碎粒,分样至每份样品500 g左右。

A.2.3 样品的测定:利用近红外分析仪(A.1)测定样品的粗蛋白质含量(干基)。

A.2.4 监控样品应至少制备两份,其中一份留作备用。

A.3 监控样品的保存

样品应密封,保存于通风、干燥、阴凉的环境中。保存期不宜超过一年。

A.4 监控样品的使用期限

每个监控样品在使用100次之后,或者出现生虫、被污染等,应重新制备。

ICS 67.060
B 20

中华人民共和国国家标准

GB/T 24899—2010

粮油检验
小麦粗蛋白质含量测定　近红外法

Inspection of grain and oils—
Determination of crude protein in wheat—Near-infrared method

2010-06-30 发布　　2011-01-01 实施

中华人民共和国国家质量监督检验检疫总局
中国国家标准化管理委员会　发布

前　言

本标准是建立在经典方法基础上的小麦粗蛋白质含量(干基)的快速测定方法,对于仲裁检验,应以国家标准已规定的常规方法,即GB/T 5511《谷物和豆类　氮含量测定和粗蛋白质含量计算　凯氏法》为准。

本标准的附录A为规范性附录。

本标准由国家粮食局提出。

本标准由全国粮油标准化技术委员会归口。

本标准起草单位:国家粮食局标准质量中心、河南工业大学、国家粮食储备局无锡科学研究设计院、云南省粮油产品质量监督检验测试中心、北京市粮油食品检验所、内蒙古粮油质检中心、广西区粮油质量监督检验站、波通仪器公司、福斯分析仪器公司。

本标准主要起草人:朱之光、吴存荣、陈志华、薛冰、王彩琴、董琪、柳永英、刘宇飞、赵武善。

粮油检验
小麦粗蛋白质含量测定　近红外法

1　范围

本标准规定了近红外分析方法测定小麦粗蛋白质含量(干基)的术语和定义、原理、仪器设备、测定、结果处理和表示、异常样品的确认和处理、准确性和精密度及测试报告的要求。

本标准适用于小麦粗蛋白质含量(干基)的快速测定。

本标准不适用于仲裁检验。

2　规范性引用文件

下列文件中的条款通过本标准的引用而成为本标准的条款。凡是注日期的引用文件,其随后所有的修改单(不包括勘误的内容)或修订版均不适用于本标准,然而,鼓励根据本标准达成协议的各方研究是否可使用这些文件的最新版本。凡是不注日期的引用文件,其最新版本适用于本标准。

GB 5491　粮食、油料检验　扦样、分样法

GB/T 5511　谷物和豆类　氮含量测定和粗蛋白质含量计算　凯氏法

GB/T 24895　粮油检验　近红外分析定标模型验证和网络管理与维护通用规则

3　术语和定义

GB/T 24895 确立的术语和定义适用于本标准。

4　原理

利用蛋白质分子中的C—H、N—H、O—H 等化学键的泛频振动或转动对近红外光的吸收特性,用化学计量学方法建立小麦近红外光谱与其粗蛋白质含量之间的相关关系,计算小麦样品的粗蛋白质含量。

5　仪器设备

5.1　近红外分析仪:加入粮油近红外分析网络的仪器应符合 GB/T 24895 的要求。未加入粮油近红外分析网络的仪器,应按照 GB/T 24895 中有关定标模型验证的规定验证合格。

5.2　样品粉碎设备(适用于测定粉状样品的近红外分析仪):用于全麦粉样品的制备,粉碎后样品的粒度分布和均匀性应符合近红外分析仪建立定标模型时的要求。使用时应采用和定标模型建立与验证时同样的制备过程。

6　测定

6.1　测试前的准备

6.1.1　样品的采集和分样按 GB 5491 的规定执行。

6.1.2　整理样品,除去样品中的杂质。

6.1.3　按照近红外分析仪(5.1)说明书的要求进行仪器预热和自检测试。

6.1.4　在使用状态下,每天至少用监控样品对近红外分析仪监测一次,同一监控样品的粗蛋白质含量测定结果与最初的测定结果比较,应保证当粗蛋白质含量在 15%以下时,两者的绝对差不大于 0.2%,

当粗蛋白质含量在15%以上时,绝对差应不大于0.3%。监控样品的制备按附录A的规定执行。

6.1.5 如监控样品测定结果不符合6.1.4的要求,应停止使用,并通报网络管理者或仪器供应商予以调整或维修。

6.1.6 测试样品的温度应控制在定标模型验证中规定的温度范围内。

6.2 整粒小麦样品的测定

按照近红外分析仪(5.1)说明书的要求,取适量的小麦样品,用近红外分析仪进行测定,记录测定数据。每个样品应测定两次。第一次测定后的测定样品应与原待测样品混匀后,再次取样进行第二次测定。

6.3 粉碎样品的测定

按照近红外分析仪(5.1)说明书的要求,取适量的小麦样品,使用规定的粉碎设备(5.2)粉碎,将全麦粉样品用近红外分析仪进行测定,记录测定数据。每个样品应测定两次。第一次测定后的全麦粉样品应与原待测样品混匀后,再次取样进行第二次测定。

7 结果处理和表示

7.1 为了得到有效的结果,测试结果应在仪器使用的定标模型所覆盖的蛋白质含量范围内。

7.2 两次测定结果的绝对差应符合9.2的要求,取两次数据的平均值为测定结果,测定结果保留小数点后一位。

7.3 如果两个测试结果的绝对差值不符合9.2的要求,则必须再进行2次独立测试,获得4个独立测试结果。若4个独立测试结果的极差($X_{max}-X_{min}$)等于或小于允许差的1.3倍,则取4个独立测试结果的平均值作为最终测试结果;如果4个独立测试结果的极差($X_{max}-X_{min}$)大于允许差的1.3倍,则取4个独立测试结果的中位数作为最终测试结果。

7.4 对于仪器报警的异常测定结果,所得数据不应作为有效测定数据。异常样品的确认和处理按第8章的要求执行。

8 异常样品的确认和处理

8.1 异常样品的确认

8.1.1 形成异常测定结果的原因,可能来自于以下几个方面:

——该样品粗蛋白质的含量超过了该仪器定标模型的范围;

——该样品品种与参与该仪器定标样品集的品种有很大差异;

——采用了错误的定标模型;

——样品中杂质过多;

——光谱扫描过程中样品发生了位移;

——样品的温度超出定标模型规定的温度范围。

8.1.2 应对造成测定结果异常的原因进行分析和排除,再进行第二次近红外测定,如仍出现报警,则确认为异常样品。

8.2 异常样品的处理

8.2.1 异常样品的粗蛋白质含量应按GB/T 5511规定的方法进行测定,并封存样品。

8.2.2 应将异常样品的情况通报粮油近红外分析网络管理者或仪器生产商,以利于今后对定标模型进行升级。

9 准确性和精密度

9.1 准确性

验证样品集粗蛋白质含量扣除系统偏差后的近红外测定值与其标准值之间的标准差(*SEP*)应不

大于 0.30%。

9.2 重复性

在同一实验室,由同一操作者使用相同的仪器设备,按相同测试方法,在短的时间内通过重新分样和重新装样,对同一被测样品相互独立进行测定,获得的两次测定结果的绝对差,当粗蛋白质含量在 15%以下时,应不大于 0.2%,当粗蛋白质含量在 15%以上时,应不大于 0.3%。

9.3 再现性

在不同实验室,由不同操作人员使用同一型号的不同设备,按相同测试方法,对相同的小麦样品,获得的粗蛋白质含量两个独立测定结果之间的绝对差,当粗蛋白质含量在 15%以下时,应不大于 0.3%,当粗蛋白质含量在 15%以上时,应不大于 0.4%。

10 测试报告

测试报告应包括(但不限于):

——定标模型名称及编号;

——定标模型的适用浓度范围;

——定标模型允许温度范围;

——已入粮油近红外分析网络的近红外分析仪,应提供所入网络的名称、入网时间、入网编号、定标模型转移时间;

——未入粮油近红外分析网络的近红外分析仪,应提供以下信息:

- 验证样品集浓度范围;
- 验证样品集的测试温度范围;
- 验证单位及验证时间;

——仪器型号与序列号;

——监控样品日常监控信息;

——试样的名称及编号;

——试样采样方法;

——试样制备方法;

——试样测试时的温度;

——试样测定结果;

——采用的测定方法标准;

——出现异常样品时,应提供异常样品类型及处理的有关信息;

——测试单位、测试人及测试时间;

——本标准未规定的,或认为是非强制性的,以及可能影响测定结果的全部细节。

附 录 A
（规范性附录）
监控样品的制备

A.1 仪器

近红外分析仪:符合本标准5.1的要求。

A.2 监控样品的制备

A.2.1 取样:选择品种单一的小麦,按GB 5491规定的方法采样。
A.2.2 样品的预处理:清除样品中的杂质及破碎粒,分样至每份样品500 g左右。
A.2.3 样品的测定:利用近红外分析仪(A.1)测定样品的粗蛋白质含量(干基)。
A.2.4 监控样品应至少制备两份,其中一份留作备用。

A.3 监控样品的保存

样品应密封,保存于通风、干燥、阴凉的环境中。保存期不宜超过一年。

A.4 监控样品的使用期限

每个监控样品在使用100次之后,或者出现生虫、被污染等,应重新制备。

参 考 文 献

［1］ AACC Method 39-25. Near-infrared reflectance method for protein content in whole-grain wheat.

ICS 67.060
B 20

中华人民共和国国家标准

GB/T 24900—2010

粮油检验　玉米水分含量测定　近红外法

Inspection of grain and oils—Determination of moisture content in maize—Near-infrared method

2010-06-30 发布　　2011-01-01 实施

中华人民共和国国家质量监督检验检疫总局
中国国家标准化管理委员会　发布

前　言

本标准是建立在经典方法基础上的玉米中水分含量快速测定方法，仲裁检验以国家标准已规定的常规方法，即 GB/T 10362《粮油检验　玉米水分测定》为准。

本标准的附录 A 为规范性附录。

本标准由国家粮食局提出。

本标准由全国粮油标准化技术委员会归口。

本标准起草单位：河南工业大学、吉林省粮油质量监督检测站、四川省粮油中心监测站、重庆市粮油质量监督检验站、新疆粮油产品质量监督检验站。

本标准主要起草人：吴存荣、唐怀建、冯锡仲、李毅、张兴梅、刘玉平。

粮油检验　玉米水分含量测定　近红外法

1　范围

本标准规定了近红外分析方法快速测定玉米水分含量的术语和定义、原理、仪器设备、测定、结果处理和表示、异常样品的确认和处理、准确性和精密度及测试报告的要求。

本标准适用于玉米水分含量的快速测定。

本标准不适用于仲裁检验。

2　规范性引用文件

下列文件中的条款通过本标准的引用而成为本标准的条款。凡是注日期的引用文件，其随后所有的修改单(不包括勘误的内容)或修订版均不适用于本标准，然而，鼓励根据本标准达成协议的各方研究是否可使用这些文件的最新版本。凡是不注日期的引用文件，其最新版本适用于本标准。

GB 5491　粮食、油料检验　扦样、分样法

GB/T 10362　粮油检验　玉米水分测定

GB/T 24895　粮油检验　近红外分析定标模型验证和网络管理与维护通用规则

3　术语和定义

GB/T 24895 确立的术语和定义适用于本标准。

4　原理

利用水分子中的 C—H、N—H、O—H 等化学键的泛频振动或转动对近红外光的吸收特性，用化学计量学方法建立玉米样品近红外光谱与水分含量之间的相关关系，计算玉米样品的水分含量。

5　仪器设备

5.1　近红外分析仪：加入粮油近红外分析网络的仪器应符合 GB/T 24895 的要求。未加入粮油近红外分析网络的仪器，应按照 GB/T 24895 中有关定标模型验证的规定验证合格。

5.2　样品粉碎设备(适用于测定粉状样品的近红外分析仪)：仅用于玉米粉样品的制备，粉碎后样品的粒度分布和均匀性应符合近红外分析仪建立定标模型时的要求，使用时应采用和定标模型建立与验证时同样的制备过程。

6　测定

6.1　测试前的准备

6.1.1　样品的取样和分样按 GB 5491 的规定执行。

6.1.2　整理样品，除去样品中的杂质和破碎粒。

6.1.3　按照近红外分析仪(5.1)说明书的要求进行仪器预热及自检测试。

6.1.4　在使用状态下每天至少用监控样品对近红外分析仪(5.1)监测一次。应跟踪每天监测的结果，同一监控样品的粗蛋白质测定结果与最初的测定结果比较，绝对差应不大于 0.2%。监控样品的制备按附录 A 的规定执行。

6.1.5　如监控样品测定结果不符合 6.1.4 的要求，应停止使用，并报网络管理者或仪器供应商予以调整或维修。

6.1.6 测试样品的温度应控制在定标模型验证中规定的测试温度范围内。

6.2 整粒玉米样品的测定

按照近红外分析仪(5.1)说明书的要求,取适量的玉米样品用近红外分析仪进行测定,记录测定数据。每个样品应测定两次,第一次测定后的测定样品应与原待测样品混匀后,再次取样进行第二次测定。

6.3 粉碎样品的测定

按照近红外分析仪(5.1)说明书的要求,取适量的玉米样品,使用规定的粉碎设备(5.2)粉碎,将玉米粉样品用近红外分析仪进行测定,记录测定数据。每个样品应测定两次,第一次测定后的玉米粉样品应与原待测样品混匀后,再次取样进行第二次测定。

7 结果处理和表示

7.1 为了得到有效的结果,测定结果应在近红外分析仪使用的定标模型所覆盖的水分含量范围内。

7.2 两次测定结果的绝对差应符合 9.2 的要求,取两次数据的平均值为测定结果,测定结果保留小数点后一位。

7.3 如果两个测试结果的绝对差不符合 9.2 的要求,则必须再进行 2 次独立测试,获得 4 个独立测试结果。若 4 个独立测试结果的极差($X_{max}-X_{min}$)等于或小于允许差的 1.3 倍,则取 4 个独立测试结果的平均值作为最终测试结果;如果 4 个独立测试结果的极差($X_{max}-X_{min}$)大于允许差的 1.3 倍,则取 4 个独立测试结果的中位数作为最终测试结果。

7.4 对于仪器报警的异常测定结果,所得数据不应作为有效测定数据。异常样品的确认和处理按第 8 章的要求执行。

8 异常样品的确认和处理

8.1 异常样品的确认

8.1.1 形成异常测定结果的原因,可能来自于以下几个方面:

——该样品水分的含量超过了该仪器定标模型的范围;

——该样品品种与参与该仪器定标样品集的品种有很大差异;

——采用了错误的定标模型;

——样品中杂质过多;

——光谱扫描过程中样品发生了位移;

——样品温度超出定标模型规定的温度范围。

8.1.2 应对造成测定结果异常的原因进行分析和排除,再进行第二次近红外测定,如仍出现报警,则确认为异常样品。

8.2 异常样品的处理

8.2.1 异常样品的水分应按 GB/T 10362 规定的方法进行测定。

8.2.2 应将异常样品的情况通报粮油近红外分析网络管理者或仪器生产商,以利于今后对定标模型进行升级。

9 准确性和精密度

9.1 准确性

验证样品集水分含量扣除系统偏差后的近红外测定值与其标准值之间的标准差(SEP)应不大于 0.25%。

9.2 重复性

在同一实验室,由同一操作者使用相同的仪器设备,按相同测定方法,在短的时间内通过重新分样和重新装样，对同一被测样品相互独立进行测定，获得的两次测定结果的绝对差应不大于0.3%。

9.3 再现性

在不同实验室，由不同操作人员使用同一型号不同设备，按相同测定方法，对相同的玉米样品，获得的两个独立试验结果之间的绝对差应不大于0.4%。

10 测试报告

测试报告应包括(但不限于)：

——定标模型名称及编号；

——定标模型的适用浓度范围；

——定标模型允许温度范围；

——已入粮油近红外分析网络的近红外分析仪，应提供所入网络的名称、入网时间、入网编号、定标模型转移时间；

——未入粮油近红外分析网络的近红外分析仪，应提供以下信息：

- 验证样品集浓度范围；
- 验证样品集的测试温度范围；
- 验证单位及验证时间；

——仪器型号与序列号；

——监控样品日常监控信息；

——试样的名称及编号；

——试样采样方法；

——试样制备方法；

——试样测试时的温度；

——试样测定结果；

——采用的测定方法标准；

——出现异常样品时，应提供异常样品类型及处理的有关信息；

——测试单位、测试人及测试时间；

——本标准未规定的，或认为是非强制性的，以及可能影响测定结果的全部细节。

附 录 A
（规范性附录）
监控样品的制备

A.1 仪器

近红外分析仪:符合本标准5.1的要求。

A.2 监控样品的制备

A.2.1 取样:选择品种单一、籽粒均匀的玉米,按GB 5491规定的方法采样。

A.2.2 样品的预处理:清除样品中的杂质及破碎粒,分样至每份样品500 g左右。

A.2.3 样品的测定:利用近红外分析仪(A.1)测定样品的粗蛋白质含量(干基)。

A.2.4 监控样品应至少制备两份,其中一份留作备用。

A.3 监控样品的保存

样品应密封,保存于通风、干燥、阴凉的环境中。保存期不宜超过一年。

A.4 监控样品的使用期限

每个监控样品在使用100次之后,或者出现生虫、被污染等,应重新制备。

ICS 67.060
B 20

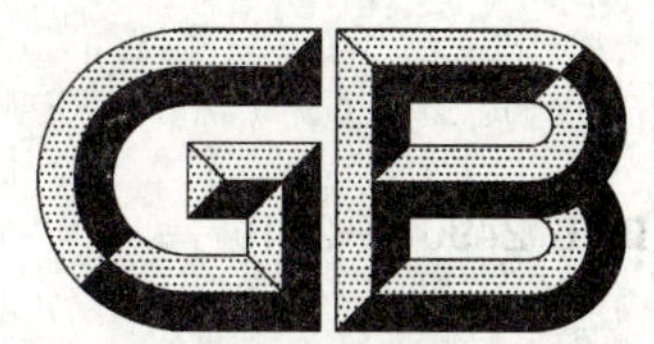

中华人民共和国国家标准

GB/T 24901—2010

粮油检验 玉米粗蛋白质含量测定 近红外法

Inspection of grain and oils—Determination of crude protein in maize—Near-infrared method

2010-06-30 发布 2011-01-01 实施

中华人民共和国国家质量监督检验检疫总局
中国国家标准化管理委员会 发布

前　　言

本标准是建立在经典方法基础上的玉米中粗蛋白质含量(干基)快速测定方法，对于仲裁检验，应以国家标准已规定的常规方法，即 GB/T 5511《谷物和豆类　氮含量测定和粗蛋白质含量计算　凯氏法》为准。

本标准的附录 A 为规范性附录。

本标准由国家粮食局提出。

本标准由全国粮油标准化技术委员会归口。

本标准起草单位：国家粮食局标准质量中心、河南工业大学、湖北省粮油质量监测站、辽宁省粮油质量检验所、北京市粮油食品检验所。

本标准主要起草人：唐瑞明、陈洁、吴存荣、倪姗姗、乔丽娜、闵国春、王利丹。

粮油检验　玉米粗蛋白质含量测定　近红外法

1　范围

本标准规定了近红外分析方法测定玉米粗蛋白质含量(干基)的术语和定义、原理、仪器设备、测定、结果处理和表示、异常样品的确认和处理、准确性和精密度及测试报告的要求。

本标准适用于玉米中粗蛋白质含量(干基)的快速测定。

本标准不适用于仲裁检验。

2　规范性引用文件

下列文件中的条款通过本标准的引用而成为本标准的条款。凡是注日期的引用文件,其随后所有的修改单(不包括勘误的内容)或修订版均不适用于本标准,然而,鼓励根据本标准达成协议的各方研究是否可使用这些文件的最新版本。凡是不注日期的引用文件,其最新版本适用于本标准。

GB 5491　粮食、油料检验　扦样、分样法

GB/T 5511　谷物和豆类　氮含量测定和粗蛋白质含量计算　凯氏法

GB/T 24895　粮油检验　近红外分析定标模型验证和网络管理与维护通用规则

3　术语和定义

GB/T 24895 确立的术语和定义适用于本标准。

4　原理

利用蛋白质分子中的C—H、N—H、O—H等化学键的泛频振动或转动对近红外光的吸收特性,用化学计量学方法建立玉米样品近红外光谱与其粗蛋白质之间的相关关系,计算玉米样品的粗蛋白质含量。

5　仪器设备

5.1　近红外分析仪:加入粮油近红外分析网络的仪器应符合 GB/T 24895 的要求。未加入粮油近红外分析网络的仪器,应按照 GB/T 24895 中有关定标模型验证的规定验证合格。

5.2　样品粉碎设备(适用于测定粉末样品的近红外分析仪):粉碎后样品的粒度分布和均匀性应符合近红外分析仪建立定标模型时的要求,使用时应采用和定标模型建立与验证时同样的制备过程。

6　测定

6.1　测试前的准备

6.1.1　样品的取样和分样按 GB 5491 的规定执行。

6.1.2　整理样品,除去样品中的杂质和破碎粒。

6.1.3　按照近红外分析仪(5.1)说明书的要求进行仪器自检测试。

6.1.4　在使用状态下,每天至少用监控样品对近红外分析仪(5.1)监测一次。应跟踪每天监测结果,同一监控样品的测定结果与最初的测定结果比较,应保证符合 9.2 的规定。监控样品的制备按附录 A 的规定执行。

6.1.5 如监控样品测定结果不符合9.2的要求，应停止使用，并报网络管理者或仪器供应商予以调整或维修。

6.1.6 测试样品的温度应控制在定标模型验证中规定的测试温度范围内。

6.2 整粒玉米样品的测定

按照近红外分析仪(5.1)说明书的要求，取适量的样品用近红外分析仪进行测定，记录测定数据。每个样品应测定两次，第一次测定后的测定样品应与原待测样品混匀后，再次取样进行第二次测定。

6.3 粉碎样品的测定

按照近红外分析仪(5.1)说明书的要求，取适量的玉米样品，使用规定的粉碎设备(5.2)粉碎，将玉米粉样品用近红外分析仪进行测定，记录测定数据。每个样品应测定两次，第一次测定后的玉米粉样品应与原待测样品混匀后，再次取样进行第二次测定。

7 结果处理和表达

7.1 为了得到有效的结果，测定结果应在仪器使用的定标模型所覆盖的粗蛋白质含量范围内。

7.2 两次测定结果的绝对差应符合9.2的要求，取两次数据的平均值为测定结果，测定结果保留小数点后一位。

7.3 如果两个测试结果的绝对差值不符合9.2的要求，则必须再进行2次独立测试，获得4个独立测试结果。若4个独立测试结果的极差($X_{max}-X_{min}$)等于或小于允许差的1.3倍，则取4个独立测试结果的平均值作为最终测试结果；如果4个独立测试结果的极差($X_{max}-X_{min}$)大于允许差的1.3倍，则取4个独立测试结果的中位数作为最终测试结果。

7.4 对于仪器报警的异常测定结果，所得数据不应作为有效测定数据。异常样品的确认和处理按第8章的要求执行。

8 异常样品的确认和处理

8.1 异常样品的确认

8.1.1 形成异常测定结果的原因，可能来自于以下几个方面：

——该样品粗蛋白质的含量超过了该仪器定标模型的范围；

——该样品的品种与参与该仪器定标样品集的品种有很大差异；

——采用了错误的定标模型；

——样品杂质过多；

——光谱扫描过程中样品发生了位移；

——样品温度超出定标模型规定的温度范围。

8.1.2 应对造成测定结果异常的原因进行分析和排除，再进行第二次近红外测定，如仍出现报警，则确认为异常样品。

8.2 异常样品的处理

8.2.1 异常样品的粗蛋白质含量应按GB/T 5511规定的方法进行测定，并封存样品。

8.2.2 应将异常样品的情况通报粮油近红外分析网络管理者或仪器生产商，以利于今后对定标模型进行升级。

9 准确性和精密度

9.1 准确性

验证样品集粗蛋白质含量扣除系统偏差后近红外测定值与其标准值之间的标准差(*SEP*)应不大于0.30％。

9.2 重复性

在同一实验室，由同一操作者，使用相同的仪器设备，按相同测试方法，在短的时间内通过重新分样和重新装样，对同一被测样品相互独立进行测定，获得的两次测定结果的绝对差应不大于0.3%。

9.3 再现性

在不同实验室，由不同操作人员用同一型号的不同设备，使用相同测试方法，对相同的玉米样品，获得的粗蛋白质含量(干基)，两个独立测定结果之间的绝对差应不大于0.4%。

10 测试报告

测试报告应包括(但不限于)：

——定标模型名称及编号；

——定标模型的适用浓度范围；

——定标模型允许温度范围；

——已入粮油近红外分析网络的近红外分析仪，应提供所入网络的名称、入网时间、入网编号、定标模型转移时间；

——未入粮油近红外分析网络的近红外分析仪，应提供以下信息：

- 验证样品集浓度范围；
- 验证样品集的测试温度范围；
- 验证单位及验证时间；

——仪器型号与序列号；

——监控样品日常监控信息；

——试样的名称及编号；

——试样采样方法；

——试样制备方法；

——试样测试时的温度；

——试样测定结果；

——采用的测定方法标准；

——出现异常样品时，应提供异常样品类型及处理的有关信息；

——测试单位、测试人及测试时间；

——本标准未规定的，或认为是非强制性的，以及可能影响测定结果的全部细节。

附 录 A
（规范性附录）
监控样品的制备

A.1 仪器

近红外分析仪：符合本标准 5.1 的要求。

A.2 监控样品的制备

A.2.1 取样：选择品种单一的玉米，按 GB 5491 规定的方法采样。

A.2.2 样品的预处理：清除样品中的杂质及破碎粒，分样至每份样品 500 g 左右。

A.2.3 样品的测定：利用近红外分析仪（A.1）测定样品的粗蛋白质含量（干基）。

A.2.4 监控样品应至少制备两份，其中一份留作备用。

A.3 监控样品的保存

样品应密封，保存于通风、干燥、阴凉的环境中。保存期不宜超过一年。

A.4 监控样品的使用期限

每个监控样品在使用 100 次之后，或者出现生虫、被污染等，应重新制备。

ICS 67.060
B 20

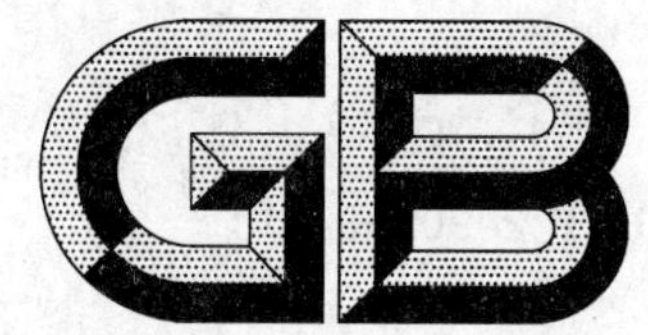

中华人民共和国国家标准

GB/T 24902—2010

粮油检验 玉米粗脂肪含量测定 近红外法

Inspection of grain and oils—Determination of crude fat content in maize—Near-infrared method

2010-06-30 发布　　　　2011-01-01 实施

中华人民共和国国家质量监督检验检疫总局
中国国家标准化管理委员会 发布

前　言

本标准是建立在经典方法基础上的玉米中粗脂肪含量(干基)快速测定方法,对于仲裁检验,应以国家标准已规定的常规方法,即GB/T 5512《粮油检验　粮食中粗脂肪含量测定》为准。

本标准的附录A为规范性附录。

本标准由国家粮食局提出。

本标准由全国粮油标准化技术委员会归口。

本标准起草单位:国家粮食局标准质量中心、河南工业大学、吉林省粮油质量监督检测站、重庆市粮油质量监督检验站、安徽省粮油产品质量监督检测站、江西省粮油质量监督检验站。

本标准主要起草人:龙伶俐、卞科、吴存荣、宋长权、邹勇、季一顺、莫逆。

粮油检验　玉米粗脂肪含量测定 近红外法

1　范围

本标准规定了近红外分析方法测定玉米粗脂肪含量(干基)的术语和定义、原理、仪器设备、测定、结果处理和表示、异常样品的确认和处理、准确性和精密度及测试报告的要求。

本标准适用于玉米中粗脂肪含量(干基)的快速测定。

本标准不适用于仲裁检验。

2　规范性引用文件

下列文件中的条款通过本标准的引用而成为本标准的条款。凡是注日期的引用文件,其随后所有的修改单(不包括勘误的内容)或修订版均不适用于本标准,然而,鼓励根据本标准达成协议的各方研究是否可使用这些文件的最新版本。凡是不注日期的引用文件,其最新版本适用于本标准。

GB 5491　粮食、油料检验　扦样、分样法

GB/T 5512　粮油检验　粮食中粗脂肪含量测定

GB/T 24895　粮油检验　近红外分析定标模型验证和网络管理与维护通用规则

3　术语和定义

GB/T 24895 确立的术语和定义适用于本标准。

4　原理

利用脂肪分子中的 C—H、N—H、O—H 等化学键的泛频振动或转动对近红外光的吸收,用化学计量学方法建立玉米近红外光谱与其粗脂肪含量之间的相关关系,计算玉米样品的粗脂肪含量。

5　仪器设备

5.1　近红外分析仪:加入粮油近红外分析网络的仪器应符合 GB/T 24895 的要求。未加入粮油近红外分析网络的仪器,应按照 GB/T 24895 中有关定标模型验证的规定验证合格。

5.2　样品粉碎设备(适用于测定粉状样品的近红外分析仪):粉碎后样品的粒度分布和均匀性应符合近红外分析仪建立定标模型时的要求,使用时应采用和定标模型建立与验证时同样的制备过程。

6　测定

6.1　测试前的准备

6.1.1　样品的采集和分样按 GB 5491 的规定执行。

6.1.2　整理样品,除去样品中的杂质和破碎粒。

6.1.3　按照近红外分析仪(5.1)说明书的要求进行仪器预热和自检测试。

6.1.4　在使用状态下每天至少用监控样品对近红外分析仪(5.1)监测一次。应跟踪每天监测的结果,同一监控样品的测定结果与最初的测定结果比较,应保证符合 9.2 的规定。监控样品的制备按附录 A 的规定执行。

6.1.5　如监控样品测定结果不符合 9.2 的要求,应停止使用,并报网络管理者或仪器供应商予以调整

或维修。

6.1.6 测试样品的温度应控制在定标模型验证中规定的测试温度范围内。

6.2 整粒玉米样品的测定

按照近红外分析仪(5.1)说明书的要求,取适量的玉米样品用近红外分析仪进行测定,记录测定数据。每个样品应测定两次,第一次测定后的测定样品应与原待测样品混匀后,再次取样进行第二次测定。

6.3 粉碎样品的测定

按照近红外分析仪(5.1)说明书的要求,取适量的玉米样品,使用规定的粉碎设备(5.2)粉碎,将玉米粉样品用近红外分析仪进行测定,记录测定数据。每个样品应测定两次,第一次测定后的玉米粉样品应与原待测样品混匀后,再次取样进行第二次测定。

7 结果处理和表示

7.1 为了得到有效的结果,测试结果应在仪器使用的定标模型所覆盖的粗脂肪含量范围内。

7.2 两次测定结果的绝对差应符合9.2的要求,取两次数据的平均值为测定结果,测定结果保留小数点后一位。

7.3 如果两个测试结果的绝对差值不符合9.2的要求,则必须再进行2次独立测试,获得4个独立测试结果。若4个独立测试结果的极差($X_{max}-X_{min}$)等于或小于允许差的1.3倍,则取4个独立测试结果的平均值作为最终测试结果;如果4个独立测试结果的极差($X_{max}-X_{min}$)大于允许差的1.3倍,则取4个独立测试结果的中位数作为最终测试结果。

7.4 对于仪器报警的异常测定结果,所得数据不应作为有效测定数据。异常样品的确认和处理按第8章的要求执行。

8 异常样品的确认和处理

8.1 异常样品的确认

8.1.1 形成异常测定结果的原因,可能来自于以下几个方面:

——该样品粗脂肪的含量超过了该仪器的定标模型的范围;

——该样品的品种与参与该仪器定标样品集的品种有很大差异;

——采用了错误的定标模型;

——样品杂质过多;

——光谱扫描过程中样品发生了位移;

——样品温度超过了定标模型规定的温度范围。

8.1.2 应对任何异常样品进行相应处理,再进行第二次近红外测定予以确认。

8.2 异常样品的处理

8.2.1 发现异常样品后,应按GB/T 5512规定的方法对该样品进行测定,并封存样品。

8.2.2 应对造成测定结果异常的原因进行分析和排除,再进行第二次近红外测定,如仍出现报警,则确认为异常样品。

9 准确性和精密度

9.1 准确性

验证样品集粗脂肪含量扣除系统偏差后的近红外测定值与其标准值之间的标准差(SEP)应不大于0.40%。

9.2 重复性

在同一实验室,由同一操作者使用相同的仪器设备,按相同测试方法,在短的时间内通过重新分样和重新装样，对同一被测样品相互独立进行测定，获得的粗脂肪含量两次测定结果的绝对差应不大于0.2%。

9.3 再现性

在不同实验室，由不同操作人员使用同一型号不同设备，按相同的测定方法，对相同的玉米样品，获得的粗脂肪含量两个独立测定结果之间的绝对差应不大于0.3%。

10 测试报告

测试报告应包括(但不限于)：

——定标模型名称及编号；

——定标模型的适用浓度范围；

——定标模型允许温度范围；

——已入粮油近红外分析网络的近红外分析仪，应提供所入网络的名称、入网时间、入网编号、定标模型转移时间；

——未入粮油近红外分析网络的近红外分析仪，应提供以下信息：

- 验证样品集浓度范围；
- 验证样品集的测试温度范围；
- 验证单位及验证时间；

——仪器型号与序列号；

——监控样品日常监控信息；

——试样的名称及编号；

——试样采样方法；

——试样制备方法；

——试样测试时的温度；

——试样测定结果；

——采用的测定方法标准；

——出现异常样品时，应提供异常样品类型及处理的有关信息；

——测试单位、测试人及测试时间；

——本标准未规定的，或认为是非强制性的，以及可能影响测定结果的全部细节。

附 录 A
(规范性附录)
监控样品的制备

A.1 仪器

近红外分析仪:符合本标准5.1的要求。

A.2 监控样品的制备

A.2.1 取样:选择品种单一的粮食,按GB 5491规定的方法采样。

A.2.2 样品的预处理:样品应除去杂质及破碎粒,分样至每份样品500 g左右。

A.2.3 样品的测定:利用近红外分析仪(A.1)测定样品的粗脂肪含量(干基)。

A.2.4 监控样品应至少制备两份,其中一份留作备用。

A.3 监控样品的保存

样品应密封,保存于通风、干燥、阴凉环境中。保存期不宜超过一年。

A.4 监控样品的使用期限

每个监控样品在使用100次之后,或者出现生虫、被污染等,应重新制备。

ICS 67.200.20
B 33

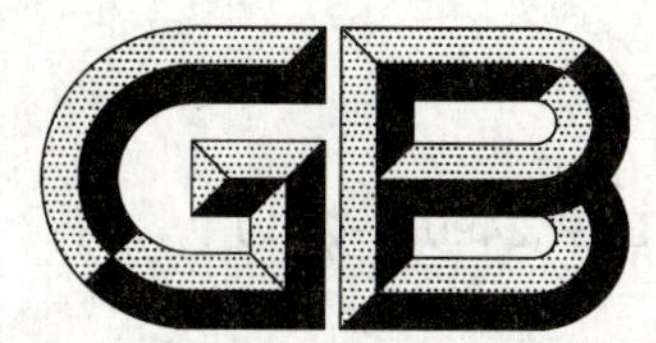

中华人民共和国国家标准

GB/T 24903—2010

粮油检验 花生中白藜芦醇的测定 高效液相色谱法

Inspection of grain and oils—Determination of resveratrol in peanut by high performance liquid chromatography

2010-06-30 发布　　2011-01-01 实施

中华人民共和国国家质量监督检验检疫总局
中国国家标准化管理委员会　发布

前　言

本标准的附录 A 为资料性附录。

本标准由国家粮食局提出。

本标准由全国粮油标准化技术委员会归口。

本标准起草单位:南京财经大学、江南大学。

本标准主要起草人:汪海峰、袁建、杨晓蓉、张连富。

粮油检验　花生中白藜芦醇的测定 高效液相色谱法

1　范围

本标准规定了高效液相色谱法测定花生中白藜芦醇含量的原理、试剂和材料、仪器和设备、操作步骤及结果计算。

本标准适用于花生果、花生仁中白藜芦醇含量的测定。

样品中白藜芦醇的检出限为 0.1 mg/kg。

2　规范性引用文件

下列文件中的条款通过本标准的引用而成为本标准的条款。凡是注日期的引用文件，其随后所有的修改单(不包括勘误的内容)或修订版均不适用于本标准，然而，鼓励根据本标准达成协议的各方研究是否可使用这些文件的最新版本。凡是不注日期的引用文件，其最新版本适用于本标准。

GB/T 6682　分析实验室用水规格和试验方法

3　原理

试样中的白藜芦醇用乙醇-水溶液提取，提取液离心后，取上清液，用配有紫外检测器的高效液相色谱仪进行测定，以外标法定量。

4　试剂和材料

除另有规定外，所用试剂均为分析纯，实验用水应符合 GB/T 6682 中二级要求。

4.1　无水乙醇。

4.2　甲醇：色谱纯。

4.3　乙腈：色谱纯。

4.4　冰醋酸。

4.5　85%乙醇溶液：取 850 mL 乙醇(4.1)，加 150 mL 水，混匀。

4.6　液相流动相：乙腈＋水＋冰醋酸＝25＋75＋0.09。取 250 mL 乙腈(4.3)，加入 750 mL 水和 0.9 mL 冰醋酸(4.4)混匀，通过 0.2 μm 的滤膜(5.6)并脱气。

4.7　白藜芦醇标准品：纯度≥99%。

4.8　白藜芦醇标准储备溶液：准确称取 12.5 mg(精确至 0.000 1 g)白藜芦醇标准品(4.7)，用甲醇(4.2)溶解并定容至 250 mL，得到 50 mg/L 白藜芦醇标准储备液，避光保存于 4 ℃冰箱备用。

4.9　白藜芦醇标准工作溶液：准确移取 1 mL、2 mL、4 mL、6 mL、8 mL、10 mL 白藜芦醇标准储备液(4.8)，用甲醇(4.2)稀释并定容至 50 mL，得到一系列的标准工作溶液(质量浓度分别为 1 mg/L、2 mg/L、4 mg/L、6 mg/L、8 mg/L、10 mg/L)。

5　仪器和设备

5.1　高效液相色谱仪：带紫外检测器。

5.2　粉碎机：高速万能粉碎机，转速 24 000 r/min，或相当的设备。

5.3　台式离心机：不低于 5 000 r/min，或相当的设备。

5.4 微量进样器:10 μL。

5.5 天平:感量 0.01 g、0.000 1 g。

5.6 滤膜:孔径 0.2 μm,直径 25 mm 的聚砜膜或相当者。

6 操作步骤

6.1 试样制备

花生果样品剥壳,花生仁样品直接取样。

分取花生仁样品约 100 g,用粉碎机(5.2)粉碎 2 min～3 min。

6.2 提取

称取粉碎试样约 5 g(精确至 0.01 g)于 250 mL 具塞三角瓶中,加入 60 mL 85%乙醇溶液(4.5),置于 80 ℃水浴中提取 45 min,不时振摇,冷却后用滤纸过滤,以少量 85%乙醇溶液(4.5)洗涤残渣,过滤,合并滤液,定容至 100 mL。移取 1 mL～2 mL 滤液,离心 5 min,离心速度不低于 5 000 r/min,离心后的上清液供进样测定。

6.3 测定

6.3.1 高效液相色谱参考条件

色谱柱:C_{18}柱,150 mm×3.9 mm(内径),4 μm,或相当者。

流动相:乙腈+水+冰醋酸(4.6)。

流速:0.7 mL/min。

紫外检测器:波长 306 nm。

柱温:室温。

进样量:10 μL。

白藜芦醇标准品及样品测定的色谱图参见附录 A。

6.3.2 定量

用微量进样器(5.4)分别吸取等体积的白藜芦醇标准工作溶液和样品离心后的上清液进样分析,测定响应值(峰高或峰面积),以标准工作液的浓度与相应的峰面积绘制标准曲线,以样液白藜芦醇的峰面积查标准曲线,求得相应的白藜芦醇的浓度(c_s)。

7 结果计算

花生仁样品中白藜芦醇的含量按式(1)计算:

$$X_1 = \frac{c_s \times A \times V}{A_s \times m} \quad \cdots\cdots(1)$$

式中:

X_1——样品中白藜芦醇的质量分数,单位为毫克每千克(mg/kg);

V——试样最终定容体积,单位为毫升(mL);

A——样液中白藜芦醇的峰面积数值;

c_s——标准溶液中白藜芦醇的浓度,单位为毫克每升(mg/L);

A_s——标准溶液中白藜芦醇的峰面积数值;

m——称取试样的质量,单位为克(g)。

测定结果以花生仁中白藜芦醇含量计,保留至小数点后 1 位数字。

在重复性条件下获得的两次独立测定结果的绝对差值不得超过算术平均值的 10%。

附　录　A
（资料性附录）
白藜芦醇色谱图

白藜芦醇的色谱图见图 A.1 和图 A.2。

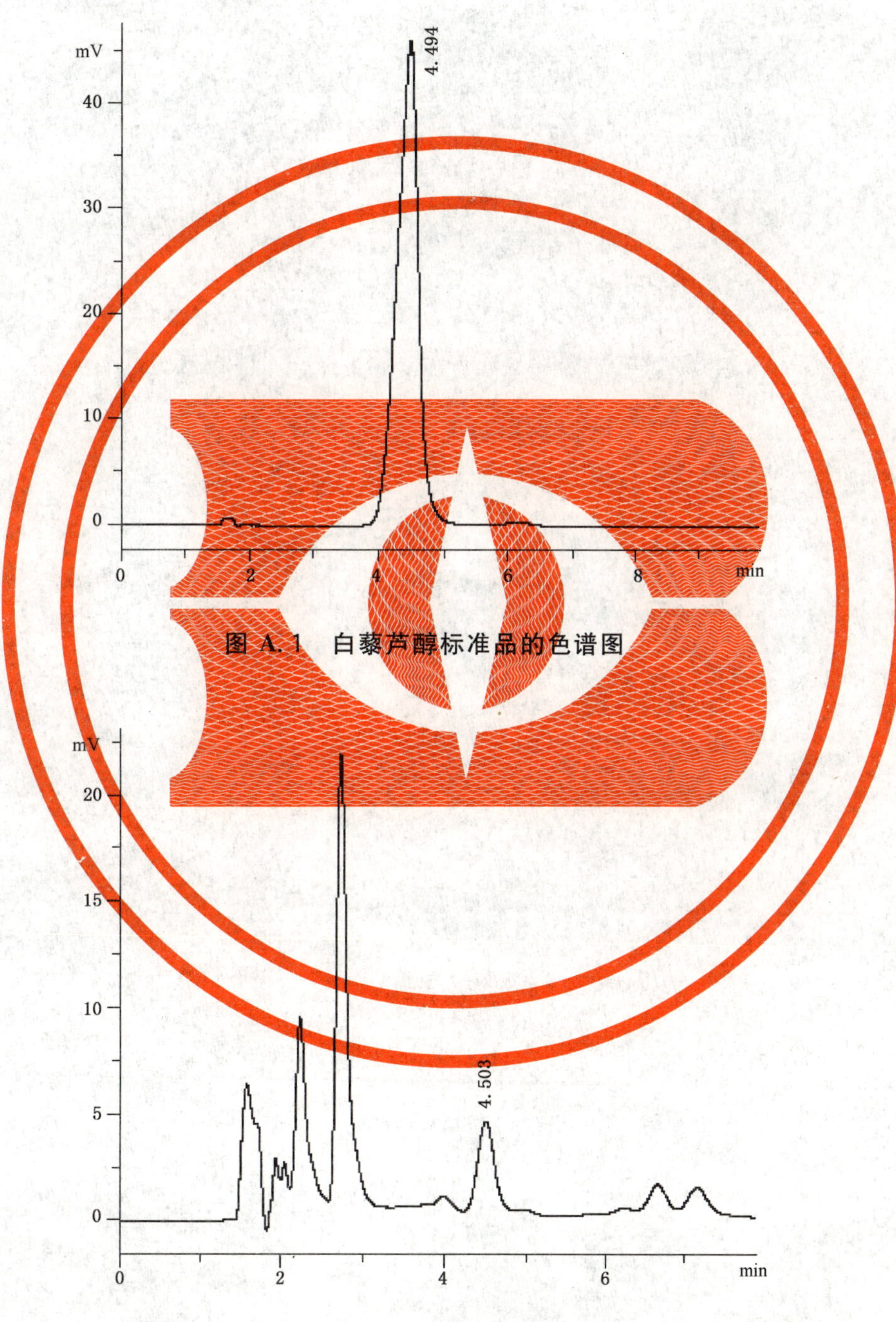

图 A.1　白藜芦醇标准品的色谱图

图 A.2　样品溶液中白藜芦醇的色谱图

ICS 67.040
X 08

中华人民共和国国家标准

GB/T 24904—2010

粮食包装　麻袋

Gunny bags for packing of grain

2010-06-30 发布　　2011-07-01 实施

中华人民共和国国家质量监督检验检疫总局
中国国家标准化管理委员会　发布

前　言

本标准由国家粮食局提出。

本标准由全国粮油标准化技术委员会归口。

本标准负责起草单位：中国华粮物流集团北良有限公司。

本标准参加起草单位：吉林省江域纺织有限公司。

本标准主要起草人：刘伟、李成、杜海波、叶涛、修春敏。

粮食包装 麻袋

1 范围

本标准规定了麻袋的分类、技术要求、检验方法、检验规则及标志、包装、运输、储存的要求。

本标准适用于以黄麻、红麻为主要材料制成的用于盛装粮食、油料的新麻袋和旧麻袋。

2 规范性引用文件

下列文件中的条款通过本标准的引用而成为本标准的条款。凡是注日期的引用文件，其随后所有的修改单(不包括勘误的内容)或修订版均不适用于本标准，然而，鼓励根据本标准达成协议的各方研究是否可使用这些文件的最新版本。凡是不注日期的引用文件，其最新版本适用于本标准。

GB/T 191 包装储运图示标志

GB/T 731 黄麻布和麻袋

GB/T 2828.1 计数抽样检验程序 第1部分：按接收质量限(AQL)检索的逐批检验抽样计划

GB/T 4857.5 包装 运输包装件 跌落试验方法

GB 9685 食品容器、包装材料用添加剂使用卫生标准

3 术语和定义

下列术语和定义适用于本标准。

3.1

新麻袋 new gunny bags

未经使用过的麻袋。

3.2

旧麻袋 old gunny bags

新麻袋使用后，还能继续盛装粮食、油料的麻袋。

3.3

回潮率 moisture regain

按规定方法测定，麻袋中水的质量占干麻袋的质量百分数。

3.4

公定回潮率 conventional moisture regain

麻袋回潮率的约定值(14%)。

3.5

公定质量 conventional mass

麻袋干燥后质量加上相应于公定回潮率时吸湿的质量所得的麻袋质量。

4 分类

按麻袋尺寸、经纬密度、公定质量分为1号袋、2号袋、3号袋、4号袋、5号袋，分别适用于盛装不同种类的粮食、油料。

5 技术要求

5.1 外观要求

外观要求应符合表1的规定。

表 1 外观要求

项　　目	要　　求
断纱	同处断经、断纬之和不大于 5 根
缝合	无脱针、断线、未缝住卷折现象
气味	无异味
水渍	水渍面积不大于袋面总面积四分之一
油污	无油污
霉污	无霉污

5.2 物理指标

物理指标应符合表 2 的规定。

表 2 物理指标

项　　目		1 号袋	2 号袋	3 号袋	4 号袋	5 号袋
经密度×纬密度/(根/100 mm×根/100 mm)		66×35	66×32	66×32	66×30	62×32
公定质量/(g/条)		927	927	610	880	880
组织	地	双经平纹	双经平纹	双经平纹	双经平纹	双经平纹
	边	加密布边	加密布边	加密布边	加密布边	特密布边
缝针密度/(针/100 mm)	边	10	10	10	10	10
	口	6	6	6	6	6
尺寸/mm	长	1 070	1 070	900	1 070	1 070
	宽	740	740	580	740	740
注：麻袋公定质量按公定回潮率 14%折算。						

5.3 机械性能

机械性能应符合表 3 的规定。

表 3 机械性能

项　　目		1 号袋	2 号袋	3 号袋	4 号袋	5 号袋
断裂强力/N	经向	920	900	900	850	850
	纬向	1 050	1 000	1 000	950	950
	边	725	675	675	650	650
耐跌落性	袋无破损，包装物不撒漏					

5.4 卫生要求

5.4.1 应符合有关食品卫生及包装材料卫生要求。

5.4.2 添加助剂应符合 GB 9685 相关规定。

6 检验方法

6.1 外观要求检验：采用感官方法进行检验。

6.2 物理指标、断裂强力检验：按 GB/T 731 执行。检测结果与技术要求(5.2、5.3)规定指标的差值应符合表 4 允许偏差规定。

表 4 允许偏差

项 目	允许偏差
长度/mm	$^{+25}_{-12}$
宽度/mm	$^{+25}_{-12}$
经密度/(根/100 mm)	$^{+2.5}_{-1.0}$
纬密度/(根/100 mm)	$^{+2.5}_{-1.0}$
缝针密度/(针/100 mm)	$^{+1.5}_{-0.5}$
断裂强力/%	−8
公定质量/%	−7

6.3 耐跌落性检验:按 GB/T 4857.5 执行,跌落高度为 1.2 m。

6.4 公定质量检验:单条麻袋在 105 ℃±3 ℃的通风干燥箱烘干,每 20 min 取出冷却、称量(±0.01 g),直至两次称量的质量差不超过后一次称量质量的 0.20%,即为单条干麻袋质量(m)。

麻袋公定质量(X)按下式计算:

$$X = m \times 1.14$$

式中:

X——麻袋公定质量,单位为克(g);

m——干麻袋质量,单位为克(g);

1.14——换算为公定回潮率时质量的系数。

7 检验规则

7.1 抽样

7.1.1 检验批

同一型号、规格的产品为一检验批,每批不超过 10 万条。

7.1.2 抽样数量

按照 GB/T 2828.1 规定的一次正常抽样方案进行,每条麻袋为一个样本单位。

外观要求和物理指标检验抽样数量见表 5。

表 5 外观要求和物理指标检验抽样数量

批量范围/条	外观要求检验抽样数量/条	物理指标检验抽样数量/条
<501	8	5
501～3 200	13	5
3 201～35 000	20	5
35 001～100 000	32	5

机械性能检验抽样数量见表 6。

表 6 机械性能检验抽样数量

检验项目	抽样数量/条
断裂强力试验	5
垂直冲击跌落试验	3

7.1.3 抽样方法

外观检验的样袋从同一检验批中随机抽取;物理指标检验的样袋从外观检验的样袋中抽取;机械性能检验的样袋从外观和物理指标检验合格的样袋中抽取。

7.2 出厂检验

出厂检验项目为5.1、5.2和5.3中的断裂强力。

7.3 型式检验

7.3.1 型式检验项目为技术要求中的全部项目。

7.3.2 有下列情况之一的应进行型式检验:

a) 新产品投产时;

b) 常年连续生产,每年至少进行一次;

c) 当原材料、设备、工艺有较大改变,可能影响产品性能时;

d) 产品长期停产后,恢复生产时;

e) 国家有关质量管理部门提出检验要求时。

7.4 判定规则

7.4.1 外观要求检验不合格属轻缺陷。

7.4.2 物理指标检验结果与技术要求(5.2、5.3)的差值超过表4允许偏差规定即为不合格,属重缺陷。

7.4.3 有一项重缺陷的样袋为不合格袋。抽检5条样袋中出现2条样袋有重缺陷不合格时,则该批为不合格。抽检5条样袋中只有1条样袋有重缺陷时,其重缺陷的个数应再参与7.4.4项的判定。

7.4.4 检验样袋出现轻、重缺陷个数,不大于表7规定的合格判定数,则该批为合格;若等于或大于表7规定的不合格判定数,则该批为不合格。

表7 外观要求和物理指标检验批合格规则

样袋数/条	轻、重缺陷个数	
	合格判定数/个	不合格判定数/个
8	7	8
13	10	11
20	14	15
32	21	22

7.4.5 机械性能检验判定规则:抽检样袋中机械性能检验全部合格时,则机械性能判为合格;抽检样袋中出现1条样袋一项不合格时,则机械性能判为不合格。

7.4.6 批合格判定总则:按7.4.3、7.4.4和7.4.5判定均合格,该检验批为合格。否则该检验批为不合格。

8 标志、包装、运输、储存

8.1 标志

应符合GB/T 191、GB/T 731的有关规定。

8.2 包装

8.2.1 外包装标志的尺寸颜色应符合GB/T 191规定的技术要求。

8.2.2 外包装上应注明产品名称、数量、生产日期、生产企业名称和地址等内容。

8.2.3 外包装应牢固,适于运输。

8.3 运输

在运输过程中要避免雨淋、污染，保持外包装完整。

8.4 储存

应储存在清洁、卫生、干燥的库房。不应与有害有毒物品混存。

ICS 67.040
X 08

中华人民共和国国家标准

GB/T 24905—2010

粮食包装　小麦粉袋

Wheat flour bags

2010-06-30 发布　　2011-07-01 实施

中华人民共和国国家质量监督检验检疫总局
中国国家标准化管理委员会　发布

前　言

本标准由国家粮食局提出。

本标准由全国粮油标准化技术委员会归口。

本标准负责起草单位：中国华粮物流集团北良有限公司。

本标准参加起草单位：北京古船食品有限公司、山东半球面粉有限公司。

本标准主要起草人：祖贵东、刘伟、尹国彬、顾卫申、狄友清、王俊福。

粮食包装　小麦粉袋

1　范围

本标准规定了小麦粉袋的术语和定义、分类及型号、技术要求、检验方法、检验规则、标志及包装、运输、储存的要求。

本标准适用于塑料、纸、棉布及复合材料制作的小麦粉袋。

2　规范性引用文件

下列文件中的条款通过本标准的引用而成为本标准的条款。凡是注日期的引用文件，其随后所有的修改单(不包括勘误的内容)或修订版均不适用于本标准，然而，鼓励根据本标准达成协议的各方研究是否可使用这些文件的最新版本。凡是不注日期的引用文件，其最新版本适用于本标准。

GB/T 191　包装储运图示标志

GB/T 2828.1　计数抽样检验程序　第1部分：按接收质量限(AQL)检索的逐批检验抽样计划

GB/T 3923.1　纺织品　织物拉伸性能　第1部分：断裂强力和断裂伸长率的测定　条样法

GB/T 4857.5　包装　运输包装件　跌落试验方法

GB/T 8947　复合塑料编织袋

GB 9683　复合食品包装袋卫生标准

GB 9685　食品容器、包装材料用添加剂使用卫生标准

GB 9687　食品包装用聚乙烯成型品卫生标准

GB 9688　食品包装用聚丙烯成型品卫生标准

GB 9691　食品包装用聚乙烯树脂卫生标准

GB 9693　食品包装用聚丙烯树脂卫生标准

GB 11680　食品包装用原纸卫生标准

GB 15193.1　食品安全性毒理学评价程序

GB/T 17109　粮食销售包装

BB/T 0039　商品零售包装袋

3　术语和定义

下列术语和定义适用于本标准。

3.1

小麦粉袋　wheat flour bag

以塑料、纸、棉布或复合材料等通过缝合、粘合等方法制成的专用于包装小麦粉的袋。

3.2

塑料小麦粉袋　plastic wheat flour bag

用聚丙烯树脂无纺布或聚乙烯吹塑薄膜材料制成的小麦粉袋。

3.3

纸小麦粉袋　paper wheat flour bag

由纸制成的小麦粉袋。

3.4

棉布小麦粉袋　calico wheat flour bag

由纯棉、维棉布制成的小麦粉袋。

3.5

复合材料小麦粉袋 multi-layer material wheat flour bag

用聚丙烯或聚乙烯树脂塑料编织物与纸、塑料薄膜或铝箔经粘合剂(聚氨酯和改性聚丙烯)复合材料制成的小麦粉袋。

4 分类及型号

4.1 分类

按主要材料分为塑料小麦粉袋、纸小麦粉袋、棉布小麦粉袋、复合材料小麦粉袋。

4.2 型号编制方法

4.2.1 编制原则:小麦粉袋的型号由专业代号、装载质量代号、材料代号和规格组成。

4.2.2 格式:

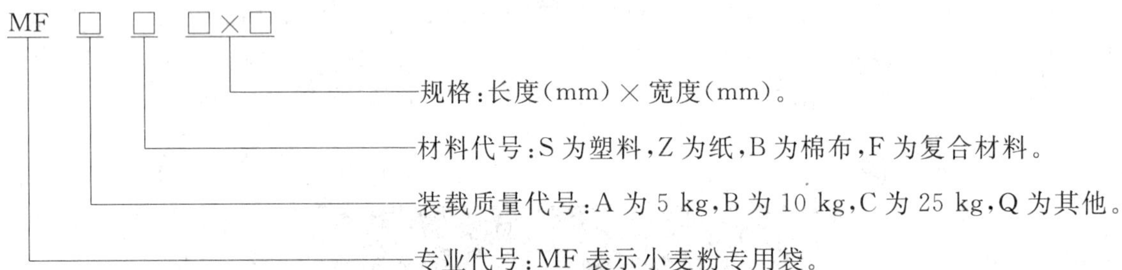

4.2.3 示例:MFAS450×320,表示5 kg塑料小麦粉袋,长×宽为450(mm)×320(mm)。

5 技术要求

5.1 外观要求

小麦粉袋的外观要求见表1。

表1 外观要求

项目	要求
清洁	无夹杂物、无水迹、无污渍。
颜色	白色或浅黄色。
气味	无异味。
破损	无破洞。
其他要求	复合材料应无破边、无掉丝、无断丝、无碎料、无分离、无气泡、无稀档、无复合宽度不足或明显脱落; 吹塑薄膜材料应无气泡、无穿孔、无硬块、无水纹、无暴筋、无塑化不良; 无纺布及纸材料应均匀、平整、无硬块、无明显折痕、无褶皱; 棉布材料应柔软、无毛边、不硬化、无棉子黑点、无残留线头。

5.2 物理指标

5.2.1 常用装载质量小麦粉袋的长度、宽度及允许变动范围应符合表2规定。

表2 常用装载质量小麦粉袋的长度、宽度及允许变动范围

装载质量	5 kg	10 kg	25 kg
长度×宽度/(mm×mm)	450×320	570×400	870×480
允许变动范围	±5%	±5%	±5%

5.2.2 其他装载质量小麦粉袋的长度、宽度应标示并能满足设定装载质量的需要。

5.3 机械性能

5.3.1 常用装载质量小麦粉袋的机械性能应符合表3规定。

5.3.2 聚丙烯或聚乙烯树脂复合编织物小麦粉袋复合剥离力应不小于3.0 N。

表3 常用装载质量小麦粉袋的机械性能

装载质量	5 kg	10 kg	25 kg
纵向断裂强力(不小于)/N	120	180	600
横向断裂强力(不小于)/N	100	150	500
底口断裂强力(不小于)/N	100	150	500
边向断裂强力(不小于)/N	100	150	500
耐跌落性	袋无破损,包装物不撒漏。		

5.4 卫生要求

5.4.1 纸小麦粉袋应符合GB 11680规定。

5.4.2 聚乙烯吹塑薄膜小麦粉袋应符合GB 9687规定。

5.4.3 聚丙烯塑料编织物小麦粉袋应符合GB 9688规定。

5.4.4 聚乙烯树脂塑料编织物小麦粉袋应符合GB 9691规定。

5.4.5 聚丙烯树脂无纺布小麦粉袋应符合GB 9693规定。

5.4.6 复合材料小麦粉袋应符合GB 9683规定。

5.4.7 棉布小麦粉袋应由供需双方共同确认的第三方提供卫生检验报告。

5.4.8 助剂应符合GB 9685规定。

5.4.9 印染材料及粘合剂按GB 15193.1检测应无毒。

6 检验方法

6.1 外观、标志检验:在自然光下感官检验。

6.2 小麦粉袋长度、宽度的测定:将样袋平摊在平整光滑的桌面上,抚平折痕、皱纹(但不得用力拉扯),用经计量部门校验合格的钢板尺(分度值1 mm)测量样袋长度(底口线至封口线的垂直距离)、宽度(两侧边口线的垂直距离)各三次,取平均值作为该样袋的测定值。

同规格、同生产批次小麦粉袋的长度、宽度偏差均为±2%。

6.3 断裂强力测试:取材料试样宽度50 mm,有效长度200 mm,按GB/T 3923.1执行。

6.4 耐跌落性测试:跌落高度为1.2 m,按GB/T 4857.5执行。

6.5 复合剥离力测试:取材料试样宽度30 mm,按GB/T 8947执行。

6.6 印刷剥离率测试:按BB/T 0039执行。

6.7 卫生检验:按相关卫生标准和规定执行。

7 检验规则

7.1 抽样

7.1.1 检验批

同一型号、同生产批次的同类产品为一批,每批不超过10万条。

7.1.2 抽样数量

按照GB/T 2828.1规定的一次正常抽样方案进行,每条小麦粉袋为一个样本单位。

外观要求和物理指标检验抽样数量见表4。

表 4 外观要求和物理指标检验抽样数量

批量范围/条	外观要求检验抽样数量/条	物理指标检验抽样数量/条
<501	8	5
501~3 200	13	5
3 201~35 000	20	5
35 001~100 000	32	5

机械性能检验抽样数量见表 5。

表 5 机械性能检验抽样数量

检验项目	抽样数量/条
断裂强力试验(复合材料小麦粉袋还需测定复合剥离力项)	5
垂直冲击跌落试验	3

7.1.3 抽样方法

外观要求检验的样袋从同一检验批中随机抽取;物理指标检验的样袋从外观要求检验的样袋中抽取;机械性能检验的样袋从外观要求、物理指标检验合格的样袋中抽取。

7.2 检验分类

7.2.1 出厂检验项目为 5.1、5.2、8.1 项目。

7.2.2 型式检验项目为技术要求中的全部项目,有下列情况之一的应进行型式检验:

a) 新产品投产时;

b) 常年连续生产,每年至少进行一次;

c) 当原材料、设备、工艺有较大改变,可能影响产品性能时;

d) 产品长期停产后,恢复生产时;

e) 国家有关质量管理部门提出检验要求时。

7.3 判定规则

7.3.1 重缺陷

不符合 5.4 的卫生要求;外观要求中的破损项不符合 5.1 规定;标志的印刷剥离率不符合 8.2 规定的为重缺陷。

有一项及以上重缺陷的样袋为不合格袋。抽检的 5 个样袋中只要出现 2 个样袋不合格时,则该批为不合格。抽检的 5 个样袋中只出现 1 个样袋不合格时,其重缺陷的个数应再参与 7.3.3 项的判定。

7.3.2 轻缺陷

外观要求中清洁、颜色、气味、其他要求项不符合 5.1 规定;长度、宽度不符合 5.2.1 规定;标志不符合 8.1、8.3 规定的为轻度缺陷。

7.3.3 轻、重缺陷项目检验批合格规则

抽检样袋出现轻、重缺陷个数,不大于表 6 规定的合格判定数,则该批为合格;若等于或大于表 6 规定的不合格判定数,则该批为不合格。

表 6 轻、重缺陷项目检验批合格准则

样袋数/条	轻、重缺陷个数	
	合格判定数/个	不合格判定数/个
8	7	8
13	10	11
20	14	15
32	21	22

7.3.4 **机械性能检验批合格规则**

抽检样袋机械性能全部合格时，则机械性能判为合格；若抽检样袋中出现1条样袋有一项及以上要求不合格时，则机械性能判为不合格。

7.3.5 **批合格判定总则**

按7.3.1、7.3.3、7.3.4判定均合格，该检验批为合格。否则该检验批为不合格。

8 标志

8.1 袋面图案、文字应完整、清晰、无掉色。

8.2 塑料小麦粉袋标志的印刷剥离率不大于20%。

8.3 袋面标注内容应符合小麦粉标准规定的相关信息，其他要求应符合GB/T 191、GB/T 17109相关规定。

9 包装、运输、储存

9.1 包装

小麦粉袋包装应符合GB/T 191的相关规定，包装内外整齐，外包装要求防水、防尘、防污染并注明产品名称、规格、数量、生产日期、生产企业名称和地址等内容。

9.2 运输

运输时应保持外包装完好，防止机械碰撞及雨淋，纸、无纺布小麦粉袋的包装不得过度折叠、挤压。

9.3 储存

储存环境应清洁、干燥，堆码整齐，距热源不少于1 m。

ICS 29.140.99
K 71

中华人民共和国国家标准

GB 24906—2010

普通照明用50 V以上自镇流LED灯安全要求

Self-ballasted LED lamps for general lighting services >50 V—Safety specifications

2010-06-30 发布　　2011-02-01 实施

中华人民共和国国家质量监督检验检疫总局
中国国家标准化管理委员会　发布

前　　言

本标准的全部技术内容为强制性。

本标准参考了IEC 62560《普通照明用50 V以上自镇流LED灯　安全要求》(英文版)。

本标准的附录B为规范性附录,附录A为资料性附录。

本标准由中国轻工业联合会提出。

本标准由全国照明电器标准化技术委员会(SAC/TC 224)归口。

本标准起草单位:厦门通士达照明有限公司、生辉照明电器(浙江)有限公司、中山市欧普照明股份有限公司、南京汉德森科技股份有限公司、东莞安尚光源有限公司、霍尼韦尔朗能电器系统技术(广东)有限公司、深圳市兴皓地电子有限公司。

本标准起草人:秦碧芳、喻桑、沈锦祥、周明兴、周鸣、马国铭、付宝成、李维升、陈永峰。

普通照明用 50 V 以上自镇流 LED 灯 安全要求

1 范围

本标准规定了在家庭和类似场合作为普通照明用的、把稳定燃点部件集成为一体的 LED 灯(自镇流 LED 灯)。本标准对该种灯规定了安全和互换性要求,以及试验方法和检验其是否合格的条件。

本标准适用于如下范围:

——额定功率 60 W 以下;

——额定电压大于 50 V 且小于或等于 250 V;

——灯头符合表 1 要求。

本标准的要求只涉及型式试验。关于全部产品的检验和批量产品的检验方法将在 GB 24819—2009 的附录 C 中定义。

注:在本标准中出现的“灯”代表“自镇流 LED 灯”,除非有特别指明是其他类型的灯。

2 规范性引用文件

下列文件中的条款通过本标准的引用而成为本标准的条款。凡是注日期的引用文件,其随后所有的修改单(不包括勘误的内容)或修订版均不适用于本标准,然而,鼓励根据本标准达成协议的各方研究是否可使用这些文件的最新版本。凡是不注日期的引用文件,其最新版本适用于本标准。

GB 1312 管形荧光灯灯座和启动器座(GB 1312—2007,IEC 60400:2004,IDT)

GB/T 5169.10—2006 电工电子产品着火危险试验 第 10 部分:灼热丝/热丝基本试验方法 灼热丝装置和通用试验方法(IEC 60695-2-10:2000,IDT)

GB/T 5169.11—2006 电工电子产品着火危险试验 第 11 部分:灼热丝/热丝基本试验方法 成品的灼热丝可燃性试验方法(IEC 60695-2-11:2000,IDT)

GB/T 5169.12—2006 电工电子产品着火危险试验 第 12 部分:灼热丝/热丝基本试验方法 材料的灼热丝可燃性试验方法(IEC 60695-2-12:2000,IDT)

GB/T 5169.13—2006 电工电子产品着火危险试验 第 13 部分:灼热丝/热丝基本试验方法 材料的灼热丝起燃性试验方法(IEC 60695-2-13:2000,IDT)

GB 7000.1 灯具 第 1 部分:一般要求与试验(GB 7000.1—2007,IEC 60598-1:2003,IDT)

GB 14196.1 白炽灯安全要求 第 1 部分:家庭和类似场合普通照明用钨丝灯(GB 14196.1—2008,IEC 60432-1:2005,IDT)

GB 16843—2008 单端荧光灯的安全要求(IEC 61199:1999,IDT)

GB 19510.1 灯的控制装置 第 1 部分:一般要求和安全要求(GB 19510.1—2009,IEC 61347-1:2007,IDT)

GB/T 24392 灯头温升的测量方法(GB/T 24392—2009,IEC 60360:1998,IDT)

GB 24819 普通照明用 LED 模块 安全要求(GB 24819—2009,IEC 62031:2008,IDT)

IEC 60061-1 灯头、灯座和检验其安全性及互换性的量规 第 1 部分:灯头

IEC 60061-3 灯头、灯座和检验其安全性及互换性的量规 第 3 部分:量规

IEC 60529:1989 外壳防护等级(IP 代码)

IEC 62471 LED 和 LED 系统的光生物安全性

IEC TS 62504　普通照明用 LED 和 LED 模块的术语及定义

ISO 4046-4:2002　纸、纸板、纸浆及相关术语　词汇表　第 4 部分:纸和木板的等级和加工产品

3　术语和定义

GB 24819 确定的以及下列术语和定义适用于本标准。

3.1

自镇流 LED 灯　self-ballasted LED-lamp

所用灯头符合 IEC 60061-1,内含 LED 光源和保持其稳定燃点所应的元件并使之为一体的灯,这种灯在不损坏其结构时是不可拆卸的。

3.2

型号　type

具有相同电参数而灯头型号可以不同的灯。

3.3

额定电压　rated voltage

灯上标明的电压或电压范围。

3.4

额定功率　rated wattage

灯上标明的功率。

3.5

额定频率　rated frequency

灯上标明的频率。

3.6

灯头温升　cap temperature rise

Δt_s

与灯装配在一起的标准试验灯座表面的温升(超过环境温度)。不论是爱迪生螺口灯头还是卡口灯头,测量时应按照 GB/T 24392 中描述的标准测试方法。

3.7

带电部件　live part

在正常使用中可能会导致触电的带电部位。

3.8

型式试验　type test

为检验某一产品的设计是否符合有关标准的技术要求,对型式试验样品进行的一次或一系列的试验。

3.9

型式试验样品　type test sample

为进行型式试验而由制造商或销售商提供的由一组或数组类似的部件组成的样品。

4　一般要求和一般试验要求

4.1　灯的设计和结构应当确保灯在正常使用中其功能可靠,并且对用户和周围环境不会带来危害。通常,检验合格性时要求对所有规定项目都进行试验。

4.2　自镇流 LED 灯的各个部件均是工厂封装的,是不能维修的。不应将其打开来进行试验。如有必要检验灯和测试其电路,则应与制造商或销售商协商,不论是要将输出端短路,还是由制造商或销售商来提供专用于实现模拟故障状态进行试验的灯(见 13 章)。

4.3 一般选择一个样品进行试验,若是一个系列的相似的灯,可以每一个额定功率选一个灯,或者经制造商同意从该系列中选择一个有代表性的灯进行试验。

4.4 当灯在任一试验中安全地失效,即没有着火、冒烟或易燃气体产生,应被替换。更多安全失效要求见第12章。

5 标志

5.1 灯上应清晰、耐久地标有下列强制性标志:

a) 来源标记(可采取商标、制造商或销售商名称的形式);

b) 额定电压或电压范围(以“V”或“伏特”表示);

c) 额定功率(以“W” 或 “瓦特”表示);

d) 额定频率(以“Hz”表示)。

5.2 制造商应在灯上,或在包装上,或在使用说明书上提供以下补充信息;对于a)点,标记应体现在灯的包装材料或包装箱上。

a) 有燃点位置限制的灯,比如一些采用B22d或E27灯头的60 W烛型和球形的灯,其灯头温升要符合要求,不适合采取灯头在上的安装方式,就需要用适当的符号标出,符号示意图见附录B;

b) 灯在使用时应遵循的特定条件和限制,比如灯用于调光电路中。如果灯不适用于调光电路,可用图1的符号来标记:

图1 不可调光

c) 对于眼睛的保护,见IEC 62471的要求。

5.3 按照下列条款检验其合格性:

用目视法检验有无5.1要求的标志及标志清晰度。

按照下述方法检验标志的耐久性:用一蘸有水的布轻轻擦拭标志15 s,待其干后,再用一块蘸有已烷的布擦拭15 s,试验之后,标记仍应清晰。

采用目视法检验有无5.2所要求的信息。

6 互换性

6.1 灯头互换性

为了保证互换性,灯应采用符合IEC 60061-1规定的灯头及符合IEC 60061-3的量规,见表1。使用相应量规来检验其合格性。

表1 检验互换性的量规和灯头尺寸

灯头	IEC 60061-1 IEC 60061-1中的 灯头活页号	用量规检验的 灯头尺寸	IEC 60061-3 IEC 60061-3中的 量规活页号	弯矩/Nm
B15d	7004-11	A 最大值和 A 最小值 D_1 最大值 N 最小值	7006-10 和 7006-11	1

表 1（续）

灯头	IEC 60061-1 IEC 60061-1 中的 灯头活页号	用量规检验的 灯头尺寸	IEC 60061-3 IEC 60061-3 中的 量规活页号	弯矩/Nm
B22d	7004-10	插脚的径向位置 插脚插入灯座中的长度 插脚在灯座中的固定位置	7006-4A 7006-4B	2
E14	7004-23	螺纹最大尺寸 灯头螺纹外径最小尺寸 尺寸 S_1 接触性	7006-27F 7006-28B 7006-27G 7006-25	1
E17	7004-26	螺纹最大尺寸 灯头螺纹外径最小尺寸 接触性	7006-27K 7006-28F 7006-26D	1
E26	7004-21A	螺纹最大尺寸 灯头螺纹外径最小尺寸	7006-27D 7006-27E	2
E27	7004-21	螺纹最大尺寸 灯头螺纹外径最小尺寸 尺寸 S_1 接触性	7006-27B 7006-28A 7006-27C 7006-50	2
GU10	7004-121	通规和止规	7006-121	0.1
GZ10	7004-120	通规和止规	7006-120	0.1
GX53	7004-142	通规和止规 止规 用于检验定位键的通规和止规 用于检验定位键的止规	7006-142 7006-142D 7006-142E 7006-142F	0.3

6.2 弯矩

灯与灯座之间的弯矩值应不超过表 1 中所规定的值。测量方法见 GB 16843—2008 中 A.2.1。

通过测量检验其合格性。

注：对于质量大于被替代灯的质量的灯，应注意的事实是：增加的质量可能减弱某些灯具和灯座的机械稳定性，并且可能削弱接触性和灯固定力。

7 意外接触带电部件的防护

灯的结构设计应保证，在不装有灯具形状的辅助外壳情况下，当灯安装在符合 IEC 灯座数据活页的灯座中时，不能触及灯头内或灯体内的金属部件，基本绝缘的外部金属部件和带电金属部件。

采用图 2 规定的试验指检验其合格性，如果有必要，施加 10 N 的力。

采用爱迪生螺口灯头的灯其结构设计应符合普通照明(GLS)灯泡防止意外接触的要求。

采用 IEC 60061-3 中 7006-51A 规定的用于检验 E27 灯头、7006-55 规定的用于检验 E14 灯头的量规来检验其合格性。

对采用 E26 灯头的灯的检验要求正在考虑之中。

对采用 B22，B15，GU10 或 GZ10 灯头的灯的检验与采用同样灯头的普通白炽灯的检验要求相同。

对采用 GX53 灯头的灯的检验要求正在考虑之中。

除了灯头上的载流金属部件以外，灯头外部的金属部件都不应带电或容易带电。试验中，任何可拆卸的导电材料均在不使用工具的情况下，置于最不利的位置。

采用绝缘电阻和介电强度试验(见第8章)来验证其是否合格。

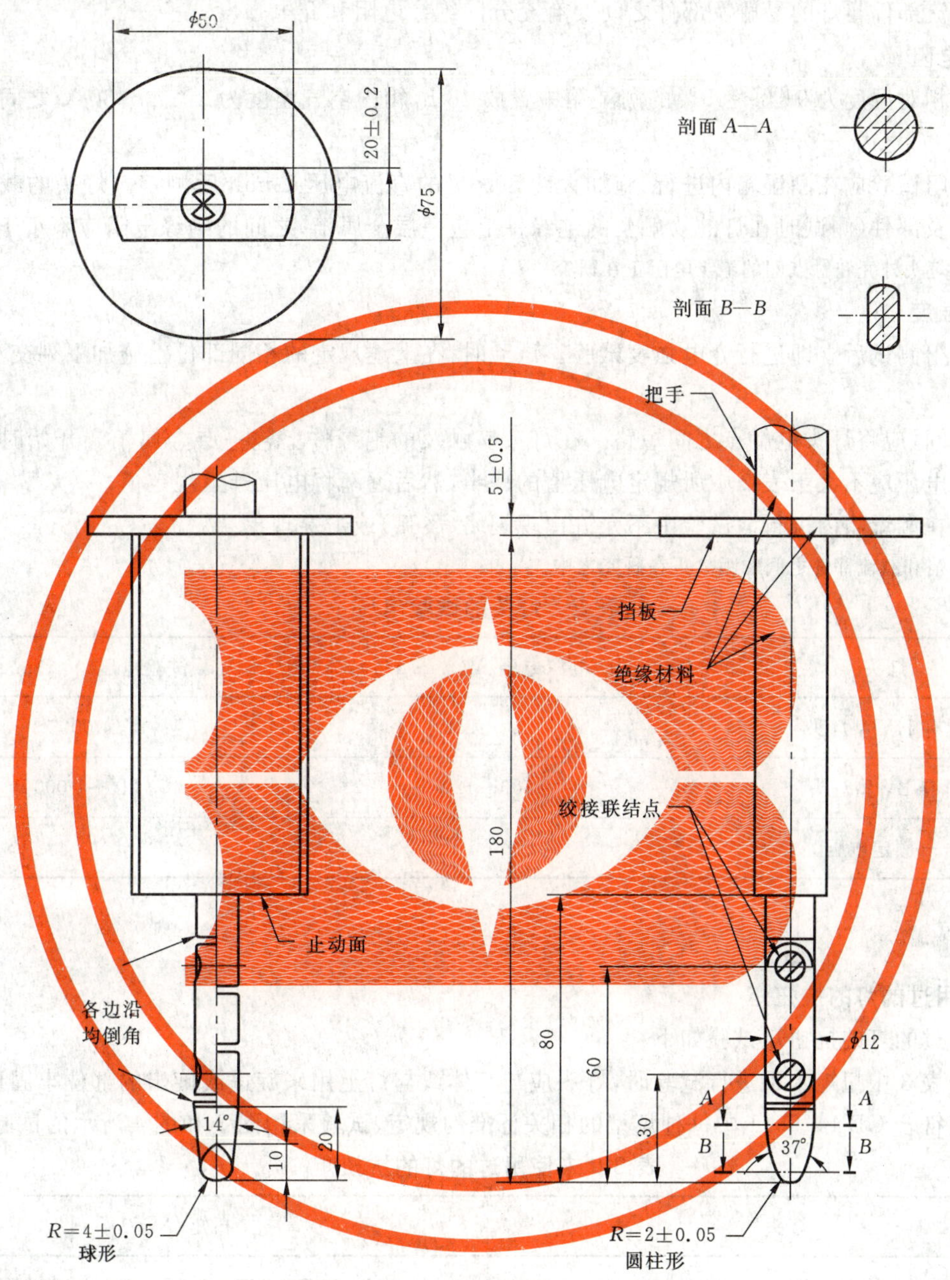

尺寸单位：mm

材料：除另有规定外，均为金属。

对于图中不带特定公差的那些尺寸，其公差分别为：

——角度差：$^{+0}_{-10}$

——直线尺寸公差：

- 25 mm 以下时：$^{+0}_{-0.05}$
- 25 mm 以上时：±0.2 mm

试验指的两个铰节均在同一平面上运动，并且以同一方向在90°范围内活动(公差为0°～+10°)。

图2 标准测试指(符合 IEC 60529)

(来自 GB 1312，图41)

8 潮湿处理后的绝缘电阻和介电强度

灯的载流部件与灯的易触及部件之间要有充分的绝缘电阻和介电强度。

8.1 绝缘电阻

灯应在相对湿度为91%～95%的潮湿箱中置放48 h,箱内空气温度为20 ℃～30 ℃之间的任一值上,温差在1 ℃之内。

绝缘电阻试验应在潮湿箱内进行,施加大约500 V的直流电压1 min后测定。灯头的载流金属件与灯的易触及部件(测试时在灯的易触及的绝缘件上包一层金属箔)之间的绝缘电阻应不小于4 MΩ。

注:卡口灯头外壳和触点间的绝缘电阻正在研究中。

8.2 介电强度

绝缘电阻测试后立即进行介电强度试验。试验时,在上述规定的相同部位上施加下列交流电压,试验1 min。

试验期间,应将灯头电触点之间短路。在灯头易触及的绝缘件上包一层金属箔。开始时电触点和金属箔间的电压应不大于表2中所规定电压值的一半,然后逐渐将电压升至规定值。

试验应在潮湿箱内进行。试验中不允许出现闪络(飞弧)或击穿现象。

注:金属箔和载流部件之间的距离正在研究之中。

表2 灯头的试验电压

灯头	电源电压/V(r. m. s)	试验电压/V(r. m. s)
所有HV型灯头	220～250	4 000
所有BV型灯头	100～120	$2U$+1 000
注:U——额定电压。		

9 机械强度

9.1 未使用过的灯的抗扭矩

未使用过的灯的抗扭矩试验如下:

当根据表3中扭矩水平进行试验时,灯头应与灯体或与灯上用来旋进或旋出的部位牢固地连接。

试验应符合GB 14196.1中每种灯型的相关标准的规定,试验采用图3和图4所示的试验灯座。

表3 未使用过的灯的抗扭矩

灯头	扭矩/Nm
B15d	1.15
B22d	3
E14	1.15
E26和E27	3
GX53	3u.c
注:u.c正在考虑之中。	

扭矩不应突然施加,而应逐渐从零增加到规定值。对于不采用粘结方式固定的灯头,可允许在灯头与灯体之间有相对移动,但应不超过10°。

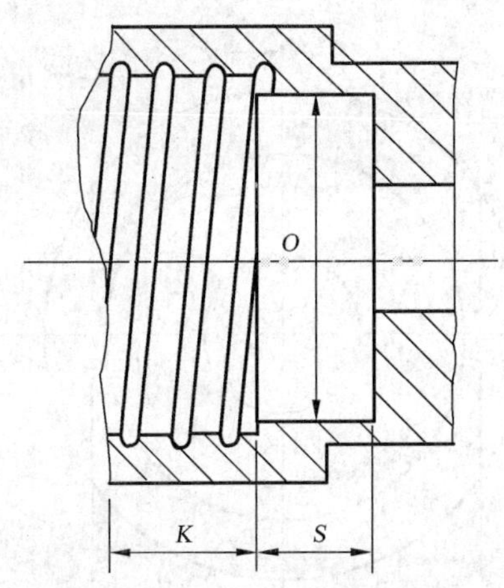

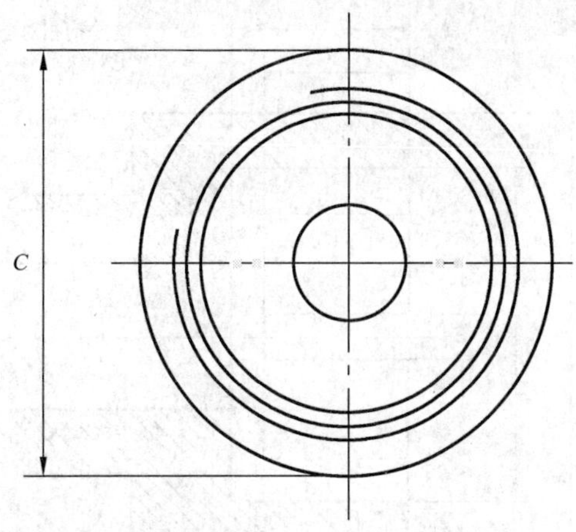

螺纹放大图

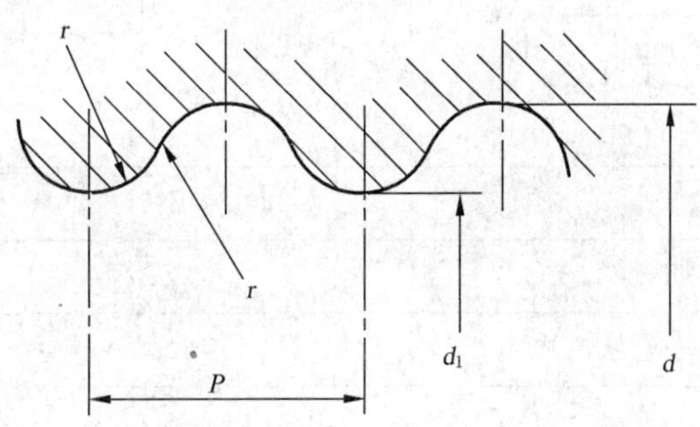

表面光洁度:最小为 $R_a=0.4\ \mu m$

注:表面过于光滑将导致灯头机械力超载,见附录C的C.1.2。

单位为毫米

尺寸	E12	E14	E17	E26 和 E26d	E27	误差
C	15.27	20.0	20.0	32.0	32.0	最小值
K	9.0	11.5	10.0	11.0	13.5	0.0 −0.3
O	9.5	12.0	14.0	23.0	23.0	−0.1 +0.1
S	4.0	7.0	8.0	12.0	12.0	最小值
d	11.89	13.89	16.64	26.492	26.45	+0.1 0.0
d_1	10.62	12.29	15.27	24.816	24.26	+0.1 0.0
P	2.540	2.822	2.822	3.629	3.629	—
r	0.792	0.822	0.897	1.191	1.025	—
注:如果在测试应用中产生疑问,只需检验上图所示的灯座主要尺寸。						

图3 装有螺口灯头的灯作扭矩试验用灯座

(来自 GB 14196.1,图 C.2)

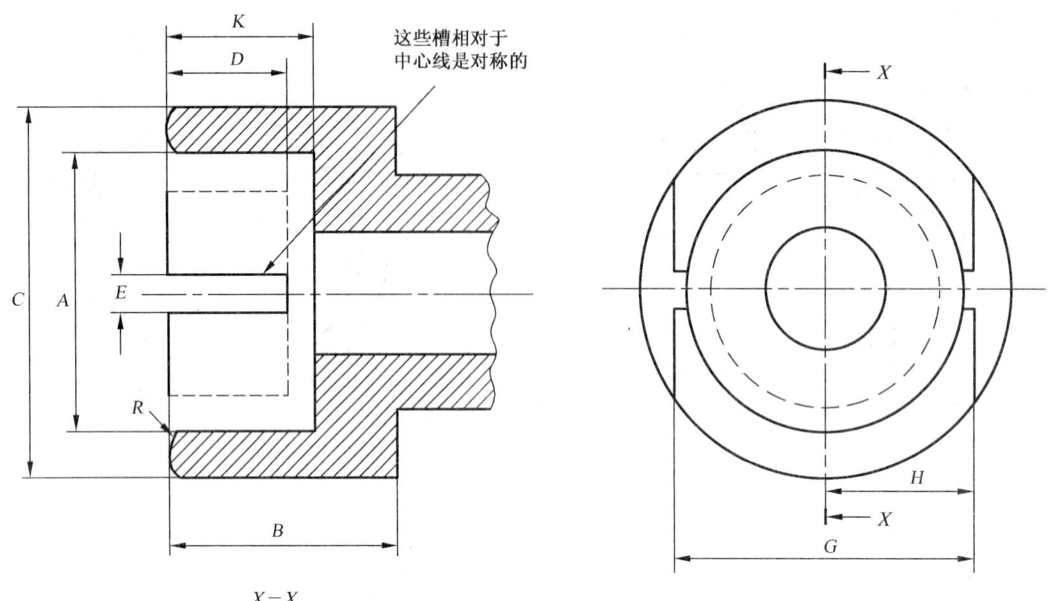

单位为毫米

尺寸符号	B15	B22	误差
A	15.27	22.27	+0.3
B	19.0	19.0	最小值
C	21.0	28.0	最小值
D	9.5	9.5	最小值
E	3.0	3.0	+0.17
G	18.3	24.6	±0.3
H	9.0	12.15	最小值
K	12.7	12.7	±0.3
R	1.5	1.5	近似值
注：如果在测试应用中产生疑问，只需检验上图所示的灯座的主要尺寸。			

图 4　装有卡口式灯头的灯作扭矩试验用灯座

（来自 GB 14196.1，图 C.1）

9.2　使用一定时间后的灯的抗扭矩

使用过的灯的抗扭矩正在考虑之中。

9.3　重复第 8 章

机械强度试验后，样品应符合第 8 章要求。

10　灯头温升

适合灯的尺寸的灯座表面温升（超过环境温度）应不高于使用被替换灯所产生的灯座温升。

成品灯的灯头温升 Δt_s 不超过 120 K。该 Δt_s 值相当于 60 W 白炽灯的最大值。灯的燃点位置和环境温度在 GB/T 24392 中有详细规定。

试验应采用额定电压进行。如果灯上标有电压范围，试验时则采用其电压范围中的最高值。

11 耐热性

灯应具有充分耐热性。提供防触电保护的绝缘材料以及固定带电部件的绝缘材料部件均应具有充分的耐热性。

采用图5所示的球压试验装置检验其是否合格。

试验应在加热箱中进行，箱内温度应比第10章有关部件正常工作温度高25 ℃±5 ℃。对于固定带电部件的绝缘部件来说温度至少应为125 ℃，其他部件应为80 ℃(80 ℃值正在考虑中)。受试部件的表面应水平放置，将直径5 mm的钢珠以20 N的力压在受试部件表面。

试验之前先将试验负载支撑装置放置在加热箱内加热足够时间，以保证使其达到稳定的试验温度。

施加试验负载前，受试部件要放进加热箱内加热10 min。

试验时，如果受试表面出现弯曲，则应将钢球所压表面支撑起来。为此，如果不能在一个完整的样品上进行试验，则可从其上面取下适当的部分来进行试验。样品厚度至少有2.5 mm，如果该样品厚度达不到这样的厚度，可将两个以上的样品放置在一起。

1 h后，从受试部件上取走钢球，将受试部件放入冷水中浸泡10 s，待其冷却到接近室温后，测量受试部件上的压痕，其直径应不超过2 mm。

如果出现弯曲表面使压痕呈椭圆形，则应测量其短轴，长度为压痕直径。如果有疑问，则测量凹痕深度，并用公式(1)计算直径。

$$\Phi = 2\sqrt{p(5-p)} \quad \cdots\cdots(1)$$

式中：

p——压痕深度。

陶瓷材质部件不进行此项试验。

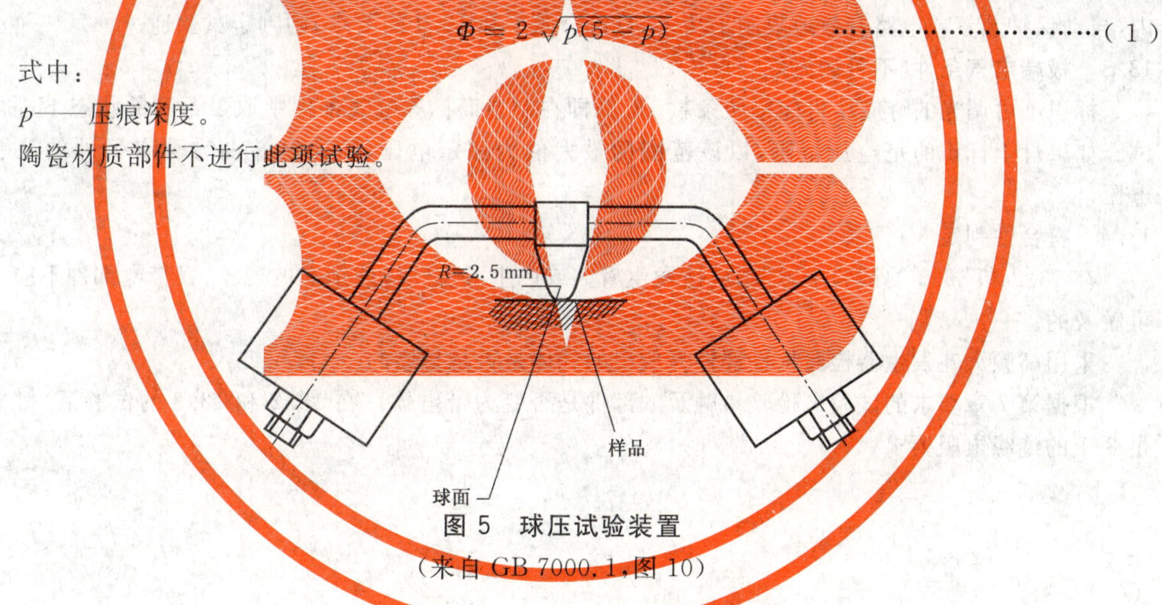

图5 球压试验装置

(来自GB 7000.1，图10)

12 防火与防燃

固定带电部件的绝缘部件以及提供触电保护的绝缘材料的外部部件，应能承受GB/T 5169.10—2006～GB/T 5169.13—2006中的灼热丝试验。试验详情如下：

——试样为成品灯。为了进行试验可以从灯上去掉无关部件，但应保证试验条件与实用中的条件基本一致。

——将试样安装在支架上，施加1 N力将其压在灼热丝顶部，灼热丝距试件上部距离最好为15 mm或大于15 mm，同时要处于受试表面的中心。灼热丝穿透试件的深度要用机械法限制到7 mm。如果因为试样品太小不能按上述要求进行试验时，可取一块相同的材料作为试验样品，该样品为30 mm的正方形，其厚度为成品试样最小厚度。

——灼热丝顶部的温度为650 ℃。30 s后将试样从灼热丝顶部移开。在开始试验之前，灼热丝的温度和加热电流应恒定1 min。但要保证在此期间热辐射不应影响试样。采用铠装高灵敏热

电偶丝测量灼热丝顶部温度,热电偶的结构与校准应符合 GB/T 5169.10—2006 的要求;

——试样从灼热丝上移开后,试样上的任何燃烧火焰均应在 30 s 内熄灭,并且任何燃烧着的下落物质不应点燃水平放置在试样下面距离为 200 mm±5 mm 的薄纸。薄纸应符合 ISO 4046-4:2002 的 4.187 中的要求。

陶瓷材质部件不进行此项试验。

13 故障状态

13.1 总体要求

灯在特定使用中可能会出现故障状态,但在故障状态下工作不应降低其安全性能。

13.2 极端电气条件(调光灯)

如果灯上标识的是电压范围,应以该范围的最大值为试验电压,除非制造商宣称有另外的最大电压。灯将在环境温度(IEC TS 62504 中定义,GB 19510.1—2009 附录 H.1 中限制)下点燃,且调节至制造商所标识的最恶劣电气条件或将功率升至额定功率的 150%。试验持续进行直至灯热稳定。若灯头温度在 1 h 内变化未超过 1 K,则认为达到稳定条件(试验见 GB/T 24392 要求)。灯应可承受此极端电气条件至少 15 min,此 15 min 包括稳定时间。

如果灯安全失效且已承受极端电气条件 15 min,符合 4.1 和 13.4 的要求,则判定试验通过。

若灯内含有自动保护装置或限制功率的电路,应在限制功率的条件下点灯 15 min。如果在此期间内,自动保护装置或电路有效地限制了功率,且符合 4.1 和 13.4 的要求,则判定试验通过。

13.3 极端电气条件(不可调光灯)

标识不可调光的灯应尽可能按照条款 13.2,即在制造商标称电气条件中取最不利的状态下进行测试。如果灯上标识的是电压范围,以该范围的最大值为额定电压,除非制造商宣称有另外的最恶劣电压。

13.4 符合性判定

在 13.2 和 13.3 的试验中,灯不应该发生着火或产生可燃气体或烟雾的现象,且带电部件不应变成可触及的。

采用高频火花发生器检验从零部件释放出的气体是否是易燃的。

根据第 7 章要求的试验来检验易触及的部件是否变为带电体。在 13.2 和 13.3 的试验后,灯应满足 8.1 的绝缘电阻要求。

附　录　A
（资料性附录）
含LED和控制装置的系统总概

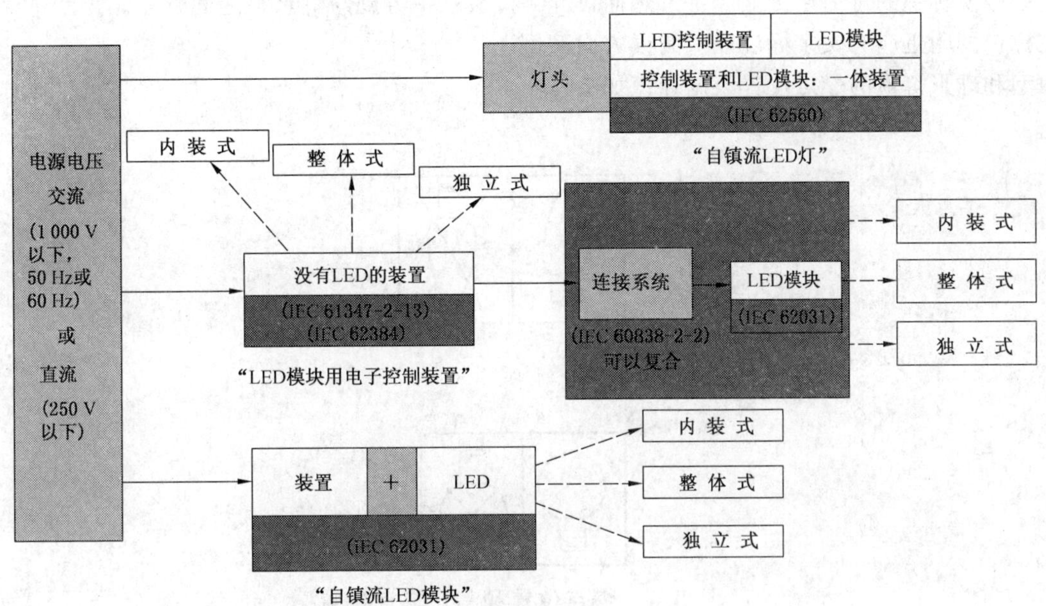

附　录　B
（规范性附录）
对工作朝向有限制的灯(见 5.2)

此记号所标识的灯由于可能产生过热而仅允许灯头在下方到与灯水平之间燃点。
在标识的附近应有文字标注以免阅读方向颠倒。
烛型和球形灯泡的燃点位置限制标识如下：

烛形灯泡：

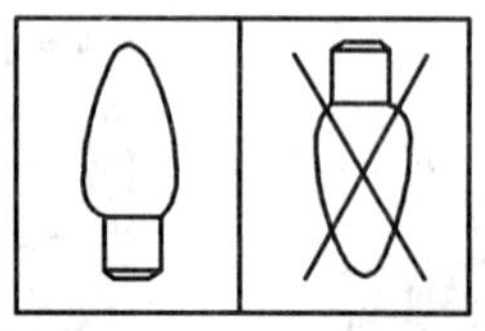

球形灯泡：

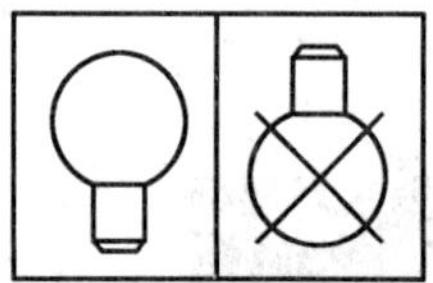

图 B.1　燃点位置和禁止燃点位置
(来自 GB 14196.1 附录 B)

ICS 29.140.99
K 71

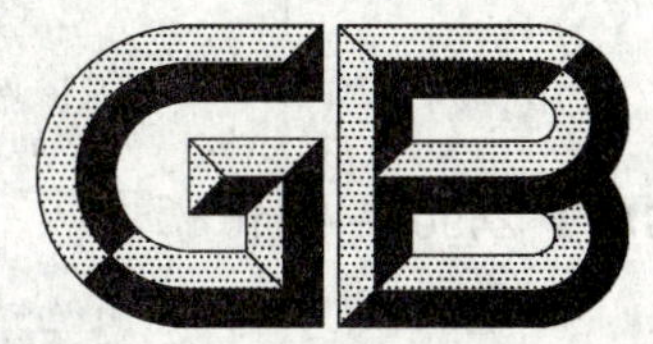

中华人民共和国国家标准

GB/T 24907—2010

道路照明用LED灯　性能要求

LED lamps for road lighting—Performance specifications

2010-06-30 发布　　　　2011-02-01 实施

中华人民共和国国家质量监督检验检疫总局
中国国家标准化管理委员会　发布

前　　言

本标准的附录A、附录B为资料性附录。

本标准由中国轻工业联合会提出。

本标准由全国照明电器标准化技术委员会(SAC/TC 224)归口。

本标准主要起草单位:杭州杭科光电有限公司、东莞勤上光电股份有限公司、广东明家科技股份有限公司、天津市中环华祥电子有限公司、上海亚明灯泡厂有限公司、江苏省民用及工矿灯具产品质量监督检验中心、桐乡市生辉照明电器有限公司、中山市华艺照明股份有限公司、南京汉德森科技股份有限公司、东莞市科锐德数码光电科技有限公司、江苏亚示照明灯具有限公司、山西光宇电源有限公司、浙江求是信息电子有限公司、北京中安无限科技有限公司、深圳市邦贝尔电子有限公司、西安立明电子科技责任有限公司、浙江古越龙山电子科技发展有限公司、中科慧宝科技(集团)有限公司、中山市宇之源太阳能科技有限公司、杭州远方光电信息有限公司、大连九久光电科技有限公司、广东鹤山银雨照明有限公司。

本标准主要起草人:陈哲良、严钱军、李旭亮、王平、邵康、严华峰、杨宇华、沈锦祥、彭照富、周鸣、马帅、殷金兴、许福贵、许志华、林清洪、何琳、穆一经、丁申冬、胡冰、雷宗平、潘建根、杨静华、祝炳忠、刘长乐、蒋增钦、陶玖祥。

道路照明用 LED 灯　性能要求

1　范围

本标准规定了道路照明用 LED 灯的术语和定义、分类与命名、技术要求、试验方法、检验规则、标志、包装、运输和贮存。

本标准适用于集 LED 器件及其控制驱动电路和灯具于一体、采用交流 220 V/50 Hz 电源供电的道路照明用 LED 灯(以下简称"灯")。

符合本标准的灯,在额定电源电压的 92%～106%以及 −30 ℃～45 ℃范围内,应能正常启动和燃点。

2　规范性引用文件

下列文件中的条款通过本标准的引用而成为本标准的条款。凡是注日期的引用文件,其随后所有的修改单(不包括勘误的内容)或修订版均不适用于本标准,然而,鼓励根据本标准达成协议的各方研究是否可使用这些文件的最新版本。凡是不注日期的引用文件,其最新版本适用于本标准。

GB/T 2828.1　计数抽样检验程序　第 1 部分:按接收质量限(AQL)检索的逐批检验抽样计划(GB/T 2828.1—2003,ISO 2859-1:1999,IDT)

GB/T 2829　周期检验计数抽样程序及表(适用于对过程稳定性的检验)

GB/T 10682　双端荧光灯　性能要求

GB 17625.1　电磁兼容　限值　谐波电流发射限值(设备每相输入电流≤16 A)(GB 17625.1—2003,IEC 61000-3-2:2001,IDT)

GB 17743　电气照明和类似设备的无线电骚扰特性的限值和测量方法(GB 17743—2007,CISPR 15:2005+A1:2006,IDT)

GB/T 18595　一般照明用设备电磁兼容抗扰度要求(GB/T 18595—2001,idt IEC 61547:1995)

GB 24819　普通照明用 LED 模块　安全要求

GB/T 24823　普通照明用 LED 模块　性能要求

GB/T 24824　普通照明用 LED 模块测试方法

CJJ 45　城市道路照明设计标准

3　术语和定义

GB/T 24823 确立的以及下列术语和定义适用于本标准。

道路照明用 LED 灯　LED lamp for road lighting

满足道路照明要求的组合式 LED 照明装置,除了发光二极管(LED)作为光源发光外,还包括其他部件,例如光学、机械、电气和电子部件等,并将这些部件组合成一个整体。

4　分类与命名

4.1　分类

4.1.1　按灯的额定功率,可分为:20 W、30 W、45W、60 W、75W、90 W、120 W、160 W、180 W、200 W、250 W 和 300 W 等。

4.1.2 按不同配光类型的灯在路面上形成的光形，可分为矩形光斑型LED灯(代号为J)、圆形或椭圆形光斑型LED灯(代号为Y)。

4.1.3 按灯的调光类型，可分为调光型LED灯(代号为T)和非调光型LED灯(代号为F)。

4.1.4 按采用LED器件的功率，可分为由小于0.5 W的小功率LED器件组合的LED灯(代号为X)和功率大于或等于0.5 W的功率型LED器件组合的LED灯(代号为G)。

4.2 型号编写规则

灯的型号由五部分组成，第一部分表示灯的代号(BDZ代表道路照明用LED灯)，第二部分表示灯的额定电压和额定功率，第三部分表示灯的色调代号，第四部分表示灯的配光类型，第五部分为补充部分，如灯的调光类型、采用的LED器件功率类型和/或其他信息。

型号示例

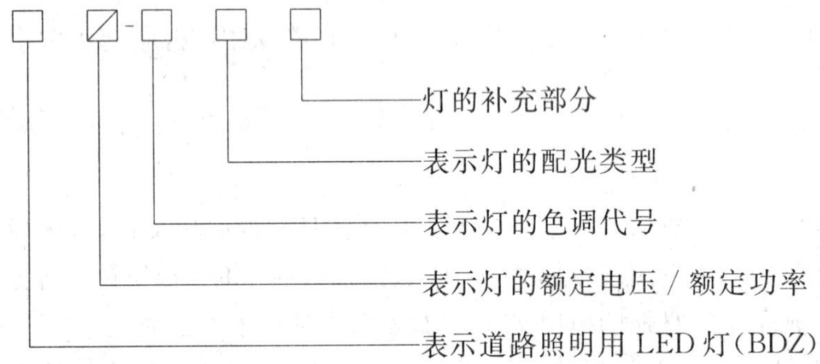

如："BDZ 220/120-RR J T"表示额定电压为220 V、额定功率为120 W、色调为日光色(RR)的矩形光斑型、调光型道路照明用LED灯。

5 技术要求

5.1 安全要求

灯的安全要求应符合GB 24819的要求。

灯的防护等级应达到IP65。

5.2 外形尺寸

灯的外形尺寸应符合制造商的规定。

5.3 灯功率

灯在额定电压和额定频率下工作时，其实际消耗的功率与额定功率之差应不大于10%。

5.4 功率因数

灯在额定电压和额定频率下工作时，其功率因数实测值应不低于制造商标称值的0.05。

5.5 电磁兼容

5.5.1 灯的无线电骚扰特性应符合GB 17743的要求。

5.5.2 灯的输入电流谐波应符合GB 17625.1的要求。

5.5.3 灯的电磁兼容抗扰度应符合GB/T 18595的要求。

5.6 光度分布

灯的光度分布应符合CJJ 45规定的道路照明标准值的要求，制造商应标称灯的截光性能、光分布类型和光强表。

注：对于推荐采用矩形光斑型灯的光强分布要求见附录A。

5.7 初始光效和光通量

灯的初始光效按表1分为三个等级，实测值应不低于表1的3级规定值。

灯的初始光通量可由制造商或销售商标称，但其实测值应不低于标称值的90%。

表 1 灯的初始光效

单位为流明每瓦

等级	颜色:RR//RZ	颜色:RL/RB/RN/RD
1	75	70
2	60	55
3	50	45

5.8 颜色特性

灯的颜色标准色品坐标应符合 GB/T 10682 规定的目标值要求,制造商可根据用户要求制造非标准颜色的灯,但应给出非标准颜色色品坐标的目标值。色度坐标 x 和 y 的初始读数距离目标值应在 8 SDCM(色匹配标准偏差)之内。

灯的显色指数的初始额定值为 70,其实测值应不低于额定值的三个数值。

5.9 平均寿命

灯的平均寿命应不低于 20 000 h。

5.10 光通维持率

灯在燃点 3 000 h 时,其光通维持率应不低于 90%;在燃点 6 000 h 时,其光通维持率应不低于 85%。

5.11 开关次数

灯在施加额定输入电压下,以 60 s 点灯,60 s 关灯条件下,应能通过 5 000 次开关试验。

注:制造商还可按照附录 B 推荐的方法实施灯的耐久性试验。

6 试验方法

6.1 试验的一般要求

除另有规定的项目外,全部试验均应在环境温度为 25 ℃±1 ℃,相对湿度最大为 65%的无对流风的环境中进行。

在稳定期间,电源电压应该稳定在±0.5%的范围之内;在测量时,应降至±0.2%的范围之内;对于寿命试验应该稳定在±2%。

电源电压的谐波含量应不超过 3%。总谐波含量是基波为 100%时各次谐波分量的方均根之和。

各项试验均应在额定频率下进行,灯应置于自由空间中。

6.2 外形尺寸试验

外形尺寸(5.2)用误差不大于 0.05 mm 的量具测量。

6.3 基本电性能试验

灯的功率(5.3)和功率因数(5.4)按 GB/T 24824 规定的方法测量。

6.4 电磁兼容

灯的无线电骚扰特性(5.5.1)试验按 GB 17743 的要求进行。

灯的输入电流谐波(5.5.2)试验按 GB 17625.1 的要求进行。

灯的电磁兼容抗扰度(5.5.3)试验按 GB/T 18595 的要求进行。

6.5 光度性能的试验

灯的光强分布和眩光(5.6)、初始光效/光通量(5.7)、颜色特性(5.8)的试验按 GB/T 24824 规定的方法测量。灯的光效通过计算得出。

6.6 平均寿命

灯的额定平均寿命(5.9)试验应按 GB/T 24824 规定的方法测量。

6.7 光通维持率

灯的光通维持率(5.10)试验应按 GB/T 24824 规定的方法测量。

6.8 开关次数

灯的开关次数(5.11)试验按 GB/T 24824 规定的方法测量。

6.9 标志(8.1)试验

灯标志的正确性和清晰度用目视法检查,牢固度用蘸水的湿布轻轻擦拭标志 15 s 后,再用蘸有有机溶剂(己烷)的布擦拭 15 s,试验后,标志仍应清晰可辨。

7 检验规则

7.1 为了检验灯是否符合本标准要求,制造商应对本企业生产的产品进行交收检验和例行检验。

7.2 交收检验

7.2.1 交收检验的灯是从合格的提交批中均匀抽取,检验按 GB/T 2828.1 的规定进行,其检验项目、检验水平及合格质量水平应符合表 2 的规定。

7.2.2 若交收检验不合格,则该批产品应由制造厂隔离后进行全检。剔除不合格品后可再次提交验收。若再次提交批经检验后仍不合格,则应停止交收、分析原因,提出改进措施和处理该批产品的办法。

表 2 交收检验的项目及合格判定条件

序号	试验项目	技术要求	试验方法	抽样方案	检验水平	AQL/%
1	标志	8.1	6.9	一次	S-3	4.0
2	外形尺寸	5.2	6.2			
3	灯功率	5.3	6.3		S-2	6.5
4	功率因素	5.4				
5	初始光效/初始光通量	5.7	6.5			
6	颜色特性	5.8				

7.3 例行检验

7.3.1 例行检验周期应为每年一次。当灯的结构、工艺过程或材料的变更可能影响到灯的性能,或当灯生产中断了半年以上而又恢复生产时,都要进行例行检验。

7.3.2 例行检验的产品应按 GB/T 2829 的要求,从交收检验合格的灯中均匀地抽取。例行检验前,所有样本单位应按交收检验项进行全检。若发现不合格品,则以合格品换取,同时应分析原因,记入例行检验报告中,但不作为例行检验结果的鉴定依据。例行检验的项目及判别水平应符合表 3 的规定。

7.3.3 例行检验若不合格,则认为该批灯不合格,此时应分析原因,提出处理办法和采取有效措施后,方可恢复生产与验收。

表 3 例行试验的项目和判别水平

序号	检验项目	技术要求	试验方法	抽样方案	判别水平	RQL	n	判定数值	
								Ac	Re
1	光强分布	5.6	6.5	一次抽样	Ⅱ	65	5	1	2
2	电磁兼容	5.5	6.4						
3	光通维持率	5.10	6.7	二次抽样	Ⅱ	65	3 3	0 1	2 2
4	开关次数	5.11	6.8						
5	平均寿命	5.9	6.6	每个规格不少于 3 个,按照定义判别。					

8 标志、包装、运输和贮存

8.1 每只灯上应有下列清晰而牢固的标志:

a） 制造厂名称或注册商标；

b） 电源电压和频率；

c） 标称功率或型号及由制造商或销售商提供的有关光、电特性的参数；

d） 制造日期(年、季或月)。

注：年和月用数字表示，季用罗马字表示。

8.2 灯用包装箱包装。包装应安全可靠，包装箱内应附有产品合格证或盖有符合8.3要求的合格印章。

8.3 合格证上应标明：

a） 制造厂名称或注册商标；

b） 检验日期；

c） 检验员签章。

8.4 包装盒和包装箱上应使用汉字注明：

a） 制造厂名称或注册商标及厂家地址；

b） 产品名称和型号；

c） 额定电压和频率；

d） 包装箱内灯的数量；

e） 产品标准号；

f） 其他标志。

8.5 灯应贮存在相对湿度不大于85％的通风的室内，空气中不应有腐蚀性气体。

8.6 灯在运输过程中应避免雨雪淋袭和强烈的机械振动。

附 录 A
（资料性附录）
矩形光斑型灯的光强分布要求

对于用于常规道路照明(见 CJJ 45 标准术语)的矩形光斑型道路照明用 LED 灯的光强分布，推荐在图 A.1 的 C,γ 光度分布坐标系统中的以下四个方向($C=25°,\gamma=62°$)、($C=155°,\gamma=62°$)、($C=185°,\gamma=60°$)和($C=355°,\gamma=60°$)所对应的四棱锥立体角范围内，光强应大于 150 cd/klm；路面水平照度折合光强的均匀度应大于 0.4。

这里，路面水平照度折合光强 $I_{z(C,\gamma)}$ 为：

$$I_{z(C,\gamma)}=I_{(C,\gamma)}\cos^3\gamma$$

$I_{(C,\gamma)}$ 为(C,γ)方向的实际光强

路面水平照度折合光强的均匀度为：在规定的发光立体角内，灯在任意方向的折合光强的最小值与所有方向上灯的折合光强的平均值的比值。

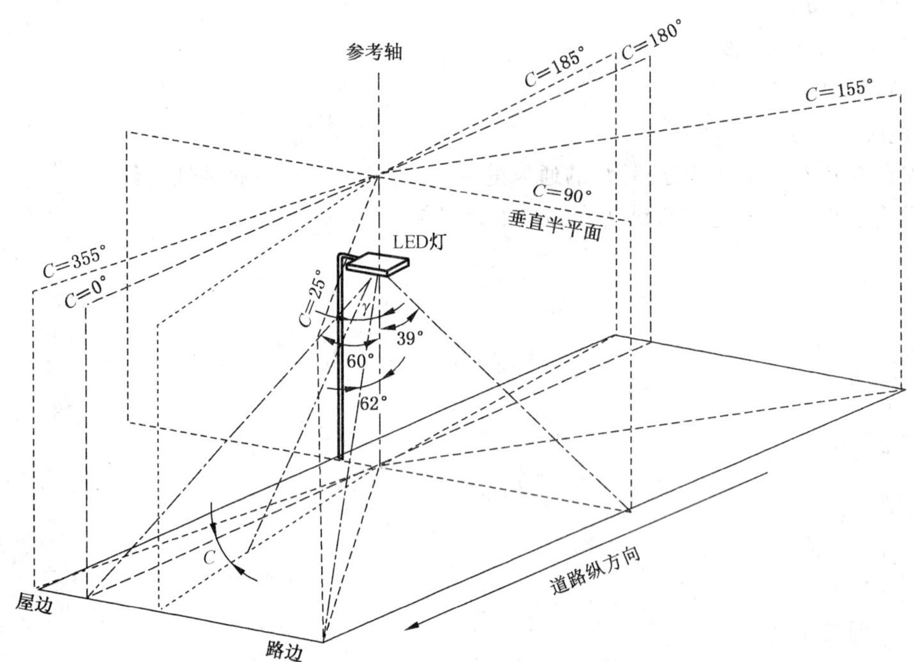

图 A.1　C,γ 光度分布坐标系统中的角度示意图

附 录 B
（资料性附录）
灯的耐久性及试验方法

推荐对灯进行耐久性试验。试验方法为：温度为 55 ℃±2 ℃、最大相对湿度为 65%的无对流风的环境中，对灯施加额定电压后持续燃点 360 h，其光通量不低于初始光通量的 85%。

ICS 29.140.99
K 71

中华人民共和国国家标准

GB/T 24908—2010

普通照明用自镇流LED灯 性能要求

Self-ballasted LED lamps for general lighting services—Performance requirements

2010-06-30 发布 2011-02-01 实施

中华人民共和国国家质量监督检验检疫总局
中国国家标准化管理委员会 发布

前　言

本标准由中国轻工业联合会提出。

本标准由全国照明电器标准化技术委员会(SAC/TC 224)归口。

本标准起草单位:厦门通士达照明有限公司、北京电光源研究所、桐乡市生辉照明电器有限公司、东莞安尚光源有限公司、中山市欧普照明股份有限公司、南京汉德森科技股份有限公司、大连九久光电科技有限公司、广东鹤山银雨照明有限公司。

本标准起草人:秦碧芳、屈素辉、廖国春、沈锦祥、马国铭、周明兴、周鸣、蒋增钦、陶玖祥。

普通照明用自镇流 LED 灯
性能要求

1 范围

本标准规定了普通照明用自镇流 LED 灯的性能要求、试验方法、检验规则及标志、包装、运输、贮存等。

本标准适用于在家庭和类似场合作为普通照明用的、把稳定燃点部件集成为一体的 LED 灯(自镇流 LED 灯)。

适用范围如下:

——额定功率 60 W 以下;

——额定电压 AC/DC 250 V 及以下;

——符合 GB/T 1406.1、GB/T 1406.2、GB/T 1406.3、GB/T 1406.4、GB/T 1406.5 灯头要求。

注:在本标准中出现的"灯"代表"普通照明用自镇流 LED 灯",除非有特别指明是其他类型的灯。

2 规范性引用文件

下列文件中的条款通过本标准的引用而成为本标准的条款。凡是注日期的引用文件,其随后所有的修改单(不包括勘误的内容)或修订版均不适用于本标准,然而,鼓励根据本标准达成协议的各方研究是否可使用这些文件的最新版本。凡是不注日期的引用文件,其最新版本适用于本标准。

GB/T 1406.1 灯头的型式和尺寸 第1部分:螺口式灯头(GB/T 1406.1—2008,IEC 60061-1:2005 Lamp caps and holders together with gauges for the control of interchangeability and safety—Part 1:Lamp caps,MOD)

GB/T 1406.2 灯头的型式和尺寸 第2部分:插脚式灯头(GB/T 1406.2—2008,IEC 60061-1:2005 Lamp caps and holders together with gauges for the control of interchangeability and safety—Part 1:Lamp caps,MOD)

GB/T 1406.3 灯头的型式和尺寸 第3部分:预聚焦式灯头(GB/T 1406.3—2008,IEC 60061-1:2005 Lamp caps and holders together with gauges for the control of interchangeability and safety—Part 1:Lamp caps,MOD)

GB/T 1406.4 灯头的型式和尺寸 第4部分:杂类灯头(GB/T 1406.4—2008,IEC 60061-1:2005 Lamp caps and holders together with gauges for the control of interchangeability and safety—Part 1:Lamp caps,MOD)

GB/T 1406.5 灯头的型式和尺寸 第5部分:卡口式灯头(GB/T 1406.5—2008,IEC 60061-1:2005 Lamp caps and holders together with gauges for the control of interchangeability and safety—Part 1:Lamp caps,MOD)

GB/T 2828.1 计数抽样检验程序 第1部分:按接收质量限(AQL)检索的逐批检验抽样计划(GB/T 2828.1—2003,ISO 2859-1:1999,IDT)

GB/T 2829 周期检验计数抽样程序及表(适用于对过程稳定性的检验)

GB 17625.1 电磁兼容 限值 谐波电流发射限值(设备每相输入电流≤16 A)(GB 17625.1—2003,IEC 61000-3-2:2001 IDT)

GB/T 24824 普通照明用 LED 模块测试方法

GB/T 24826　普通照明用 LED 和 LED 模块术语和定义

GB 24906　普通照明用 50 V 以上自镇流 LED 灯　安全要求

3　术语和定义

GB/T 24826 所确定的以及下列术语和定义适用于本标准。

3.1

自镇流 LED 灯　self-ballasted LED lamp

所用灯头符合 GB/T 1406.1、GB/T 1406.2、GB/T 1406.3、GB/T 1406.4、GB/T 1406.5 的要求，内含 LED 光源和保持其稳定燃点所必需的元件并使之为一体的灯，这种灯在不损坏其结构时是不可拆卸的。

3.2

失效　failure

下列情况之一视为灯失效：灯不能燃点；光通维持率低于 50%。

4　产品分类与命名

4.1　类别

普通照明用自镇流 LED 灯按灯头分为：GU10、E27、B22、E14 等。

4.2　型号编写规则

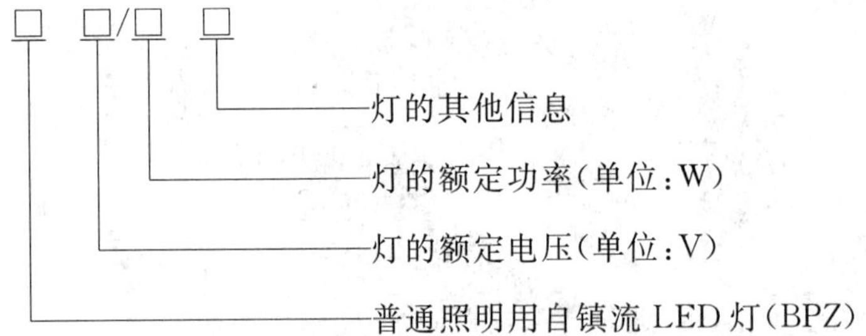

示例：220V 12W 6500K E27 自镇流 LED 灯的型号为：BPZ220/12 RR. E27

注：型号中最后一项可灵活取舍，如有多个信息时用“.”分开。

4.3　基本参数

4.3.1　灯的光效应不低于表 1 的规定。

表 1　灯的初始光效

序号	额定功率范围/W	等级	光效/(lm/W)	
			颜色：RZ/RR/RL	颜色：RB/RN/RD
1	1～5	Ⅰ	60	55
		Ⅱ	50	45
		Ⅲ	40	35
2	6～10	Ⅰ	65	60
		Ⅱ	55	50
		Ⅲ	45	40
3	11～25	Ⅰ	65	60
		Ⅱ	55	50
		Ⅲ	45	40

表 1(续)

序号	额定功率范围/W	等级	光效/(lm/W)	
			颜色:RZ/RR/RL	颜色:RB/RN/RD
4	≥26	Ⅰ	60	55
		Ⅱ	50	45
		Ⅲ	40	35

4.3.2 灯的色品性能应符合表 2 的规定。

表 2 灯的色品性能

色调	代表符号	色品参数				
		一般显色指数	色坐标目标值[a]		相关色温/K	色品容差 SDCM
			X	Y		
F6500(日光色)	RR	80	0.313	0.337	6 430	7
F5000(中性白色)	RZ		0.346	0.359	5 000	
F4000(冷白色)	RL		0.380	0.380	4 040	
F3500(白色)	RB		0.409	0.394	3 450	
F3000(暖白色)	RN		0.440	0.403	2 940	
F2700(白炽灯色)	RD		0.463	0.420	2 720	

[a] 企业可根据用户的要求制造非标准颜色的灯,但应同时给出非标准颜色色品坐标的目标值和容差范围。

5 技术要求

5.1 安全要求

应符合 GB 24906 的要求。

5.2 灯的外形尺寸

灯的外形尺寸应符合制造商的规定,所用灯头应分别符合 GB/T 1406.1、GB/T 1406.2、GB/T 1406.3、GB/T 1406.4、GB/T 1406.5 的要求。

5.3 灯功率

灯在额定电压和额定频率下工作时,其实际消耗的功率与额定功率之差应不大于 15%或 0.5 W。

5.4 功率因数

灯在额定电压和额定频率下工作时,其实际功率因数应不比制造商的标称值低 0.05。

5.5 初始光效/光通量

灯的初始光效等级可由制造商或销售商宣称,但其实测值应不低于表 1 的规定,如制造商或销售商未宣称则按Ⅲ级考核。带罩灯的初始光效不得低于表 1 值的 80%。灯的初始光通量可由制造商或销售商宣称,但其实测值应不低于标称值的 90%。

5.6 颜色特征

灯一般显色指数 Ra 的初始值应不比表 2 规定值低三个数值。

5.7 寿命

5.7.1 平均寿命

灯的平均寿命应不低于 25 000 h。

5.7.2 光通维持率

灯在燃点 3 000 h 时其光通维持率应不低于 92%;在燃点 6 000 h 时,其光通维持率应不低于 88%。

在燃点70%额定寿命时，其光通维持率应不低于70%。

5.7.3 开关次数

在额定输入电压下，将灯开启和关闭各30 s，此循环重复进行15 000次，在试验结束后灯应能正常工作15 min。

5.8 谐波

灯的谐波电流应符合GB 17625.1的要求。

6 试验方法

6.1 试验的一般要求

除另有规定的项目外，全部试验均应在环境温度为25 ℃±1 ℃，相对湿度最大为65%的无对流风的环境中进行。

在稳定期间，电源电压应该稳定在±0.5%的范围之内；在测量时，应降至±0.2%的范围之内；对于寿命试验应该稳定在±2%。

电源电压的谐波含量不超过3%。总谐波含量是基波为100%时各次谐波分量的均方根之和。

各项试验均应在额定频率下进行，灯应置于自由空间中，灯头垂直在上。

6.2 外形尺寸(5.2)试验

灯的外形尺寸(5.2)用误差不大于0.05 mm的量具测量。

6.3 光电参数的试验

光电参数(包括灯功率(5.3)、功率因数(5.4)、初始光效/光通量(5.5)、颜色(5.6))的测试方法按GB/T 24824要求进行。

6.4 寿命试验

平均寿命(5.7.1)和光通维持率(5.7.2)、开关次数(5.7.3)的测试方法按GB/T 24824要求进行。

6.5 谐波(5.8)试验

电源电流的谐波含量测量按GB 17625.1的要求进行。

6.6 标志(8.1)试验

标志的正确性和清晰度用目视法检查，牢固度用蘸水的湿布轻轻擦拭标志15 s后，再用蘸有有机溶剂(己烷)的布擦拭15 s后检验，擦拭后，标志仍应清晰可辨。

7 检验规则

7.1 为了检验灯是否符合本标准要求，制造商应对本企业生产的产品进行交收检验和例行检验。

7.2 交收检验的灯应从每班生产的同一型号灯中均匀地抽取。交收试验按照GB/T 2828.1执行，其试验项目、抽样方案、检验水平及合格质量水平按表3规定。

表3 交收试验项目的分组、抽样方案、检验水平和合格质量水平

序号	组别	试验项目	技术要求	试验方法	抽样方案	检验水平	AQL %
1	I	外型尺寸	5.2	6.2	一次	S-3	4.0
2		标志	8.1	6.6			
3	II	灯功率	5.3	6.3		S-2	6.5
4		功率因数	5.4				
5		初始光效/光通量	5.5				
6		颜色特征	5.6				
7		谐波	5.8	6.5			

7.3　例行试验的灯应从交收试验合格的灯中均匀地抽取，每年不少于一次。每当停止生产半年以上，或当灯的设计、工艺或材料变更或可能影响灯的性能时，都应进行例行试验。

例行试验按 GB/T 2829 的判别水平Ⅰ的一次抽样方案执行，其试验项目、不合格质量水平、抽样数量和不合格判定数组按表 4 规定进行。

例行试验不合格，则应停止生产和验收，直至新的例行试验合格后，方可恢复生产和验收。

表 4　例行试验的试验项目、不合格质量水平、抽样数量和判别数组

序号	试验项目	技术要求	试验方法	RQL %	样本大小	判定数组
1	外形尺寸	5.2	6.2	25	12	[2,3]
2	标志	8.1	6.6			
3	灯功率	5.3	6.3			
4	功率因数	5.4				
5	光效/光通量	5.5				
6	颜色特征	5.6				
7	谐波	5.8	6.5			
8	平均寿命和光通维持率	5.7	6.4	30	10	a
	开关次数	5.7				[2,3]

a　按照 6.4 规定的试验方法确定平均寿命，再与 5.7 比较，判定是否合格。

8　标志、包装、运输和贮存

8.1　每只灯上应有下列清晰而牢固的标志：

a）　制造厂名称或注册商标；

b）　电源电压和频率；

c）　功率因数；

d）　产品型号或标称功率及由制造商或销售商提供的有关特性参数；

e）　制造日期（年、季或月）。

注：年、月用数字表示，季用罗马字表示。

8.2　每只灯用纸盒包装，然后再用包装箱集装。包装应安全可靠，包装箱内应附有产品合格证或盖有符合 8.3 要求的合格印章。

8.3　合格证上应标明：

a）　制造厂名称或注册商标；

b）　检验日期；

c）　检验员签章。

8.4　包装盒和包装箱上应使用汉字注明：

a）　制造厂名称或注册商标及厂家地址；

b）　产品名称和型号；

c）　额定电压和频率；

d）　包装箱内灯的数量；

e）　产品标准号；

f）　其他标志。

8.5　灯应贮存在相对湿度不大于 85%的通风的室内，空气中不应有腐蚀性气体。

8.6　灯在运输过程中应避免雨雪淋袭和强烈的机械振动。

ICS 29.140.99
K 71

中华人民共和国国家标准

GB/T 24909—2010

装饰照明用LED灯

LED lamps for decorative lighting

2010-06-30发布 2011-02-01实施

中华人民共和国国家质量监督检验检疫总局
中国国家标准化管理委员会 发布

前　言

本标准的附录A为规范性附录。

本标准由中国轻工业联合会提出。

本标准由全国照明电器标准化技术委员会(SAC/TC 224)归口。

本标准主要起草单位:北京电光源研究所、中山市伟来灯饰有限公司、东莞勤上光电股份有限公司、桐乡市生辉照明电器有限公司、中山市华艺照明股份有限公司、中山市古镇迪艾生照明厂、深圳市中照灯具制造有限公司、中山市古镇欧曼科技照明灯饰厂、大连九久光电科技有限公司、广东鹤山银雨照明有限公司。

本标准主要起草人:李其瑾、伍德辉、黄冠志、沈锦祥、彭照富、周玉龙、魏永纲、李小平、高宇洲、罗毅、蒋增钦、陶玖祥。

装饰照明用 LED 灯

1 范围

本标准规定了额定电源电压 250 V 以下频率为 50 Hz 交流或直流的装饰照明用 LED 灯(以下称灯)的产品分类、技术要求、检验规则、标志、包装运输和贮存的要求。

本标准适用于由 LED 及相关附件组成的灯。

该产品适用于室内或室外装饰照明。

2 规范性引用文件

下列文件中的条款通过本标准的引用而成为本标准的条款。凡是注日期的引用文件,其随后所有的修改单(不包括勘误的内容)或修订版均不适用于本标准,然而,鼓励根据本标准达成协议的各方研究是否可使用这些文件的最新版本。凡是不注日期的引用文件,其最新版本适用于本标准。

GB/T 2828.1 计数抽样检验程序 第1部分:按接收质量限(AQL)检索的逐批检验抽样计划(GB/T 2828.1—2003,ISO 2859-1:1999,IDT)

GB/T 2829 周期检验计数抽样程序及表(适用于对过程稳定性的检验)

GB 7000.1 灯具 第1部分:一般要求与试验(GB 7000.1—2007,IEC 60598-1:2003,IDT)

GB 7000.7 投光灯具安全要求(GB 7000.7—2005,IEC 60598-2-5:1998,IDT)

GB 7000.9 灯具 第2-20部分:特殊要求 灯串(GB 7000.9—2008,IEC 60598-2-20:2002,IDT)

GB 7000.201 灯具 第2-1部分:特殊要求 固定式通用灯具(GB 7000.201—2008,IEC 60598-2-1:1987,IDT)

GB 17625.1 电磁兼容 限值 谐波电流发射限值(设备每相输入电流≤16 A)(GB 17625.1—2003,IEC 61000-3-2:2001,IDT)

GB 19651.3 杂类灯座 第2-2部分:LED模块用连接器的特殊要求(GB 19651.3—2008,IEC 60838-2-2:2006,IDT)

GB/T 24824 普通照明用 LED 模块测试方法

GB/T 24826 普通照明用 LED 和 LED 模块术语和定义

GB/T 24908 普通照明用自镇流 LED 灯 性能要求

3 术语和定义

GB/T 24826 所确定的以及下列术语和定义适用于本标准。

3.1

装饰照明用 LED 灯 LED lamps for decorative lighting

由 LED 及相关附件组成的用于装饰照明的灯。

3.2

额定值 rating

灯在规定的工作条件下其特定的数值,该值及条件由本标准规定或由制造商或销售商规定。

3.3

初始值　initial value

灯未经老炼所测定的光电参数。

3.4

亮度维持率　luminance maintenance factor

灯在规定的条件下燃点，在寿命期间一特定时间的亮度与灯初始亮度之比，用百分数表示。

3.5

有效长度　effective length

灯发光部分的长度，单位 m。

3.6

平均寿命(50%的灯失效时的寿命)　average life (life to 50% failures)

灯光通维持率(亮度维持率)达到本标准的要求，并能继续燃点至 50%的灯达到单只灯寿命时的累计时间。

4　产品分类

4.1　型号编写规则

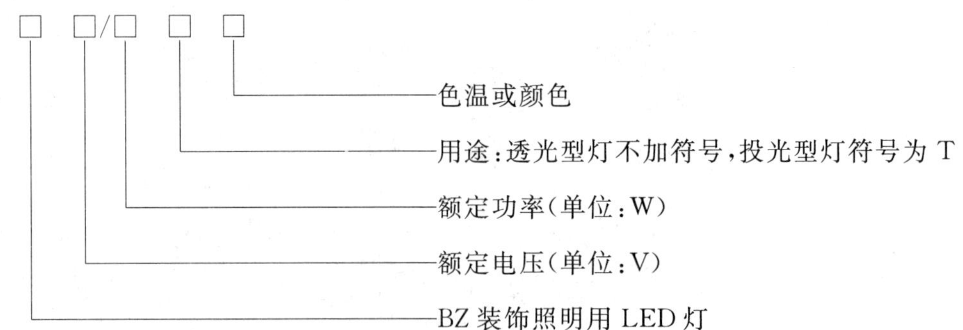

示例:220 V 12 W 投光型　6 500 K LED灯的型号为:BZ220/12 T RR

4.2　根据用途分类

a)　透光型装饰照明用 LED 灯。

b)　投光型装饰照明用 LED 灯。

5　技术要求

凡符合本标准的灯，还应符合 GB 7000.1、GB 7000.7、GB 7000.9、GB 7000.201 或 GB 19651.3 的规定。

5.1　外观

5.1.1　灯的外形尺寸应符合制造商的规定。

5.1.2　灯外罩不应有影响发光效果和使用的缺陷。

5.1.3　灯经初始燃点后，其内壁不应有明显的水或胶等附着物。

5.2　光参数

5.2.1　透光型灯亮度应不低于标称值的 90%；投光型灯光通量应不低于标称值的 90%。

5.2.2　灯的色品性能

白色灯的色品性能应符合表 1 的规定，灯的显色指数应不低于 67；其他颜色的灯应给出颜色色品坐标的目标值，颜色不均匀性 CIE 1976 色坐标 u'，v'均不超过±0.006。

表 1 LED 的初始色度特性要求

标称 CCT	色调符号	色品参数				
		中心色品坐标		色温允许范围(CCT)	色品坐标允许范围	
		x	y		x	y
6 500K	RR	0.312 3	3 282	6 530 K±510 K	0.320 5	0.328 2
					0.302 8	0.330 4
					0.306 8	0.311 3
					0.322 1	0.326 1
5 700 K	RM	0.328 7	0.341 7	5 665 K±355 K	0.337 6	0.361 6
					0.320 7	0.346 2
					0.322 2	0.324 3
					0.336 6	0.336 9
5 000 K	RZ	0.344 7	0.355 3	5 028 K±283 K	0.355 1	0.376 0
					0.337 6	0.361 6
					0.336 6	0.336 9
					0.351 5	0.348 7
4 500 K	RC	0.361 1	0.365 8	4 503 K±243 K	0.373 6	0.387 4
					0.354 8	0.373 6
					0.351 2	0.346 5
					0.367 0	0.357 8
4 000 K	RL	0.381 8	0.379 7	3 985 K±275 K	0.400 6	0.404 4
					0.373 6	0.387 4
					0.367 0	0.357 8
					0.389 8	0.371 6
3 500 K	RB	0.407 3	0.371 7	3 465 K±245 K	0.429 9	0.416 5
					0.399 6	0.401 5
					0.388 9	0.369 0
					0.414 7	0.381 4
3 000 K	RN	0.433 8	0.403 0	3 045 K±175 K	0.456 2	0.426 0
					0.429 9	0.416 5
					0.414 7	0.381 4
					0.437 3	0.389 3
2 700 K	RD	0.457 8	0.410 1	2 725 K±145 K	0.481 3	0.431 9
					0.456 2	0.426 0
					0.437 3	0.389 3
					0.459 3	0.394 4

5.2.3 光通(亮度)维持率和颜色漂移

灯在燃点 3 000 h 时其光通维持率应不低于 85%;在燃点 6 000 h 时其光通(亮度)维持率应不低于 83%;在燃点 70%额定寿命时,其光通(亮度)维持率应不低于 65%。

在寿命期间的特定时间点上,颜色的 CIE 1976 色坐标和显色指数与初始颜色之间的差异应在表 2 所列范围内。

表 2 颜色漂移

老炼时间	3 000 h	6 000 h	70%额定寿命
(u',v')坐标变化	±0.004	±0.006	±0.010

5.3 电参数

5.3.1 灯功率

灯在额定电压和额定频率下工作时,其消耗的功率与额定功率之差应不大于 10%。

5.3.2 功率因数

灯在额定电压和额定频率下工作时,其实际功率因数与标称功率因数之差应不大于 0.05。

5.3.3 谐波

灯的谐波电流应符合 GB 17625.1 的要求。

5.4 寿命

灯的平均寿命应不低于 30 000 h。

6 试验方法

6.1 试验的一般要求

除另有规定的项目外,全部试验均应在环境温度为 25 ℃±1 ℃,相对湿度最大为 65%的无对流风的环境中进行。

在稳定期间,电源电压应该稳定在±0.5%的范围之内;在测量时,应降至±0.2%的范围之内;对于寿命试验应该稳定在±2%。

电源电压的谐波含量不超过 3%。总谐波含量是基波为 100%时各次谐波分量的均方根之和。

各项试验均应在额定频率下进行。

6.2 灯的外观质量(5.1)

用目视法或游标卡尺进行检查或测量。

6.3 灯的初始特性(5.2)、(5.3)

按 GB/T 24824 或附录 A 规定的试验方法测量。

6.4 寿命(5.4)、光通(亮度)维持率和颜色漂移(5.2.3)试验

寿命试验的方法按 GB/T 24908 的规定。

寿命试验中单只灯寿命按第一只灯"烧毁"或寿命性能低于本标准要求时的累计时间计算;平均寿命按 $n(n\geqslant 10)$ 只灯的光通维持率、颜色漂移符合本标准要求,且继续燃点至 50%的灯达到单只灯寿命时的时间计算。

当灯燃点至特定时间时,按 GB/T 24824 规定的方法测量其光通量,并计算光通维持率;按附录 A 试验方法测量亮度,并计算亮度维持率。

6.5 谐波(5.3.3)试验

电源电流的谐波含量测量按 GB 17625.1 中的要求进行。

6.6 标志(8.1)

标志的正确性和清晰度用目视法检查,牢固度用蘸水的湿布轻轻擦拭标志 15 s 后,再用蘸有有机溶剂(己烷)的布擦拭 15 s 后来检验,擦拭后,标志仍应清晰可辨。灯上标志的正确性和清晰度用外观法检查。

7 检验规则

7.1 为了检验灯的质量是否符合本标准的要求,生产企业的检验部门应对灯进行交收试验和例行试验。

7.2 交收试验的样本应从每日(批)生产的同一型号灯中均匀地抽取。交收试验按 GB/T 2828.1 执行,其试验项目、抽样方案、检验水平及合格质量水平应符合表 3 规定。同时提交验收的同一型号产品为一批。交收试验中安全项目的检验规则应按照相应安全标准规定。

7.3 例行试验每半年应不少于一次。例行试验的样本应从交收试验合格的灯中均匀抽取。当产品生产停产半年以上,或当产品的结构、主要原材料或生产工艺变更可能影响灯的性能时,都应进行例行试验。例行试验按 GB/T 2829 判别水平Ⅰ的一次抽样方案执行,其试验项目、不合格质量水平、抽检数量和合格判定数组应符合表 4 规定。质量监督抽查的检验应按照例行检验的规定。

例行试验若不合格,则应停止生产和验收,直至新的例行试验合格后,才可恢复生产和验收。例行试验还应该对全部安全项目进行检验。

表 3 交收试验的项目、抽样方案、检验水平及合格质量水平

序号	组别	试验项目	技术要求	试验方法	抽样方案	检验水平	AQL/%
1	Ⅰ	外观	5.1	6.2	一次	S-3	4.0
2		标志	8.1	6.5			
3	Ⅱ	灯功率	5.3.1	6.3		S-2	6.5
4		功率因数	5.3.2				
5		初始光通量(亮度)	5.2.1	6.3			
6		颜色特征	5.2.2				
7		谐波	5.3.3	6.5			

表 4 例行试验的试验项目、不合格质量水平、抽检数量和判定数组

序号	试验项目	技术要求	试验方法	RQL/%	样本大小	判定数组
1	外观	5.1	6.2	25	12	[2,3]
2	标志	8.1	6.6			
3	灯功率	5.3.1	6.3			
4	功率因数	5.3.2				
5	初始光通量(亮度)	5.2.1	6.3			
6	颜色特征	5.2.2				
7	谐波	5.3.3	6.5			
8	光通维持率和颜色漂移(3 000 h)	5.2.3	6.4	30	10	[2,3]
9	平均寿命	5.4				a

a 按照 6.4 规定的试验方法确定平均寿命,再与 5.4 比较,判定是否合格。

8 标志、包装、运输和贮存

8.1 标志

每只灯上应有下列清晰而牢固的标志。

a) 制造厂名称或商标；

b) 灯的型号、输入电压、功率及有关光电特性；

c) 外壳防护等级；

d) 制造日期(年、季或月)；

注：年、月用数字表示，季用罗马字表示。

8.2 包装

每只灯用小包装盒包装，然后再用包装箱集装。包装应安全可靠。包装箱内应附有制造厂产品合格证或符合下述要求的合格印章。

8.3 合格证上应标明

a) 制造厂名称或注册商标；

b) 检验日期；

c) 检验员签章。

8.4 包装盒和包装箱上应使用汉字注明

a) 制造厂名称或注册商标；

b) 产品名称和型号；

c) 包装箱内灯的数量；

d) 厂址；

e) 产品标准号；

f) 其他有关标志。

8.5 贮存

灯应贮存在相对湿度不大于85%通风室内，空气中不应有腐蚀性气体。

8.6 运输

灯在运输过程中应避免雨雪淋袭和强烈的机械振动。

附 录 A
（规范性附录）
灯光亮度特性测量方法

A.1 亮度测量

在无杂散光的暗室条件下，将灯水平放置，在25℃±2℃环境温度中，待灯稳定后用1级亮度计测量。

测量点选择如图A.1，测量点1、测量点3位于灯端点1/10有效长度处，测量点2位于灯管的中点。

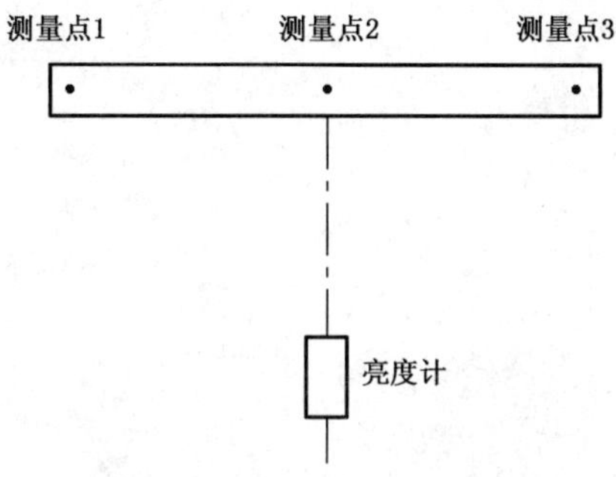

图 A.1 亮度测量图示

亮度计对准测量点，将测量角投满视场，如图A.2所示。亮度计观测视场的直径应为灯管直径的3/4，分别测量光亮度 L_1、L_2、L_3，取 $L_{平均亮度}=(L_1+L_2+L_3)/3$，其值应符合本标准5.2.1的要求。

体积较小的灯或必要时可选取一个亮度测量点，亮度计观测视场的直径应为灯直径或最小有效长度的3/4。

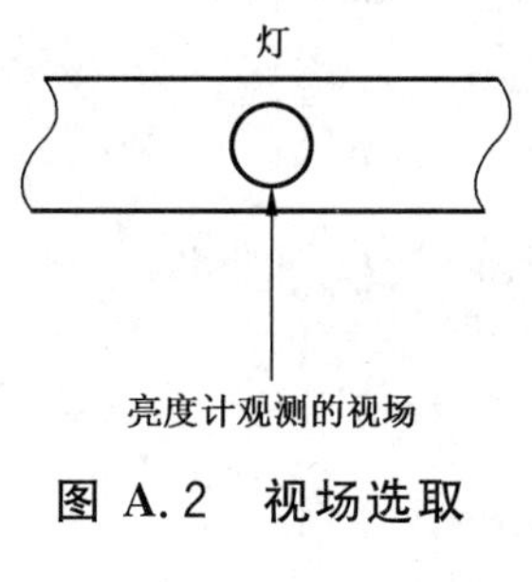

图 A.2 视场选取

ICS 91.220
P 97

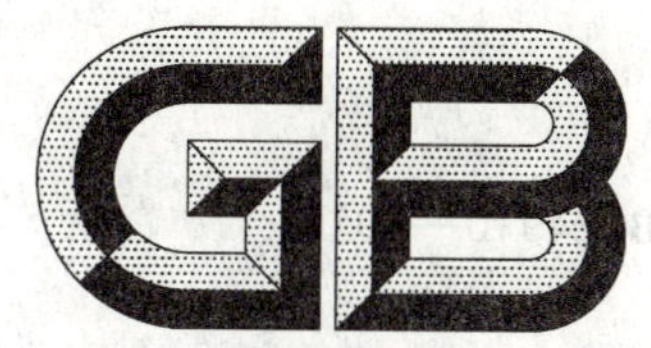

中华人民共和国国家标准

GB 24910—2010

钢板冲压扣件

Steel plate punched coupler

2010-08-09 发布　　　　2011-06-01 实施

中华人民共和国国家质量监督检验检疫总局
中国国家标准化管理委员会　发布

前　言

本标准5.1、5.2、5.3、5.5、5.8、5.9的技术内容是强制性的，其余条款是推荐性的。

本标准参考了日本标准JIS A8951—1995《钢管脚手架》。

本标准的附录A为资料性附录。

本标准由中华人民共和国住房和城乡建设部提出。

本标准由住房和城乡建设部建筑工程标准技术归口单位归口。

本标准负责起草单位：中国建筑科学研究院。

本标准参加起草单位：姜堰市蓝天金属冲件厂、国家建筑工程质量监督检验中心、中国建筑金属结构协会建筑扣件委员会、乌鲁木齐市聚银工贸有限责任公司、廊坊凯博建设机械科技有限公司等。

本标准主要起草人：王峰、王溢章、廉成湖、孙翊翎、郭玉增、袁新国、韦东。

钢板冲压扣件

1 范围

本标准规定了钢板冲压扣件(以下简称扣件)的术语、定义和符号、分类、要求、试验方法、检验规则、标志、包装、运输和贮存。

本标准适用于建筑工程中钢管公称外径为48.3 mm和42.4 mm及其他尺寸的钢管脚手架、井架、模板支撑等使用的扣件。也适用于市政、水利、化工、冶金、煤炭和船舶等工程中使用的钢板冲压扣件。

2 规范性引用文件

下列文件中的条款通过本标准的引用而成为本标准的条款。凡是注日期的引用文件,其随后所有的修改单(不包括勘误的内容)或修订版均不适用于本标准,然而,鼓励根据本标准达成协议的各方研究是否可使用这些文件的最新版本。凡是不注日期的引用文件,其最新版本适用于本标准。

GB/T 109 平头铆钉

GB/T 196 普通螺纹 基本尺寸

GB/T 699 优质碳素结构钢

GB/T 700 碳素结构钢

GB/T 2828.1 计数抽样检验程序 第1部分:按接收质量限(AQL)检索的逐批检验抽样计划

GB/T 3091 低压流体输送用焊接钢管

GB 15831 钢管脚手架扣件

3 术语、定义和符号

3.1 术语和定义

下列术语和定义适用于本标准。

3.1.1

钢板冲压扣件 steel plate punched coupler

用钢板冲压成形的扣件。

3.1.2

直角扣件 right angle coupler

连接两根呈垂直交叉钢管的扣件。

3.1.3

旋转扣件 swivel coupler

连接两根呈任意角度交叉钢管的扣件。

3.1.4

对接扣件 sleeve coupler

连接两根对接钢管的扣件。

3.1.5

底座 base-plate

用于承受脚手架立柱荷载的冲压件。

3.2 符号

P:试验荷载;

Δ:抗拉试验的位移值;

Δ_1:横管的位移值。

4 分类

4.1 主参数

扣件主参数为钢管外径,单位 mm。

4.2 扣件型式

扣件按结构型式分直角扣件、旋转扣件、对接扣件和底座,扣件型式见图 1。

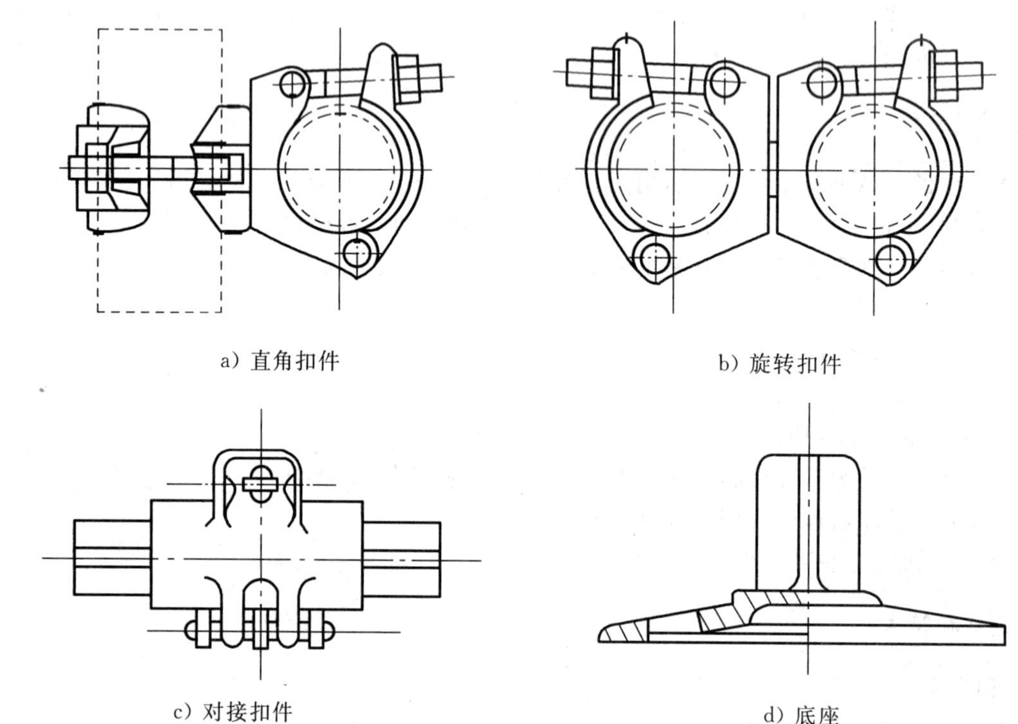

a) 直角扣件　　b) 旋转扣件

c) 对接扣件　　d) 底座

图 1 扣件型式示意图

4.3 代号

扣件代号:CYK——钢板冲压扣件。

型式代号:Z——直角、U——旋转、D——对接、DZ——底座。

变型更新代号:用大写汉语拼音字母表示。

4.4 扣件型号

扣件型号由扣件代号、型式代号、主参数、变型更新代号和所执行标准号组成。型号说明如下:

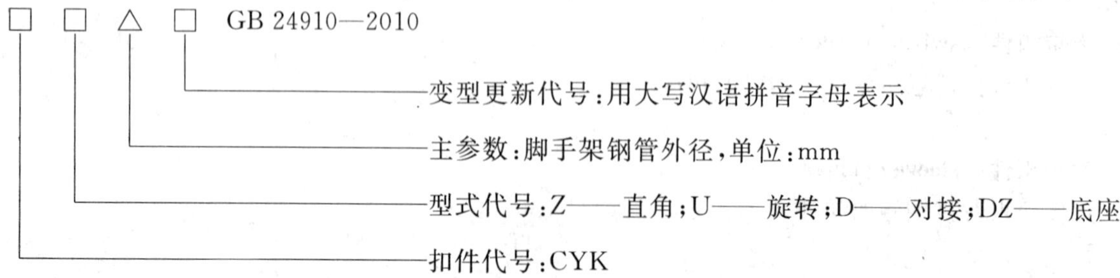

4.5 标记示例

示例 1:脚手架钢管外径为 48.3 mm,第一次变型更新的直角扣件。

标记为:CYKZ48A GB 24910—2010

示例 2:脚手架钢管外径为 48.3 mm,第二次变型更新的底座。

标记为:CYKDZ48B GB 24910—2010

5 要求

5.1 扣件应按规定程序批准的图样进行生产。

5.2 扣件采用材料的力学性能不应低于 GB/T 699 中 15 Mn 或 GB/T 700 中同类材质的有关规定;螺栓、螺母、铆钉采用材料的力学性能不应低于符合 GB/T 700 中 Q235 的有关规定。

5.3 扣件的各部位不应有裂纹。

5.4 螺栓应与扣件铆接,装配后螺栓应封口。

5.5 扣件表面应进行镀锌处理。

5.6 镀锌层厚度宜为 0.05 mm～0.08 mm。

5.7 螺栓和螺母的螺纹应符合 GB/T 196 的规定。

5.8 铆钉应符合 GB/T 109 的规定,铆接处应牢固。

5.9 扣件抗滑移变形、抗破坏、抗拉及抗压性能应符合表 1 的规定。

表 1 扣件性能指标

性能名称	扣件型式	性能要求
抗滑移变形	直角	P=10.0 kN 时,$\Delta_1 \leqslant 7.00$ mm
	旋转	P=7.0 kN 时,$\Delta_1 \leqslant 7.00$ mm
抗破坏	直角	P=15.0 kN 时,各部位不应破坏
	旋转	P=10.0 kN 时,各部位不应破坏
抗拉	对接	P=3.0 kN 时,$\Delta \leqslant 2.00$ mm
抗压	底座	P=50.0 kN 时,各部位不应破坏
注:P 为施加在扣件上的相应的试验荷载。		

5.10 外观质量要求

5.10.1 盖板与座的张开距离应比钢管外径大 10 mm。

5.10.2 活动部位应转动灵活,旋转扣件两旋转面的间隙应小于 1 mm。

5.10.3 产品的型号、商标、生产年号应在醒目处冲压出,字迹、图案应清晰完整。

6 试验方法

6.1 试验条件及方法

6.1.1 试验应采用 GB/T 3091 中公称外径为 48.3 mm 或 42.4 mm、壁厚为 3.5 mm 的钢管,其外表面应均匀涂覆防锈漆,并应在油漆干燥后进行试验。每做一次试验,扣件应移动一个紧固位置。

6.1.2 试验所用的材料试验机和百分表的精度不应低于±1%,定力式扭力扳手精度不应低于±5%。游标卡尺精度不应低于 0.02 mm。试验仪器应在法定计量单位检定合格的有效期内使用。

6.1.3 试验用扣件的螺栓、螺母应是未经使用过的合格品。

6.1.4 试验时,在横管上的直角扣件、旋转扣件的盖板与座之间的开口应向上。

6.1.5 扣件试验时,紧固螺栓的扭矩应为 35 N·m。

6.1.6 扣件进行各项负荷试验时,加荷速度应控制在 300 N/s～400 N/s。

6.1.7 试验的总荷载应包括预加荷载。

6.2 直角扣件性能试验

6.2.1 抗滑移变形性能试验

抗滑移变形性能试验,应在施加于横管上(扣件两侧)竖向等速增加的荷载 P 达到规定值时,测量位移值 Δ_1,见图 2。

单位为毫米

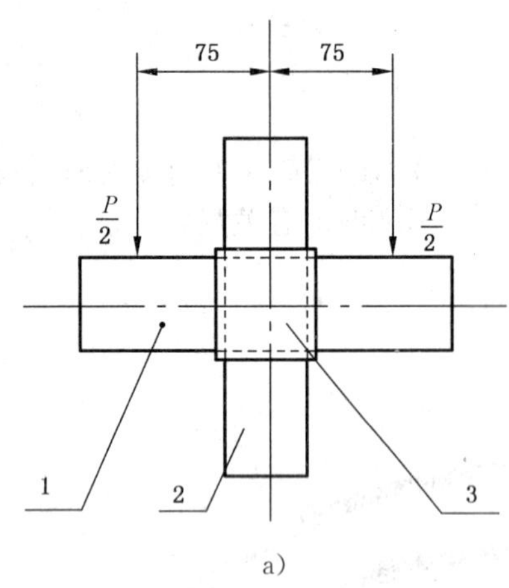

a)

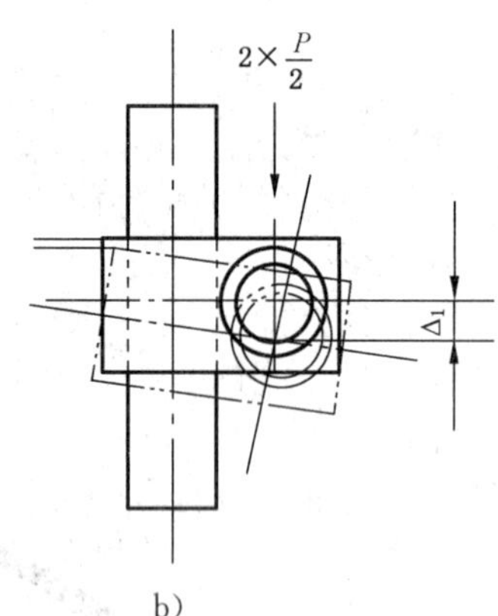

b)

1——横管；

2——竖管；

3——扣件。

图 2 扣件抗滑移变形性能试验示意图

预加荷载 P 达到 1.0 kN 时，应将位移测量仪表调整到零点。当 P 达到 10.0 kN 时，测量位移值 Δ_1。测试结果应记入附录 A 表 A.1。

扣件的两个圆弧面均应进行试验。

6.2.2 抗破坏性能试验

抗滑移变形性能试验后，应进行抗破坏性能试验。试验可只在一个圆弧面上进行，试验前，应在扣件下部设置防滑支承，见图 3。当 P 达到 15.0 kN 时，扣件各部位不应破坏。

单位为毫米

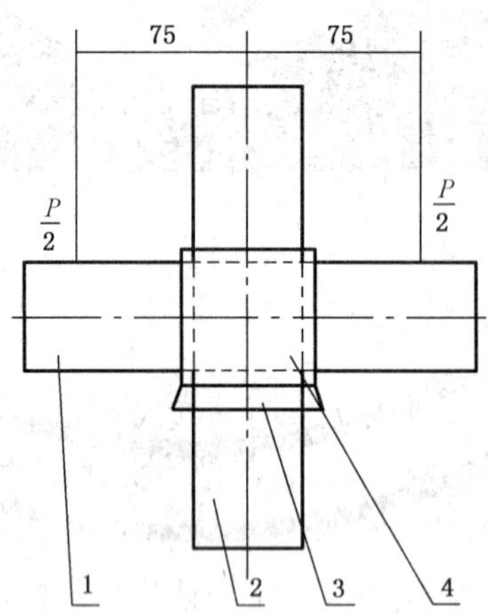

1——钢管；

2——竖管；

3——防滑支承；

4——扣件。

图 3 扣件抗破坏性能试验示意图

6.3 旋转扣件性能试验

6.3.1 抗滑移变形性能试验

抗滑移变形性能试验可只在一个圆弧面上进行。试验方法应符合 6.2.1 的规定，当预加荷载 P 达到 0.2 kN 时，应将位移测量仪表调整到零点。P 达到 7.0 kN 时，测量位移值 Δ_1。测试结果应记入附录 A 表 A.2。

6.3.2 抗破坏性能试验

在抗滑移变形性能试验后，应进行抗破坏性能试验。当 P 达到 10.0 kN 时，扣件各部位不应破坏。

6.4 对接扣件抗拉性能试验

抗拉性能试验应采用等速加载的方式。当预加荷载 P 达到 1.0 kN 时，测量仪表调整到零点；P 达到 3.0 kN 时，测量位移值 Δ。测试结果应记入附录 A 表 A.3，见图 4。

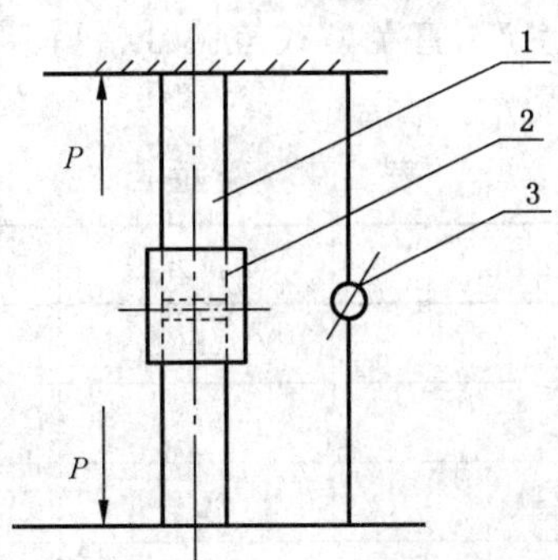

1——钢管；

2——扣件；

3——量具。

图 4 扣件抗拉性能试验示意图

6.5 底座抗压性能试验

试验应以 1.0 kN/s 的速度均匀加载，当 P 达到 50.0 kN 时，底座各部位不应破坏，见图 5。

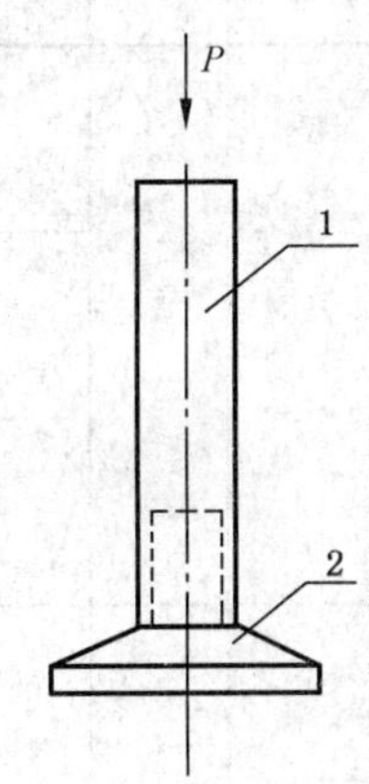

1——钢管；

2——底座。

图 5 底座抗压性能试验示意图

7 检验规则

7.1 检验分类

扣件的检验分为出厂检验和型式检验。

7.2 出厂检验

7.2.1 出厂检验应由生产商质量检验部门按出厂检验要求进行检验，检验合格并签发产品出厂合格证后方准出厂。

7.2.2 出厂检验项目应符合表 2 的规定。

7.3 型式检验

7.3.1 凡属下列情况之一者，应进行型式检验：

a) 新产品或老产品转厂生产的试制定型验收时；

b) 正式生产后，如结构、材料、工艺有较大改变时；

c) 正常生产累计达到30万件或连续生产三个月时；

d) 产品长期停产后，恢复生产时；

e) 出厂检验结果与上次型式检验结果有较大差异时；

f) 国家质量监督机构要求进行型式检验时。

若型式检验不合格，产品应停止生产，直至型式检验合格后方能恢复生产。

7.3.2 型式检验项目应符合表2的规定。

表2 检验项目

序号	检验项目	检验方法	判定依据	型式检验	出厂检验
1	直角扣件性能试验	6.2	5.9	√	√
2	旋转扣件性能试验	6.3	5.9	√	√
3	对接扣件抗拉性能试验	6.4	5.9	√	√
4	底座抗压试验	6.5	5.9	√	√
5	外观检验	目测、量具	5.10	√	√

7.4 抽样方法

7.4.1 按GB/T 2828.1中规定的正常检验二次抽样方案进行抽样，见表3。

表3 正常检验二次抽样方案

项目类别	检验项目	特殊检验水平	AQL	批量范围	样本	样本大小		Ac	Re
主要项目	抗滑移变形性能 抗破坏性能 抗拉性能 抗压性能	S-4	4	281～500	第一	8		0	2
					第二		8	1	2
				501～1 200	第一	13		0	3
					第二		13	3	4
				1 201～10 000	第一	20		1	3
					第二		20	4	5
一般项目	外观	S-4	10	281～500	第一	8		1	3
					第二		8	4	5
				501～1 200	第一	13		2	5
					第二		13	6	7
				1 201～10 000	第一	20		3	6
					第二		20	9	10
注：AQL——接收质量限；Ac——接收数；Re——拒收数。									

7.4.2 型式检验的样本应在出厂检验合格批中采用随机抽样。

7.4.3 验收的批量范围

每批产品应大于280件。当批量超过10 000件时，超过部分应按表3另行抽样。

7.5 判定方法

7.5.1 单件产品的外观有一项不合格或性能指标有一项不符合表1的规定时，均应判定为不合格。

7.5.2 批量产品应按表3进行判定。

7.5.3 当产品的性能指标、外观质量均符合规定时，才能判定为合格。

7.5.4 对于一般项目验收不合格的产品，允许生产商返工后，重新抽样复检。

8 标志、包装、运输和贮存

8.1 标志

8.1.1 产品上应标识：

a) 生产年号；

b) 商标；

c) 产品型号。

8.1.2 产品标志应设置在产品合格证上，应标明：

a) 生产商名称；

b) 商标；

c) 产品名称和规格；

d) 数量；

e) 生产日期；

f) 检验员印记。

8.2 包装

扣件应分类包装，捆扎牢固。包装内应有产品合格证，包装上应标明：

a) 生产商名称、地址；

b) 商标；

c) 全国工业产品生产许可证标志和编号；

d) 执行标准；

e) 产品名称和型号；

f) 数量。

8.3 运输和贮存

产品在运输、贮存时，应采取防潮、防腐蚀措施。

附 录 A
（资料性附录）
测试结果记录表

A.1 直角扣件抗滑移变形、抗破坏性能试验记录见表 A.1。

表 A.1 直角扣件抗滑移变形、抗破坏性能试验记录

<table>
<tr><th>样品编号</th><th>标准要求</th><th colspan="2">检验结果</th><th>标准要求</th><th>检验结果</th><th>备注</th></tr>
<tr><td></td><td rowspan="4">P=10.0 kN 时，$\Delta_1 \leqslant$7.00 mm</td><td></td><td></td><td rowspan="4">P=15.0 kN 时，各部位不应破坏</td><td></td><td></td></tr>
<tr><td></td><td></td><td></td><td></td><td></td></tr>
<tr><td></td><td></td><td></td><td></td><td></td></tr>
<tr><td></td><td></td><td></td><td></td><td></td></tr>
</table>

A.2 旋转扣件抗滑移变形、抗破坏性能试验记录见表 A.2。

表 A.2 旋转扣件抗滑移变形、抗破坏性能试验记录

<table>
<tr><th>样品编号</th><th>标准要求</th><th>检验结果</th><th>标准要求</th><th>检验结果</th><th>备注</th></tr>
<tr><td></td><td rowspan="4">P=7.0 kN 时，$\Delta_1 \leqslant$7.00 mm</td><td></td><td rowspan="4">P=10.0 kN 时，各部位不应破坏</td><td></td><td></td></tr>
<tr><td></td><td></td><td></td><td></td></tr>
<tr><td></td><td></td><td></td><td></td></tr>
<tr><td></td><td></td><td></td><td></td></tr>
</table>

A.3 对接扣件抗拉性能试验记录见表 A.3。

表 A.3 对接扣件抗拉性能试验记录

<table>
<tr><th>样品编号</th><th>标准要求</th><th>检验结果</th><th>备注</th></tr>
<tr><td></td><td rowspan="4">P=3.0 kN 时，$\Delta \leqslant$2.00 mm</td><td></td><td></td></tr>
<tr><td></td><td></td><td></td></tr>
<tr><td></td><td></td><td></td></tr>
<tr><td></td><td></td><td></td></tr>
</table>

A.4 底座抗压性能试验记录见表 A.4。

表 A.4 底座抗压性能试验记录

<table>
<tr><th>样品编号</th><th>标准要求</th><th>检验结果</th><th>备注</th></tr>
<tr><td></td><td rowspan="4">P=50.0 kN 时，各部位不应破坏</td><td></td><td></td></tr>
<tr><td></td><td></td><td></td></tr>
<tr><td></td><td></td><td></td></tr>
<tr><td></td><td></td><td></td></tr>
</table>

ICS 91.220
P 97

中华人民共和国国家标准

GB 24911—2010

碗扣式钢管脚手架构件

Bowl-coupler type steel tube scaffolding member

2010-08-09 发布　　2011-06-01 实施

中华人民共和国国家质量监督检验检疫总局
中国国家标准化管理委员会　发布

前言

本标准5.2、5.4.3、5.6的技术内容是强制性的，其余条款是推荐性的。

本标准由中华人民共和国住房和城乡建设部提出。

本标准由住房和城乡建设部建筑工程标准技术归口单位归口。

本标准负责起草单位：中国建筑科学研究院。

本标准参加起草单位：大同煤矿集团兴运钢管厂、国家建筑工程质量监督检验中心、中国建筑金属结构协会建筑扣件委员会、廊坊凯博建设机械科技有限公司。

本标准主要起草人：王峰、张书林、廉成湖、孙翊翎、郭玉增、韦东。

碗扣式钢管脚手架构件

1 范围

本标准规定了碗扣式钢管脚手架构件的术语和定义、分类、要求、试验方法、检验规则、标志、包装、运输和贮存。

本标准适用于建筑工程中碗扣式钢管脚手架、模板支撑架等使用的碗扣式钢管脚手架构件的生产和检验。也适用于市政、水利、化工、煤炭和船舶等工程中使用的碗扣式钢管脚手架构件。轮扣式、圆盘式、插卡式等钢管脚手架构件可参照本标准执行。

2 规范性引用文件

下列文件中的条款通过本标准的引用而成为本标准的条款。凡是注日期的引用文件，其随后所有的修改单(不包括勘误的内容)或修订版均不适用于本标准，然而，鼓励根据本标准达成协议的各方研究是否可使用这些文件的最新版本。凡是不注日期的引用文件，其最新版本适用于本标准。

GB/T 700 碳素结构钢

GB/T 2828.1 计数抽样检验程序 第1部分：按接收质量限(AQL)检索的逐批检验抽样计划

GB/T 3091 低压流体输送用焊接钢管

GB/T 5117 碳钢焊条

GB/T 5796.2 梯形螺纹 第2部分：直径与螺纹系列

GB/T 5796.3 梯形螺纹 第3部分：基本尺寸

GB/T 5796.4 梯形螺纹 第4部分：公差

GB/T 6414 铸件 尺寸公差与机械加工余量

GB/T 9440 可锻铸铁件

GB/T 11352 一般工程用铸造碳钢件

GB 50205 钢结构工程施工质量验收规范

3 术语和定义

下列术语和定义适用于本标准。

3.1

上碗扣 bell shape cap

沿立杆滑动起锁紧作用的碗扣节点零件。

3.2

下碗扣 bowl shape socket

焊接于立杆上的碗型节点零件。

3.3

立杆 standing tube

脚手架竖向承力杆。

3.4

横杆 flat tube cross

脚手架水平承力杆。

3.5

顶杆 crown tube

使用内插套时,顶端不设连接套管的立杆。

3.6

斜杆 slanting support

两端带有旋转式接头的斜向杆件。

3.7

支座 supports

是固定底座、可调底座和固定托撑、可调托撑的统称。

3.8

可调底座 jack support

插放于立杆下端,将上部荷载分散传递给基础,并可调节高度的部件。

3.9

可调托撑 u-jack

插放在立杆上端,承接上部荷载,并可调节高度的组件。

3.10

碗扣节点 cuplok joint

由上碗扣、下碗扣、限位销和横杆接头等形成的盖固式承插节点。

3.11

碗扣式钢管脚手架构件 bowl-coupler type steel tube scaffolding member

由立杆、顶杆、横杆、斜杆、支座、碗扣节点等组成的构件。

4 分类

4.1 构件型式及部件名称,见图1。

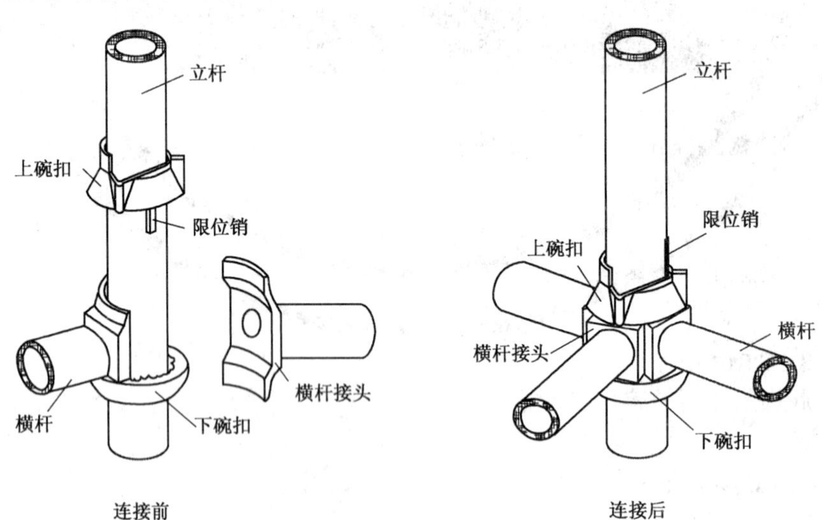

图1 构件型式示意图

4.2 主参数及其系列

构件的主参数为构件的长度。主参数系列见表1。

表1 主参数系列

单位为毫米

名　　称	型式代号	主参数系列
立杆	LG	1200、1800、2400、3000

表 1（续） 单位为毫米

名　称	型式代号	主参数系列
顶杆	DG	900、1200、1500、1800、2400、3000
横杆	HG	300、600、900、1200、1500、1800、2400
斜杆	XG	1697、2160、2343、2546、3000
可调底座	KTZ	450、600、750
可调托撑	KTC	450、600、750

4.3 代号

组代号：WKJ——碗扣式钢管脚手架。

型式代号：SWK——上碗扣；XWK——下碗扣；LG——立杆；DG——顶杆；HG——横杆；XG——斜杆；KTZ——可调底座；KTC——可调托撑。

主参数代号：以构件公称长度的 1/10 表示。

变型更新代号：用大写汉语拼音字母表示。

4.4 型号

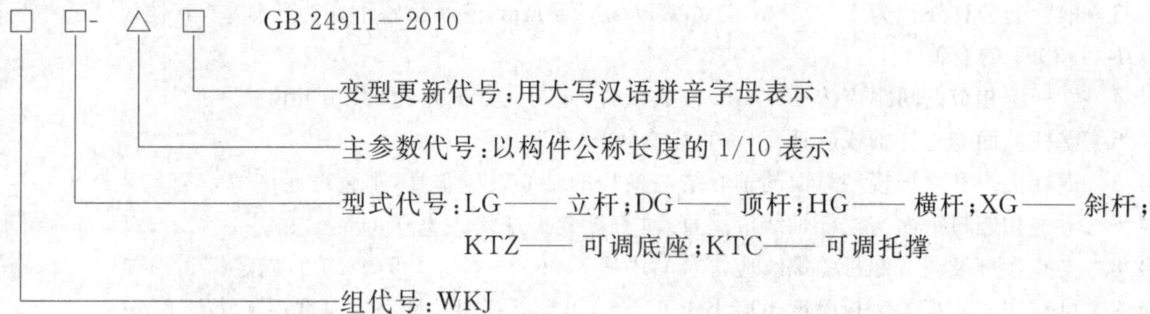

4.5 标记示例：

a) 公称长度为 3 000 mm，第一次变型更新的碗扣式钢管脚手架立杆。
标记为：WKJLG-300A　GB 24911—2010

b) 公称长度为 300 mm，第二次变型更新的碗扣式钢管脚手架横杆。
标记为：WKJHG-30B　GB 24911—2010

5 要求

5.1 产品设计和结构计算应符合国家有关安全技术规范。产品按规定程序批准的图样和技术文件制造。

5.2 材料

5.2.1 原材料应有合格证及材料质量保证书，并符合产品图样规定。

5.2.2 钢管的力学性能应符合 GB/T 3091 中 Q235 的规定。

5.2.3 上碗扣的材料采用碳素铸钢或可锻铸铁时，其机械性能应分别符合 GB/T 11352 中 ZG 270-500 牌号和 GB/T 9440 中 KTH 350-10 牌号的规定。

5.2.4 下碗扣采用碳素铸钢制造时，其机械性能应符合 GB/T 11352 中 ZG 270-500 牌号的规定，采用钢板冲压成形时，材料应符合 GB/T 700 中 Q235 的规定，板材厚度不应小于 6 mm，并经(600～650)℃的时效处理。不应利用废旧锈蚀钢板改制。

5.2.5 横杆接头、斜杆接头应采用碳素铸钢，其机械性能应符合 GB/T 11352 中 ZG 270-500 牌号的规定。

5.2.6 支座螺杆的材料应符合 GB/T 700 中 Q235 的规定，调节螺母铸件的材料应采用机械性能不低于 GB/T 9440 中规定的 KTH 330-08 牌号的可锻铸铁或 GB/T 11352 中规定的 ZG 230-450 牌号的铸钢。

5.3 工艺

5.3.1 钢管应无裂纹、凹陷、锈蚀，立杆不应接长使用。其他杆件接长使用时，每根杆件只允许设一个接缝，不应采用横断面接长，横杆接缝应在距端头 1/4 长度内布置，并应设有长度不小于 100 mm、壁厚不小于 2.5 mm 的衬管。

5.3.2 铸件不应有裂纹、气孔、缩松、砂眼等铸造缺陷，应将粘砂、浇冒口残余、披缝、毛刺、氧化皮等清除干净。

5.3.3 冲压件不应有裂纹、毛刺、氧化皮等缺陷。

5.3.4 焊条型号宜采用 GB/T 5117 中的 E4303。

5.3.5 焊缝应平整光滑，不应有漏焊、焊穿、夹渣、裂纹等缺陷。

5.3.6 焊缝应符合 GB 50205 中的三级焊缝要求。

5.4 尺寸

5.4.1 构件长度允许偏差为±1.5 mm。

5.4.2 铸件尺寸公差应符合 GB/T 6414 中 CT7 的规定。

5.4.3 钢管的公称外径为 48.3 mm，公称壁厚为 3.5 mm，壁厚公差不应为负偏差，其他尺寸公差应符合 GB/T 3091 的有关规定。

5.4.4 立杆碗扣节点间距应按 600 mm 模数设置，间距允许偏差为±1.0 mm。

5.4.5 立杆端面与立杆轴线应垂直，垂直度允许偏差为 0.5 mm。

5.4.6 横杆接头和立杆接触弧面的轴心线与横杆的轴心线应垂直，垂直度允许偏差为 1.0 mm。

5.4.7 下碗扣碗口平面与立杆轴线应垂直，垂直度允许偏差为 1.0 mm。

5.4.8 支座螺杆及调节螺母的螺纹应符合 GB/T 5796.2～GB/T 5796.4 的规定。

5.4.9 可调底座底板的钢板厚度不应小于 6 mm，可调托撑“U”型钢板厚度不应小于 5 mm。

5.4.10 立杆外插套壁厚不应小于 3.5 mm，内插套壁厚不应小于 3.0 mm。插套长度不应小于 160 mm，焊接端插入长度不应小于 60 mm，外伸长度不应小于 100 mm。

5.5 外观质量

构件表面在涂防锈底漆前应进行表面清理。接头、支座(含调节螺母)应进行镀锌处理，其他构件应喷涂防锈漆，表面应光洁平整，涂层应均匀，不应有堆漆、露铁等缺陷。

5.6 主要构件强度应符合表 2 的规定。

表 2 构件强度指标

项 目	要 求
上碗扣强度	当 P=30 kN 时，各部位不应破坏。
下碗扣焊接强度	当 P=60 kN 时，各部位不应破坏。
横杆接头强度	当 P=50 kN 时，各部位不应破坏。
横杆接头焊接强度	当 P=25 kN 时，各部位不应破坏。
可调支座抗压强度	当 P=100 kN 时，各部位不应破坏。
注：P 为试验荷载。	

6 试验方法

6.1 试验条件

6.1.1 材料试验机的精度不应低于±1%，在法定计量单位检定合格的有效期内使用。

6.1.2 各项强度试验加荷速度应控制在 300 N/s～400 N/s。

6.2 试验项目

6.2.1 外观质量检验

用目测、直观法检验,应符合5.5的规定。

6.2.2 尺寸测量

用钢卷尺测量长度,用游标卡尺测量壁厚。

6.2.3 上碗扣强度试验

如图2所示,试验荷载 P 由0 kN加至15 kN,完全卸荷后,再由0 kN加至30 kN,持荷2 min。试件各部位不应破坏。

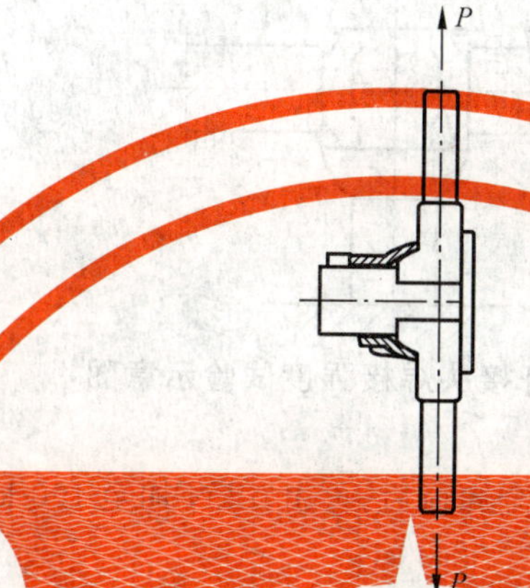

图2 上碗扣强度试验示意图

6.2.4 下碗扣焊接强度试验

如图3所示,试验荷载 P 由0 kN加至30 kN,完全卸荷后,再由0 kN加至60 kN,持荷2 min。试件各部位不应破坏。

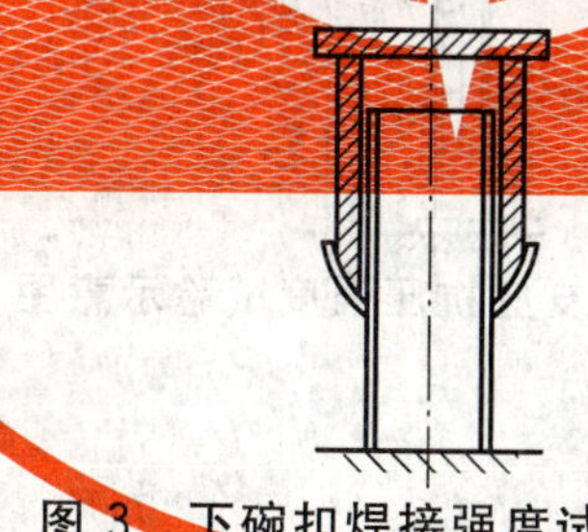

图3 下碗扣焊接强度试验示意图

6.2.5 横杆接头强度试验

如图4所示,试验荷载 P 由0 kN加荷至25 kN,完全卸荷后,再由0 kN加至50 kN,持荷2 min。试件各部位不应破坏。

单位为毫米

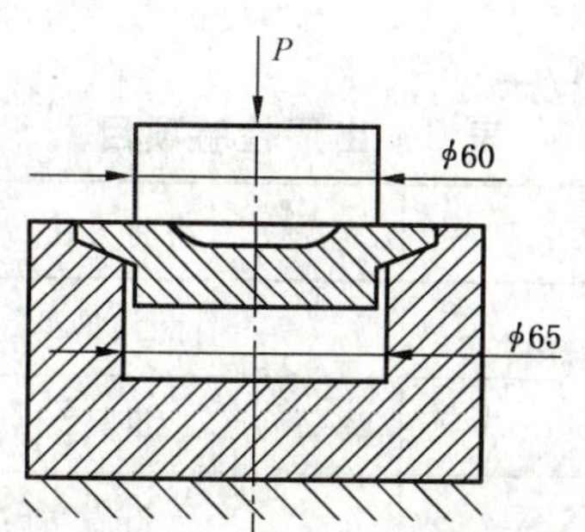

图4 横杆接头强度试验示意图

6.2.6　横杆接头焊接强度试验

如图 5 所示，试验荷载 P 由 0 kN 加至 10 kN，完全卸荷后，再由 0 kN 加至 25 kN，持荷 2 min。试件各部位不应破坏。

单位为毫米

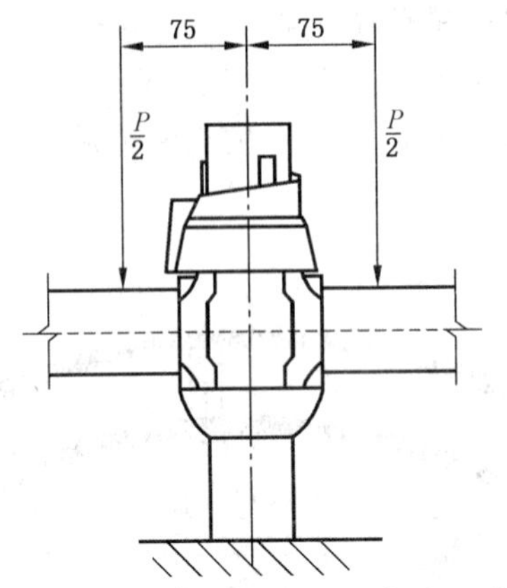

图 5　横杆接头焊接强度试验示意图

6.2.7　可调支座抗压强度试验

如图 6 所示，P 由 0 kN 加至 50 kN，完全卸荷后，再由 0 kN 加至 100 kN，持荷 2 min。试件各部位不应破坏。

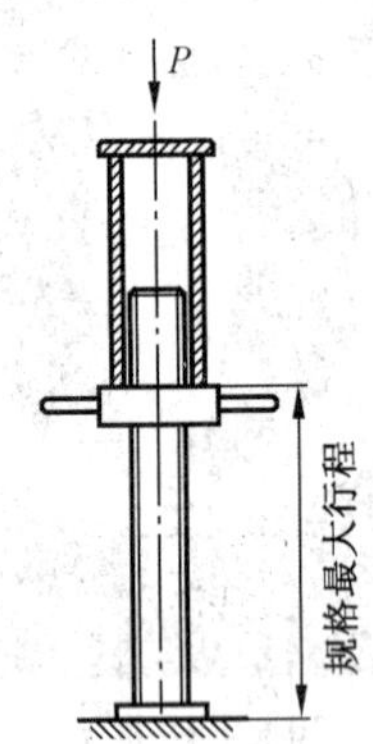

图 6　可调支座抗压强度试验示意图

7　检验规则

7.1　检验分类

碗扣式钢管脚手架构件的检验分出厂检验和型式检验。

7.2　出厂检验

7.2.1　产品出厂前应由生产商质量检验部门按出厂检验项目(见表 3)，逐件检验合格并签发产品合格证后方可出厂。

7.2.2　出厂检验项目应符合表 3 的规定。

表 3　出厂检验项目

序　　号	检验项目	检验方法	检验依据
1	焊缝质量	目测、量具	5.3.5，5.3.6
2	构件尺寸	量具	5.4
3	外观质量	目测	5.5

7.3 型式检验

7.3.1 凡属下列情况之一者，应进行型式检验：

a) 新产品或老产品转厂生产的试制定型验收时；

b) 正式生产后，如结构、材料、工艺有较大改变时；

c) 连续生产三个月时；

d) 产品长期停产后，恢复生产时；

e) 国家质量监督机构要求进行型式检验时。

7.3.2 型式检验项目应符合表 4 的规定。

表 4 型式检验项目

序　号	检验项目	检验方法	判定依据
1	上碗扣强度	6.2.3	5.6
2	下碗扣焊接强度	6.2.4	5.6
3	横杆接头强度	6.2.5	5.6
4	横杆接头焊接强度	6.2.6	5.6
5	可调支座抗压强度	6.2.7	5.6
6	外观质量	6.2.2	5.5
7	尺寸测量	量具	5.4

7.4 抽样方法

7.4.1 型式检验按 GB/T 2828.1 中规定的二次正常检验抽样方案进行，见表 5。

表 5 二次正常检验抽样方案

项目类别	检验项目	特殊检验水平	AQL	批量范围	样本	样本大小		Ac	Re
主要项目	上碗扣强度 下碗扣焊接强度 横杆接头强度 横杆接头焊接强度 可调支座抗压强度	S-4	4	281～500	第一	8		0	2
					第二		8	1	2
				501～1 200	第一	13		0	3
					第二		13	3	4
				1 201～10 000	第一	20		1	3
					第二		20	4	5
一般项目	外观质量 尺寸	S-4	10	281～500	第一	8		1	3
					第二		8	4	5
				501～1 200	第一	13		2	5
					第二		13	6	7
				1 201～10 000	第一	20		3	6
					第二		20	9	10
注：AQL——接收质量限；Ac——接收数；Re——拒收数。									

7.4.2 检验的样本应在出厂检验合格的批中采用随机抽样。

7.4.3 验收的批量范围

每批产品应大于 280 件。当批量大于 10 000 件，超过部分应按表 5 另行抽样。

7.5 判定方法

7.5.1 单件产品应符合第 5 章中有关规定。

7.5.2 批量产品按表 5 进行判定。

7.5.3 产品的强度指标、外观质量、尺寸均合格，才应称为合格。

7.6 经检验不予验收的产品，允许生产商返工，再提交验收。

8 标志、包装、运输和贮存

8.1 标志

产品标志设置在产品出厂合格证上，应标明：

a) 产品名称；

b) 商标；

c) 规格型号、数量；

d) 生产商名称及地址；

e) 检验人员印记；

f) 生产日期。

8.2 包装

产品按规格型号，分类捆扎牢固，每捆数量应能适合于装运。

8.3 运输和贮存

产品在运输、贮存时，应采取防潮、防腐蚀措施。

ICS 91.140.01
P 41

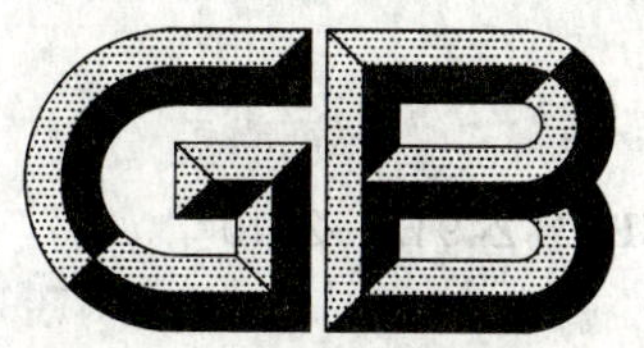

中华人民共和国国家标准

GB/T 24912—2010

罐式叠压给水设备

Boosting pressure water supply equipment for columned tank

2010-08-09 发布　　2011-05-01 实施

中华人民共和国国家质量监督检验检疫总局
中国国家标准化管理委员会　发布

前　言

本标准的附录A和附录B为资料性附录。

本标准由中华人民共和国住房和城乡建设部提出。

本标准由住房和城乡建设部给水排水产品标准化技术委员会归口。

本标准负责起草单位:上海熊猫机械(集团)有限公司。

本标准参加起草单位:北京市自来水集团供水分公司、上海市供水管理处、广州市自来水公司。

本标准主要起草人:谭红全、柳汉莹、吴竟、覃少华、涂斌、王培永、王耀文、殷荣强、周金伦。

罐式叠压给水设备

1 范围

本标准规定了罐式叠压给水设备(以下简称设备)的术语和定义、分类与型号、要求、试验方法、检验规则、标志、包装、运输及贮存。

本标准适用于罐式叠压给水设备的设计、生产和检测。

2 规范性引用文件

下列文件中的条款通过本标准的引用而成为本标准的条款。凡是注日期的引用文件,其随后所有的修改单(不包括勘误的内容)或修订版均不适用于本标准,然而,鼓励根据本标准达成协议的各方研究是否可使用这些文件的最新版本。凡是不注日期的引用文件,其最新版本适用于本标准。

GB 150 钢制压力容器

GB/T 191 包装储运图示标志

GB/T 2423.1 电工电子产品环境试验 第1部分:试验方法 试验A:低温

GB/T 2423.2 电工电子产品环境试验 第2部分:试验方法 试验B:高温

GB/T 2423.3 电工电子产品环境试验 第3部分:试验方法 试验Cab:恒定湿热试验

GB/T 3047.1 高度进制为20 mm的面板、架和柜的基本尺寸系列

GB/T 3214 水泵流量的测定方法

GB/T 3216—2005 回转动力泵 水力性能验收试验 1级和2级

GB/T 3797—2005 电气控制设备

GB 4208—2008 外壳防护等级(IP代码)

GB/T 5657 离心泵技术条件(Ⅲ类)

GB/T 17219 生活饮用水输配水设备及防护材料的安全性评价标准

GB 50015 建筑给水排水设计规范

JB 8 产品标牌

JG/T 3009 微机控制变频调速给水设备

3 术语和定义

下列术语和定义适用于本标准。

3.1

叠压给水设备 boosting pressure water supply equipment

与供水管网连接增压供水,保证供水管网水压不低于当地供水主管部门规定的限定压力值的供水装置。

3.2

稳流补偿器 steady flow compensator

当供水管网流量不能满足用户要求时,其储存的水能补充到用户管网系统中,实现流量调节功能的承压容器。

3.3

罐式叠压给水设备 boosting pressure water supply equipment for colmend tank

水泵机组和稳流补偿器安装在同一整体底座上为整体式,安装在不同底座上为分体式,配有稳流补

偿器并实现流量调节的叠压给水设备。

3.4

真空抑制器 un-vacunm device

安装在稳流补偿器上，通过吸排气的方式抑制稳流补偿器产生真空的装置。

4 分类与型号

4.1 分类

设备按安装和结构型式分为：

a) 室内整体式(NZ)；

b) 室内分体式（NF)；

c) 户外整体式(WZ)。

4.2 型号

4.2.1 设备型号由以下部分组成：

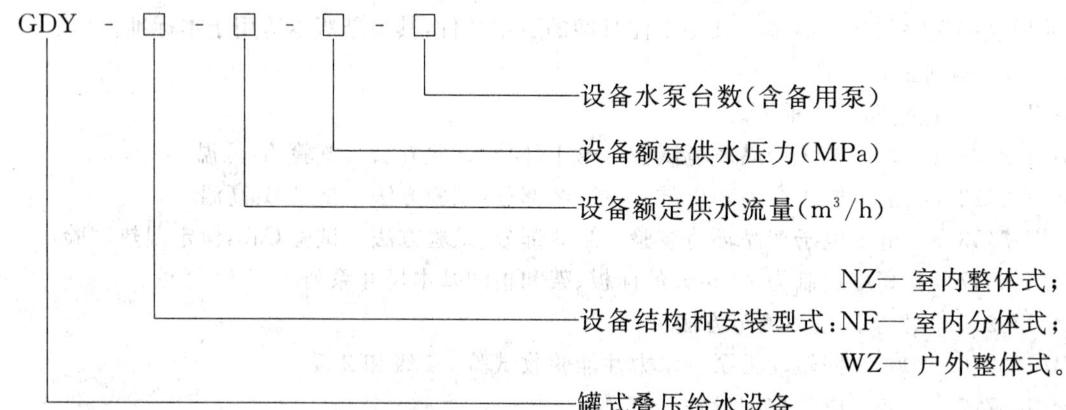

4.2.2 标记示例：

设备额定供水流量为 8 m^3/h，额定供水压力为 0.30 MPa，工作水泵台数为 2 台，备用泵为 1 台的室内整体式罐式叠压给水设备型号为：GDY-NZ-8-0.3-3。

5 要求

5.1 环境和工作条件

a) 环境温度：4 ℃～40 ℃；

b) 相对湿度：＜90%(20 ℃)(室外型可允许为 95%)；

c) 供电频率：50×(1±5%)Hz；

d) 供电电压：AC380×(1±10%)V；

e) 海拔高度：不超过 1 000 m；

f) 设备运行地点应无导电或爆炸尘埃，无腐蚀金属或破坏绝缘的气体或蒸汽。

5.2 设备组成(参见附录 A)

设备由水泵机组 、稳流补偿器、控制柜、及管路阀门等配件组成。

5.3 外观

a) 设备表面不应有明显的划伤、局部变形。

b) 电泳和喷漆表面应光亮平滑，不应有气泡、剥离、裂纹、留痕。

c) 管路布置合理美观、检修方便、易于操作。

d) 室外整体式的柜体，其柜体门应有锁紧装置。

e) 不锈钢管道焊缝应均匀、牢固，不允许有气孔、夹渣、裂纹或烧穿。

f) 设备顶部四角应有牢固吊环。

5.4 性能

5.4.1 叠压供水

设备应能在供水管网限定压力值之上进行叠压供水。

5.4.2 流量、扬程

设备正常运行时,其流量、扬程不应低于额定值的95%。

5.4.3 稳流补偿

当供水管网进水流量不能满足使用要求时,稳流补偿器中的储备水可以补充到用户管网系统。

5.4.4 强制保护功能

a) 设备运行中当供水管网压力降到当地供水部门规定的限定压力时,应自动关泵或自动关闭进水;

b) 运行过程中出现超压时,应自动停止运行并报警,超压消除后,应自动恢复正常运行。

5.4.5 自动停、开机

设备在无水源或稳流补偿器无水时,应能自动停机保护并报警;水源恢复后应能自动开启。

5.4.6 小流量停机保压

设备在用户用水低峰或小流量时应自动切换为停机保压的工作状态。

5.4.7 压力调节精度

设备应具有自动恒压供水功能。恒压供水时,压力误差不应超过0.01 MPa。

5.4.8 自动切换

当设备配置二台或二台以上水泵时,应能自动切换运行,切换时间不应超过10 s;当工作泵出现故障时,备用泵应能在5 s之内自动投入运行。

5.4.9 连续运行

设备在额定供水量及额定压力工况下连续运行时,应能正常工作。

5.4.10 设备启、停控制

设备应具备手动、自动启停功能或配置远程操作的启停功能。

5.4.11 强度及密封性

设备在1.5倍设计压力下保压30 min应无变形或损坏,在1.1倍设计压力下保压30 min应无渗漏。

5.4.12 噪声

设备正常运行时,其噪声不应大于配套水泵机组的噪声;装机功率小于等于2.2 kW时,其噪声不应超过60 dB(A),装机功率3 kW～15 kW时,其噪声不应超过65 dB(A)。

5.4.13 保护功能

设备应具有对过压、欠压、短路、过流、缺相等故障进行报警及自动保护,应能手动或自动消除,恢复正常运行。

5.4.14 设备抗干扰能力

设备在一定负荷的用电装置干扰下应能稳定、正常工作。

5.5 水泵机组

5.5.1 水泵的流量和扬程不应低于设计规定,其他性能应符合GB/T 5657的规定。

5.5.2 水泵数量不应少于二台,备用泵不应少于一台,备用泵的供水能力不应小于机组中最大一台工作泵的供水能力。

5.6 管路和仪表

5.6.1 管材、管件、阀门、附件的选用与安装要求,应符合GB 50015的规定。

5.6.2 设备管路系统最低处应设置泄水阀。

5.6.3 配套选用的压力、流量、液位传感器(开关)等仪表,其类型、量程、精度应符合相关标准的规定。

5.7 控制柜

5.7.1 一般规定

5.7.1.1 控制柜的尺寸应符合 GB/T 3047.1 的规定。

5.7.1.2 控制柜表面应平整、匀称,焊接处应均匀牢固,不应有明显的歪斜翘曲变形或烧穿等缺陷,其外观应符合 JG/T 3009 的规定。

5.7.1.3 控制柜内电气、电子元器件应符合相关标准的规定。

5.7.1.4 控制柜内接线点应牢固,布线应符合设计样图和相关标准的规定。

5.7.1.5 控制柜中所用导线及母线的颜色应符合相关标准的规定。

5.7.1.6 指示灯和按钮的颜色应符合相关标准的规定。

5.7.1.7 控制柜的柜体底部应具有与基础固定的安装孔。

5.7.1.8 控制柜的顶部应有吊环等,以便吊装。

5.7.1.9 控制柜的防护等级应符合 GB 4208—2008 的规定。

5.7.2 显示功能

5.7.2.1 控制柜面板应有液晶显示界面。

5.7.2.2 控制柜面板应有电源、电流、电压、谐波显示。

5.7.2.3 控制柜面板应有水泵、阀门启、停状态显示。

5.7.2.4 控制柜应有设定压力、实际压力、流量、频率显示。

5.7.2.5 控制柜面板应有故障声、光报警显示。

5.7.2.6 控制柜面板的按钮、开关及仪表等易于操作且功能标志齐全。

5.7.3 温升

控制柜各部件的温升应符合 GB/T 3797—2005 中 4.9 的规定。

5.7.4 电气性能

5.7.4.1 电气间隙与爬电距离

控制柜带电电路之间以及带电零部件或接地零部件之间的电气间隙和爬电距离应符合 GB/T 3797—2005 中 4.7 的规定。

5.7.4.2 绝缘电阻与介电强度

a) 设备中带电回路之间、带电回路与导电部件之间测得的绝缘阻值按标称电压至少为 1 000 Ω/V;

b) 介电强度应符合 GB/T 3797—2005 中 4.8.3 的规定,对主电路及主电路直接连接的辅助电路,额定电源电压 220 V 时,应能承受介电试验电压 2 000 V;额定电源电压 380 V 时,应能承受介电试验电压 2 500 V;对与主电路不直接连接的辅助电路,额定绝缘电压小于等于 60 V 时,应能承受介电试验电压 1 000 V 保压 1 min 无击穿和闪烁现象。

5.7.4.3 安全接地保护

控制柜的金属柜体上应有可靠的接地保护,与接地点相连接的保护导线的截面,应符合 GB/T 3797—2005中 4.10.6 的规定。与接地点连接的导线必须是黄、绿双色线或铜编织线,并有明显的接地标识。主接地点与设备任何有关的、因绝缘损坏可能带电的金属部件之间的电阻不应超过 0.1 Ω。连接接地线的螺钉和接地点不应作为其他用途。

5.7.4.4 电磁兼容性(EMC)试验

a) 低频干扰应符合 GB/T 3797—2005 中 4.13.2 的规定;

b) 高频干扰应符合 GB/T 3797—2005 中 4.13.3 的规定;

c) 发射干扰应符合 GB/T 3797—2005 中 4.13.4 的规定。

5.7.5 环境试验

5.7.5.1 低温工作

在额定负载和规定的温度下,保持规定的持续时间,设备应能正常、可靠工作。

5.7.5.2 高温工作

在额定负载和规定温度下,保持规定的持续时间,设备应能正常、可靠工作。

5.7.5.3 恒定湿热试验

在额定负载条件下,进行恒定湿热试验(不通电),保持规定的持续时间,设备应能正常工作。

5.7.5.4 震动试验

在额定负载条件下进行震动试验,柜体结构及内部零件应完好无损,设备应能正常工作。

5.8 卫生性能

过流部件材质的卫生性能应符合 GB/T 17219 的规定。

5.9 真空抑制器

5.9.1 结构

由吸排气阀、外壳、附件等组成,安装于稳流补偿器上。

5.9.2 性能

当稳流补偿器中的水位下降时,真空抑制器自动投入工作,防止稳流补偿器产生真空。

5.9.3 气水分离

抑制真空时应具备气水分离的功能。

5.10 液位控制器

5.10.1 结构

由液位控制器、外壳、附件等组成,应安装于稳流补偿器上。

5.10.2 性能

将稳流补偿器中的液位信号传输给控制柜。

5.11 稳流补偿器

当进水量不能满足使用要求时,储备水可通过泵加压到用户管网系统,实现水量补偿。

5.12 气压罐

5.12.1 气压罐应符合 GB 150 的规定。

5.12.2 气压罐的设计压力应按系统最高工作压力配置。

6 试验方法

6.1 试验环境和工作条件

试验环境和工作条件应符合 5.1 的规定。

6.2 试验仪表及装置

试验仪表及装置见附录 B。

6.3 设备组成检查

按设计图样检查设备配套组成,是否符合 5.2 的规定。

6.4 外观检查

目测检验设备外观,是否符合 5.3 的规定。

6.5 性能检查

6.5.1 叠压供水

开启供水模拟泵,模拟供水管网限定压力,将设备设定压力设置为供水限定压力加泵的额定压力,设备处于自动运行状态,检查出口管网压力,是否符合 5.4.1 的规定。

6.5.2 流量、扬程

设备达到额定工况，检查流量计及压力表的显示值，是否符合5.4.2的规定。

6.5.3 稳流补偿

设备运行正常后关闭进水总阀，并记录设备运行时间，核查流量计示值是否符合5.4.3的规定。

6.5.4 强制保护功能

a) 设备正常运行后调节进水压力，当供水管网压力降到当地供水部门规定的限定压力时，检查设备运行状态是否符合5.4.4a)的规定；
b) 设备运行时，调节出口阀门，使每台泵都进入运行状态。当出口压力升至设定超压保护值时和超压消除后，检查设备运行情况，是否符合5.4.4b)的规定。

6.5.5 自动停、开机

在正常工况下启动设备，关闭进水阀门，观察设备自动停机状态；打开进水阀门，检查设备自动开启状态，是否符合5.4.5的规定。

6.5.6 小流量停机保压

设备在正常工况下运行，关闭设备出水阀门，观察设备运行情况；打开出水阀门，检查设备运行情况，应符合5.4.6的规定。

6.5.7 压力调节精度

设备在正常工况下运行，记录设定压力值。调节出水阀门五次，调整后应使设备处于稳定运行状态并记录实测压力，取五次测压均值与设定压力值比对，检查是否符合5.4.7的规定。

6.5.8 自动切换

检查方法如下：

a) 开启设备使其处于自动工作状态，手动修改设定时间(2 min～10 h)，当工作泵运行至设定值后应自动停机，备用泵自动投入运行，工作时间及切换时间应符合5.4.8的规定。
b) 开启设备使其处于自动工作状态，人为设置故障，检查工作泵是否停机，备用泵是否自动投入运行，启动时间是否符合5.4.8的规定。

6.5.9 连续运行

开启设备调节出水阀门，使设备流量、扬程达到额定工况，并按表1规定连续运行检查是否符合5.4.9的规定。

表1 连续运行时间对照表

电机功率/kW	连续运行时间/h
≤7.5	10
11～22	12
30～75	24
90～280	36
>280	48

6.5.10 启、停控制

开启设备使之分别处于手动、自动、远程状态，检查水泵的启动、停止现象，是否符合5.4.10的规定。

6.5.11 强度及密封性

a) 强度试验：启动试压泵，调节出水压力至设计压力的1.5倍，保压30 min，应符合5.4.11的规定。
b) 密封试验：关闭设备出水口阀门，启动试压泵并将压力调节到设备设计压力的1.1倍，保持30 min，是否符合5.4.11的规定；

6.5.12 噪声

启动设备，在背景噪音小于等于 50 dB(A)环境条件下，用声级计在距设备前 1 m、高 1 m 处测量水泵机组声压，是否符合 5.4.12 的规定。

6.5.13 保护功能

设备正常运行中，人为设置过电压、欠电压、短路、过流、缺相等故障，检查设备保护功能是否符合 5.4.13 的规定。

6.5.14 设备抗干扰能力试验

设备在正常工况运行状态下，在距设备 1 m 处启动功率大于 500 kVA 的电焊机，检查设备运行状态，是否符合 5.4.14 的规定。

6.6 水泵机组试验

6.6.1 按照 GB/T 3214 、GB/T 3216 规定的方法试验，用流量计和压力表测量最大(最小)流量和扬程，应符合 5.5.1 的规定。

6.6.2 检查设备水泵配置，应符合 5.5.2 的规定。

6.7 管路、仪表

6.7.1 对照设计文件用量具测量其尺寸，检查管材、管件、阀门、附件的公称压力，是否符合 5.6.1 的规定。

6.7.2 查看设备最低处有无泄水阀，应符合 5.6.2 的规定。

6.7.3 检查仪表配置情况，应符合 5.6.3 的规定。

6.8 控制柜试验

6.8.1 一般规定检查

对照标准和电气件的技术文件进行目测和测量，检查控制柜尺寸、所选用元器件、导线颜色、指示灯和按钮颜色、控制柜的表面质量、结构、材质、防护等级等，是否符合 5.7.1 的规定。

6.8.2 显示功能检查

对照设计文件检查控制柜面板的各种显示功能，是否符合 5.7.2 的规定。

6.8.3 温升试验

按 GB/T 3797—2005 中 5.2.10 的规定试验，是否符合 5.7.3 的规定。

6.8.4 电气性能试验

6.8.4.1 电气间隙和爬电距离

检查设备中不等电位的裸导体之间，以及带电的裸导体与裸露导电部件之间的最小电气间隙和爬电距离，是否符合 5.7.4.1 的规定。

6.8.4.2 绝缘电阻与介电强度

a) 绝缘电阻：按 GB/T 3797—2005 中 5.2.4 的规定检查，是否符合 5.7.4.2a)的规定；

b) 介电强度：按 GB/T 3797—2005 中 5.2.5 的规定检查，是否符合 5.7.4.2b)的规定。

6.8.4.3 安全接地保护

按 GB/T 3797—2005 中 5.2.6 的规定检查，是否符合 5.7.4.3 的规定。

6.8.4.4 电磁兼容性(EMC)

按 GB/T 3797—2005 中 5.2.12 的规定检查，是否符合 5.7.4.4 的规定。

6.8.5 环境试验

6.8.5.1 低温工作

按 GB/T 2423.1 的规定试验，检查是否符合 5.7.5.1 的规定。

6.8.5.2 高温工作

按 GB/T 2423.2 的规定试验，检查是否符合 5.7.5.2 的规定；

6.8.5.3 恒定湿热试验

按 GB/T 2423.3 的规定试验,检查是否符合 5.7.5.3 的规定。

6.8.5.4 震动试验

按 GB/T 3797—2005 中 5.2.13 的规定试验,检查是否符合 5.7.5.4 的规定。

6.9 卫生性能

按 GB/T 17219 规定进行检验,检查是否符合 5.8 的规定。

6.10 真空抑制器

检查真空抑制气的结构,应符合 5.9.1 规定;性能试验:设备正常运行时关闭自来水进水阀门,补偿器开始补水,检查真空抑制器工作情况和气水分离措施,是否符合 5.9.2 的规定。

6.11 液位控制器

检查液位控制器的结构及安装方式,应符合 5.10.1 规定;功能试验:打开阀门向稳流补偿器注水,检查控制柜中信号变化情况,是否符合 5.10.2 的规定。

6.12 稳流补偿器

设备正常运行时关闭自来水进水阀门,记录稳流补偿器出水总量,检查是否符合 5.11 的规定。

6.13 气压罐

检查气压罐的生产检测报告及配置,否符合 5.11 的规定。

7 检验规则

7.1 检验分类

a) 型式检验;

b) 出厂检验。

7.2 型式检验

7.2.1 设备具有下列情况之一者,应进行型式检验:

a) 新产品试制、定型鉴定时;

b) 已定型的产品当设计、工艺、关键材料更改有可能影响到产品性能时;

c) 正常生产时,每二年应进行一次型式检验;

d) 出厂检验结果与上次型式检验结果有较大差异时;

e) 国家质量监督机构提出型式检验要求时。

7.2.2 型式检验为全项目检验,检验项目及顺序见表 2 的规定。

7.2.3 型式检验应从出厂检验合格的产品中任选一台按规定逐项检验。产品在型式检验中,如果有一项不合格,则应加倍抽样试验不合格项目,若加倍抽样试验全部合格,则判定型式检验合格。若经检验仍出现不合格项目,则判定型式检验不合格。

7.2.4 产品在型式检验时应有记录,由检验人员、负责人签字并加盖。

7.3 出厂检验

7.3.1 设备出厂前,应经质量检验部门检验合格,填写产品合格证后,方可出厂。

7.3.2 出厂检验项目见表 2。

7.3.3 设备应逐台进行出厂检验。在出厂检验中若出现不合格项,允许返工复检,直至合格。

表 2 型式检验、出厂检验项目

检验项目	型式检验	出厂检验	应符合条款的规定
环境和工作条件	√	—	5.1
设备组成	√	√	5.2
外观	√	√	5.3

表 2（续）

检验项目	型式检验	出厂检验	应符合条款的规定
叠压供水	√	—	5.4.1
设备、流量扬程	√	√	5.4.2
稳流补偿	√	—	5.4.3
强制保护功能	√	—	5.4.4
自动开、停机	√	√	5.4.5
小流量停机保压	√	—	5.4.6
压力调节精度	√	—	5.4.7
自动切换	√	√	5.4.8
连续运行	√	—	5.4.9
设备启、停控制	√	√	5.4.10
强度及密封性	√	√	5.4.11
噪声	√	—	5.4.12
保护功能	√	—	5.4.13
抗干扰能力	√	—	5.4.14
水泵机组	√	√	5.5
管路和仪表	√	√	5.6
控制柜一般规定	√	√[a]	5.7.1
控制柜显示功能	√	√	5.7.2
控制柜电气性能	√	√[b]	5.7.3
控制柜电磁兼容	√	—	5.7.4
控制柜环境试验	√	—	5.7.5
卫生性能	√	—	5.8
真空抑制器	√	—	5.9
液位控制器	√	—	5.10
稳流补偿器	√	—	5.11
气压罐	√	—	5.12

[a] 出厂检验时，不做控制柜防护等级验证。

[b] 5.7.4 中除电磁兼容性外均做出厂检验。

8 标志、包装、运输及贮存

8.1 标志

8.1.1 设备的明显部位应有牢固的标牌，标牌尺寸及技术要求应符合 JB 8 的规定且应有下列内容：

a） 设备名称、型号；

b） 设备额定供水流量、扬程、功率；

c） 设备电源电压、额定频率、额定电流；

d） 设备编号、出厂日期；

e） 制造厂名称、商标；

f） 产品标准号。

8.1.2 设备包装箱应有下列标志：

a） 设备名称、型号；

b） 用户名称；

c） 设备编号；

d） 制造厂名称、地址；

e） 生产日期；

f） 收发货地址；

g） 防雨、防震、向上等标志。

8.2 包装

8.2.1 成套设备、控制柜和附件应单独用木箱包装，并有防雨、防震等措施；包装储运图示标志应符合GB/T 191 的规定。

8.2.2 设备包装箱内附带下列随机文件，并封存在防水的文件袋内。

a） 产品合格证；

b） 产品安装使用说明书；

c） 产品验收单、保修卡；

d） 装箱清单；

e） 产品设计图样（基础图、原理图、设备安装大样图）。

8.3 运输

产品运输过程中，不应有剧烈振动、撞击。产品装卸及运输过程中不应倒置或横放，并注意轻装、轻卸。

8.4 贮存

产品应存放在干燥、通风、无腐蚀性介质和远离磁场的场所，如露天存放时，应有防雨、防晒、防潮等措施。

附　录　A
（资料性附录）
设　备　组　成

设备组成见图 A.1。

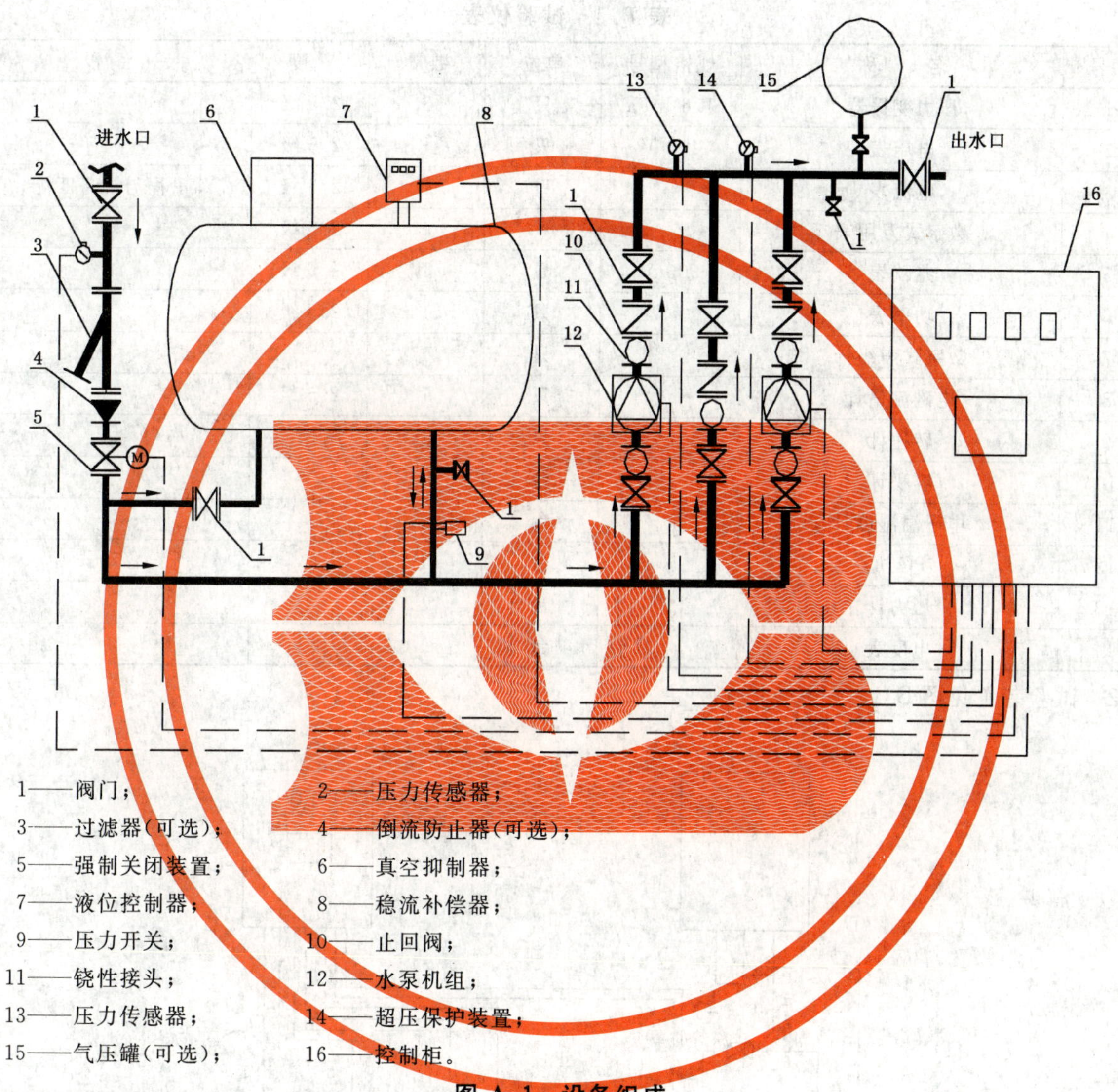

1——阀门；　　2——压力传感器；
3——过滤器（可选）；　　4——倒流防止器（可选）；
5——强制关闭装置；　　6——真空抑制器；
7——液位控制器；　　8——稳流补偿器；
9——压力开关；　　10——止回阀；
11——铙性接头；　　12——水泵机组；
13——压力传感器；　　14——超压保护装置；
15——气压罐（可选）；　　16——控制柜。

图 A.1　设备组成

附 录 B
（资料性附录）
试验仪表及装置

B.1 试验仪表及装置见表 B.1。

表 B.1 试验仪表

序号	名 称	规格型号	单位	数量	精度	备注
1	压力变送器	1.6 MPa	只	3	2.5 级	
2	电压表	400 V	只	1	2.5 级	
3	电流表		只	1	2.5 级	量程与设备匹配
4	数字式万用表		只	1	2.5 级	
5	兆欧表	500 V	只	1	2.5 级	
6	功率表		只	1	2.5 级	
7	数字式声级计		只	1		
8	电磁流量计		只	1	2.5 级	
9	转速计		只	1		
10	容积计		台	1		
11	电子温湿度计		台	1		
12	PC 机		台	1		移动式
13	压力计		台	1		
14	电度表		台	1		

B.2 试验装置见图 B.1。

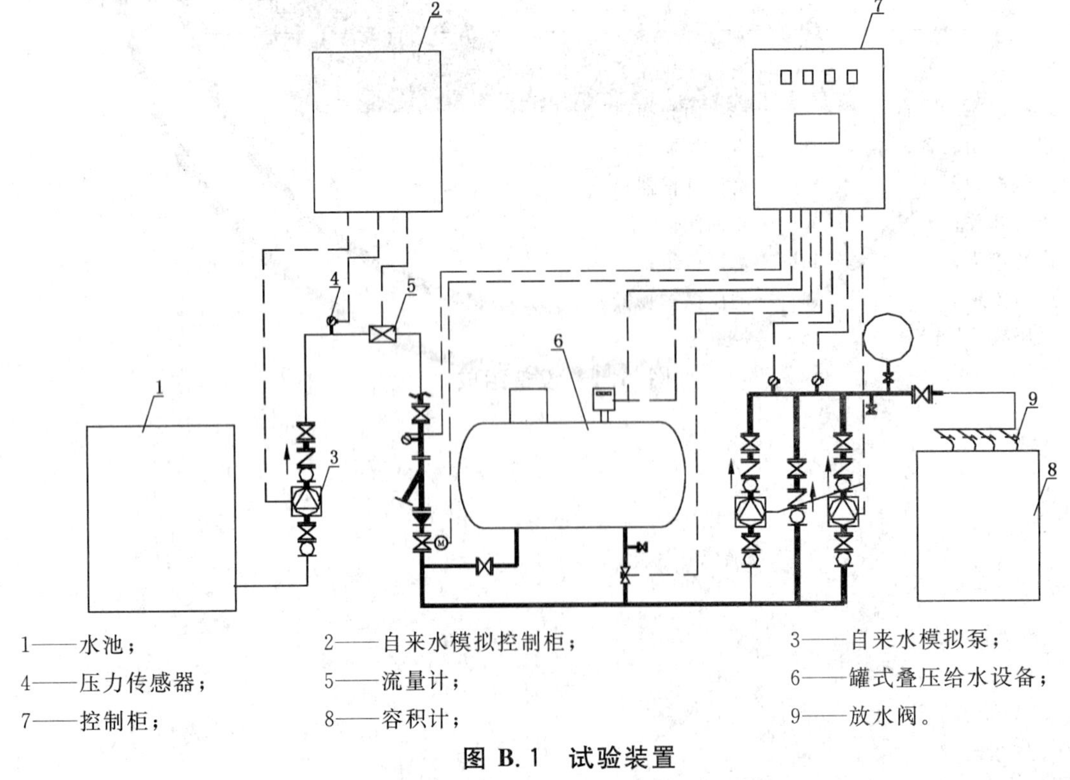

1——水池； 2——自来水模拟控制柜； 3——自来水模拟泵；
4——压力传感器； 5——流量计； 6——罐式叠压给水设备；
7——控制柜； 8——容积计； 9——放水阀。

图 B.1 试验装置

ICS 53.040.20
J 81

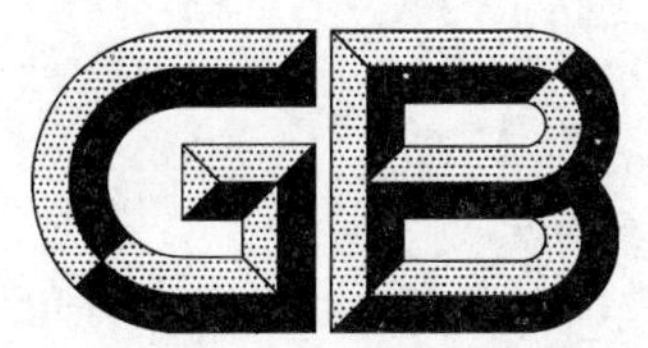

中华人民共和国国家标准

GB/T 24913—2010

非公用往复索道技术规范

Technology code for non-public reversible ropeways

2010-08-09 发布　　　　2010-12-01 实施

中华人民共和国国家质量监督检验检疫总局
中国国家标准化管理委员会　发布

前　言

本标准由全国索道与游乐设施标准化委员会提出并归口。

本标准起草单位:国家客运架空索道安全监督检验中心。

本标准主要起草人:刘京本、张强、徐伟、缪勤、张晓文。

本标准为首次发布。

引　言

本标准对非公用往复索道、缆车的设计、制造和维护使用提出了一些基本要求和建议，是在国际索道协会(OITAF)《非公用运送人员和货物的往复式索道技术要求》的基础上，参考GB 12352—2007《客运架空索道安全规范》、GB/T 19402—2003《客运地面缆车技术规范》的安全要求和索道的经验提出来的。

本标准考虑到非公用等索道每天开机时间短，运量小，维护力量弱等特点，与对客运索道的要求比较，适当增大了一些设备的安全系数，减少了一些对运行状态的检测要求。

非公用往复索道技术规范

1 范围

本标准确立了非公用往复索道设计、制造、安装、使用和维护的一般原则。

本标准适用于通勤性质的往复式架空索道，用于运送人员和货物。

本标准不适用于经营性的客运索道，也不适用于矿山井下运送人员和货物的运输设备。

2 一般规定

2.1 技术资料

2.1.1 要求在工程竣工后向业主移交如下文件，供归档：

a) 含工程项目说明的技术报告和主要工程变更项目的文件；

b) 与索道对应的侧形图；

c) 显示地面、索道线路、站房、导轨结构、电缆交叉点、铁路线路、道路、便道以及索道临近结构的布局图；

d) 线路的计算说明文件，驱动力和传递扭矩计算文件；

e) 站房及站内设备布置图；

f) 站房内和线路上的机械设备总图和部件总成图；

g) 电气设备原理图和接线图；

h) 救护方案说明。

2.1.2 投入使用前，还应提供下列文件：

a) 使用维护说明书；

b) 设备合格证或检验证书。

2.2 线路

2.2.1 线路的选择

2.2.1.1 选择索道线路时，应考虑当地气候、地理条件、索道要经过的交通要道和跨越的其他建筑设施以及紧急救援的要求。

2.2.1.2 索道线路中心线在水平面上的投影应为一直线。

2.2.1.3 索道线路和站址应避免建设在下列地区：

——山地风口，并与主导风向正交的地段上；

——凡是存在跨度大、距地高、夸于深谷和河流等不利于救护的地区的索道，应具备完善可行的救护措施和装备；

——有雪崩、滑坡、塌方、溶洞、风暴、海啸、洪水、火灾等危及索道安全的地区，经过主管部门的批准，采取预防措施时例外；

——凡是建在军事设施附近的索道，应按照军事基地管理单位的要求采取相应的措施。

2.2.2 最大倾角

单线索道其钢丝绳的最大倾角不应超过100%。

2.2.3 横向净空

2.2.3.1 吊具横向偏摆20%、纵向偏摆30%时不应碰到任何物体。有导向装置时应将横向偏摆控制在15%。

2.2.3.2 客车在站内应限制横向摆动，导向装置不应危害乘客安全。

2.2.3.3　对于双线索道，当客车都向内偏摆20%经过交会点时，客车之间的最小距离应不小于0.5 m。在跨度弦长大于300 m时，跨度弦长每增加100 m，客车最小间距应相应增加0.2 m。

2.2.3.4　对于单线循环式客运索道，两吊具在跨间运行时同时向内侧摆动20%，相遇时两吊具之间的净空不应小于1.0 m；在进站口或出站口不应小于0.5 m。

2.2.3.5　客车与外侧障碍物的水平净空应符合表1的规定：

表 1

运载工具偏摆	障碍物	净空/m
向外偏摆35%	建筑物（无人员通行）	1.5
	建筑物（有人员通行）	2.5
	林间通道、公路、山体	1.5
	架空电力线路	按有关标准规定
注：对站房区域不受此限。		

2.2.4　索距

2.2.4.1　在确定索距时应满足2.2.3的有关规定。

2.2.4.2　索道的索距应保持不变。

2.3　吊厢或车厢在线路上的运行速度不应大于3 m/s。

2.4　安全距离

2.4.1　至地面的最小距离

2.4.1.1　满载客车或钢丝绳的最低点与地面之间的距离不应小于以下各值：

——无人通行的地区或是禁止通行的隔离地带为2.5 m；

——在线路下面允许行人通过的地面为3.5 m；

——跨越道路和公用设施的地段为5 m；

——跨越建筑物时为3 m；

——在交叉或接近电线处，应履行相关安全条例，必要时应提供保护设备。

2.4.1.2　离地最小距离也包括了积雪厚度，在站房附近由于建筑上的需要可不受此限。

2.4.1.3　在确定离地最小距离绝对值时，除以静态位置为依据外，还应加上动态时附加值，即应在下列数字中选取最大值：

——与临近支架间距的1%；

——承载索静垂度5%；

——牵引索和平衡索垂度的15%。

2.4.2　允许最大的离地高度

2.4.2.1　架空索道实际的最大离地高度应为最不利载荷情况下，考虑地面的横向坡度后与索道运载工具的高度。允许最大的离地高度应根据运载工具型式和救护的可能加以考虑。

2.4.2.2　采用封闭式运载工具时，最大离地高度不应大于45 m；采用敞开式运载工具時，最大离地高度不应大于15 m。

2.4.2.3　双线往复索道有适当的救护方式，要求能在3.5 h内将停在线路任何位置吊厢上的人员救到安全位置，其最大离地高度不受限制。

2.5　设计载荷

2.5.1　自重

钢丝绳和运载工具的自重根据制造厂的说明。实际的重量与设计重量的偏差不应大于±3%，实际重量应与进行线路计算和钢丝绳计算所取的值相符合。

2.5.2 有效载荷

2.5.2.1 每名乘客质量按 80 kg 计算。

2.5.2.2 若运载货物，则允许运载的最大重量不应超过满载乘客质量，且人、货不可混运，同时对货物应有适当的摆放方式或固定措施。

2.5.2.3 动态作用力(惯性力)

2.5.2.3.1 启动加速度最小为 0.15 m/s^2 时的惯性力。

2.5.2.3.2 减速度为下列值时的惯性力：

——工作制动时减速度最小为 0.3 m/s^2；

——紧急制动时减速度最大为 1.5 m/s^2。

2.5.3 摩擦系数

2.5.3.1 钢丝绳与托索轮的摩擦系数取 0.03；

2.5.3.2 钢丝绳与钢丝绳导轨之间的摩擦系数取 0.1；

2.5.3.3 驱动轮防滑安全系数应有 1.2，对于橡胶衬的驱动轮，应采用不大于 0.2 的摩擦系数，对于其他材料，若可以提供相应的摩擦系数，也可以使用。

2.5.4 风载荷

2.5.4.1 风力按规定采用以下风压值：

——运行时为 200 N/m^2；

——停运时为 800 N/m^2。

暴露在风区的，风压值可相应提高。

2.5.4.2 计算风力时，可参考采用下列体型系数：

——钢丝绳取 1.2；

——带梯子圆筒状支架取 1.2；

——方形支架取 1.3；

——桁架式支架取 2.8；

——托压索轮组及鞍座取 1.6；

——客车取 1.4。

2.5.4.3 对长度大于 400 m 的跨距，折算长度为 $l_{red}=240+0.4L$，可用于计算风力，其中 L 为有效弦长。

2.5.5 钢丝绳的锚固力应大于钢丝绳最大工作张力的 1.2 倍。

2.5.6 在冰冻地区，设计时应考虑冰载荷。

2.5.7 对于本规范中未规定的设计载荷参数可参照其他相关规范。

3 钢丝绳

3.1 钢丝绳的选用

3.1.1 承载索宜采用整根的且全部由钢丝捻制而成的密封型钢丝绳。

3.1.2 牵引索、平衡索应选用线接触、面接触、同向捻带纤维芯的镀锌股捻式钢丝绳，钢丝绳直径应不小于 12 mm。

3.1.3 当用卷扬机作驱动机时，也可以选用交互捻钢丝绳。

3.1.4 张紧索可选用线接触交互捻钢丝绳。

3.1.5 所有钢丝绳都要具有合格证。

3.1.6 钢丝绳的安全系数为钢丝绳的最小破断张力与使用中的最大张力之比，并不应小于以下数值：

——承载索:3.15

——牵引索:4.5

——卷扬机用牵引索:7.0

——张紧索:5.0

注:直径大于15 mm的卷扬机用牵引索的安全系数,随钢丝绳直径每增加1 mm,其系数可相应减少0.1,但不应小于5。

3.1.7 承载索的最小张力与运行小车轮压之比至少应为40。

3.1.8 采用固定抱索器时的最小张紧力与单抱索器钳口载荷之比至少应为15。

3.1.9 牵引索采用无极绳时,接头编接长度至少应为钢丝绳公称直径的1 200倍。两个接头之间的距离至少应是钢丝绳公称直径的3 000倍。卷扬机用钢丝绳不允许编接。

3.1.10 接头部分的直径不应大于公称直径的115%,并要浑圆饱满,不应有松丝、松股。

3.1.11 索道运行8年或运行12 000 h要把接头打开检查,把磨损部分截掉重新编接。

3.1.12 钢丝绳编接等作业应由有相应资格的人员进行并记录编接结果。

3.2 钢丝绳的锚固和张紧

3.2.1 牵引索与卷扬机卷筒的连接时钢丝绳末端在卷筒上应至少缠绕3圈,并且应用夹具固定夹紧。

3.2.2 承载索可采用双端锚固,也可采用自动张紧装置张紧。对双端锚固,要求设计安全系数满足索道运行期间因温度变化而产生的影响。

3.2.3 承载索在卷筒上锚固,至少应在卷筒上缠绕3圈,钢丝绳自由端应由夹具夹紧。

3.2.4 钢丝绳末端的夹紧力应设计为大于3倍的滑移力。

3.2.5 对于用夹板的承载索锚固,在夹板后的短距离内应装一安全夹板。

3.2.6 对于用浇铸锚头锚固的钢丝绳绳头应注意养护,便于防锈且易于维修人员观察。对承载索,每12年重新做一次锚头;对牵引索,每年至少打开检查一次,每4年重新做一次锚头。

3.2.7 牵引索应保证运行要求的张紧力,要有一套自动张紧装置,并保证张紧力的变化在设计值的±10%以内。

3.2.8 对于张紧索应经常检查并保持其完好性。

4 机械设备

4.1 站房

4.1.1 为保护站房内机械和电气设备宜建设站房。站房应考虑设备易于维护,且不易误操作。

4.1.2 站房内应布置照明灯。

4.1.3 在驱动站内应有灭火设施及工具和材料。

4.1.4 应张贴有承载人数及允许载重量、乘客须知、非工作人员不应入内的标牌。

4.1.5 重锤坑内应有排水设施,人员可以到达坑底且应设有防护栏。

4.1.6 如果使用内燃机发电机组,机房与控制室应分开设置。

4.1.7 客车进出站不应危及乘客安全,客车通行位置和危险区域应有标识;站内的控制及驱动等区域应隔离设施,以防外人进入。

4.1.8 索道应在站房内常备维护工具。

4.1.9 控制室中应该能看得到进站口,出站口、控制屏、检测开关的运行情况,尽可能多地监控索道运行情况。

4.2 支架

4.2.1 支架应采用钢材或钢筋混凝土(包括预应力混凝土)制成,不应采用绷绳拉紧的支架。

4.2.2 所有支架基础(不论是在工作状态还是非工作状态)的抗滑移、抗倾覆与抗扭转的安全系数均不应小于 1.5。

4.2.3 支架金属结构所用的开口型钢材，其壁厚不应小于 5 mm，钢管材及闭口型钢材壁厚不应小于 2.5 mm，管材和闭口型材的外表面上应有防锈层。

4.2.4 钢丝绳在支架上的安全性

4.2.4.1 承载索在支架鞍座上的最小载荷在下列不利情况出现时不应为负值(浮起)：

——承载索最大拉力增加了 40%时；

——在偏斜鞍座上(仅在站房)承载索最小拉力下降 40%。

4.2.4.2 空承载索在支架鞍座上的折角应不小于 0.02 rad。

4.2.4.3 支架上的承载索最小支承力不应小于相邻跨距斜长之和的一半(跨距长度见 2.5.4.3)承载索承受 500 N/m^2 风压的向上风力。

4.2.4.4 停止运行时最小支架载荷和水平风力的合力应当作用在绳槽以内。若使用压紧装置，则压紧装置不应阻碍钢丝绳在鞍座中运动。

4.2.4.5 在扩索距情况下，承载索的横向偏斜力不应大于最小支撑力的 5%。

4.2.4.6 鞍座的半径应至少为钢丝绳直径的 150 倍。

4.2.4.7 鞍座槽沟的尺寸应该与承载索直径相适合，槽沟可围绕承载索至少 2.6 rad，鞍座槽沟的加工应平滑，并装有必要的润滑装置，且鞍座出入端应圆滑。

4.2.4.8 鞍座上的托索轮具有牵引索的导向作用，托索轮的数量应该由支撑载荷的大小及所需排列决定。每个轮的偏斜角度应建立在托轮允许载荷及所需排列的基础上，不应超过 0.12 rad。

4.2.4.9 牵引索轮缘应高出钢丝绳 2 倍钢丝绳直径并应设置牵引索脱索后的自动复位装置。

4.2.4.10 支架应有爬梯及检修平台，并应设起吊架。应设置阻止非工作人员攀爬的护栏。

4.2.4.11 若支架安装有导向装置，客车不允许停留在导向装置上，或被导向装置挂住。

4.3 站内设备

4.3.1 站内机械的动力传动不允许采用平皮带。

4.3.2 若在线路上的救护难以实现，则要求有紧急驱动装置实现救援。

4.3.3 驱动装置应该装备工作制动器及安全制动器，制动力应该由重力或弹簧压力产生，制动力应是可调的。工作和安全制动器应可以分别单独制动，每种制动器的制动减速度至少不应低于 0.5 m/s^2。应该用合适的测试负荷来进行制动器的检验测试。

4.3.4 安全制动应直接作用在驱动轮或卷扬机卷筒上，当运行速度超过其正常值的 20%时，或吊具运行超过其正常停止点时，应自动地启动安全制动器。操作者也可以手动对安全制动器进行操作。

4.3.5 当驱动机停机或当安全装置触动时，应该自动地启动工作制动器或安全制动器，以防发生危险。

4.3.6 在越位或过卷开关后面要装设缓冲器，使越位车厢减速。要求缓冲器启动后，若车厢以最大速度驶入时不至于严重损坏。

4.3.7 当采用卷筒式驱动装置时，应符合下列要求：

a) 卷筒与钢丝绳导向轮之间的距离不应小于卷筒宽度的 25 倍；

b) 卷筒缠绕钢丝绳的层数宜为单层，最多不允许超过 3 层，且卷筒表面应设钢丝绳沟槽；

c) 卷筒边缘应高出最外一层钢丝绳最少 2.5 倍钢丝绳直径；

d) 卷筒上要设固定钢丝绳的装置，不允许固定在卷筒轴上；

e) 卷筒上保留的钢丝绳至少 3 圈，还应留几圈作试验或剁绳用，这部分绳子也可保留在卷筒内部。

4.3.8 对于驱动轮、导向轮、托压索轮、锚固筒和卷扬机卷筒的直径，最小宜选用表 2 中的值。

4.3.9 若气候条件要求，牵引索与承载索的驱动和导向轮应该设置刮冰装置。

4.3.10 绳轮衬垫槽型应与运行的钢丝绳相适应。

表 2

用途	钢丝绳类型	使用场合	钢丝绳直径的倍数
承载索	密封式钢丝绳	锚固卷筒	60
		导向轮	80
	股捻绳	锚固卷筒	40
		导向轮	60
牵引索	股捻绳	驱动轮、迂回轮以及导向轮	60
	股捻绳 6*7	托索轮	10(最小 150 mm)
	股捻绳 6*19	托索轮	8(最小 150 mm)
		牵引索锚固卷筒	15
	股捻绳 6*7	卷扬机卷筒	60
	股捻绳 6*19 及以上	卷扬机卷筒	40
张紧索	股捻绳	迂回、导向	20
		锚固	8

5 运载工具

5.1 客车载客量不应超过 10 人。

5.2 在客车内应永久而清楚地张贴乘客须知的标志，其内容包括客车容许的载荷质量，容许的人数，禁止吸烟等项目。

5.3 若在敞式吊具内旅客以坐姿被运送，则吊具的护栏至少高出座位 0.4 m 的高度，若旅客以站姿被运送时，则吊具的护栏至少应高出底面 1.2 m。

5.4 若旅客以站姿被运送时，应提供给每个人至少 0.2 m^2 的面积；旅客以坐姿被运送时，应提供给每个人至少 0.45 m^2 的座位面积。

5.5 敞式客车应提供一个保护顶蓬。

5.6 客车设计应有救护的功能，救护设备可以被锚固在客车的锚固点上。窗户应由非碎裂的材料制成。窗户应只能在某一范围内被打开，该范围应保证乘客不能触摸到站内或线路上的固定的设备。

5.7 客车的门应具有安全性以防止偶然打开。密闭的客车应提供足够的通风。

5.8 运行小车应如下设计。

5.8.1 应装设防脱轨保护装置，且该装置应至少延伸到承载索的最低边缘。若气候条件要求，运行小车应装备铲雪装置。

5.8.2 牵引索与被牵引小车之间的连接应建立在钢丝绳不损坏的基础上。运行小车上牵引索的连接应能定期检查，此外，若使用不可检查的连接，则连接应该定期更换。钢丝绳连接的每个构件应具有一定的质量可靠性。钢丝绳末端的连接件都应该按钢丝绳极限强度荷载理论进行校核。

5.8.3 若能提供承载索制动装置，则客运索道的有关条例应该适用于本例。

5.8.4 应按照在部件工作状态能够检验的条件来设计客车的承载部件及其连接部件。

5.9 如果采用抱索器与牵引索连接，应按照下述原则设计。

5.9.1 一个运载工具上所有抱索器防滑力之和应达到运行时最大下滑力的 3 倍，并且至少等于运载工具的最大总质量。

5.9.2 防滑力应通过计算和试验验证。

5.9.3 抱索器内外抱卡应采用锻造方法制造，不应铸造。抱索器钳口与钢丝绳接触的边缘应倒圆。

5.9.4 抱索器的使用范围(钢丝绳直径的范围、防滑力范围、最大承载力和允许的抱索器钳口磨损)应在操作维护说明书中说明。

5.9.5 在任何情况下抱索器或抱索机构在线路上都不应自动脱开或因夹紧力不足而产生滑移。

5.9.6 抱索器应每年进行探伤。

6 电气设备

6.1 电源

6.1.1 索道的拖动和控制应用电源，在没有电源的地方应配备内燃机发电机组供电。

6.1.2 要考虑突然停电时的索道应急运行。

6.1.3 控制系统和安全系统应用50 V以下电源。

6.2 拖动

6.2.1 要考虑到索道最不利情况下的运行，同时考虑到索道的工况，拖动设备应能够四象限运行。

6.2.2 如有辅助驱动，应与主驱动实现电气互锁。

6.3 电气安全装置

6.3.1 应有常规的电源电压、电流检测装置并应有电源过载保护装置。

6.3.2 应有索道运行时间记录装置。

6.3.3 站台上和驱动机附近，应有便于工作人员使用的凸起手动复位式紧急停车开关。

6.3.4 应有索道运行速度显示和超速报警及超速15%的停车功能。

6.3.5 张紧小车和重锤应有前后及上下限位停车开关。

6.3.6 发车前应在各站台发出即将发车的声音信号，该信号在发车前应持续一段时间。

6.3.7 保证在车厢进站时有操作者值守，同时具备：

a) 在进站前须有减速监测开关，使索道车厢速度从高速运行变到爬行速度约0.3 m/s进站。

b) 车厢进站后碰停车开关停车。在停止点与缓冲器之间，应该留有一个合适的距离。

c) 碰了缓冲器后应再设一个紧急停车开关作为过卷开关，使索道紧急制动，该紧急限位开关应该接入一个单独的安全电路。

6.3.8 安全电路正常工作时应是闭合回路，而且应通过中断电路的方式来完成其功能。

6.3.9 在沿线受风最大的位置宜装设风力检测设备，在有人的站房设置风速显示装置及报警装置。

6.4 通讯

6.4.1 各站房间应有语音通讯设备，并且外部电源中断后仍能使用。

6.4.2 宜备有足够数量的无线对讲机在索道维修等情况时使用。

6.5 防雷接地

6.5.1 索道站房、线路支架、不能绝缘的钢丝绳、机械设备及所有金属构件应直接接地。在线路上接地联线相隔不应大于500 m。应定期检查接地电阻数值，其接地电阻数值要求如下：

——索道站房不大于5 Ω；

——机械设备、钢丝绳和站内金属构件不大于5 Ω，并注意联线的可靠程度及均压；

——线路支架应小于30 Ω。

6.5.2 建在雷击频繁地区的索道，宜在承载索或运载索的上方设置单避雷线或双避雷线。

6.5.3 应采取防止雷电波形成的高电压从电源入户侧侵入的技术措施。

6.5.4 在经过线路的信号线引入处，宜设过电压保护器。

6.6 控制

6.6.1 控制系统的元器件应集中安装在独立的、避风雨和防潮湿的、便于维护的控制柜内。

6.6.2 电路图和接线图应保持和实物一致，并在控制柜内保持一份图纸，以便维护时使用。

6.6.3 运行正常的指示灯应为绿色，故障指示灯应为红色，报警灯应为黄色。

7 运行

7.1 操作人员和规程

7.1.1 索道的管理、服务、操作和维修人员都应经过培训，对索道有一定的了解。

7.1.2 索道应任命一名站长，站长根据索道的具体情况，对索道的运行安全、正常运行、日常维护、技术文件和运行资料的保存负责。

7.1.3 索道应制定和遵守安全操作规程，至少应包括如下各项规程：司机操作规程、站务人员操作规程、维修操作规程和应急救援预案。

7.1.4 操作规程应该包含下列有关内容：

——规定所运送的乘客和货物；

——各岗位的工作程序；

——操作人员的任务和责任；

——信号代码；

——运行过程中的管理、协调；

——发车或在特殊情况下启动发车的规定；

——天气条件威胁到运行安全时的处理规定；

——夜间运行的规定；

——周期检查的规定；

——维护与保养的规定；

——各种非正常情况的处理规定；

——应急预案和救护的组织规定。

7.2 检查和维护

7.2.1 索道站内和线路上的设备要保持完好状态，不应妨碍索道安全运行。

7.2.2 维护与保养应该按照由索道生产厂家提供的维护使用说明书进行。

7.2.3 承载索每六个月应进行目视检查。牵引索、运载索、张紧索在运行 300 h 后进行目视检查，最迟不过 6 个月。

7.2.4 在特殊情况发生后，诸如可疑的放电、恶劣的天气、钢丝绳超载等，应该立即检查受影响的绳段。

7.2.5 在每操作 2 000 h 或绳索安装后超过六年时，应对张紧索、牵引索及承载索进行钢丝绳无损探伤。

7.2.6 钢丝绳的报废

7.2.6.1 由于金属横断面减少（因为钢丝断裂、磨损、腐蚀，结构松懈或其他损害）超过表 3 推荐值，则应该更换。

表 3

钢丝绳形式	参考长度 1	截面损失	参考长度 2	截面损失
密封式钢丝绳	200*d*	10%	30*d*	5%
股捻式钢丝绳	40*d*	15%	6*d*	6%
注 1：*d* 钢丝绳公称直径，单位为毫米（mm）。 注 2：如果在目检中发现大于以上值的 2/3，则应该进行无损探伤、维修或更换。				

7.2.6.2 出现以下横断面的减少情况时应对钢丝绳报废或更换：

a) 密封式钢丝绳两根邻近外层丝断裂，且该两丝互相影响，将要伸出且无法修复。

b) 股捻式钢丝绳一股中的一半外层丝异常。

7.3 使用

每日使用前应试车，验证索道所有零部件的性能及完好性，特别是安全部件是正常的。保证安全运行。

8 救援

8.1 当因故不能运行而线路上有乘客时，应启动索道应急预案。

8.2 应首先排除故障或用应急方式把乘客运回。

8.3 若短时不能运行，应采取垂直或水平方式将乘客在短时间内救到安全的地方。

索道应配备足够且使用的救护设备。

8.4 救护设备应存放在取用方便、防锈防霉、安全可靠的地方。

8.5 每年要进行救护训练。

ICS 97.200.40
Y 57

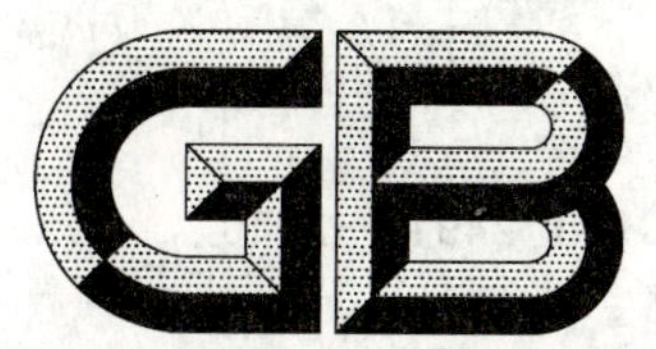

中华人民共和国国家标准

GB/T 24914—2010

非公路旅游观光车用铅酸蓄电池

Lead-acid battery for garden patrol minibus

2010-08-09 发布　　2010-12-01 实施

中华人民共和国国家质量监督检验检疫总局
中国国家标准化管理委员会　发布

前　言

本标准的附录 A 为规范性附录。

本标准由全国索道与游乐设施标准化技术委员会提出并归口。

本标准起草单位:国家工程机械质量监督检验中心、江苏新日电动车股份有限公司、苏州益高电动车辆制造有限公司。

本标准主要起草人:雷晓卫、张正杰、高永强、李铁生、罗慧英、曹进红、张晓明。

非公路旅游观光车用铅酸蓄电池

1 范围

本标准规定了非公路旅游观光车用蓄电池的技术要求、试验方法等。

本标准适用于非公路旅游观光车用干式荷电铅酸蓄电池和阀控密封式铅酸蓄电池两类,其他型式的蓄电池可参照使用。

2 规范性引用文件

下列文件中的条款通过本标准的引用而成为本标准的条款。凡是注日期的引用文件,其随后所有的修改单(不包括勘误的内容)或修订版均不适用于本标准,然而,鼓励根据本标准达成协议的各方研究是否可使用这些文件的最新版本。凡是不注日期的引用文件,其最新版本适用于本标准。

GB 2894 安全标志及其使用导则

GB/T 5465.2 电气设备用图形符号 第2部分:图形符号

GB/T 21268—2007 非公路用旅游观光车通用技术条件

3 术语和定义

下列术语和定义适用于本标准。

3.1

单体蓄电池 battery cell

一种由正极、负极及电解液组成的电化学能储存装置。其标称电压为电化学偶的标称电压。

3.2

蓄电池模块 battery module or battery monobloc

放置在一个单独的机械和电气单元内的内部相连的单体蓄电池的组合。

3.3

蓄电池包 battery pack

由蓄电池模块、固定框或固定架组成的单一机械总称。

3.4

动力蓄电池 traction battery

用来给动力电路提供能量的所有与电气相连的蓄电池包的总称。

3.5

蓄电池连接端子 battery connection terminal

位于蓄电池包壳体外的带电部分,其作用是输送电能。

3.6

容量 capacity

C

在规定条件下放电蓄电池输出的电荷数。

注:容量单位用安时(Ah)表示。

3.7

额定容量 rated capacity

C_N

在规定的蓄电池温度下,放电 n 小时,每一个单体蓄电池终止电压为 U_f 的情况下,蓄电池所能给出的电量,相应的放电电流为:

$$I_N(A) = C_N(Ah)/n(h) \quad \cdots\cdots(1)$$

注：额定容量单位用安时(Ah)表示 。

3.8

爬电距离　creepage distance

L

连接端子的带电部分(包括任何可导电的连接件)和电底盘之间，或两个电位不同的带电部分之间的绝缘材料表面的最短距离。

注：爬电距离单位用毫米(mm)表示。

4　蓄电池包的型号

4.1　型号表示法

蓄电池包的型号根据蓄电池包的额定容量、蓄电池模块的布置方式及额定电压确定，采用代号组成。

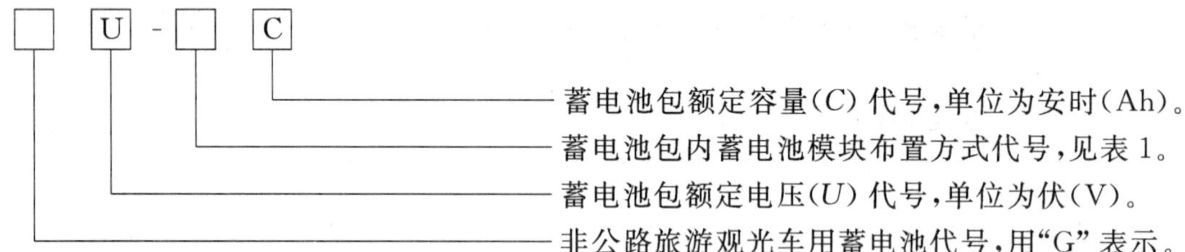

4.2　型号示例

例如：G48D150是指为非公路旅游观光车用，电压为48 V，布置方式为D型，额定容量为150 Ah的蓄电池包。

5　技术要求

5.1　蓄电池包规格

蓄电池包不应有变形及裂纹，所选结构材料应具有足够强度，正常使用时不得产生影响电池性能的变形。为了提高车辆的使用效率，蓄电池包必须便于拆卸且可以整体脱离车辆，并且要保证均匀对称的分布。每台观光车所选蓄电池包应在表1中选取。蓄电池包之间要易于连接，并且可以脱离车辆充电。推荐使用内部包括4～6个蓄电池模块的蓄电池包，蓄电池包的尺寸及布置方式见表1。

表1　蓄电池包的尺寸及布置方式

<table>
<tr><th>布置方式代号</th><th>布置方式</th><th>电压/V</th><th>长±10/mm</th><th>宽±10/mm</th><th>高±30/mm</th></tr>
<tr><td rowspan="2">A</td><td rowspan="2">□□□□</td><td rowspan="4">24/32</td><td rowspan="2">760</td><td rowspan="2">265</td><td>300</td></tr>
<tr><td>300</td></tr>
<tr><td rowspan="2">B</td><td rowspan="2">□□
□□</td><td rowspan="2">525</td><td rowspan="2">380</td><td>300</td></tr>
<tr><td>300</td></tr>
<tr><td>C</td><td>□□□□□</td><td>30/40</td><td>950</td><td>265</td><td>300</td></tr>
<tr><td rowspan="2">D</td><td rowspan="2">□□□□□□</td><td rowspan="4">36/48</td><td rowspan="2">1 140</td><td rowspan="2">265</td><td>300</td></tr>
<tr><td>300</td></tr>
<tr><td rowspan="2">E</td><td rowspan="2">□□□
□□□</td><td rowspan="2">570</td><td rowspan="2">525</td><td>300</td></tr>
<tr><td>300</td></tr>
<tr><td colspan="6">注：□代表单一蓄电池模块。</td></tr>
</table>

5.2 极性标志

蓄电池的极性应与标志的极性符号一致,应以“+”、“—”符号或字母 POS、NEG 在端子附近用凸起或凹进的形式标记极性,标记使用的符号实际长度和高度应不小于 5 mm。

5.3 端子位置

按端子位置可分为五种类型,如图 1 所示:

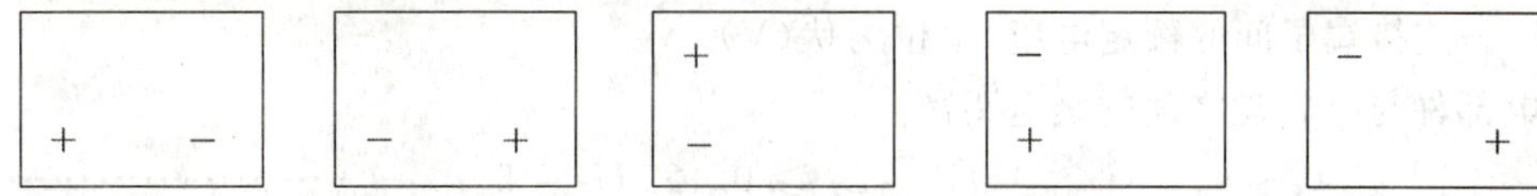

图 1 端子位置的类型

5.4 额定容量

5.4.1 本标准规定在 30 ℃温度下,连续放电 5 小时,平均每一个单体蓄电池终止电压为 1.70 V。

5.4.2 按 6.2 试验时,第一次容量应不低于额定值的 85%。

5.4.3 应在第十次容量试验前达到额定值。

5.4.4 蓄电池使用时,应保证其不少于 400 次的额定容量放电。

5.5 动力蓄电池电压

动力蓄电池优先选用的蓄电池电压为:24 V、36 V、48 V、60 V、72 V、80 V、96 V、120 V、144 V、160 V、192 V、240 V。

5.6 大电流放电

蓄电池应保证按观光车最大允许使用电流连续放电 1 h,不应有渗液、漏液等任何异常现象。试验方法见 6.2.2。

5.7 耐振动性能

蓄电池观光车按 GB/T 21268 规定进行 150 h 强化试验。试验期间,蓄电池放电电压应无异常;试验后,检查蓄电池应无机械损伤,无电解液渗漏。

5.8 循环使用能力

观光车蓄电池按 GB/T 21268 规定进行强化试验。试验期结束后,随机抽取的蓄电池模块按 GB/T 21268—2007 中的 7.2 试验后,其容量不应小于额定容量的 85%。

5.9 动力蓄电池的断开

5.9.1 紧急断电装置

动力蓄电池与车载电气回路间应设有机械式紧急断电开关。在车辆发生故障时,驾驶员应操作该开关安全地切断蓄电池的输出电流。该开关的按钮型式应采用凸起手动复位式,不允许由于按动该开关造成危险。

5.9.2 过流保护装置

控制系统应在下列情况下断开蓄电池的连接电路:

a) 超过车辆设定的安全使用电流;

b) 与动力蓄电池连接的电路出现短路。

5.10 蓄电池包的固定

蓄电池包应固定牢固,不应由于车辆碰撞而甩出和发生可能产生危险的位移,同时应采取必要的防护措施,防止电解液甩出时,伤及乘员。

5.11 通风

观光车应装设通风设施;在任何情况下氢气的浓度都不应大于空气体积的 1%。

5.12 爬电距离

在正常状态下,由于电解液的泄露,蓄电池模块以及蓄电池包的连接端子(包括与它们相连的任何

可导电的连接件)与任何可导电部件之间产生附加的泄露电流,此时,应按下列方法确定爬电距离:

a) 两个连接端子间的爬电距离:

$$L_1 \geqslant 0.25\,U_1 + 5 \quad \cdots\cdots(2)$$

式中:

L_1——连接端子间的爬电距离,单位为毫米(mm);

U_1——连接端子间的额定电压,单位为伏(V)。

b) 带电部件与电底盘之间的爬电距离:

$$L_2 \geqslant 0.125\,U_2 + 5 \quad \cdots\cdots(3)$$

式中:

L_2——带电部件与电底盘之间的爬电距离,单位为毫米(mm);

U_2——动力蓄电池的额定电压,单位为伏(V)。

6 试验

6.1 试验条件

6.1.1 环境条件

试验应在 15 ℃~35 ℃,相对湿度 25%~85%的环境中进行。

6.1.2 测量仪器

所用仪器应在标定有效期内并满足测试要求。仪器的精度可见附录 A。

6.1.3 试样

应选择未曾使用的、不超过 60 天的蓄电池进行试验,并应完全充电。

6.2 试验样品

6.2.1 放电容量测定

蓄电池完全充电后,在温度为 25 ℃±2 ℃的水浴环境中静置 5 h,然后以 I_5(A)的电流,恒定电流放电到平均每一个单体蓄电池的终止电压为 1.70 V 时终止,记录放电时间。用放电电流乘以放电终止时间计算电池容量。

6.2.2 大电流放电

蓄电池模块或动力蓄电池完全充电后,以所配观光车最大允许电流 I_m,恒定电流放电 1 h。

7 标志、运输、贮存、排废

7.1 标志

蓄电池包上应有下列标志:

a) 制造厂名称;

b) 型号;

c) 额定电压;

d) 制造日期;

e) 尺寸;

f) 极性符号;

g) 质量;

h) 模块个数及排列方式;

i) 带电警示符号(按 GB/T 5465.2 和 GB 2894 规定的符号底色为黄色,边框和符号为黑色),如图 2 所示。

图 2　蓄电池包的标记

7.2　运输

7.2.1　在运输中，蓄电池产品不应受剧烈机械冲撞、暴晒、雨淋，且不应倒置。

7.2.2　在装卸过程中，蓄电池产品应轻搬轻放，严防摔掷、翻滚、重压。

7.3　贮存

7.3.1　产品应贮存在温度为 5 ℃～40 ℃的干燥、清洁及通风良好的仓库内，一经使用，则应每隔 30 天充电一次。

7.3.2　蓄电池应不受阳光直射，并应远离热源至少 2 m。

7.3.3　应保证蓄电池产品不倒置、不卧放，并应避免机械冲击或重压。

7.4　废旧蓄电池的处理

废旧蓄电池及废旧蓄电池溶液应按照国家有关环保规定对其进行回收或处理。

附 录 A
（规范性附录）
仪器的精度

仪器的精度应满足下列要求：

a） 测量电压用的仪表准确度应不低于 0.5 级，电压表内阻不小于 1 kΩ/V；

b） 测量电流用的仪表准确度应不低于 0.5 级；

c） 测量温度的温度计应具有适当的量程，其分度值应不大于 1 ℃，标定准确度应不低于 0.5 ℃；

d） 测量时间用的仪表，至少应具有±1％的准确度；

e） 测量蓄电池外形尺寸的量具，其分度值应不大于 1 mm；

f） 测量电解液密度用的密度计，应具有适当的量程，每个分度值应不大于 0.005 g/cm^3；

g） 称量蓄电池重量的衡器，至少应具有±0.05％以上的准确度。

ICS 27.010
F 01

中华人民共和国国家标准

GB/T 24915—2010

合同能源管理技术通则

General technical rules for energy performance contracting

2010-08-09 发布　　2011-01-01 实施

中华人民共和国国家质量监督检验检疫总局
中国国家标准化管理委员会　发布

前　言

本标准的附录 A 为资料性附录。

本标准由国家发展和改革委员会资源节约和环境保护司提出。

本标准由全国能源基础与管理标准化技术委员会归口。

本标准起草单位：中国标准化研究院、中国节能协会节能服务产业委员会、深圳达实智能股份有限公司、北京市大成律师事务所、山东融世华租赁有限公司、上海久隆电力科技有限公司、北京硕人海泰能源科技有限公司、北京华联律师事务所、施耐德电气(中国)投资有限公司、通标标准技术服务有限公司、挪威船级社(中国)有限公司、远大能源利用管理有限公司、新时空(北京)节能科技有限公司。

本标准主要起草人：李鹏程、陈海红、赵明、谌树忠、李铁牛、钱靖、于力、王康、程丹明、聂海亮、刘昕、何生、范莉莉、贾洲平、刘秋生、罗丽芬、李明奎、邢向丰。

合同能源管理技术通则

1 范围

本标准规定了合同能源管理的术语和定义、技术要求和参考合同文本。

本标准适用于合同能源管理项目的实施。

2 规范性引用文件

下列文件中的条款通过本标准的引用而成为本标准的条款。凡是注日期的引用文件，其随后所有的修改单(不包括勘误的内容)或修订版均不适用于本标准，然而，鼓励根据本标准达成协议的各方研究是否可使用这些文件的最新版本。凡是不注日期的引用文件，其最新版本适用于本标准。

GB/T 2587 用能设备能量平衡通则

GB/T 2589 综合能耗计算通则

GB/T 3484 企业能量平衡通则

GB/T 13234 企业节能量计算方法

GB/T 15316 节能监测技术通则

GB/T 17166 企业能源审计技术通则

3 术语和定义

下列术语和定义适用于本标准。

3.1

合同能源管理 energy performance contracting；EPC

节能服务公司与用能单位以契约形式约定节能项目的节能目标，节能服务公司为实现节能目标向用能单位提供必要的服务，用能单位以节能效益支付节能服务公司的投入及其合理利润的节能服务机制。

3.2

合同能源管理项目 energy performance contracting project

以合同能源管理机制实施的节能项目。

3.3

节能服务公司 energy services company；ESCO

提供用能状况诊断、节能项目设计、融资、改造(施工、设备安装、调试)、运行管理等服务的专业化公司。

3.4

能耗基准 energy consumption baseline

由用能单位和节能服务公司共同确认的，用能单位或用能设备、环节在实施合同能源管理项目前某一时间段内的能源消耗状况。

3.5

项目节能量 project energy savings

在满足同等需求或达到同等目标的前提下，通过合同能源管理项目实施，用能单位或用能设备、环节的能源消耗相对于能耗基准的减少量。

4 技术要求

4.1 合同能源管理项目的要素包括用能状况诊断、能耗基准确定、节能措施、量化的节能目标、节能效益分享方式、测量和验证方案等。

4.2 用能状况诊断可按照 GB/T 2587、GB/T 3484、GB/T 15316、GB/T 17166 及相关标准执行。

4.3 能耗基准确定可按照 GB/T 2589、GB/T 13234 及相关标准执行，并应得到双方的确认。

4.4 节能措施应符合国家法律法规、产业政策要求以及工艺、设备等相关标准的规定。

4.5 测量和验证是通过测试、计量、计算和分析等方式确定项目能耗基准及项目节能量、节能率或能源费用节约的活动。测量和验证方案作为合同的必要内容应充分参照已有的标准规范成果，并遵循以下原则：

a) 准确性。应准确反映用能单位实际能耗状况和预期的及达到的节能目标。

b) 完整性。应充分考虑所有影响实现节能目标的因素，对重要的影响因素应进行量化分析。

c) 透明性。应对双方公开相关技术细节，避免合同实施过程中可能的争议。

4.6 项目节能量的确定可按照 GB/T 13234 及相关标准规范执行。

4.7 能耗基准确定、测量和验证等工作可委托合同双方认可的第三方机构进行监督审核。

5 合同文本

合同能源管理包括节能效益分享型(参见附录 A)、节能量保证型、能源费用托管型、融资租赁型、混合型等类型的合同。合同文本是合同能源管理项目实施的重要载体。项目各相关方可参照附录 A 参考合同的格式，开发专门的合同能源管理项目实施合同文本。

附 录 A
（资料性附录）
合同能源管理项目参考合同[1)]

<table>
<tr><td rowspan="8">甲方
（用能单位）</td><td>单位名称</td><td colspan="3"></td></tr>
<tr><td>法定代表人</td><td></td><td>委托代理人</td><td></td></tr>
<tr><td>联系人</td><td colspan="3"></td></tr>
<tr><td>通讯地址</td><td colspan="3"></td></tr>
<tr><td>电话</td><td></td><td>传真</td><td></td></tr>
<tr><td>电子邮箱</td><td colspan="3"></td></tr>
<tr><td>开户银行</td><td colspan="3"></td></tr>
<tr><td>账号</td><td colspan="3"></td></tr>
<tr><td rowspan="8">乙方
（节能服务公司）</td><td>单位名称</td><td colspan="3"></td></tr>
<tr><td>法定代表人</td><td></td><td>委托代理人</td><td></td></tr>
<tr><td>联系人</td><td colspan="3"></td></tr>
<tr><td>通讯地址</td><td colspan="3"></td></tr>
<tr><td>电话</td><td></td><td>传真</td><td></td></tr>
<tr><td>电子邮箱</td><td colspan="3"></td></tr>
<tr><td>开户银行</td><td colspan="3"></td></tr>
<tr><td>账号</td><td colspan="3"></td></tr>
</table>

1） 适用于节能效益分享型合同。

鉴于本合同双方同意按“合同能源管理”模式就____________项目(以下简称“项目”或“本项目”)进行________专项节能服务,并支付相应的节能服务费用。双方经过平等协商,在真实、充分地表达各自意愿的基础上,根据《中华人民共和国合同法》及其他相关法律法规的规定,达成如下协议,并由双方共同恪守。

第1节 术语和定义

双方确定:本合同及相关附件中所涉及的有关名词和技术术语,其定义和解释如下:

……

第2节 项目期限

2.1 本合同期限为____,自____始,至____。(根据附件一项目方案填写)

2.2 本项目的建设期为____,自____始,至____。(根据附件一项目方案填写)

2.3 本项目的节能效益分享期的起始日为____,效益分享期为____。(根据附件一项目方案填写)

第3节 项目方案设计、实施和项目的验收

3.1 甲乙双方应当按照本合同附件一所列的项目方案文件的要求以及本合同的规定进行本项目的实施。

3.2 项目方案一经甲方批准,除非双方另行同意,或者依照本合同第7节的规定修改之外,不得修改。

3.3 乙方应当依照第2.2条规定的时间依照项目方案的规定开始项目的建设、实施和运行。

3.4 甲乙双方应当按照附件一之文件13的规定进行项目验收。

第4节 节能效益分享方式

4.1 效益分享期内项目节能量/率预计为____,预计的节能效益为____。该前述预计的指标可按照附件一中文件2规定之公式和方法予以调整。

4.2 效益分享期内,乙方分享____%的项目节能效益。具体的分期分享比例如下:

……

4.3 双方应当按照附件一之文件3规定的程序和方式共同或者委托第三方机构对项目节能量进行测量和确认,并按照附件一下之文件7的格式填制和签发节能量确认单。

4.4 节能效益由甲方按照第4.2条的规定分期支付乙方,具体支付方式如下:

(a) 在相应的节能量确认后,乙方应当根据确认的节能量向甲方发出书面的付款请求,叙明付款的金额、方式以及对应的节能量;

(b) 甲方应当在收到上述付款请求之后的____日内,将相应的款项支付给乙方。

(c) 乙方应当在收款后向甲方出具相应的正式发票。

4.5 如双方对任何一期节能效益的部分存在争议,该部分的争议应不影响对无争议部分的节能效益的分享和相应款项的支付。

第5节 甲方的义务

5.1 如根据相关的法律法规,或者是基于任何有权的第三方的要求,本项目的实施必须由甲方向相应的政府机构或者其他第三方申请许可、同意或者批准,甲方应当根据乙方的请求,及时申请该等许可、同意或者是批准,并在本合同期间保持其有效性。甲方也应当根据乙方的合理要求,协助其获得其他为实施本项目所必需的许可、同意或者是批准。

5.2 甲方应当根据乙方的合理要求,及时提供节能项目设计和实施所必须的资料和数据,并确保

其真实、准确、完整。

5.3 提供节能项目实施所需要的现场条件和必要的协助，如清理施工现场、合理调整生产、设备试运行等。

5.4 根据附件一之文件6的相关规定，指派具有资质的操作人员参加培训。

5.5 甲方应提供必要的资料和协助，配合乙方或双方同意的第三方机构开展节能量测量和验证。

5.6 甲方应根据项目方案的相关规定，及时协助乙方完成项目的试运行和验收，并提供确认安装完成和试运行正常的验收文件。

5.7 甲方应根据附件一的规定对设备进行操作、维护和保养。在合同有效期内，对设备运行、维修和保养定期作出记录并妥善保存____年。甲方应根据乙方的合理要求及时向其提供该等记录。

5.8 甲方应当根据项目方案的规定，为乙方或者乙方聘请的第三方进行项目的建设、维护、运营及检测、修理项目设施和设备提供合理的协助，保证乙方或者乙方聘请的第三方可合理地接近与本项目有关的设施和设备。

5.9 节能效益分享期间，如设备发生故障、损坏和丢失，甲方应在得知此情况后及时书面通知乙方，配合乙方对设备进行维修和监管。

5.10 甲方应保证与项目相关的设备、设施的运行符合国家法律法规及产业政策要求。

5.11 甲方应保证与项目相关的设备、设施连续稳定运行且运行状况良好。

5.12 甲方应当按照本合同的规定，及时向乙方付款。

5.13 甲方应当将与项目有关的其内部规章制度和特殊安全规定要求及时提前告知乙方、乙方的工作人员或其聘请的第三方，并根据需要提供防护用品。

5.14 甲方应当协助乙方向有关政府机构或者组织申请与项目相关的补助、奖励或其他可适用的优惠政策。

5.15 其他：____________。

第6节 乙方的义务

6.1 乙方应当按照附件一的项目方案文件规定的技术标准和要求以及本合同的规定，自行或者通过经甲方批准的第三方按时完成本项目的方案设计、建设、运营以及维护。

6.2 乙方应当确保其工作人员和其聘请的第三方严格遵守甲方有关施工场地安全和卫生等方面的规定，并听从甲方合理的现场指挥。

6.3 乙方应当依照附件一之文件6的相关规定，对甲方指派的操作人员进行适当的培训，以使其能承担相应的操作和设施维护要求。

6.4 乙方应当根据相应的法律法规的要求，申请除必须由甲方申请之外的有关项目的许可、批准和同意。

6.5 乙方安装和调试相关设备、设施应符合国家、行业有关施工管理法律法规和与项目相对应的技术标准规范要求，以及甲方合理的特有的施工、管理要求。

6.6 在接到甲方关于项目运行故障的通知之后，乙方应根据附件一的相关规定和要求，及时完成相关维修或设备更换。

6.7 乙方应当确保其工作人员或者其聘请的第三方在项目实施、运行的整个过程中遵守相关法律法规，以及甲方的相关规章制度。

6.8 乙方应配合双方同意的第三方机构或甲方开展节能量测量和验证。

6.9 其他：____________。

第7节 项目的更改

7.1 项目开始运行之后，甲方和乙方的项目负责人应当至少每____进行一次工作会议，讨论与项目运行和维护有关的事宜。

7.2 如在项目的建设期间出现乙方作为专业的节能服务提供者能够合理预料之外的情况，从而导致原有项目方案需要修改，则乙方有权对原有项目方案进行修改并实施修改的方案，但前提是不会对原有项目方案设定的主要节能目标和技术指标造成重大不利影响。除非该情况的出现是由甲方的过错造成，所有由此产生的费用由乙方承担。

7.3 在本项目运行期间，乙方有权为优化项目方案、提高节能效益对项目进行改造，包括但不限于对相关设备或设施进行添加、替换、去除、改造，或者是对相关操作、维护程序和方法进行修改。乙方应当预先将项目改造方案提交甲方审核，所有的改造费用由乙方承担。

7.4 在本项目运行期间，甲方拆除、更换、更改、添加或移动现有设备、设施、场地，以致对本项目的节能效益产生不利影响，甲方应补偿乙方由此节能效益下降造成的相应的损失。

第8节 所有权和风险分担

8.1 在本合同到期并且甲方付清本合同下全部款项之前，本项目下的所有由乙方采购并安装的设备、设施和仪器等财产(简称“项目财产”)的所有权属于乙方。本合同顺利履行完毕之后，该等项目财产的所有权将无偿转让给甲方，乙方应保证该等项目财产正常运行。项目财产清单见附件一之文件9。

8.2 项目财产的所有权由乙方移交给甲方时，应同时移交本项目继续运行所必需的资料。如该项目财产的继续使用需要乙方的相关技术和/或相关知识产权的授权，乙方应当无偿向甲方提供该等授权。如该项目财产的继续使用涉及第三方的服务和/或相关知识产权的授权，该等服务和授权的费用由____方承担。

8.3 项目财产的所有权不因甲方违约或者本合同的提前解除而转移。在本合同提前解除时，项目财产依照第11.6条的规定处理。

8.4 在本合同期间，项目财产灭失、被窃、人为损坏的风险由____方承担或依照附件一的相关规定处理。

第9节 违约责任

9.1 如甲方未按照本合同的规定及时向乙方支付款项，则应当按照每日____的比率向乙方支付滞纳金。

9.2 如甲方违反除第9.1条外的其他义务，乙方对由此而造成的损失有权选择以下任意一种方式要求甲方承担相应的违约赔偿责任：

(a) 按照以下标准延长节能效益分享的时间：________________；

(b) 按照以下标准增加乙方节能效益分享的比例：________________；

(c) 直接要求甲方赔偿损失；

(d) 依照第11.5条的规定解除合同，并要求甲方赔偿全部损失。

9.3 如果乙方未能按照项目方案规定的时间和要求完成项目的建设，除非该等延误是由于不可抗力或者是甲方的过错造成，则乙方应当按照每日____的比率，向甲方支付误工的赔偿金。

9.4 如果乙方违反除第9.3条外的其他义务，甲方有权对由此造成的损失选择以下任一种方式要求乙方承担相应的违约赔偿责任：

(a) 按照以下标准降低乙方节能效益分享的比例：________________；

(b) 按照以下标准缩短乙方节能效益分享的时间：________________；

(c) 直接要求乙方赔偿损失；

(d) 依照第11.5条的规定，解除合同，并要求乙方赔偿损失。

9.5 本条规定的违约责任方式不影响甲乙双方依照法律法规可获得的其他救济手段。

9.6 一方违约后，另一方应采取适当措施，防止损失的扩大，否则不能就扩大部分的损失要求赔偿。

第10节　不可抗力

10.1　本合同下的不可抗力是指超出了相关方合理控制范围的任何行为、事件或原因，包括但不限于：

(a) 雷电、洪水、风暴、地震、滑坡、暴雨等自然灾害、海上危险、航行事故、战争、骚乱、暴动、全国紧急状态(无论是实际情况或法律规定的情况)、戒严令、火灾或劳工纠纷(无论是否涉及相关方的雇员)、流行病、隔离、辐射或放射性污染；或

(b) 任何政府单位或非政府单位或其他主管部门(包括任何有管辖权的法院或仲裁庭以及国际机构)的行动，包括但不限于法律、法规、规章或其他有法律强制约束力的法案所规定的没收、约束、禁止、干预、征用、要求、指示或禁运。

但不得包括一方资金短缺的事实。

10.2　如果一方("受影响方")由于不可抗力事件的发生，无法或预计无法履行合同下的义务，受影响方就必须在知晓不可抗力的有关事件的5日内向另一方("非影响方")提交书面通知，提供不可抗力事件的细节。

10.3　受影响方必须采取一切合理的措施，以消除或减轻不可抗力事件有关的影响。

10.4　在不可抗力事件持续期间，受影响方的履行义务暂时中止，相应的义务履行期限相应顺延，并将不会对由此造成的损失或损坏对非影响方承担责任。在不可抗力事件结束后，受影响方应该尽快恢复履行本合同下的义务。

10.5　如果因为不可抗力事件的影响，受影响方不能履行本合同项下的任何义务，而且非影响方在收到不可抗力通知后，受影响方的不能履行义务持续时间达90个连续日，且在此期间，双方没有能够谈判达成一项彼此可以接受的替代方式来执行本合同下的项目，任何一方可向另一方提供书面通知，解除本协议，而不用承担任何责任。

第11节　合同解除

11.1　本合同可经由甲乙双方协商一致后书面解除。

11.2　本合同可依照第10.5条(不可抗力)的规定解除。

11.3　当甲方迟延履行付款义务达____日时，乙方有权书面通知甲方后解除本合同。

11.4　当乙方延误项目建设期限达____日时，甲方有权书面通知乙方后解除本合同。

11.5　当本合同的一方发生以下任一情况时，另一方可书面通知对方解除本合同：

(a) 一方进入破产程序；

(b) 一方的控股股东或者是实际控制人发生变化，而且该变化将严重影响到该方履行本合同下主要义务的能力；

(c) 一方违反本合同下的主要义务，且该行为在另一方书面通知后____日内未得到纠正。

11.6　本合同解除后，本项目应当终止实施，除非双方另行按照附件二的规定处理，项目财产由乙方负责拆除、取回，并根据甲方的合理要求，将项目现场恢复原状，费用由乙方承担，甲方应对乙方提供合理的协助。如乙方经甲方合理提前通知后拒绝履行前述义务，则甲方有权自行拆除相关设备，并就因此产生的费用和损失向乙方求偿。

11.7　本合同的解除不影响任意一方根据本合同或者相关的法律法规向对方寻求赔偿的权利，也不影响一方在合同解除前到期的付款义务的履行。

第12节　合同项下的权利、义务的转让

双方约定，合同项下权利、义务的转让按照以下方式进行：

……

第 13 节　人身和财产损害和赔偿

13.1　如果在履行本合同的过程中，因一方的工作人员或受其指派的第三方人员（“侵权方”）的故意或者是过失而导致另一方的工作人员、或者是任何第三方的人身或者是财产损害，侵权方应当为此负责。如果另一方因此受到其工作人员或者是该第三方的赔偿请求，则侵权方应当负责为另一方抗辩，并赔偿另一方由此而产生的所有费用和损失。

13.2　受损害或伤害的一方对损害或伤害的发生也有过错时，应当根据其过错程度承担相应的责任，并适当减轻造成损害或伤害一方的责任。

第 14 节　保 密 条 款

双方确定因履行本合同应遵守的保密义务如下：

14.1　甲方：

14.1.1　保密内容（包括技术信息和经营信息）：________________。

14.1.2　负有保密义务的人员范围：________________。

14.1.3　保密期限：________________。

14.1.4　泄密责任：________________。

14.2　乙方：

14.2.1　保密内容（包括技术信息和经营信息）：________________。

14.2.2　负有保密义务的人员范围：________________。

14.2.3　保密期限：________________。

14.2.4　泄密责任：________________。

第 15 节　争议的解决

因本合同的履行、解释、违约、终止、中止、效力等引起的任何争议、纠纷，本合同各方应友好协商解决。如在一方提出书面协商请求后 15 日内双方无法达成一致，双方同意选择以下第____种方式解决争议：

1. 调解/诉讼/仲裁

(a) 任何一方均可向______（双方同意的第三方机构）或双方另行同意的第三方机构提出申请，由其作为独立的第三方就争议进行调查和调解，并出具调解协议，另一方应当在____日内同意接受该调查和调解。双方应根据第三方机构的要求提供所有必要的数据、资料，并接受其实地调查。

(b) 如果双方无法对第三方机构的选择达成一致，或者在一方书面提起调解申请后的 45 日内无法达成调解协议，双方同意采取以下第____种方式最终解决争议：

(1) 向________仲裁委员会申请仲裁；

(2) 向________人民法院提起诉讼。

如双方无法达成调解协议，调解的费用由双方平均分摊。

(c) 如果调解的被申请方不依照上述(a)段的规定接受调解，或者任何一方对达成的调解协议拒不执行，则无论依照(b)段选择的争议解决方式达成的结果如何，该拒绝接受调解或者拒绝履行调解协议的一方都应承担对方为解决争议所产生的所有费用，包括律师费、调解费以及仲裁费/诉讼费。

2. 诉讼/仲裁

双方同意不经由调解程序，直接采取以下第____种方式最终解决争议：

(1) 向________仲裁委员会申请仲裁；

(2) 向________人民法院提起诉讼。

第16节 保 险

16.1 双方约定按以下方式购买保险：

……

16.2 双方应协商避免重复投保，并及时告知对方已有的或准备进行的相关项目、财产和人员的投保情况。

第17节 知识产权

本合同涉及的专利实施许可和技术秘密许可，双方约定如下：

……

第18节 费用的分担

18.1 双方应当各自承担谈判和订立本合同的花费。

18.2 除非本合同下的其他条款另有规定，双方应当各自承担履行本协议下义务的费用。

18.3 受限于第18.2条的规定，除非本合同下的其他条款或附件另有规定，则____方应当负责本项目的投资，并承担本项目的方案设计、建设、运营、监测的所有费用，包括项目所需设备、设施、技术购置、更换的费用。

第19节 合同的生效及其他

19.1 项目联系人职责如下：

……

19.2 一方变更项目联系人的，应在____日内以书面形式通知另一方。未及时通知并影响本合同履行或造成损失的，应承担相应的责任。

19.3 本合同下的通知应当用专人递交、挂号信、快递、电报、电传、传真或者电子邮件的方式发送至本合同开头所列的地址。如该通知以口头发出，则应尽快在合理的时间内以书面方式向对方确认。如一方联系地址改变，则应当尽速书面告知对方。本合同中所列的地址即为甲、乙双方的收件地址。

19.4 本合同附件是属于本合同完整的一部分，如附件部分内容与合同正文不一致，优先适用合同附件的规定。

19.5 本合同的修改应采取书面方式。

19.6 本合同可由双方通过传真签署，经授权代表签字的合同的传真件具有与原件同样的效力。

19.7 本合同自双方授权代表签署之日起生效。合同文本一式____份，具有同等法律效力，双方各执____份。

19.8 本合同由双方授权代表于____年____月____日在____签订。

甲方(盖章)	乙方(盖章)
授权代表签字：	授权代表签字：
通讯地址：	通讯地址：
电话：	电话：
传真：	传真：
开户行：	开户行：

附件一、项目方案文件

1. 项目内容、边界条件、技术原理描述
2. 能耗基准、项目节能目标预测及能源价格波动及调整方式(调价公式和所依据的物价指数及其发布机关)
3. 节能量测量和验证方案
4. 项目性能指标和安全检测认证书
5. 节能目标达标认证书
6. 培训计划(包括人员资质要求等)
7. 项目进度阶段表和节能量确认单
8. 技术标准和规范
9. 项目财产清单(设备、设施、辅助设备设施的名称、型号、购入时间、价格及质保期等)
10. 项目所需其他设备材料清单
11. 施工条件约定
12. 项目投资分担方案
13. 项目验收程序和标准
14. 设备操作规程和保养要求
15. 设备故障处理约定

……

附件二、合同解除后项目财产的处理方式

ICS 25.220.40
A 29

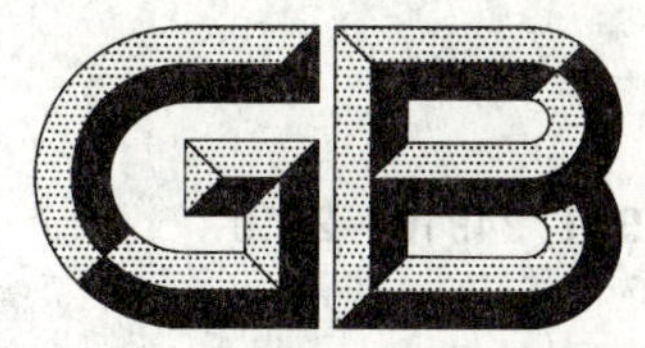

中华人民共和国国家标准

GB/T 24916—2010

表面处理溶液　金属元素含量的测定　电感耦合等离子体原子发射光谱法

Surface treatment solution—Determination of metal element contents—Inductively coupled plasma atomic emission spectrometric method

2010-08-09 发布　　2010-12-31 实施

中华人民共和国国家质量监督检验检疫总局
中国国家标准化管理委员会　发布

前　　言

本标准由中国机械工业联合会提出。

本标准由全国金属与非金属覆盖层标准化技术委员会归口。

本标准起草单位:重庆长安汽车股份有限公司。

本标准主要起草人:黄显铭、张健杨、李启华、杨雪梅、樊朝英、朱军。

表面处理溶液　金属元素含量的测定　电感耦合等离子体原子发射光谱法

1　范围

本标准规定了电感耦合等离子体原子发射光谱法测定表面处理溶液中金属元素含量的方法。

本标准适用于表面处理溶液中铝、钠、钙、镁、铁、铜、铬、铅、锌、锰、镍、锑等金属元素含量的测定。

测定范围见表1。

表1　测定范围

元素	测定范围/(g/L)	元素	测定范围/(g/L)	元素	测定范围/(g/L)
铝	0.000 020～5.00	钠	0.000 016～5.00	钙	0.000 010～5.00
镁	0.000 010～5.00	铁	0.000 010～20.00	铜	0.000 010～20.00
铬	0.000 020～5.00	铅	0.000 040～5.00	锌	0.000 010～5.00
锰	0.000 010～5.00	镍	0.000 020～5.00	锑	0.000 060～5.00

2　规范性引用文件

下列文件中的条款通过本标准的引用而成为本标准的条款。凡是注日期的引用文件，其随后所有的修改单(不包括勘误的内容)或修订版均不适用于本标准，然而，鼓励根据本标准达成协议的各方研究是否可使用这些文件的最新版本。凡是不注日期的引用文件，其最新版本适用于本标准。

GB/T 6682　分析实验室用水规格和试验方法 (GB/T 6682—2008,ISO 3696:1987,MOD)

3　原理

试料以硝酸和过氧化氢加热分解除去有机物，经高氯酸冒烟处理，用盐酸酸化后，样品溶液被蒸发和激发，发射出所含元素特征波长的光，经分光系统分光后，其谱线强度由光电元件接受并转变为电信号而被记录，根据元素浓度与谱线强度的关系，测定各元素的含量。测定中采用标准加入法。

4　试剂和材料

除非另有说明，在分析中仅使用分析纯试剂。

4.1　氩气，$w(Ar)\geqslant 99.99\%$。

4.2　水，符合 GB/T 6682 中二级水的规格。

4.3　铝，$w(Al)\geqslant 99.95\%$。

4.4　工作基准试剂氯化钠，固体。

4.5　碳酸钙，$w(CaCO_3)\geqslant 99.95\%$。

4.6　镁，$w(Mg)\geqslant 99.95\%$。

4.7　铁，$w(Fe)\geqslant 99.95\%$。

4.8　铜，$w(Cu)\geqslant 99.95\%$。

4.9　铬，$w(Cr)\geqslant 99.95\%$。

4.10　铅，$w(Pb)\geqslant 99.95\%$。

4.11　锌，$w(Zn)\geqslant 99.95\%$。

4.12 锰，$w(Mn) \geq 99.95\%$。

4.13 镍，$w(Ni) \geq 99.95\%$。

4.14 锑，$w(Sb) \geq 99.95\%$。

4.15 盐酸，ρ 约 1.19 g/mL。

4.16 硝酸，ρ 约 1.42 g/mL。

4.17 硫酸，ρ 约 1.84 g/mL。

4.18 高氯酸，ρ 约 1.67 g/mL。

4.19 30%过氧化氢，ρ 约 1.10 g/mL。

4.20 过氧化氢溶液(1+2)。

4.21 盐酸溶液(1+1)。

4.22 盐酸溶液(1+3)。

4.23 盐酸溶液(1+5)。

4.24 盐酸溶液(1+99)。

4.25 硝酸溶液(1+1)。

4.26 硝酸溶液(5+95)。

4.27 硝酸溶液(1+99)。

4.28 硫酸溶液(2+98)。

4.29 氯化锂溶液(5 g/L)。

5 准备工作

5.1 标准溶液的配制

5.1.1 铝标准溶液

称取 1.000 0 g 铝(4.3)，加热溶解于 100 mL 盐酸溶液(4.21)中，冷却至室温，移入 1 000 mL 容量瓶中，用水稀释至刻度，混匀。此溶液 1 mL 含有 1 mg 铝。

5.1.2 钠标准溶液

称取 2.542 1 g 于 500 ℃～600 ℃灼烧至恒定质量的工作基准试剂氯化钠(4.4)，溶于水中，移入 1 000 mL 容量瓶中，用水稀释至刻度，混匀，贮存于聚乙烯瓶中。此溶液 1 mL 含有 1 mg 钠。

5.1.3 钙标准溶液

称取 2.497 0 g 于 105 ℃～110 ℃干燥至恒定质量的碳酸钙(4.5)，加入约 50 mL 水，再滴加盐酸(4.15)至碳酸钙全部溶解，再过量 10 mL 盐酸(4.15)，冷却至室温，移入 1 000 mL 容量瓶中，用水稀释至刻度，混匀，贮存于聚乙烯瓶中。此溶液 1 mL 含有 1 mg 钙。

5.1.4 镁标准溶液

称取 1.000 0 g 镁(4.6)加热溶解于 60 mL 盐酸溶液(4.23)中，冷却至室温，移入 1 000 mL 容量瓶中，用水稀释至刻度，混匀。此溶液 1 mL 含有 1 mg 镁。

5.1.5 铁标准溶液

称取 1.000 0 g 铁(4.7)加热溶解于 50 mL 硝酸溶液(4.25)中，冷却至室温，移入 1 000 mL 容量瓶中，用水稀释至刻度，混匀。此溶液 1 mL 含有 1 mg 铁。

5.1.6 铜标准溶液

称取 1.000 0 g 铜(4.8)加热溶解于 30 mL 硝酸溶液(4.25)中，冷却至室温，移入 1 000 mL 容量瓶中，用硝酸溶液(4.27)稀释至刻度，混匀。此溶液 1 mL 含有 1 mg 铜。

5.1.7 铬标准溶液

称取 1.000 0 g 铬(4.9)加热溶解于 30 mL 盐酸溶液(4.21)中，冷却至室温，移入 1 000 mL 容量瓶中，用水稀释至刻度，混匀。此溶液 1 mL 含有 1 mg 铬。

5.1.8 铅标准溶液

称取 1.000 0 g 铅(4.10)加热溶解 30 mL 硝酸溶液(4.25)中,冷却至室温,移入 1 000 mL 容量瓶中,用水稀释至刻度,混匀。此溶液 1 mL 含有 1 mg 铅。

5.1.9 锌标准溶液

称取 1.000 0 g 锌(4.11)加热溶解于 30 mL 盐酸溶液(4.21)或 30 mL 硝酸溶液(4.25)中,冷却至室温,移入 1 000 mL 容量瓶中,用水稀释至刻度,混匀。此溶液 1 mL 含有 1 mg 锌。

5.1.10 锰标准溶液

称取 1.000 0 g 锰(4.12)加热溶解于 30 mL 盐酸溶液(4.21)或 30 mL 硝酸溶液(4.25)中,冷却至室温,移入 1 000 mL 容量瓶中,用水稀释至刻度,混匀。此溶液 1 mL 含有 1 mg 锰。

5.1.11 镍标准溶液

称取 1.000 0 g 镍(4.13)加热溶解于 30 mL 硝酸溶液(4.25)中,冷却至室温,移入 1 000 mL 容量瓶中,用盐酸溶液(4.24)稀释至刻度,混匀。此溶液 1 mL 含有 1 mg 镍。

5.1.12 锑标准溶液

称取 1.000 0 g 锑(4.14)加热溶解于 10 mL 盐酸(4.15)和 5.0 mL 过氧化氢溶液(4.20)中,煮沸除去过氧化氢,冷却至室温,移入 1 000 mL 容量瓶中,用盐酸溶液(4.22)稀释至刻度,混匀。此溶液1 mL含有 1 mg 锑。

5.2 标准加入法标准工作溶液系列的配制

5.2.1 各种表面处理溶液的测定元素

本标准中各种表面处理溶液的测定元素见表 2。

5.2.2 混合标准工作溶液梯度系列的稀释溶液配制

按表 3 分别移取铝、钠、钙等标准溶液于三只容量瓶中,形成混合标准工作溶液的梯度系列,加入 3.00 mL 盐酸(4.15)、1.00 mL 硝酸(4.16),用水稀释至刻度,摇匀,储于塑料瓶中。

表 2 各种表面处理溶液的测定元素

表面处理溶液名称	铝	钠	钙	镁	铁	铜	铬	铅	锌	锰	镍	锑
镀铬溶液	★	★	★	—	★	★	—	★	★	★	★	—
镀镍溶液	★	★	★	★	★	★	★	★	★	★	—	—
超滤液	★	★	★	★	★	★	★	★	★	★	★	—
磷化溶液	★	★	★	★	★	★	★	★	—	★	★	—
氟硼酸盐镀铅溶液	★	—	★	★	★	★	★	—	★	★	★	—
钾盐镀锌溶液	★	—	★	★	★	★	★	★	—	★	★	—
氰化镀铜溶液	★	—	★	★	★	—	★	★	★	★	★	—
氰化镀镉溶液	★	—	★	★	★	★	★	★	★	★	★	—
碱性镀锡溶液	★	—	★	★	★	★	★	★	★	★	★	—
酸性镀锡溶液	★	—	★	★	★	★	★	★	★	★	★	—
酸性镀铜溶液	★	★	★	★	★	—	★	★	★	★	★	★
注:★为测定元素。												

表 3 各种表面处理溶液混合标准工作溶液梯度系列

单位为毫升

表面处理溶液名称	吸取标准溶液体积												稀释溶液
	铝	钠	钙	镁	铁	铜	铬	铅	锌	锰	镍	锑	
镀铬溶液梯度系列	1	2	1	—	4	2	—	1	3	1	2	—	100
	2	4	2	—	8	4	—	2	6	2	4	—	100
	3	6	3	—	12	6	—	3	9	3	6	—	100
镀镍溶液梯度系列	1	2	1	2	4	2	1	1	3	1	—	—	100
	2	4	2	4	8	4	2	2	6	2	—	—	100
	3	6	3	6	12	6	3	3	9	3	—	—	100
超滤液梯度系列	1	2	1	2	4	2	1	1	3	1	2	—	100
	2	4	2	4	8	4	2	2	6	2	4	—	100
	3	6	3	6	12	6	3	3	9	3	6	—	100
磷化溶液梯度系列	1	2	1	2	4	2	1	1	—	1	2	—	100
	2	4	2	4	8	4	2	2	—	2	4	—	100
	3	6	3	6	12	6	3	3	—	3	6	—	100
氟硼酸盐镀铅溶液梯度系列	1	—	1	2	4	2	1	—	3	1	2	—	100
	2	—	2	4	8	4	2	—	6	2	4	—	100
	3	—	3	6	12	6	3	—	9	3	6	—	100
钾盐镀锌溶液梯度系列	1	—	1	2	4	2	1	1	—	1	2	—	100
	2	—	2	4	8	4	2	2	—	2	4	—	100
	3	—	3	6	12	6	3	3	—	3	6	—	100
氰化镀铜溶液梯度系列	1	—	1	2	4	—	1	1	3	1	2	—	100
	2	—	2	4	8	—	2	2	6	2	4	—	100
	3	—	3	6	12	—	3	3	9	3	6	—	100
氰化镀镉溶液梯度系列	1	—	1	2	4	2	1	1	3	1	2	—	100
	2	—	2	4	8	4	2	2	6	2	4	—	100
	3	—	3	6	12	6	3	3	9	3	6	—	100
碱性镀锡溶液系列	1	—	1	2	4	2	1	1	3	1	2	—	100
	2	—	2	4	8	4	2	2	6	2	4	—	100
	3	—	3	6	12	6	3	3	9	3	6	—	100
酸性镀锡溶液梯度系列	1	—	1	2	4	2	1	1	3	1	2	—	100
	2	—	2	4	8	4	2	2	6	2	4	—	100
	3	—	3	6	12	6	3	3	9	3	6	—	100
酸性镀铜溶液梯度系列	1	2	1	2	4	—	1	1	3	1	2	3	100
	2	4	2	4	8	—	2	2	6	2	4	6	100
	3	6	3	6	12	—	3	3	9	3	6	9	100

表4 测定元素的分析谱线

元素	波长/nm	元素	波长/nm	元素	波长/nm
铝	396.152	钠	589.592	钙	317.933(镀锌、镍、铅除外),336.229,422.673
镁	293.847,285.213,279.553	铁	259.940,239.562,259.837	铜	324.754
铬	267.716,284.325	铅	220.353	锌	206.200
锰	293.306,403.076	镍	221.647,231.604,341.476	锑	206.830

表5 标准加入元素浓度系列

单位为微克每毫升

序号	铝	钠	钙	镁	铁	铜	铬	铅	锌	锰	镍	锑
0	0.00	0.00	0.00	0.00	0.00	0.00	0.00	0.00	0.00	0.00	0.00	0.00
1	0.10	0.20	0.10	0.20	0.40	0.20	0.10	0.10	0.30	0.10	0.20	0.30
2	0.20	0.40	0.20	0.40	0.80	0.40	0.20	0.20	0.60	0.20	0.40	0.60
3	0.30	0.60	0.30	0.60	1.20	0.60	0.30	0.30	0.90	0.30	0.60	0.90

6 分析条件

6.1 仪器:电感耦合等离子体原子发射光谱分析仪。

6.2 光源:氩等离子体光源。

6.3 仪器的工作条件如下:

a) 分析谱线:测定元素的分析谱线见表4;

b) 射频功率:950 W~1 200 W;

c) 雾化压力:0.21 MPa~0.24 MPa;

d) 辅助气流量:1.0 L/min;

e) 样品提升量:1.4 L/min~1.6 L/min;

f) 积分时间:UV:5 s~8 s;VIS:5 s~10 s。

注:UV——紫外光区波段;VIS——可见光区波段。

7 分析步骤

7.1 空白试验

随同试料溶液做空白试验。

7.2 分析试液的前处理和制备

7.2.1 镀铬分析试液的前处理和制备

7.2.1.1 前处理

吸取5.00 mL试料(V_1)于150 mL三角瓶中,加5 mL水,20 mL硝酸(4.16)。在通风橱中,加热煮沸,稍冷,分次加入总量为2 mL的30%过氧化氢(4.19),煮沸3 min,稍冷,加5 mL硝酸(4.16),5 mL高氯酸(4.18),加热蒸发至冒高氯酸烟,直至干涸,取下稍冷,加20 mL盐酸溶液(4.21)溶解盐类,煮沸2 min。移入250 mL容量瓶中,用水稀释至刻度,混匀,此溶液为前处理试液。

7.2.1.2 分析试液的制备

分别吸取10.00 mL前处理试液(V_2)4份,置于4只100 mL容量瓶中,其中一只不加被测元素标准溶液,在另3只容量瓶中依次按表3加入1.00 mL待测元素混合标准工作溶液梯度系列的稀释溶液,然后,于4只100 mL容量瓶中分别加入3.00 mL盐酸(4.15),1.00 mL硝酸溶液(4.16),用水稀释至刻度,摇匀。

7.2.2 镀镍分析试液的前处理和制备

7.2.2.1 前处理

吸取5.00 mL试料(V_1)于150 mL三角瓶中，加5 mL水，15 mL硝酸(4.16)。在通风橱中，加热煮沸，稍冷，分次加入总量为3 mL的30%过氧化氢(4.19)，煮沸3 min，稍冷，加5 mL硝酸(4.16)，5 mL高氯酸(4.18)，加热蒸发至冒高氯酸烟，直至干涸，取下稍冷，加20 mL盐酸溶液(4.21)溶解盐类，煮沸2 min，冷却至室温，移入250 mL容量瓶中，以水稀释至刻度，摇匀。此溶液为前处理试液。

7.2.2.2 分析试液的制备

分别吸取10.00 mL前处理试液(V_2)4份，置于4只100 mL容量瓶中，以下处理同7.2.1.2。

7.2.3 超滤液分析试液的前处理和制备

7.2.3.1 前处理

吸取10.00 mL试料(V_1)于150 mL三角瓶中，加10 mL水，20 mL硝酸(4.16)。在通风橱中，加热煮沸，稍冷，分次加入总量为3 mL的30%过氧化氢(4.19)，煮沸3 min，稍冷，加5 mL硝酸(4.16)，5 mL高氯酸(4.18)，加热蒸发至冒高氯酸烟，直至干涸，取下稍冷，加20 mL盐酸溶液(4.21)溶解盐类，煮沸2 min，冷却至室温，移入250 mL容量瓶中，以水稀释至刻度，摇匀。此溶液为前处理试液。

7.2.3.2 分析试液的制备

分别吸取10.00 mL前处理试液(V_2)4份，置于4只100 mL容量瓶中，以下处理同7.2.1.2。

7.2.4 磷化溶液分析试液的前处理和制备

7.2.4.1 前处理

吸取10.00 mL试料(V_1)于150 mL三角瓶中，加10 mL水，20 mL硝酸(4.16)。在通风橱中，加热煮沸，稍冷，分次加入总量为3 mL的30%过氧化氢(4.19)，煮沸3 min，稍冷，加5 mL硝酸(4.16)，5 mL高氯酸(4.18)，加热蒸发至冒高氯酸烟，直至干涸，取下稍冷，加20 mL盐酸溶液(4.21)溶解盐类，煮沸2 min，冷却至室温，移入250 mL容量瓶中，以水稀释至刻度，摇匀。此溶液为前处理试液。

7.2.4.2 分析试液的制备

分别吸取10.00 mL前处理试液(V_2)4份，置于4只100 mL容量瓶中，以下处理同7.2.1.2。

7.2.5 氟硼酸盐镀铅分析试液的前处理和制备

7.2.5.1 前处理

吸取5.00 mL试料(V_1)于150 mL三角瓶中，加5 mL水，20 mL硝酸(4.16)。在通风橱中，加热煮沸，稍冷，分次加入总量为3 mL的30%过氧化氢(4.19)，煮沸3 min。稍冷，加5 mL硝酸(4.16)，5 mL高氯酸(4.18)，加热蒸发至冒高氯酸烟，直至干涸，取下稍冷，加20 mL盐酸溶液(4.21)溶解盐类，煮沸2 min，移入250 mL容量瓶中，用水稀释至刻度，混匀，此溶液为前处理试液。

7.2.5.2 分析试液的制备

分别吸取10.00 mL前处理试液(V_2)4份，置于4只100 mL容量瓶中。分别加入2.00 mL氯化锂溶液(4.29)，以下处理同7.2.1.2。

7.2.6 钾盐镀锌分析试液的前处理和制备

7.2.6.1 前处理

吸取5.00 mL试料(V_1)于150 mL三角瓶中，加5 mL水，15 mL硝酸(4.16)。在通风橱中，加热煮沸，稍冷，分次加入总量为3 mL的30%过氧化氢(4.19)，煮沸2 min。稍冷，加5 mL硝酸(4.16)，5 mL高氯酸(4.18)，加热蒸发至冒高氯酸烟，直至干涸，取下稍冷，加20 mL盐酸溶液(4.21)溶解盐类，煮沸2 min。取下稍冷，加50 mL水，过滤于250 mL容量瓶中，用水稀释至刻度，混匀，此溶液为前处理试液。

7.2.6.2 分析试液的制备

分别吸取10.00 mL前处理试液(V_2)4份，置于4只100 mL容量瓶中，分别加入2.00 mL氯化锂溶液(4.29)，以下处理同7.2.1.2。

7.2.7 氰化镀铜分析试液的前处理和制备

7.2.7.1 前处理

吸取 5.00 mL 试料(V_1)于 150 mL 三角瓶中，加 10 mL 水，20 mL 硝酸(4.16)。在通风橱中，加热煮沸，稍冷，分次加入总量为 3 mL 的 30%过氧化氢(4.19)，煮沸 3 min。稍冷，加 5 mL 硝酸(4.16)，5 mL 高氯酸(4.18)，加热蒸发至冒高氯酸烟，直至干涸，取下稍冷，加 20 mL 盐酸溶液(4.21)溶解盐类，煮沸 2 min，取下冷却，移入 250 mL 容量瓶中，用水稀释至刻度，混匀，此溶液为前处理试液。

7.2.7.2 分析试液的制备

分别吸取 10.00 mL 前处理试液(V_2)4 份，置于 4 只 100 mL 容量瓶中，以下处理同 7.2.1.2。

7.2.8 氰化镀镉分析试液的前处理和制备

7.2.8.1 前处理

吸取 5.00 mL 试料(V_1)于 150 mL 三角瓶中，加 10 mL 水，在通风橱中，加 2 mL 盐酸(4.15)，摇匀。加 20 mL 硝酸(4.16)，加热煮沸，稍冷，分次加入总量为 3 mL 的 30%过氧化氢(4.19)，煮沸2 min。稍冷，加 5 mL 硝酸(4.16)，5 mL 高氯酸(4.18)，加热蒸发至冒高氯酸烟，直至干涸，取下稍冷，加20 mL 盐酸溶液(4.21)溶解盐类，煮沸 2 min，取下冷却，移入 250 mL 容量瓶中，用水稀释至刻度，混匀，此溶液为前处理试液。

7.2.8.2 分析试液的制备

分别吸取 10.00 mL 前处理试液(V_2)4 份，置于 4 只 100 mL 容量瓶中，分别加入 2.00 mL 氯化锂溶液(4.29)，以下处理同 7.2.1.2。

7.2.9 碱性镀锡分析试液的前处理和制备

7.2.9.1 前处理

吸取 5.00 mL 试料(V_1)于 150 mL 三角瓶中，加 10 mL 水，2 mL 盐酸(4.15)，摇匀。在通风橱中，加热煮沸，稍冷，分次加入总量为 3 mL 的 30%过氧化氢(4.19)，煮沸 2 min。稍冷，加 5 mL 硝酸(4.16)，5 mL 高氯酸(4.18)，加热蒸发至冒高氯酸烟，直至干涸，取下稍冷，加 20 mL 盐酸溶液(4.21)溶解盐类，煮沸 2 min，移入 250 mL 容量瓶中，用水稀释至刻度，混匀，此溶液为前处理试液。

7.2.9.2 分析试液的制备

分别吸取 10.00 mL 前处理试液(V_2)4 份，置于 4 只 100 mL 容量瓶中，以下处理同 7.2.1.2。

7.2.10 酸性镀锡分析试液的前处理和制备

7.2.10.1 前处理

吸取 5.00 mL 试料(V_1)于 150 mL 三角瓶中，加 5 mL 水，20 mL 硝酸(4.16)。在通风橱中，加热煮沸，稍冷，分次加入总量为 3 mL 的 30%过氧化氢(4.19)，煮沸 3 min，稍冷，加 5 mL 硝酸(4.16)，5 mL 高氯酸(4.18)，加热蒸发至冒高氯酸烟，直至干涸，取下稍冷，加 20 mL 盐酸溶液(4.21)溶解盐类，煮沸 2 min，移入 250 mL 容量瓶中，用水稀释至刻度，混匀，此溶液为前处理试液。

7.2.10.2 分析试液的制备

分别吸取 10.00 mL 前处理试液(V_2)4 份，置于 4 只 100 mL 容量瓶中，以下处理同 7.2.1.2。

7.2.11 酸性镀铜分析试液的前处理和制备

7.2.11.1 前处理

吸取 5.00 mL 试料(V_1)于 150 mL 三角瓶中，加 5 mL 水，20 mL 硝酸(4.16)。在通风橱中，加热煮沸，稍冷，分次加入总量为 3 mL 的 30%过氧化氢(4.19)，煮沸 3 min，稍冷，加 5 mL 硝酸(4.16)，5 mL 高氯酸(4.18)，加热蒸发至冒高氯酸烟，直至干涸，取下稍冷，加 40 mL 盐酸溶液(4.21)溶解盐类，煮沸 2 min，移入 250 mL 容量瓶中，用水稀释至刻度，混匀，此溶液为前处理试液。

7.2.11.2 分析试液的制备

分别吸取 10.00 mL 前处理试液(V_2)4 份，置于 4 只 100 mL 容量瓶中，以下处理同 7.2.1.2。

7.3 测定

7.3.1 谱线校准

校准待测元素的分析谱线。

7.3.2 测定

7.3.2.1 仪器通电预热，光室温度稳定后，先通氩气 30 min 后点火，燃烧 15 min～30 min 后进行检测。

7.3.2.2 打开计算机的仪器分析控制界面，新建标准加入法，选择表 4 中相应的分析谱线，输入推荐的仪器工作条件中的各项参数值(见 6.3)，再依次输入表 5 标准加入元素浓度系列中各被测元素的数值。

7.3.2.3 进行等离子体光谱测定，每个试料至少连续测定 3 次。

7.3.2.4 在测定过程中，应对被测元素每条分析谱线的波峰位置、背景干扰作必要的修正。

7.3.2.5 待测溶液中各元素的再次测定

根据测定出的元素含量值和标准加入法原理，对表 3 和表 5 中相应的数值进行调整，重新进行分析试液的制备(7.2)。将调整后的表 5 中各被测元素的数值重新依次输入计算机，然后进行再次测定。

8 结果计算

8.1 计算

按下式计算试料中被测元素的含量：

$$\rho_{B}=\frac{(\rho_{BS}-\rho_{BS0})\times 100\times 10^{-3}}{V_{1}\times\frac{V_{2}}{250}}=\frac{25\times(\rho_{BS}-\rho_{BS0})}{V_{1}\times V_{2}}$$

式中：

ρ_{B}——试料原液中被测元素的含量，单位为克每升(g/L)；

ρ_{BS}——分析试液中被测元素的含量，单位为微克每毫升(μg/mL)；

ρ_{BS0}——空白溶液中被测元素的含量，单位为微克每毫升(μg/mL)；

V_{1}——试料原液的体积，单位为毫升(mL)；

V_{2}——分取试液的体积，单位为毫升(mL)。

8.2 精密度

元素含量小于 0.000 1 g/L 时，在重复条件下获得的两次独立测定结果之差的绝对值应不超过算术平均值的 40%。

元素含量在 0.000 1 g/L～0.01 g/L 时，在重复条件下获得的两次独立测定结果之差的绝对值应不超过算术平均值的 20%。

元素含量在 0.01 g/L～1.00 g/L 时，在重复条件下获得的两次独立测定结果之差的绝对值应不超过超过算术平均值的 15%。

元素含量在 1.00 g/L～5.00 g/L 时，在重复条件下获得的两次独立测定结果之差的绝对值应不超过超过算术平均值的 10%。

元素含量大于 5.00 g/L 时，在重复条件下获得的两次独立测定结果之差的绝对值应不超过算术平均值的 20%。

9 试验报告

试验报告应包括以下内容：

a) 识别样品、实验室和试验日期所需的全部资料；

b) 参考本标准所用的方法；

c) 试验结果及表示；

d) 试验中观察到的异常现象;

e) 任何本标准未规定的操作,或任何影响结果的操作。

10 注意事项

10.1 应按高压钢瓶安全操作规程使用高压钢瓶。

10.2 点燃等离子体后,应尽量少开炬室门。

10.3 仪器室清洁、排风良好,应具有恒温、恒湿、防尘和防震设施。

10.4 试料及分析试液的处理应符合实验室环境及公共安全要求。

10.5 注意安全用电。

ICS 23.060.99
J 16

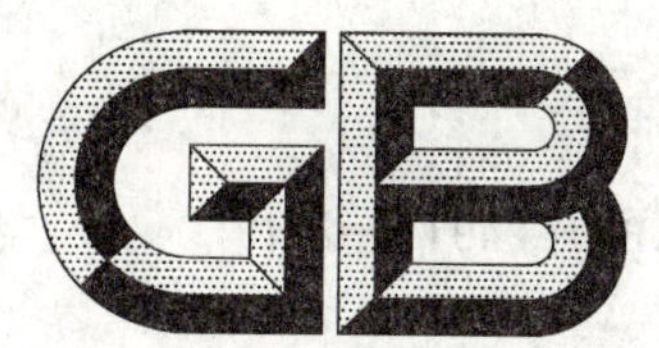

中华人民共和国国家标准

GB/T 24917—2010

2010-08-09 发布　　2010-12-31 实施

中华人民共和国国家质量监督检验检疫总局
中国国家标准化管理委员会　发布

前　言

本标准自实施之日起,JB/T 6901—1993《封闭式眼镜阀》废止。

本标准的附录A为规范性附录。

本标准由中国机械工业联合会提出。

本标准由全国阀门标准化技术委员会(SAC/TC 188)归口。

本标准起草单位:江苏神通阀门股份有限公司、浙江华东阀门有限公司。

本标准主要起草人:王建新、吴建新、金公元、倪燕、张逸芳。

眼　镜　阀

1　范围

本标准规定了眼镜阀的术语、分类、代号和结构形式、技术要求、标志、试验方法、检验规则、供货。

本标准适用于公称尺寸 DN100～DN3600，公称压力不大于 PN6，工作温度不大于 350 ℃，煤气管线用法兰连接眼镜阀。

2　规范性引用文件

下列文件中的条款通过本标准的引用而成为本标准的条款。凡是注日期的引用文件，其随后所有的修改单（不包括勘误的内容）或修订版均不适用于本标准，然而，鼓励根据本标准达成协议的各方研究是否可使用这些文件的最新版本。凡是不注日期的引用文件，其最新版本适用于本标准。

GB 150　钢制压力容器

GB/T 1047　管道元件　DN（公称尺寸）的定义和选用（GB/T 1047—2005，ISO 6708：1995，MOD）

GB/T 1048　管道元件　PN（公称压力）的定义和选用（GB/T 1048—2005，ISO/CD 7268：1996，MOD）

GB/T 1184—1996　形状和位置公差　未注公差值（eqv ISO 2768-2：1989）

GB/T 3274　碳素结构钢和低合金结构钢热轧厚钢板和钢带（GB/T 3274—2007，ISO 13976：2005，ISO 630：1995，NEQ）

GB/T 4237　不锈钢热轧钢板和钢带

GB/T 4622（所有部分）　缠绕式垫片

GB/T 9113.1　平面、突面整体钢制管法兰

GB/T 9124　钢制管法兰　技术条件

GB/T 12220　通用阀门　标志（GB/T 12220—1989，idt ISO 5209：1977）

GB/T 12222　多回转阀门驱动装置的连接（GB/T 12222—2005，ISO 5210：1991，MOD）

GB/T 12223　部分回转阀门驱动装置的连接（GB/T 12223—2005，ISO 5211：2001，MOD）

GB/T 12224　钢制阀门　一般要求（GB/T 12224—2005，ASME B16.34a—1998，NEQ）

GB/T 15601　管法兰用金属包覆垫片（GB/T 15601—1995，neq ISO 7483：1991）

JB 4708　钢制压力容器焊接工艺评定

JB/T 5000.3　重型机械通用技术条件　第 3 部分：焊接件

JB/T 7928　通用阀门　供货要求

3　术语

下列术语和定义适用于本标准。

3.1

眼镜阀　glasses valve

眼镜阀是一种由盲板、透板等组合而成的形似眼镜的阀板机构，沿阀座密封面作往复或旋摆运动，实现截断、开通功能的特种阀门。

3.2

封闭式眼镜阀　all sealed glasses valve

封闭式眼镜阀是眼镜阀的一种，其阀板机构在箱形结构的耐压壳体内作往复运动。

3.3

敞开式眼镜阀　exposed type glasses valve

敞开式眼镜阀是眼镜阀的一种，其阀板机构在敞开式框架内作往复运动。

3.4

扇形眼镜阀　quadrant valve

扇形眼镜阀是眼镜阀的一种，其阀板机构在敞开式三点支撑的框架内作旋摆运动。

4　分类、代号和结构形式

4.1　分类、代号

眼镜阀代号为 YJ，按其结构一般分为封闭式眼镜阀，其代号为 YJF；敞开式眼镜阀，其代号为 YJC；扇形眼镜阀，其代号为 YJS。

4.2　结构形式

4.2.1　封闭式眼镜阀结构形式如图 1 所示：

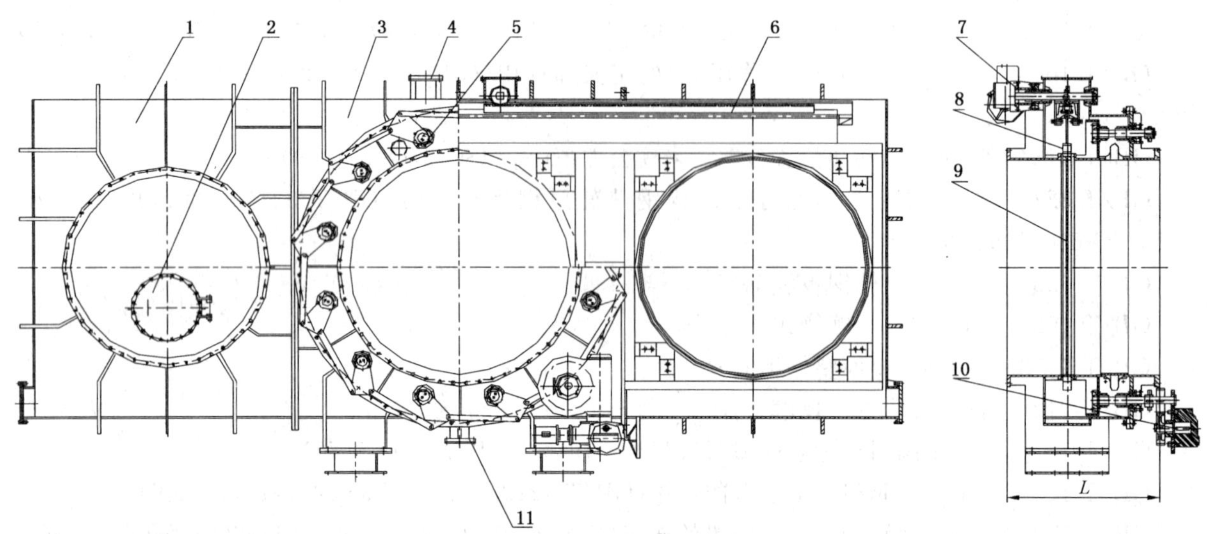

1——侧阀体；
2——检修孔；
3——阀体；
4——放散口；
5——松开夹紧机构；
6——阀板支撑机构；
7——行走驱动装置；
8——密封圈；
9——阀板机构；
10——松开夹紧驱动装置；
11——排污口。

图 1　封闭式眼镜阀

4.2.2 敞开式眼镜阀结构形式如图2所示：

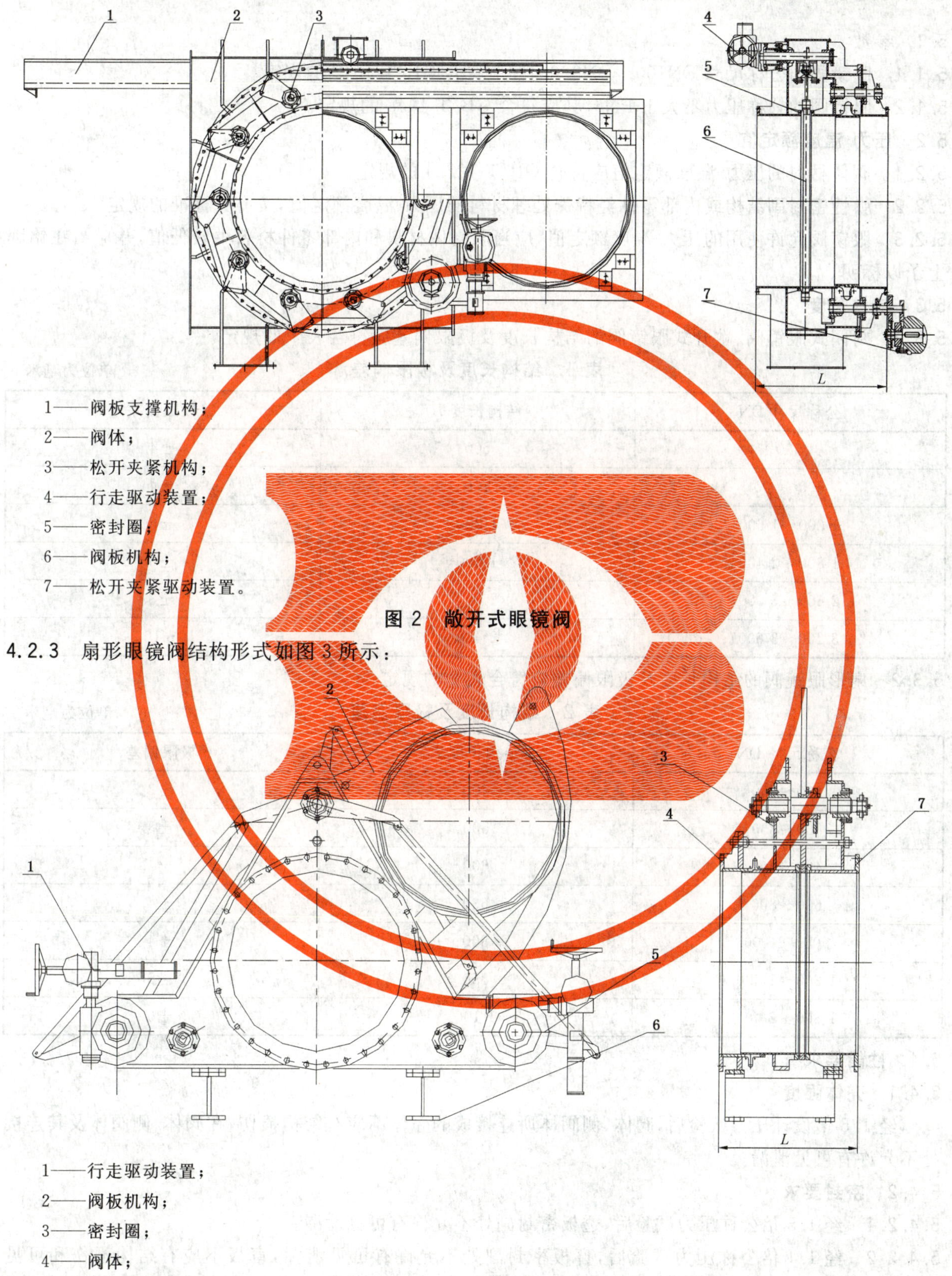

1——阀板支撑机构；

2——阀体；

3——松开夹紧机构；

4——行走驱动装置；

5——密封圈；

6——阀板机构；

7——松开夹紧驱动装置。

图2 敞开式眼镜阀

4.2.3 扇形眼镜阀结构形式如图3所示：

1——行走驱动装置；

2——阀板机构；

3——密封圈；

4——阀体；

5——夹紧驱动装置；

6——底座。

图3 扇形眼镜阀

5 技术要求

5.1 参数

5.1.1 眼镜阀的公称尺寸 DN100～DN3600,并应符合 GB/T 1047 的规定。

5.1.2 眼镜阀的公称压力不大于 PN6,其应符合 GB/T 1048 的规定。

5.2 压力-温度额定值

5.2.1 阀体材料的压力-温度额定值应符合 GB/T 12224 的规定。

5.2.2 弹性密封副结构或内部零件经特殊处理材料的压力-温度额定值,按有关标准的规定。

5.2.3 眼镜阀允许使用的压力-温度额定值,应当取阀体材料和内部零件材料中较低值,并应当在铭牌上予以标明。

5.3 结构长度

5.3.1 封闭式眼镜阀、敞开式眼镜阀的结构长度及极限偏差应符合表1的规定。

表 1 结构长度及极限偏差

单位为毫米

公称尺寸 DN	结构长度 L	极限偏差
500	600	±4
600～900	800	±4
1 000～1 600	1 200	±6
1 800～2 400	1 600	±6
2 600～3 000	2 000	±8
3 200～3 600	2 400	±10

5.3.2 扇形眼镜阀的结构长度及极限偏差应符合表 2 的规定。

表 2 结构长度及极限偏差

单位为毫米

公称尺寸 DN	结构长度 L	极限偏差
100～250	400	±2
300～350	500	±3
400～500	600	±4
600～800	630	±4
900～1 000	800	±4
1 200～1 600	850	±5
1 800～2 400	1 100	±6

5.4 性能要求

5.4.1 壳体强度

经 1.5 倍设计压力试验后,阀体、侧阀体所连接成的壳体不应有结构损伤,在阀体、侧阀体及其连接处不允许有可见泄漏。

5.4.2 密封要求

5.4.2.1 经 1.5 倍公称压力试验后,透板密封副处不允许有可见泄漏。

5.4.2.2 经 1.1 倍公称压力试验后,盲板密封副处不允许有可见泄漏,盲板不应有结构损伤和可见变形。

5.4.3 操作

5.4.3.1 眼镜阀的驱动装置应能平稳地启闭操作眼镜阀,无卡阻现象。

5.4.3.2 眼镜阀的阀板机构在行走驱动装置作用下，行走平稳，无爬行、跳动现象。

5.5 使用

5.5.1 眼镜阀只可以作开关切断使用。

5.5.2 眼镜阀应按标示的压力方向安装使用。

5.6 连接

5.6.1 眼镜阀与管道连接法兰形式和尺寸按 GB/T 9113.1 及表 3 的规定，技术条件应符合 GB/T 9124 的规定；或按订货合同的要求。

表 3 法兰连接尺寸

单位为毫米

公称尺寸 DN	法兰外径 D PN2.5/PN6	螺栓孔中心圆直径 K PN2.5/PN6	螺栓孔直径 L PN2.5/PN6	螺栓数量 n	法兰厚度 PN2.5/PN6
2 200	2 405/2 475	2 340/2 390	33/42	52	28/42
2 400	2 605/2 685	2 540/2 600	33/42	56	28/44
2 600	2 805/2 905	2 740/2 810	33/48	60	28/46
2 800	3 030/3 115	2 960/3 020	36/48	64	30/48
3 000	3 230/3 315	3 160/3 220	36/48	68	30/50
3 200	3 430/3 525	3 360/3 430	36/48	72	30/54
3 400	3 630/3 725	3 560/3 640	36/48	76	32/56
3 600	3 840/3 970	3 770/3 860	36/56	80	32/60

5.6.2 眼镜阀阀体两端法兰螺栓孔采用通孔，当受到结构限制时，允许采用螺纹孔。

5.6.3 眼镜阀与管道连接的法兰密封面应相互平行并与阀门通道轴线垂直，其平行度和垂直度误差按 GB/T 1184—1996 中表 B3 的 12 级精度的规定。

5.7 壳体

5.7.1 封闭式眼镜阀壳体应设置检修用人孔，人孔尺寸应不小于 600 mm。

5.7.2 封闭式眼镜阀壳体上应设置压力表接口以及氮气吹扫口。

5.7.3 封闭式眼镜阀壳体上应设置放散口以及排污口。

5.8 阀板机构

5.8.1 眼镜阀在松开状态时，阀座密封面和阀板机构密封圈之间的最小间隙应不小于 3 mm。

5.8.2 眼镜阀应设置阀板机构行走限位装置及阀板机构极限位置指示装置。

5.9 驱动装置

5.9.1 眼镜阀驱动装置包括阀板机构行走驱动装置和松开夹紧驱动装置两部分。驱动装置可采用液动、电动、气动等方式。

5.9.2 驱动装置的防护、防爆等级按订货合同的规定。

5.9.3 驱动装置与眼镜阀连接法兰的尺寸应符合 GB/T 12222、GB/T 12223 的规定。

5.9.4 对于手轮(包括驱动装置的手轮)或扳手操作的眼镜阀，除订货合同另有规定，当面向手轮或扳手时，顺时针方向转动手轮或扳手阀门应为关闭。

5.9.5 手轮的轮缘或手柄上应有明显的指示关闭(夹紧)方向的箭头和"关"字，或标示开-关两向的箭头和"开"、"关"字样。

5.9.6 眼镜阀驱动装置应能保证阀门正常操作。

5.9.7 眼镜阀的行走驱动装置与松开夹紧驱动装置应具有互锁功能。

5.10 材料

5.10.1 眼镜阀的材料应符合相关标准的规定，其主要零件材料按表 4 选取，如有特殊要求，经供需双方协商后在订货合同中注明。

表 4　材料

零件名称	材料名称及牌号	标准号
阀体、侧阀体、阀板机构	碳素结构钢 Q235 低合金高强度结构钢 Q345	GB/T 3274
阀体密封面	不锈钢 06Cr18Ni10、12Cr18Ni9	GB/T 4237
密封圈	橡胶 MQ、FPM	—
壳体垫片	橡胶 MQ、FPM	—
法兰垫片	金属包覆垫片	GB/T 15601
	缠绕式垫片	GB/T 4622
注：壳体垫片、法兰垫片应能保证在规定的压力和温度下密封。		

5.10.2　阀体密封面可在阀体上直接加工后刷镀防腐材料，也可堆焊不锈钢或焊接复合不锈钢板，其堆焊层加工后不小于 2 mm。

5.10.3　刷镀后的涂层表面就光滑、平整、致密、无气泡、起皮、脱落，涂层色泽应一致。

5.11　焊接要求

5.11.1　眼镜阀承压部件的焊接工艺和对焊工的要求应符合 GB 150 的规定，非承压部件的焊接工艺应符合 JB/T 5000.3 的规定。

5.11.2　在检验或试验时如发现焊接缺陷，允许按 GB 150 的规定进行补焊，补焊后必须重新进行试验。

5.11.3　眼镜阀承压焊缝和热影响区不得有裂纹、未熔合、气孔、弧坑和夹杂等缺陷。

5.11.4　焊后应进行消除应力处理。

5.12　其他要求

5.12.1　眼镜阀的外表面不得留有焊渣、飞溅及其附着物以及引弧伤。

5.12.2　焊缝的外形、尺寸(包括焊缝的余高和宽度及角焊缝的焊缝高度)应满足强度的要求。

5.12.3　眼镜阀应设置用于吊装的结构。

5.12.4　封闭式眼镜阀、敞开式眼镜阀应设置支撑机构，公称尺寸不小于 DN500 的扇形眼镜阀应设置支撑机构。

6　标志

6.1　眼镜阀的标志应符合 GB/T 12220 的规定。

6.2　眼镜阀铭牌上必须注明阀门的名称、型号、公称尺寸、公称压力、适用温度、阀体材料、出厂编号等相关内容。

6.3　眼镜阀的阀体上应标有指示承压方向的标志。

6.4　眼镜阀应有标识压力表接口、氮气吹扫口、放散口及排污口的铭牌。

7　试验方法

7.1　空载操作试验、壳体试验和密封试验

眼镜阀的空载操作试验、壳体试验和密封试验的方法和要求按附录 A 的规定。

7.2　承压焊缝的化学成分分析

承压焊缝的化学成分分析按 JB 4708 规定。

7.3　承压焊缝的力学性能试验

承压焊缝的力学性能试验按 JB 4708 规定。

7.4 **阀体标志检查**

目测阀体表面标记内容。

7.5 **铭牌内容检查**

目测眼镜阀铭牌上打印标记内容。

8 检验规则

8.1 检验项目、技术要求和检验方法按表5的规定。

表5 检验项目、技术要求和检验方法

检验项目	检验类别		技术要求	检验方法
	出厂检验	型式检验		
空载操作试验	√	√	按5.4.3规定	按7.1规定
壳体试验	√	√	按5.4.1规定	按7.1规定
密封试验	√	√	按5.4.2规定	按7.1规定
承压焊缝的化学成分[a]	—	√	按5.11规定	按7.2规定
承压焊缝的力学性能[a]	—	√	按5.11规定	按7.3规定
阀体标志检查	√	√	按6.1规定	按7.4规定
铭牌内容检查	√	√	按6.2规定	按7.5规定

[a] 承压焊缝的化学成分和力学性能在焊接工艺评定时进行。

8.2 出厂试验

眼镜阀须逐台进行出厂检验和试验,检验合格后方可出厂。

8.3 型式检验

8.3.1 有下列情况之一时,应提供1～2台阀门进行型式试验,试验合格后方可成批生产:

a) 新产品试制定型鉴定;

b) 正式生产后,如结构、材料、工艺有较大改变可能影响产品性能时;

c) 产品长期停产后恢复生产时。

8.3.2 有下列情况之一时,应抽样进行型式试验:

a) 正常生产时,定期或积累一定产量后,应进行周期性检验;

b) 国家质量监督机构提出进行型式检验的要求时。

8.4 抽样方法

8.4.1 抽样可以在生产线的终端经检验合格的产品中随机抽取,也可以在产品成品库中随机抽取,或者从已供给用户但未使用并保持出厂状态的产品中随机抽取。每一规格供抽样的最少基数和抽样数按表6的规定。到用户抽样时,供抽样的最少基数不受限制,抽样数仍按表6的规定。对整个系列产品进行质量考核时,根据该系列范围大小情况从中抽取2～3个典型规格进行检验。

表6 抽样的最少基数和抽样数

公称尺寸 DN	最少基数 台	抽样数 台
≤500	10	1
550～1 200	5	
≥1 400	3	

8.4.2 型式检验的全部检验项目都应符合表5中技术要求的规定。

9 供货

眼镜阀的供货应符合JB/T 7928的规定。

附 录 A
(规范性附录)
空载操作试验、壳体试验和密封试验

A.1 试验项目

眼镜阀试验的项目包括空载操作试验、壳体试验和密封试验。

A.2 试验要求

A.2.1 每台阀门出厂前均应进行试验。

A.2.2 在壳体试验完成之前,不允许对阀门涂漆或使用其他防止渗漏的涂层,但允许进行无密封作用的防锈处理。对于已涂过漆的库存阀门,如果用户要求重做压力试验,则不需除去涂层。

A.2.3 试验过程中不应使阀门受到可能影响试验结果的外力。

A.2.4 如无特殊规定,试验介质的温度为常温。

A.2.5 试验介质为空气或其他适宜的气体,试验中应采取必要的安全措施。

A.2.6 封闭式眼镜阀进行壳体试验时,阀板与阀座密封面脱离,放散孔及排污口必须关闭且密封。

A.3 试验压力

A.3.1 试验压力按表 A.1 的规定。

表 A.1 试验压力

试验项目	试验压力
透板密封试验	1.5 PN
盲板密封试验	1.1 PN
壳体试验	1.5 倍设计压力

A.3.2 试验压力在试验持续时间内应保持不变。

A.4 试验的持续时间

A.4.1 壳体试验的持续时间应不小于表 A.2 的规定。

表 A.2 壳体试验持续时间

公称尺寸 DN	100～1 000	>1 000～2 000	>2 000～3 600
最短持续时间/s	180	240	300

A.4.2 密封试验的持续时间应不小于表 A.3 的规定。

表 A.3 密封试验持续时间

公称尺寸 DN	100～1 000	>1 000～2 000	>2 000～3 600
最短持续时间/s	60	120	180

A.5 试验方法和步骤

A.5.1 产品装配后先进行空载操作试验、壳体试验,然后进行密封试验。

A.5.2 空载操作试验

阀门装配完毕后,进行阀门空载操作试验,松开夹紧动作及阀板机构往复运动不少于三次,阀门松开夹紧动作以及阀板行走动作应灵活,无卡阻。

A.5.3 壳体试验

A.5.3.1 敞开式眼镜阀、扇形眼镜阀不需要进行壳体试验。

A.5.3.2 封闭式眼镜阀壳体试验

封闭阀门的进口和出口，使眼镜阀处于部分开启状态，向体腔充入试验介质，并逐渐加压到试验压力，然后对壳体进行检查。

A.5.4 密封试验

A.5.4.1 透板密封试验

阀门处于透板夹紧状态，封闭阀门的进口和出口，向通道内充入试验介质，并逐渐加压到试验压力，然后对密封副进行检查。

A.5.4.2 盲板密封试验

阀门处于盲板夹紧状态，封闭阀门的进口，向通道内充入试验介质，并逐渐加压到试验压力，然后对密封副进行检查。

A.5.5 检查方法

壳体试验和密封试验用刷涂肥皂液的方法进行检查。

A.6 评定指标

A.6.1 空载操作试验

空载操作试验结果应符合 5.4.3 的规定。

A.6.2 壳体试验

壳体试验结果应符合 5.4.1 的规定。

A.6.3 密封试验

密封试验结果应符合 5.4.2 的规定。

ICS 23.060.99
J 16

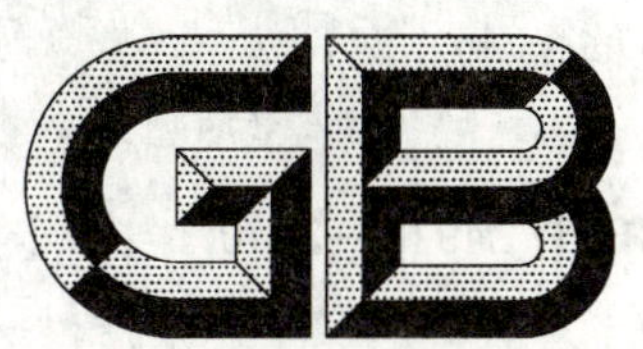

中华人民共和国国家标准

GB/T 24918—2010

低温介质用紧急切断阀

Cryogenic emergency shutoff valve

2010-08-09 发布　　2010-12-31 实施

中华人民共和国国家质量监督检验检疫总局
中国国家标准化管理委员会　发布

前　　言

本标准由中国机械工业联合会提出。

本标准由全国阀门标准化技术委员会(SAC/TC 188)归口。

本标准起草单位:成都川空阀门有限公司、合肥通用机械研究院。

本标准主要起草人:周文英、刘晓春、陈绍荣。

低温介质用紧急切断阀

1 范围

本标准规定了低温介质用紧急切断阀(以下简称紧急切断阀)的术语、技术要求、试验方法、检验规则、外观、标志和供货要求。

本标准适用于公称尺寸 DN 15～DN 200、公称压力 PN 16～63,工作温度－196 ℃～－29 ℃,紧急自动切断温度 70 ℃±5 ℃,使用低温介质为氧、氮、氩、天然气、乙烯(O_2、N_2、Ar、CNG、C_2H_4)等气、液体。

2 规范性引用文件

下列文件中的条款通过本标准的引用而成为本标准的条款。凡是注日期的引用文件,其随后所有的修改单(不包括勘误的内容)或修订版均不适用于本标准,然而,鼓励根据本标准达成协议的各方研究是否可使用这些文件的最新版本。凡是不注日期的引用文件,其最新版本适用于本标准。

GB/T 229 金属材料 夏比摆锤冲击试验方法(GB/T 229—2007,ISO 148-1:2006,MOD)

GB/T 1047 管道元件 DN(公称尺寸)的定义和选用(GB/T 1047—2005,ISO 6708:1995,MOD)

GB/T 1048 管道元件 PN(公称压力)的定义和选用(GB/T 1048—2005,ISO/CD 7268:1996,MOD)

GB/T 1220 不锈钢棒

GB/T 1222 弹簧钢

GB/T 4240 不锈钢丝(GB/T 4240—1993,neq JIS G4309:1988)

GB/T 9113(所有部分) 整体钢制管法兰

GB/T 12220 通用阀门 标志(GB/T 12220—1989,idt ISO 5209:1977)

GB/T 12221 金属阀门 结构长度(GB/T 12221—2005,ISO 5752:1982,MOD)

GB/T 12224 钢制阀门 一般要求(GB/T 12224—2005,ASTM B16.34a—1998,NEQ)

GB/T 12230 通用阀门 不锈钢铸件技术条件

GB/T 12235 石油、石化及相关工业用钢制截止阀和升降式止回阀

GB/T 24925 低温阀门 技术条件

JB/T 106 阀门的标志和涂漆

JB/T 6697 机动车及内燃机电气设备 基本技术条件

JB/T 6902—2008 阀门液体渗透检查方法

JB/T 7248 阀门用低温钢铸件 技术条件

JB/T 7927 阀门铸钢件外观质量要求

JB/T 7928 通用阀门 供货要求

JB/T 9218—2007 无损检测 渗透检测

3 术语

下列术语和定义适用于本标准。

3.1

紧急切断阀 emergency shut-off valve

安装在罐车(槽车)、储罐或管道上,出现事故时,用手动或自动快速关闭的阀门。

4 技术要求

4.1 一般要求

紧急切断阀除应符合本标准的规定外,还应符合 GB/T 24925 的规定。

4.2 参数

4.2.1 公称尺寸按 GB/T 1047 的规定,其范围为 DN 15～DN 200。

4.2.2 公称压力按 GB/T 1048 的规定,最大工作压力按表 1 的规定。

表 1 最大工作压力

介质种类	公称压力 PN	最大工作压力/MPa
天然气、乙烯	16	1.1
氧、氮、氩	16～63	1.6～6.3

4.2.3 紧急切断阀的工作温度为－196 ℃～－29 ℃。

4.2.4 紧急自动切断温度为 70 ℃±5 ℃。

4.3 结构形式

紧急切断阀的典型结构形式见图 1、图 2。

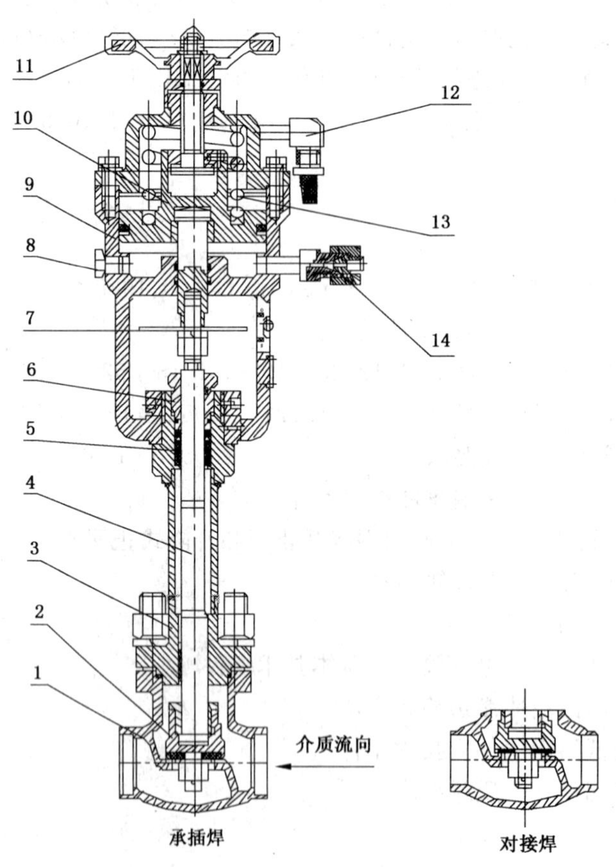

1——阀体;
2——阀瓣;
3——阀盖;
4——阀杆;
5——填料;
6——填料压盖;
7——阀位指针;
8——易熔塞;
9——气缸支架;
10——气缸活塞;
11——手轮;
12——消音器;
13——紧急关闭弹簧;
14——气缸进气接头。

图 1 焊接式低温紧急切断阀

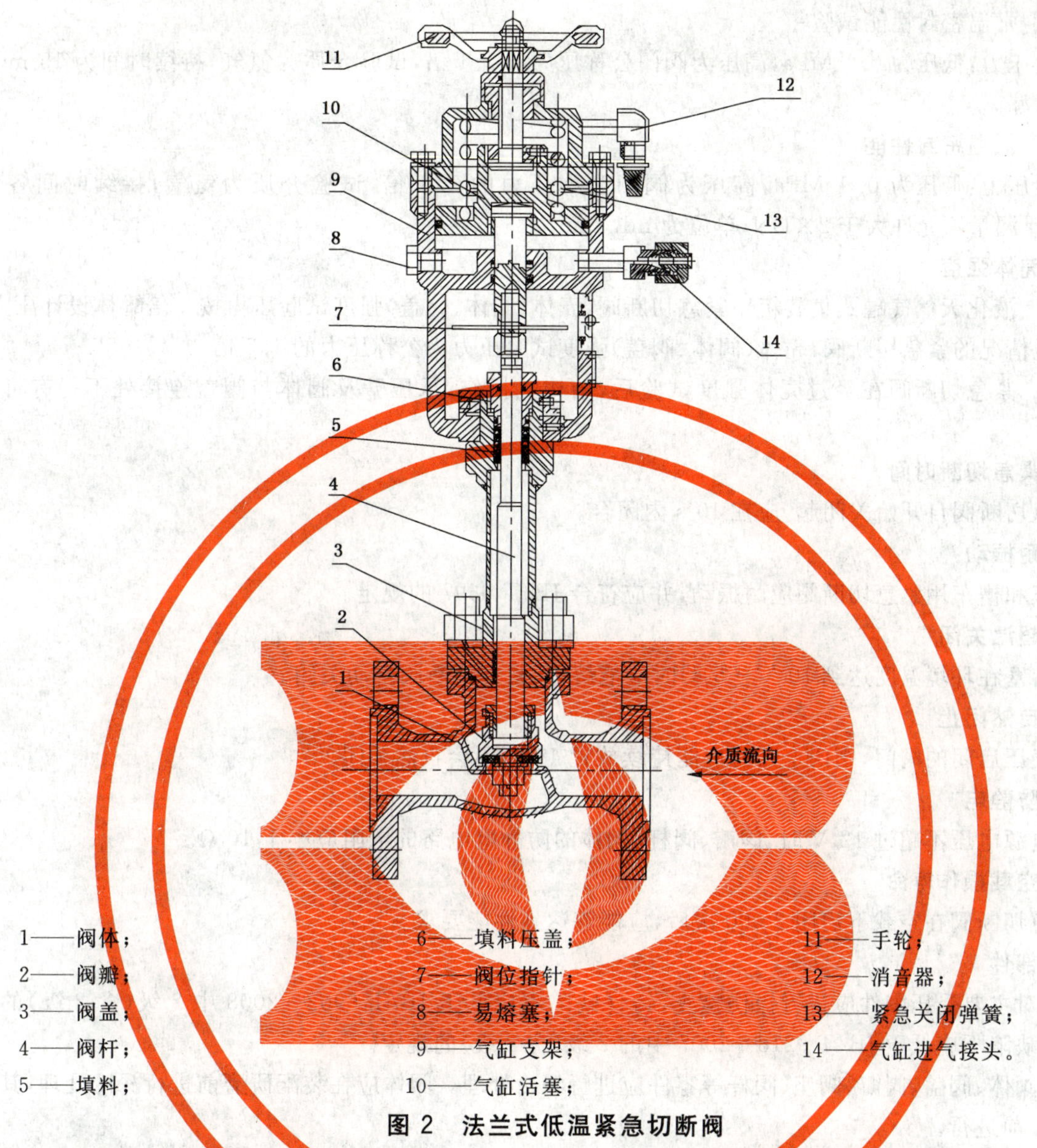

1——阀体；
2——阀瓣；
3——阀盖；
4——阀杆；
5——填料；
6——填料压盖；
7——阀位指针；
8——易熔塞；
9——气缸支架；
10——气缸活塞；
11——手轮；
12——消音器；
13——紧急关闭弹簧；
14——气缸进气接头。

图 2　法兰式低温紧急切断阀

4.4　结构长度

紧急切断阀的结构长度按 GB/T 12221 的规定，或按订货合同要求。

4.5　外观

除奥氏体不锈钢阀门外，其他金属的非加工外表面均应涂漆，涂漆层应采用耐久性的涂料，标志处的涂层应保证标志清晰，涂漆的颜色按 JB/T 106 的规定。特殊要求在订货合同中注明。

4.6　连接形式

紧急切断阀的连接形式为焊接连接或法兰连接。焊接连接按 GB/T 12224 的规定，法兰连接按 GB/T 9113 的规定。特殊要求在订货合同中注明。

4.7　清洁要求

紧急切断阀装配前应将各零部件清洗干净。

4.8　性能要求

4.8.1　操作性能

在常温和低温状态下分别进行操作，紧急切断阀应动作灵活，无卡阻、无爬行现象。

4.8.2　密封性能

4.8.2.1　密封性能试验应分别做低压和高压密封试验，在低压密封试验合格后，再做高压密封试验。

4.8.2.2 常温密封性能试验

试验压力：低压为 0.1 MPa，高压为阀门公称压力的 1.1 倍，试验介质为氮气，持续时间为 15 min，不得有渗漏。

4.8.2.3 低温密封性能

试验压力：低压为 0.1 MPa，高压为阀门公称压力的 1.1 倍，试验介质为氦气，持续时间各为 15 min，泄漏量不允许大于 2×DN，单位为 mL/min。

4.8.3 壳体强度

4.8.3.1 液化天然气罐式集装箱用紧急切断阀，壳体（阀体、阀盖）强度试验压力按 4 倍罐体设计压力；用于其他情况的紧急切断阀，壳体（阀体、阀盖）强度试验压力为公称压力的 1.5 倍。

4.8.3.2 紧急切断阀在经过壳体强度试验后，结构无损伤，承压壁及阀体与阀盖连接处不得有可见渗漏。

4.8.4 紧急切断时间

紧急切断阀自开始关闭起，应在 10 s 内闭合。

4.8.5 耐振动

罐车和槽车用紧急切断阀应耐振动，并应符合 JB/T 6697 的规定。

4.8.6 超温关闭

易熔塞在环境温度达到 70 ℃±5 ℃时应能熔化，紧急切断阀自动关闭。

4.8.7 自然闭止

靠气压启闭的阀门，阀门全开时应能持续放置 48 h，不会自然关闭。

4.8.8 防静电

在电源电压不超过 12 V 时，阀瓣、阀杆、阀体的防静电电路的电阻应小于 10 Ω。

4.8.9 空载操作寿命

紧急切断阀在空载下启闭 2 000 次后，应能够达到性能要求。

4.9 零部件

4.9.1 对主要受压零件应进行探伤检查，铸件缺陷不应低于 JB/T 6902—2008 中 2 级（含 2 级）的规定，锻件缺陷不应低于 JB/T 9218—2007 中的 2 级（含 2 级）的规定。

4.9.2 阀体、阀盖、阀瓣、阀座、阀杆等零件应进行深冷处理。阀体应在装配研磨前进行深冷处理，其余在精加工前进行。

4.10 壳体最小壁厚

紧急切断阀壳体最小壁厚按 GB/T 12235 的规定。

4.11 材料

4.11.1 阀体、阀盖、阀瓣、阀杆

阀体、阀盖、阀瓣、阀杆等零件应选用 06Cr19Ni10 或 ZG08Cr18Ni9 材料，奥氏体不锈钢棒材的化学成分和力学性能应按 GB/T 1220 的规定，奥氏体不锈钢铸件的化学成分和力学性能应按 GB/T 12230 的规定，铸件的外观质量按 JB/T 7927 的规定。

4.11.2 材料低温冲击性能

低温冲击试验按 GB/T 229 标准的规定，低温冲击值应符合 JB/T 7248 的要求，奥氏体不锈钢的三个试样的冲击试验结果，其冲击试验应符合表 2 的规定。

表 2 奥氏体不锈钢低温冲击值

材料	试验温度/℃	冲击功值/J	
		最小	平均
ZG0Cr18Ni9(0Cr18Ni9)	−196	27	34

4.11.3 螺旋压缩弹簧

与介质接触的螺旋压缩弹簧应选用1Cr18Ni9材料，并应符合GB/T 4240的规定。不与介质接触的螺旋压缩弹簧可用60Si2Mn材料，并应符合GB/T 1222的规定。

4.11.4 易熔塞

易熔塞选用易熔合金材料，并应确保70 ℃±5 ℃时熔融。

5 试验方法

5.1 壳体强度试验

5.1.1 试验压力

液化天然气罐式集装箱用紧急切断阀，壳体（阀体、阀盖）强度试验压力按4倍罐体设计压力；用于其他情况的紧急切断阀，壳体（阀体、阀盖）强度试验压力为公称压力的1.5倍。

5.1.2 试验持续时间

试验持续时间按表3的规定。

表3 试验持续时间

公称尺寸 DN	≤50	65～200
试验持续时间/min	≥10	≥15

5.1.3 试验步骤

对各试压件的体腔充满试验介质（水），逐渐加压到试验压力，保持规定的持续时间，然后对试压件进行检查。

5.1.4 试验介质

试验介质为水，对于不锈钢阀门，试验介质的氯离子含量不得超过25×10^{-6}。

5.2 密封性能试验

密封性试验分别在常温和低温下进行，在常温试验合格后再进行低温试验。低温试验温度为－196 ℃。

5.2.1 外漏试验

5.2.1.1 试验压力为阀门公称压力的1.1倍。

5.2.1.2 试验介质常温为氮气，低温为氦气。

5.2.1.3 试验时，阀门处于开启状态，出口端封闭，压力从入口端引入，填料处及阀体与阀盖连接处均不得渗漏。

5.2.2 气密试验

5.2.2.1 气密试验应分别做低压和高压试验，在低压气密试验合格后，再做高压气密试验。

5.2.2.2 气密试验压力分别为最高工作压力（高压）和0.1 MPa（低压），执行器试验压力为最大工作气源压力。

5.2.2.3 试验介质常温为氮气，低温为氦气。

5.2.2.4 试验时，阀门处于关闭状态，压力从入口端引入，泄漏量按4.8.2的规定。

5.3 动作试验

用氮气或氦气按介质流动方向施加与最高工作压力相同的试验压力，当紧急切断阀开始动作后，必须保证在10 s内关闭。

5.4 自然闭止试验

靠气压启闭的紧急切断阀，将阀门开启，停止向系统补充压力，阀门应达到4.8.7的要求。

5.5 振动试验

5.5.1 阀门处于关闭状态，按JB/T 6697的规定进行振动试验。

5.5.2 阀门经振动试验后，首先进行外部检查，零部件应无损伤，紧固件应无松脱，再进行试验应满足5.2、5.3的要求。

5.6 防静电试验

选一只用于试验的阀门，用数字万用表或电桥测量阀瓣、阀杆、阀体之间的电阻，试验结果应满足4.8.8的要求。

5.7 空载操作寿命试验

阀门在空载下进行反复操作寿命试验，每启闭500、1 000、1 300、1 600、1 800、2 000次后进行密封性能试验，试验结果应满足4.8.2的要求。

5.8 易熔塞试验

5.8.1 易熔塞熔融试验

试验装置如图3，对易熔塞施加0.3 MPa压力，在达到70 ℃±5 ℃时，易熔塞中的易熔合金应能融化。试验时装置内的液体应经常搅拌，每2 min～3 min平均上升1 ℃，逐步接近规定温度。

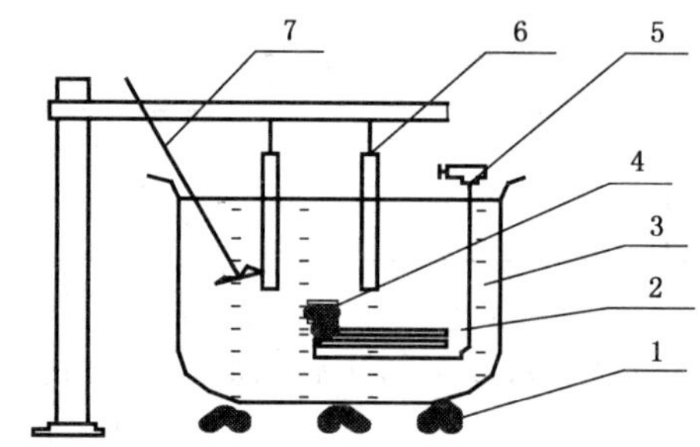

1——热源；
2——进气管；
3——水或油；
4——易熔塞；
5——进气调节阀；
6——温度计；
7——搅拌棒。

图3 易熔塞熔融试验装置

5.8.2 易熔塞抗挤出试验

试验装置如图3，试验时，保持温度60 ℃±1 ℃，给易熔合金施加0.9 MPa压力，易熔塞中的易熔合金结合处不得渗漏。

6 检验规则

6.1 检验项目

出厂检验和型式检验的项目、技术要求和检验方法按表4的规定。

6.2 出厂检验

每台阀门必须进行出厂检验，经检验合格后方可出厂。

6.3 型式检验

6.3.1 有下列情况之一时，应提供1～2台阀门进行型式试验，试验合格后方可成批生产：

a) 新产品试制定型鉴定；

b) 正式生产后，如结构、材料、工艺有较大改变可能影响产品性能时；

c) 产品长期停产后恢复生产时。

6.3.2 有下列情况之一时，应抽样进行型式试验：

a) 正常生产时，定期或积累一定产量后，应进行周期性检验；

b) 国家质量监督机构提出进行型式检验的要求时。

表 4 检验项目、技术要求和检验方法

检验项目	检验类别		技术要求或检验方法
	出厂检验	型式检验	
阀体化学成分	√[a]	√	按 4.11.1
阀体力学性能	√[a]	√	按 4.11.1
低温冲击试验	—	√	按 4.11.2
壳体强度	√	√	按 5.1.1
无损探伤	√	√	按 4.9.1
外漏试验	√	√	按 5.2.1
气密试验	√	√	按 5.2.2
动作试验	√	√	按 5.3
自然闭止试验	—	√	按 5.4
振动试验	—	√	按 5.5
空载操作寿命试验	—	√	按 5.7
易熔元件试验	—	√	按 5.8
阀体最小壁厚	—	√	按 4.10
标志	√	√	按 7
外观	√	√	按 4.5
铸件外观质量	√	√	JB/T 7927
防静电试验	—	√	按 5.6

[a] 检查供货商提供的化学成分和力学性能证明。

6.4 抽样方法

抽样可以在生产线的终端经检验合格的产品中随机抽取，也可以在产品成品库中随机抽取，或者从已供给用户但未使用并保持出厂状态的产品中随机抽取。每一个规格供抽取的最少基数和抽取数按表 5的规定，到用户抽样时，供抽样的最少基数不受限制，抽样数仍按表 5 的规定。

表 5 抽样的最少基数和抽样数

公称尺寸 DN	最少基数/台	抽样数/台
≤100	10	3
≥125	5	2

7 标志

7.1 标志按 GB/T 12220 的规定。

7.2 阀体上应有介质流动方向的永久标志。

8 供货要求

供货要求按 JB/T 7928 的规定。

ICS 23.060.01
J 16

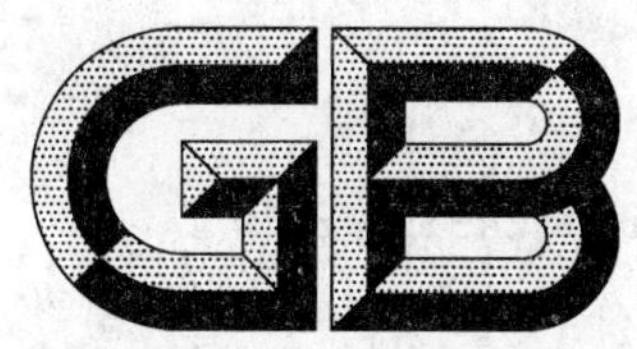

中华人民共和国国家标准

GB/T 24919—2010

工业阀门 安装使用维护 一般要求

Installation, operation, maintenance of industrial valves—General requirements

2010-08-09 发布 2010-12-31 实施

中华人民共和国国家质量监督检验检疫总局
中国国家标准化管理委员会 发布

前　言

本标准由中国机械工业联合会提出。

本标准由全国阀门标准化技术委员会(SAC/TC 188)归口。

本标准起草单位:合肥通用机械研究院、苏州纽威阀门有限公司、武汉锅炉集团阀门有限责任公司。

本标准主要起草人:张继伟、高开科、冯燕。

工业阀门　安装使用维护　一般要求

1　范围

本标准规定了工业用金属阀门的安装、使用、维护的一般要求。

本标准适用于闸阀、截止阀、节流阀、球阀、蝶阀、隔膜阀、旋塞阀、止回阀、安全阀、减压阀、疏水阀、调节阀等各类阀门。

2　规范性引用文件

下列文件中的条款通过本标准的引用而成为本标准的条款。凡是注日期的引用文件，其随后所有的修改单(不包括勘误的内容)或修订版均不适用于本标准，然而，鼓励根据本标准达成协议的各方研究是否可使用这些文件的最新版本，凡是不注日期的引用文件，其最新版本适用于本标准。

GB/T 13927　工业阀门　压力试验(GB/T 13927—2008，ISO/DIS 5208:2007，MOD)

JB/T 9092　阀门的检验与试验

3　术语定义

下列术语和定义适用于本标准。

3.1

连接形式　connection mode

阀门端部与管道或设备连接的方式，包括法兰连接、螺纹连接、焊接连接、卡箍连接等。

3.2

驱动方式　driving means

驱动阀门动作的方式，有自力式和外力驱动。自力式指由介质压力、温度等变化形成的阀门内部作用力驱动阀芯等运动部件；外力驱动指依靠外力驱动阀芯等运动部件，包括手动、电动、气动、液动、电磁驱动以及它们联合的驱动方式。

3.3

工作制式　duty

阀门工作制式包括常开、常关、短时工作制、连续工作制、断续周期工作制。

3.4

阀门失效　valve failure

阀门失效包括密封失效、动作失效、功能失效等。密封失效包括外漏和内漏。动作失效包括驱动失灵、阀杆卡住、阀芯咬死等。功能失效根据阀类不同而不同，如调节流量不准确、减压压力不稳定、安全阀不按规定压力起跳等。

4　安装

4.1　安装前检查

4.1.1　阀门安装前应检查阀门的产品合格证、安装使用说明书等是否齐全。

4.1.2　阀门安装前应进行外观检查，应符合下列要求：

a)　外表面不得有裂纹、砂眼、机械损伤、锈蚀、脏污等缺陷；

b)　铭牌不得脱落，铭牌上的技术参数与系统设计要求相符合；

c)　阀门两端应有防护盖保护；

d） 阀体内应无积水、锈蚀、脏污和损伤等缺陷；

e） 螺纹连接的螺纹上不得有油漆、螺纹完好，法兰密封面不得有径向沟槽等影响密封性能的损伤，焊接端坡口完好、不应有影响焊接的机械损伤；

f） 弹簧式安全阀应检查铅封的完好性。杠杆式安全阀应有重锤定位装置；

g） 衬胶、衬搪瓷及衬塑料的阀体内表面应平整光滑，衬层与基体结合牢固，无裂纹、鼓泡等缺陷。

4.1.3 阀门启闭检查及水压试验

阀门（安全阀除外）启闭应灵活，位置指示器准确。安装前应手动将阀门开关三次，检查是否有卡涩现象。

阀门（安全阀除外）出厂一年以上，在有条件的情况下建议进行压力试验，石化及相关行业用阀门试验按照 JB/T 9092 的规定进行，一般工业用阀门试验按照 GB/T 13927 的规定进行。

4.2 安装

4.2.1 一般要求

4.2.1.1 阀门安装前应认真阅读安装使用说明书。

4.2.1.2 有流向规定的阀门，应按阀门规定流向安装。

4.2.1.3 一般情况下阀门手轮不要朝下安装，避免阀杆腐蚀。

4.2.1.4 升降式止回阀应水平安装，旋启式止回阀销轴应水平。

4.2.1.5 有安全泄放装置的阀门，其泄放阀应带有引出管，泄放方向不应正对操作人员。

4.2.1.6 阀门安装位置应方便操作和维修。

4.2.2 搬运

阀门起吊时，吊绳不应系在手轮或阀杆上，应系在阀门吊耳或法兰上。搬运时，手轮或手柄不应当作提手。

4.2.3 连接

4.2.3.1 根据阀门连接形式选配管道侧的连接形式，管道法兰、螺纹应与阀门标准相同。

4.2.3.2 阀门连接的管道要清扫干净，避免铁屑、泥沙、焊渣和其他杂物损坏阀门密封面。

4.2.3.3 螺纹连接阀门安装时，应将密封填料（线麻加铅油或聚四氟乙烯生料带）包在外螺纹上，以免阀内存积，影响介质流通。

4.2.3.4 法兰阀门安装时，要注意对称、均匀地把紧螺栓。阀门法兰与管道法兰必须平行，间隙合理，以免阀门产生过大应力，对于脆性材料和强度不高的阀门，尤其要注意。

4.2.3.5 焊接连接应按照焊接工艺评定合格的焊接工艺施工，避免焊渣等杂物进入管道。阀门与管道焊接后应按要求进行焊缝的无损探伤。

4.2.4 垫片

垫片应根据法兰形式、压力级别、温度、介质等要求合理选择。

4.2.5 驱动装置连接

有驱动装置的阀门，电气、气路、液压管路应按说明书接线图或管路图进行连接，接通之前确认接线的正确性。

4.2.6 固定

有地脚支撑的阀门，安装基础应稳固。

4.2.7 特殊要求

4.2.7.1 有外部保温、保冷要求的阀门，应在通入介质前完成保护层的施工。

4.2.7.2 安全阀安装，应注意排放口位置，避免正对操作人员。

4.3 安装后调试

4.3.1 调试前准备

系统调试前，应将阀门与管道一起进行水压试验，合格后方可进行调试。检查各连接处是否存在泄漏。特殊阀门应特别规定。

4.3.2 电动阀门电机试运转

控制方法在就地控制状态，手动阀门至中间位置，进行电机试运转，接通开或关按钮后立即停止，检查电动阀门的开关方向是否和开关指示牌以及阀门本身旋向一致，否则要进行相序检查或接线的调整。

4.3.3 限位开关设定

4.3.3.1 一般限位开关出厂就设定完毕，不需再调整。

4.3.3.2 调试关限位设定。手动阀门至关闭位置，然后向回转1～2圈，用螺丝刀等工具调整限位开关至关闭位置，限位开关刚好动作，用万用表测量限位开关，输出接点信号应正确。

4.3.3.3 调试开限位设定方法同上。

4.3.4 电动、电磁动阀门控制信号的输入要符合驱动装置要求。

4.3.5 气动、液动等阀门的压力源压力应符合驱动装置要求。

4.3.6 阀门随系统一起进行联调，检查阀门的动作及功能。

5 使用

5.1 一般要求

5.1.1 阀门使用应按照使用说明书进行，不得超出设计参数使用。

5.1.2 操作人员必须经过上岗培训，了解阀门的基本动作原理。防止阀门错开、错关、漏开、漏关。操作工应清楚了解每个阀门的作用及在工艺管道中的位置，防止误操作。

5.1.3 开关型阀门不宜当作节流阀门用，启闭件不应长期处在中间位置。如闸阀、截止阀、球阀、旋塞阀等截断类阀门。

5.2 手动阀门操作

5.2.1 阀门开关操作时，应注意阀门的开关方向，通常是逆时针旋转手轮或手柄阀门打开，顺时针旋转阀门关闭。

5.2.2 手动操作阀门时，用力应均匀，遇到卡涩，应及时检查原因。一般不允许借助杠杆或扳手操作，防止用力过猛，损坏密封面及其他零件。

5.2.3 开启介质为蒸汽和气液两相的阀门时，应缓慢开启，排除管道中的凝结水，防止产生水击现象。

5.2.4 对设有旁通阀的大口径的闸阀、截止阀和蝶阀等阀门，在开启时，应先打开旁通阀，再慢慢开启阀门，关阀时，应先关闭旁通阀，再慢慢关闭主阀门。

5.3 自动阀门操作

5.3.1 疏水阀，使用前先用管道旁路阀排除冷凝水，当有蒸汽时关闭旁路。

5.3.2 安全阀，应定期进行校验。

5.3.3 调节阀，应根据工况需求，合理选择调节特性曲线。

5.4 其他阀门操作

5.4.1 对于借助电动、电磁动、气动和液动等装置启闭的阀门，靠仪表、电动开关等实现远程控制。操作人员应详细了解阀门的有关结构特点和工作原理，熟悉操作规程，在事故状态下应能进行紧急处理。

5.4.2 电动阀门应注意阀门工作制式和电机的匹配，不可超出使用范围。

5.4.3 阀门工作时，一般情况下不能随便带压更换或添加填料。

5.4.4 高温、低温介质的阀门操作，操作人员尤其应注意防护和安全。

6 维护

6.1 阀门应存放在干燥通风的室内，通路两端须堵塞。

6.2 长期存放的阀门应定期检查，清除污物，并在加工面上涂防锈油。

6.3 长期不动作的阀门，如有可能，应定时进行动作，以保证其功能的完好性。

6.4 应定期检查以下内容：

6.4.1 阀杆和阀杆螺母的螺纹磨损情况，并定期进行润滑。

6.4.2 检查阀门各连接处有无松动，并及时进行紧固。

6.4.3 填料是否过时失效，如有损坏应及时更换。阀门填料压盖不宜压得过紧，以填料函不泄漏和阀杆能灵活转动为宜。

6.4.4 检查开关限位位置的磨损或变动，以及密封面磨损情况。并及时调整限位或者更换密封圈。

6.5 阀门注脂

6.5.1 应按照说明书要求定期向阀杆或密封座注入适量的推荐牌号润滑脂。

6.5.2 为确保阀门注脂效果，有时需开启或关闭阀门，对润滑效果进行检查，确认阀门启闭件表面润滑均匀。

6.5.3 注脂时应注意阀门的开关位置，必要时要先进行排污泄压。

6.5.4 注脂后，一定要封好注脂口。避免杂质进入或注脂口处脂类氧化，封盖要涂抹防锈脂，避免生锈。

6.6 温度在 0 ℃以下的季节，对停用的阀门，要注意防冻，及时打开阀底丝堵，排出里面的凝积水。对不能排出的和间断工作的阀门要采取保温措施。

6.7 阀门维护时应注意执行机构及其传动机构的维护，应按照执行器说明书进行保养。尤其应防止执行器进水，避免内部传动部件生锈或者冬季冻结。

6.8 阀门泄漏时，应及时判明泄漏部位及原因并做相应处理。一般情况下分内漏和外漏两种，外漏按其外部结构分为填料处泄漏和阀盖、阀体连接处渗漏或衬里材料渗漏。

6.9 有特殊要求的阀门维护应按照其使用维护说明书进行。

ICS 23.060.99
J 16

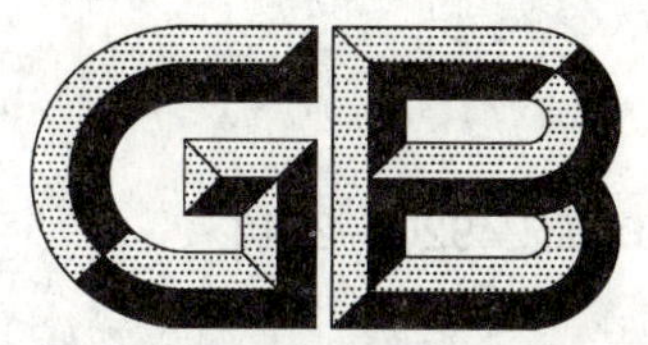

中华人民共和国国家标准

GB/T 24920—2010

石化工业用钢制压力释放阀

Steel pressure relief valves for petrochemical industries

2010-08-09 发布　　　　2010-12-31 实施

中华人民共和国国家质量监督检验检疫总局
中国国家标准化管理委员会　发布

前　言

本标准修改采用 API 526:2002《钢制法兰端泄压阀》(英文版)。

本标准与 API 526:2002 相比主要差异如下:

——补充了产品的技术要求及内容;

——增加了性能要求、试验方法和检验规则;

——将压力等级 150～2 500 磅级转换为 2.0 MPa～42.0 MPa;

——将阀门尺寸 NPS1～NPS8 转换为公称尺寸 DN25～DN200;

——对原标准的结构和内容作了编辑性修改;

——对 API 526:2002 引用标准进行了调整,用我国的标准代替相应的标准。

本标准的附录 B、附录 C 为规范性附录,附录 A 为资料性附录。

本标准由中国机械工业联合会提出。

本标准由全国阀门标准化技术委员会(SAC/TC 188)归口。

本标准起草单位:合肥通用机械研究院、杭州华惠阀门有限公司、上海凯特阀门制造有限公司、上海安德森·格林伍德·克罗斯比阀门有限公司、国家油气田井口设备质量监督检验中心。

本标准主要起草人:黄明亚、陈立龙、张明、王德平、王晓钧、王秋林、刘晓春、辜志宏。

石化工业用钢制压力释放阀

1 范围

本标准规定了法兰连接的钢制压力释放阀的术语和定义、订货指南、技术要求、性能要求、试验方法和检验规则、标志铭牌和包装贮运。

本标准适用于公称压力 PN20～PN420，公称尺寸 DN25～DN200，整定压力不小于 0.1 MPa 的石化工业用法兰连接钢制弹簧直接载荷式压力释放阀和先导式压力释放阀(以下简称压力释放阀)。

2 规范性引用文件

下列文件中的条款通过本标准的引用而成为本标准的条款。凡是注日期的引用文件，其随后所有的修改单(不包括勘误的内容)或修订版均不适用于本标准，然而，鼓励根据本标准达成协议的各方研究是否可使用这些文件的最新版本。凡是不注日期的引用文件，其最新版本适用于本标准。

GB/T 9113.1～9113.4 整体钢制管法兰

GB/T 12224 钢制阀门 一般要求(GB/T 12224—2005，ASME B16.34a:1998，NEQ)

GB/T 12241 安全阀 一般要求(GB/T 12241—2005，ISO 4126-1:1991，MOD)

GB/T 12242 压力释放装置 性能试验规范(GB/T 12242—2005，ASME PTC 25:1994，MOD)

GB/T 12243 弹簧直接载荷式安全阀(GB/T 12243—2005，JIS B 8210:1994，MOD)

GB/T 20972.1 石油天然气工业 油气开采中用于含硫化氢环境的材料 第1部分:选择抗裂纹材料的一般原则(GB/T 20972.1—2007，ISO 15156-1:2001，IDT)

GB/T 24921.1 石化工业用压力释放阀的尺寸确定、选型和安装 第1部分:尺寸的确定和选型(GB/T 24921.1—2010，API 520.1:2000，MOD)

JB/T 106 阀门的标志和涂漆

JB/T 7928 通用阀门 供货要求

3 术语和定义

GB/T 12241、GB/T 12242、GB/T 24921.1 确立的术语和定义适用于本标准。

4 订货指南

4.1 压力释放阀的采购规格书参见附录 A。

4.2 需方在采购压力释放阀时，应选择压力释放阀的类型和规定所要求的技术规范，保证有足够的信息，需方应按附录 A 中给出的采购规范清单要求进行订货。

4.3 为了能够全面了解压力释放阀系统的释放条件，需方应提供确定阀门尺寸和连接用的数据资料，以便选择所需的流道有效面积和代号。

4.4 当需方采购要求与供方或本标准不一致时，应以需方的采购要求或订单为准。

5 技术要求

5.1 总则

5.1.1 设计应考虑包含保证阀门动作稳定性和密封性所需的导向结构。

5.1.2 用于蒸汽系统中的压力释放阀应设置可靠的提升装置(提升扳手)，当阀门至少受到整定压力的75%的压力时，可利用该提升装置释放作用在阀瓣上的密封力。

5.1.3 用于空气、温度超过 60 ℃的水或蒸汽的先导式压力释放阀，应设有如上所述的提升装置或有一个同导阀连接并向导阀加压的装置来替代提升扳手的作用，以验证阀门保证正常动作的运动部件可以运动自如。

5.1.4 阀座应可靠地固定在阀体上，不得松动和无任何被提升的可能。

5.1.5 阀体结构设计时，应考虑将沉积物减至最低程度。当用于液体介质时，则应在排放侧液体可能汇集的最低部位设置排液口。

5.1.6 在结构设计上应能对整定压力的调整状况进行铅封，铅封时不必拆卸压力释放阀。最初调整时的铅封由制造厂进行。加铅封的方式应能防止在不破坏铅封的情况下改变调整状况。

5.1.7 对本标准范围之外的结构特征件，可以在需方和供方同意的基础上提供特殊结构，并将简图提供给需方。

5.2 压力-温度额定值

压力释放阀的压力-温度额定值按 GB/T 12224 的规定，且不高于附录 B 和附录 C 的数值。

5.3 流道有效面积和代号

5.3.1 压力释放阀的标准流道有效面积和相应的代号按表 1 的规定。

表 1 标准流道有效面积和代号

流道代号	D	E	F	G	H	J	K
流道有效面积/cm^2	0.710	1.264	1.981	3.245	5.064	8.303	11.858
流道代号	L	M	N	P	Q	R	T
流道有效面积/cm^2	18.406	23.226	28.000	41.161	71.290	103.226	167.742

5.3.2 所需的流道有效面积按 GB/T 24921.1 的规定。

5.4 连接尺寸

5.4.1 法兰连接按 GB/T 9113.1～9113.4 的规定。

5.4.2 根据用户的要求，法兰连接也可按其他标准的规定。

5.5 结构长度

5.5.1 弹簧直接载荷式压力释放阀的结构长度 L 和 L_1 如图 1 所示，并应符合附录 B 中表 B.1～表 B.14 的规定。先导式压力释放阀的结构长度 L 和 L_1 如图 2 所示，并应符合附录 C 中表 C.1～表 C.14 的规定。

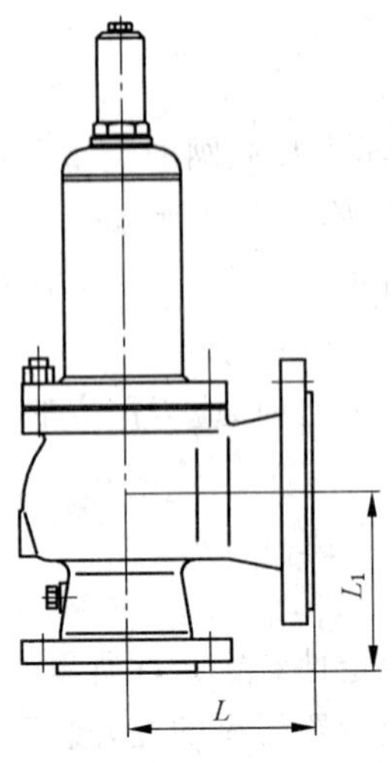

图 1 弹簧直接载荷式压力释放阀结构长度

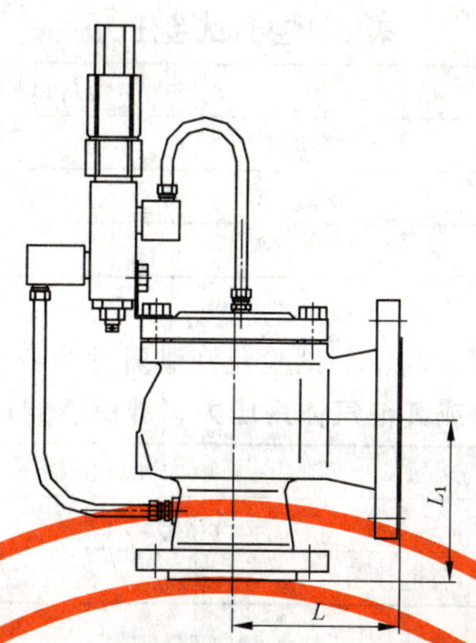

图 2 先导式压力释放阀结构长度

5.5.2 压力释放阀的进口公称尺寸不大于 DN100 时，其结构长度极限偏差为±1.6，公称尺寸大于 DN100 时，其结构长度极限偏差为±3.2。

5.6 弹簧

5.6.1 压力释放阀的弹簧应符合 GB/T 12241 和 GB/T 12243 的规定。

5.6.2 弹簧的压缩量应能达到整定压力下的变形量与阀额定排量对应的开启高度之和，其值不得大于弹簧极限变形量的 80%。

5.6.3 弹簧应按设计要求进行强压处理或加温强压处理，并对所有弹簧进行永久变形试验。即将弹簧用试验负荷压缩至少 3 次后，测量其原始自由高度；然后再将弹簧用试验负荷压缩至少 3 次，再次测量其最终自由高度。两次测量的自由高度的差值即永久变形量应不超过原始自由高度的 0.5%。

5.6.4 弹簧的调整范围不应超过整定压力的±5%，除非该整定压力是在制造厂规定的弹簧设计范围内。

5.7 材料

5.7.1 材料应符合 GB/T 12241 的规定。

5.7.2 承压件材料的压力-温度额定值按 5.2 的规定。

5.7.3 阀体、阀盖

阀体、阀盖的材料应根据所要求的温度范围按 GB/T 12224 和附录 B、附录 C 的规定进行选择或按 4.4 的要求。

5.7.4 阀门内件

内件材料应具有良好的耐磨与抗流体腐蚀性能，且其抗耐蚀性不低于阀体材料，也可按需方采购规范清单的规定。

5.7.5 弹簧

弹簧的材料应是低温合金钢、合金钢和高温合金钢或在弹簧表面涂一层耐腐蚀涂料，应符合有关弹簧材料标准和附录 B、附录 C 的规定。

6 性能要求

6.1 整定压力

整定压力的最大值不应超过附录 B 表 B.1～表 B.14、附录 C 表 C.1～表 C.14 的规定，其偏差不应超过±3%整定压力或者±0.015 MPa 的较大值。

6.2 密封性能

6.2.1 密封试验压力按表 2 的规定。

表 2 密封试验压力

适用介质	密封试验压力/MPa	
	p_s≤0.345	p_s>0.345
空气、蒸汽、水等	p_s−0.034 5	0.90p_s
注：p_s 为整定压力。		

6.2.2 泄漏率

6.2.2.1 空气或其他气体用压力释放阀密封试验允许泄漏量按表 3 的规定。

表 3 空气或其他气体用压力释放阀密封试验泄漏率

常温下的整定压力/MPa	最大允许泄漏率/(气泡数/min)		
	金属密封副		非金属密封副
	流道代号≤F	流道代号>F	所有流道代号
0.100～6.896	40	20	0
>6.896～10.3	60	30	
>10.3～13.8	80	40	
>13.8～17.2	100	50	
>17.2～20.7		60	
>20.7～27.6		80	
>27.6～34.5		100	
>34.5～41.4			

6.2.2.2 蒸汽用压力释放阀在密封试验压力并衬以黑色背景下用目视或听音观察阀的出口端，应无可由听觉或视觉感知的泄漏。

6.2.2.3 水或其他液体用压力释放阀密封试验泄漏按表 4 规定。

表 4 水或其他液体用压力释放阀密封试验泄漏率

公称尺寸 DN	最大允许泄漏率/(cm^3/h)	
	金属密封副	非金属密封副
<25	10	0
≥25	10×(DN/25)	

6.2.2.4 对于开放式阀盖的压力释放阀，其密封试验泄漏率应不超过表 3 中相应值的 50%。

6.2.3 密封试验介质按 GB/T 12243 的规定。

6.3 排放压力

排放压力按 GB/T 12243 的规定。

6.4 开启高度

实际开启高度在排放压力上限值以内应达到制造厂家标示的设计规定值。

6.5 启闭压差

对于启闭压差可调节结构、用于可压缩流体的阀门，其启闭压差的极限值根据使用要求可选择：最小值为 5%～7%整定压力，最大值为 15%整定压力或为 0.03 MPa(取较大值)；对于启闭压差不可调节结构、用于可压缩流体的阀门，其启闭压差最大值为 15%整定压力或为 0.03 MPa(取较大值)；对用于不可压缩流体的阀门，其启闭压差最大值为 20%整定压力或为 0.06 MPa(取较大值)。

6.6 机械特性

压力释放阀在完整的整个动作过程中应稳定，无频跳、颤振、卡阻等现象。

6.7 额定排量

额定排量应不大于试验实测排量的 90%，也可以按理论排量乘以排量系数乘以 0.9，或者按理论排量乘以额定排量系数确定。

7 试验方法

7.1 试验要求

7.1.1 出厂试验应在涂漆之前进行。

7.1.2 试验设备、仪表和试验程序应按 GB/T 12241 及 GB/T 12242 的规定。进行壳体强度试验时压力表的精度应不低于 1.5 级。

7.1.3 试验时的安全要求应按 GB/T 12241 的规定。

7.1.4 出厂前的整定压力试验应按订货合同规定的整定压力进行，试验次数不少于 2 次，并调整到此整定压力出厂。若订货合同仅规定整定压力范围时，则应按整定压力范围的下限调整出厂。

7.2 试验方法

7.2.1 压力释放阀的试验方法按 GB/T 12241、GB/T 12242 和 GB/T 12243 的规定。

7.2.2 先导式压力释放阀的整定压力试验设备如图 3 所示，其试验容器的容积必须保证先导阀的主阀和导阀准确及时地开启。

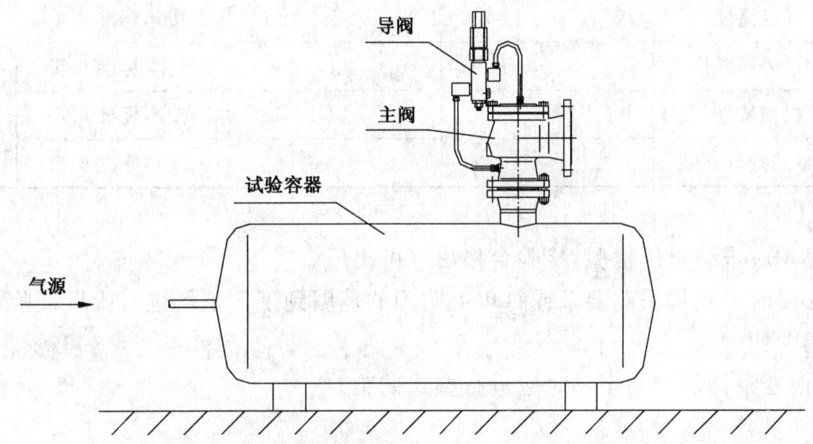

图 3 先导式压力释放阀的整定压力试验设备

7.2.3 对于开放式阀盖的压力释放阀密封性试验，试验布置如图 4 所示。阀门出口应用水局部封闭，水面高于阀座密封面约 13 mm。当观察泄漏时，应使用防护镜或其他非直接的观察手段，以防阀门意外开启。

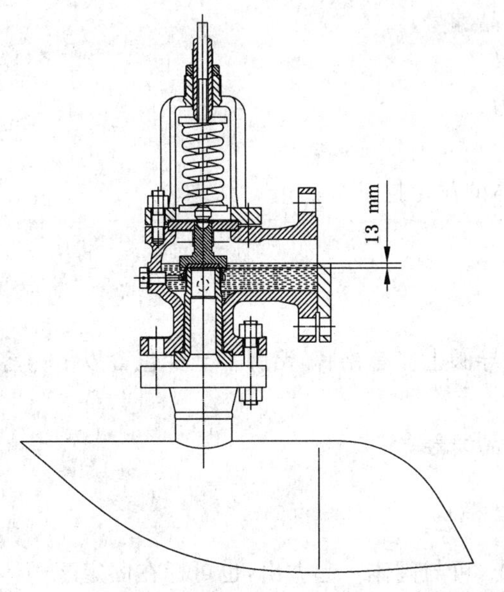

图 4 开放式阀盖的压力释放阀密封性能试验布置

在进行密封试验前应先证实整定压力，并在阀体出口侧体腔注水到局部封闭的水平。然后将进口压力升高到密封试验压力，并在气泡开始计数前保压1 min，观察阀门的泄漏率并至少1 min。

8 检验规则

8.1 检验项目

压力释放阀的试验项目、技术要求、试验方法按表5的规定。

表5 试验项目

序号	试验项目	出厂试验	型式试验	技术要求	试验方法
1	壳体强度	√	√	按GB/T 12241	按本标准7.1
2	密封性	√	√	按本标准6.2	
3	整定压力	√	√	按本标准6.1	
4	排放压力	—	√	按本标准6.3	
5	开启高度	—	√	按本标准6.4	
6	启闭压差	—	√	按本标准6.5	
7	机械特性	—	√	按本标准6.6	
8	排量或排量系数	—	√	按本标准6.7	

8.2 出厂检验

8.2.1 每台产品均应进行出厂检验，检验合格后方可出厂。

8.2.2 需方有必要时可根据采购要求或订单上明确的范围到工厂现场进行出厂试验项目检查。

8.3 型式检验

新设计的或改变设计的产品定型时应进行型式试验。

9 标志和铅封

9.1 铭牌上的标志

9.1.1 固定在压力释放阀上的铭牌至少应包含以下内容：

a) 制造厂名或商标；

b) 产品名称、型号和产品编号；

c) 公称尺寸和流道代号；

d) 公称压力和整定压力；

e) 极限工作温度；

f) 额定排量或基准流体的额定排量系数；

g) 背压力；

h) 冷态试验差压力；

i) 制造日期。

9.1.2 先导式压力释放阀的导阀上应有铭牌，铭牌上至少包含以下内容：

a) 制造厂名或商标；

b) 产品名称、型号和产品编号；

c) 整定压力。

9.2 阀体上的标志

阀体上应具有清晰的标志，可与阀体一起做出，也可标在固定于阀体的标牌上。其标志至少有以下内容：

a) 公称尺寸 DN 和公称压力 PN；

b) 阀体材料代号；

c) 制造厂名或商标；

d) 流体流向的箭头；

e) 材料炉号。

9.3 铅封

压力释放阀经试验检查或调试完毕后，应由制造厂、其代表或有关负责机构进行铅封。

10 包装贮运

10.1 按 JB/T 106 的规定进行涂漆或按用户要求涂漆。

10.2 按 JB/T 7928 的规定进行装运前的包装和供货。

10.3 每台产品均应有产品合格证，合格证应包含以下内容：

a) 制造厂名或商标和出厂日期；

b) 产品名称、型号和编号；

c) 公称尺寸和流道代号；

d) 公称压力和整定压力；

e) 适用流体和温度；

f) 标明基准流体的额定排量系数或额定排量；

g) 依据的产品标准；

h) 检验结论及检验日期；

i) 检验人员和检验负责人签章及制造厂检验部门公章。

附 录 A
（资料性附录）
采购规格书

A.1 弹簧直接载荷式压力释放阀采购规格清单见表 A.1。

表 A.1 弹簧直接载荷式压力释放阀采购规格清单

概述	附件
1. 项目编号：	28. 阀帽：螺纹式[ ] 螺栓式[ ]
2. 位号：	29. 提升扳手：普通型[ ] 填函型[ ] 无[ ]
3. 管线或设备号：	30. 试验压紧装置：是[ ] 否[ ]
4. 需要台数：	31. 背压平衡元件检漏孔：有[ ] 无[ ]
选择基础	32. 其他(规定)：
5. 规范：蒸规[ ] 容规[ ]	**工况条件**
6. 符合 GB/T ××××：是[ ] 否[ ]	33. 流体及其状态：
7. 受火[ ] 其他[ ] 规定：	34. 每台阀门的要求排量及单位：
8. 进口装爆破片：是[ ] 否[ ]	35. 流体分子量或比重：
结构要求	36. 排放温度下的介质黏度及单位：
9. 设计类型：常规式[ ] 波纹管平衡式[ ]	37. 工作压力及单位：
活塞平衡式[ ]	38. 整定压力及单位：
10. 喷嘴类型：全喷嘴[ ] 半喷嘴[ ]	39. 启闭压差：按标准[ ] 其他[ ]
其他[ ] 规定：	40. 蒸发潜热及单位：
11. 阀盖类型：开放式[ ] 封闭式[ ]	41. 工作温度及单位：
12. 密封面类型：金属密封副[ ] 非金属密封副[ ]	42. 排放温度及单位：
13. 密封性标准：GB/T ××××[ ] 其他[ ]规定：	43. 排放背压及单位：
连接	44. 附加背压及单位：
14. 进口通径 公称压力 法兰密封面	45. 冷态试验差压力及单位：
15. 出口通径 公称压力 法兰密封面	46. 允许超压的百分比或单位：
16. 其他(规定)：	47. 压缩系数 Z：
材料	48. 绝热指数 $K_p=C_p/C_v$
17. 阀体：	**尺寸确定及选型**
18. 阀盖：	49. 计算的流道面积(mm^2)：
19. 阀座(喷嘴)： 阀瓣：	50. 选定的流道面积(mm^2)：
20. 非金属密封面：	51. 流道代号：
21. 导向套：	52. 制造厂：
22. 调节圈：	53. 型号：
23. 弹簧： 弹簧座：	54. 制造厂的流道面积(mm^2)：
24. 波纹管：	55. 制造厂的排量系数：
25. 平衡活塞：	56. 需要供方的计算：是[ ] 否[ ]
26. 符合 GB/T 20972.1：是[ ] 否[ ]	
27. 其他(规定)：	

A.2 先导式压力释放阀采购规格清单见表A.2。

表 A.2 先导式压力释放阀采购规格清单

概述	31. 过滤体：　　　　滤筒
1. 项目编号	32. 弹簧：
2. 位号	33. 材料符合 GB/T 20972.1：是[ ] 否[ ]
3. 管线或设备号	34. 其他(规定)：
4. 需要台数	**附件**
选择基础	35. 外部过滤器：有[ ]　无[ ]
5. 规范：蒸规[ ] 容规[ ]	36. 提升扳手：普通型[ ]密封型[ ]无[ ]
6. 符合 GB/T 24920：是[ ]否[ ]	37. 现场试验连接件：有[ ]　无[ ]
7. 受火[ ] 其他[ ] 规定：	38. 现场试验指示器：有[ ]　无[ ]
8. 进口装爆破片：是[ ]否[ ]	39. 防逆流装置：有[ ]　无[ ]
结构要求	40. 手动放空阀：有[ ]　无[ ]
9. 设计类型：活塞式[ ] 膜片式[ ]	41. 试验压紧装置：有[ ]　无[ ]
波纹管式[ ]	42. 其他(规定)：
10. 导阀数量：	**工况条件**
11. 导阀类型：流动型[ ] 不流动型[ ]	43. 流体及其状态：
12. 导阀动作：突跳式[ ] 调节式[ ]	44. 每台阀门的要求排量及单位：
13. 导阀信号：内部[ ] 远程[ ]	45. 分子量或比重：
14. 密封面类型：金属密封副[ ] 非金属密封副[ ]	46. 排放温度下的黏度及单位：
15. 密封性标准：GB/T 24920 [ ]	47. 工作压力及单位：
其他[ ] 规定：	48. 整定压力及单位：
16. 导阀排放：大气[ ] 出口[ ]	49. 启闭压差：按标准[ ] 其他[ ]
其他[ ] 规定：	50. 蒸发潜热及单位：
连接	51. 工作温度及单位：
17. 进口通径　　公称压力　　法兰密封面	52. 排放温度及单位：
18. 出口通径　　公称压力　　法兰密封面	53. 排放背压及单位：
19. 其他(规定)：	54. 附加背压及单位：
材料(主阀)	55. 冷态试验差压力及单位：
20. 阀体：	56. 允许超压的百分比或单位：
21. 阀座(喷嘴)：　　　　活塞(阀瓣)：	57. 压缩系数 Z：
22. 非金属密封面：　　　　密封圈：	58. 绝热指数 $K_p=C_p/C_v$
23. 活塞密封环：	**尺寸确定及选型**
24. 活塞衬里/导向套：	59. 计算的流道面积(mm^2)：
25. 膜片/波纹管：	60. 选定的流道面积(mm^2)：
材料(导阀)	61. 流道代号：
26. 阀体/阀盖：	62. 制造厂：
27. 内件：	63. 型号：
28. 阀座：　　　　阀瓣：	64. 制造厂的流道面积(mm^2)：
29. 膜片：	65. 制造厂的排放系数：
30. 导管/管件：	66. 需要供方的计算：是[ ]　否[ ]

附　录　B
（规范性附录）
弹簧直接载荷式压力释放阀数据表

B.1　流道代号“D”～“T”的弹簧直接载荷式压力释放阀其承压件的温度-压力额定值，阀体、阀盖和弹簧材料的温度范围和阀门的结构长度按表B.1～表B.14数据表的规定。

B.2　表中的最大背压力在温度高于38 ℃时应不超过GB/T 12224中规定的额定值。

B.3　材料适用的温度-压力范围应不高于表中所列的额定值。根据使用要求允许采用其他等同于或优于的适当的材料。

B.4　表中当进口公称压力采用PN50时，整定压力限制在2.0 MPa以下的低压场合为特殊订购产品。

B.5　表中所列的压力额定值以对应材料的温度范围为准。

表B.1　流道代号“D”的数据表

材料 阀体/阀盖	阀门尺寸（进口×流道代号×出口）	公称压力PN 进口	公称压力PN 出口	最大整定压力/MPa 弹簧直接载荷式压力释放阀 弹簧材料 低温合金钢 −268 ℃～−60 ℃	合金钢 −60 ℃～−29 ℃	合金钢 −29 ℃～38 ℃	合金钢 38 ℃～260 ℃	高温合金钢 260 ℃～427 ℃	高温合金钢 427 ℃～538 ℃	最大背压力MPa 38 ℃ 常规	最大背压力MPa 38 ℃ 波纹管	结构长度mm L	结构长度mm L_1
温度范围　−29 ℃≤t≤427 ℃													
碳钢	25D50	20	20	—	—	2.0	1.2	0.6	—	2.0	1.6	114	105
		50		—	—	2.0	2.0	2.0	—				
		50		—	—	5.2	4.2	2.9	—				
		110		—	—	10.4	8.4	5.8	—				
	40D50	150	50	—	—	15.6	12.6	8.7	—	4.1	3.4	140	
		260		—	—	26.3	21.0	14.5	—				
	40D80	420		—	—	43.4	35.0	24.1	—	5.2		178	140
温度范围　427 ℃≤t≤538 ℃													
铬钼钢	25D50	50	20	—	—	—	—	3.6	1.5	2.0	1.6	114	105
		110		—	—	—	—	7.1	3.0				
	40D50	150	50	—	—	—	—	10.7	4.5	4.1	3.4	140	
		260		—	—	—	—	17.8	7.6				
	40D80	420		—	—	—	—	29.7	12.6	5.2		178	140

表 B.1（续）

材料	阀门尺寸（进口×流道代号×出口）	公称压力 PN		最大整定压力/MPa 弹簧直接载荷式压力释放阀 弹簧材料						最大背压力 MPa		结构长度 mm	
阀体/阀盖		进口	出口	低温合金钢	合金钢			高温合金钢		常规	波纹管		
				−268 ℃～−60 ℃	−60 ℃～−29 ℃	−29 ℃～38 ℃	38 ℃～260 ℃	260 ℃～427 ℃	427 ℃～538 ℃	38 ℃		L	L_1
温度范围　−268 ℃≤t≤538 ℃													
奥氏体不锈钢	25D50	20	20	1.9	1.9	1.9	1.2	0.6	0.1	1.9	1.6	114	105
		50		1.9	1.9	1.9	1.2	0.6	0.1				
		50		5.0	5.0	5.0	3.4	2.9	2.4				
		110		10.1	10.1	10.1	6.7	6.0	4.9				
	40D50	150	50	15.2	15.2	15.2	10.0	8.9	7.4	4.1	3.4	140	
		260		25.3	25.3	25.3	16.8	14.8	12.3				
	40D80	420		27.1	42.2	42.2	28.0	24.7	20.5	5.0		178	140
温度范围　−29 ℃≤t≤315 ℃													
镍/铜合金	25D50	20	20	—	—	0.9	0.9	0.9	—	0.9	0.9	114	105
		50		—	—	0.9	0.9	0.9	—				
		50		—	—	2.5	2.5	2.5	—				
		110		—	—	5.0	5.0	5.0	—				
温度范围　−29 ℃≤t≤149 ℃													
20号合金	25D50	20	20	—	—	1.6	1.2	—	—	1.6	1.6	114	105
		50		—	—	1.6	1.2	—	—				
		50		—	—	4.1	3.2	—	—				
		110		—	—	8.2	6.4	—	—				
	40D50	150	50	—	—	12.4	9.6	—	—	4.1	3.4	140	
		260		—	—	20.6	16.0	—	—				
	40D80	420		—	—	34.4	26.7	—	—			178	140

表 B.2 流道代号“E”的数据表

材料	阀门尺寸（进口×流道代号×出口）	公称压力 PN		最大整定压力/MPa 弹簧直接载荷式压力释放阀 弹簧材料						最大背压力 MPa		结构长度 mm	
阀体/阀盖		进口	出口	低温合金钢	合金钢			高温合金钢		常规	波纹管	L	L_1
				−268 ℃～−60 ℃	−60 ℃～−29 ℃	−29 ℃～38 ℃	38 ℃～260 ℃	260 ℃～427 ℃	427 ℃～538 ℃	38 ℃			
温度范围 −29 ℃≤t≤427 ℃													
碳钢	25E50	20	20	—	—	2.0	1.2	0.6	—	2.0	1.6	114	105
		50		—	—	2.0	2.0	2.0	—				
		50		—	—	5.2	4.2	2.9	—				
		110		—	—	10.4	8.4	5.8	—				
	40E50	150	50	—	—	15.6	12.6	8.7	—	4.1	3.4	140	
		260		—	—	26.3	21.0	14.5	—				
	40E80	420		—	—	43.4	35.0	24.1	—	5.2		178	140
温度范围 427 ℃≤t≤538 ℃													
铬钼钢	25E50	50	20	—	—	—	—	3.6	1.5	2.0	1.6	114	105
		110		—	—	—	—	7.1	3.0				
	40E50	150	50	—	—	—	—	10.7	4.5	4.1	3.4	140	
		260		—	—	—	—	17.8	7.6				
	40E80	420		—	—	—	—	29.7	12.6	5.2		178	140
温度范围 −268 ℃≤t≤538 ℃													
奥氏体不锈钢	25E50	20	20	1.9	1.9	1.9	1.2	0.6	0.1	1.9	1.6	114	105
		50		1.9	1.9	1.9	1.2	0.6	0.1				
		50		5.0	5.0	5.0	3.4	2.9	2.4				
		110		10.1	10.1	10.1	6.7	6.0	4.9				
	40E50	150	50	15.2	15.2	15.2	10.0	8.9	7.4	4.1	3.4	140	
		260		25.3	25.3	25.3	16.8	14.8	12.3				
	40E80	420		27.1	42.2	42.2	28.0	24.7	20.5	5.0		178	140
温度范围 −29 ℃≤t≤315 ℃													
镍/铜合金	25E50	20	20	—	—	0.9	0.9	0.9	—	0.9	0.9	114	105
		50		—	—	0.9	0.9	0.9	—				
		50		—	—	2.5	2.5	2.5	—				
		110		—	—	5.0	5.0	5.0	—				
温度范围 −29 ℃≤t≤149 ℃													
20号合金	25E50	20	20	—	—	1.6	1.2	—	—	1.6	1.6	114	105
		50		—	—	1.6	1.2	—	—				
		50		—	—	4.1	3.2	—	—				
		110		—	—	8.2	6.4	—	—				
	40E50	150	50	—	—	12.4	9.6	—	—	4.1	3.4	140	
		260		—	—	20.6	16.0	—	—				
	40E80	420		—	—	34.4	26.7	—	—			178	140

表 B.3 流道代号"F"的数据表

材料	阀门尺寸（进口×流道代号×出口）	公称压力 PN		最大整定压力/MPa 弹簧直接载荷式压力释放阀 弹簧材料						最大背压力 MPa		结构长度 mm	
阀体/阀盖		进口	出口	低温合金钢	合金钢			高温合金钢		常规	波纹管		
				−268 ℃～−60 ℃	−60 ℃～−29 ℃	−29 ℃～38 ℃	38 ℃～260 ℃	260 ℃～427 ℃	427 ℃～538 ℃	38 ℃		L	L_1
温度范围 −29 ℃≤t≤427 ℃													
碳钢	40F50	20	20	—	—	2.0	1.2	0.6	—	2.0	1.6	121	124
		50		—	—	2.0	2.0	2.0	—				
		50		—	—	5.2	4.2	2.9	—			152	
		110		—	—	10.4	8.4	5.8	—				
	40F80	150	50	—	—	15.6	12.6	8.7	—	5.2	3.4	165	
		260		—	—	26.3	21.0	14.5	—				
		420		—	—	43.4	35.0	24.1	—			178	140
温度范围 427 ℃≤t≤538 ℃													
铬钼钢	40F50	50	20	—	—	—	—	3.6	1.5	2.0	1.6	152	124
		110		—	—	—	—	7.1	3.0				
	40F80	150	50	—	—	—	—	10.7	4.5	5.2	3.4	165	
		260		—	—	—	—	17.8	7.6				
		420		—	—	—	—	29.7	12.6			178	140
温度范围 −268 ℃≤t≤538 ℃													
奥氏体不锈钢	40F50	20	20	1.9	1.9	1.9	1.2	0.6	0.1	1.9	1.6	121	124
		50		1.9	1.9	1.9	1.2	0.6	0.1				
		50		5.0	5.0	5.0	3.4	2.9	2.4			152	
		110		10.1	10.1	10.1	6.7	6.0	4.9				
	40F80	150	50	15.2	15.2	15.2	10.0	8.9	7.4	4.1	3.4	165	
		260		15.3	25.3	25.3	16.8	14.8	12.3				
		420		23.4	34.4	34.4	28.0	24.7	20.5	5.0		178	140
温度范围 −29 ℃≤t≤315 ℃													
镍/铜合金	40F50	20	20	—	—	0.9	0.9	0.9	—	0.9	0.9	121	124
		50		—	—	0.9	0.9	0.9	—				
		50		—	—	2.5	2.5	2.5	—			152	
		110		—	—	5.0	5.0	5.0	—				
温度范围 −29 ℃≤t≤149 ℃													
20号合金	40F50	20	20	—	—	1.6	1.2	—	—	1.6	1.6	121	124
		50		—	—	1.6	1.2	—	—				
		50		—	—	4.1	3.2	—	—			152	
		110		—	—	8.2	6.4	—	—				
	40F80	150	50	—	—	12.4	9.6	—	—	4.1	3.4	165	
		260		—	—	20.6	16.0	—	—				
		420		—	—	34.4	26.7	—	—			178	140

表 B.4 流道代号"G"的数据表

材料 阀体/阀盖	阀门尺寸（进口×流道代号×出口）	公称压力 PN 进口	公称压力 PN 出口	最大整定压力/MPa 弹簧直接载荷式压力释放阀 弹簧材料 低温合金钢 −268 ℃～−60 ℃	合金钢 −60 ℃～−29 ℃	合金钢 −29 ℃～38 ℃	合金钢 38 ℃～260 ℃	高温合金钢 260 ℃～427 ℃	高温合金钢 427 ℃～538 ℃	最大背压力 MPa 38 ℃ 常规	最大背压力 MPa 38 ℃ 波纹管	结构长度 mm L	结构长度 mm L_1
温度范围 −29 ℃≤t≤427 ℃													
碳钢	40G80	20	20	—	—	2.0	1.2	0.6	—	2.0	1.6	121	124
		50		—	—	2.0	2.0	2.0	—				
		50		—	—	5.2	4.2	2.9	—			152	
		110		—	—	10.4	8.4	5.8	—				
		150	50	—	—	15.6	12.6	8.7	—	5.2	3.2	165	
	50G80	260		—	—	26.3	21.0	14.5	—			171.5	155.5
		420		—	—	43.4	35.0	24.1	—				
温度范围 427 ℃≤t≤538 ℃													
铬钼钢	40G80	50	20	—	—	—	—	3.6	1.5	2.0	1.6	152	124
		110		—	—	—	—	7.1	3.0				
		150	50	—	—	—	—	10.7	4.5	5.2	3.2	165	
	50G80	260		—	—	—	—	17.8	7.6			171.5	155.5
		420		—	—	—	—	29.7	12.6				
温度范围 −268 ℃≤t≤538 ℃													
奥氏体不锈钢	40G80	20	20	1.9	1.9	1.9	1.2	0.6	0.1	1.9	1.6	121	124
		50		1.9	1.9	1.9	1.2	0.6	0.1				
		50		5.0	5.0	5.0	3.4	2.9	2.4			152	
		110		10.1	10.1	10.1	6.7	6.0	4.9				
		150	50	15.2	15.2	15.2	10.0	8.9	7.4	4.1	3.2	165	
	50G80	260		16.9	25.3	25.3	16.8	14.8	12.3			171.5	155.5
		420		17.9	25.3	25.3	25.3	24.7	20.5	5.0			
温度范围 −29 ℃≤t≤315 ℃													
镍/铜合金	40G80	20	20	—	—	0.9	0.9	0.9	—	0.9	0.9	121	124
		50		—	—	0.9	0.9	0.9	—				
		50		—	—	2.5	2.5	2.5	—			152	
		110		—	—	5.0	5.0	5.0	—				
温度范围 −29 ℃≤t≤149 ℃													
20号合金	40G80	20	20	—	—	1.6	1.2	—	—	1.6	1.6	121	124
		50		—	—	1.6	1.2	—	—				
		50		—	—	4.1	3.2	—	—			152	
		110		—	—	8.2	6.4	—	—				
		150	50	—	—	12.4	9.6	—	—	4.1	3.2	165	
	50G80	260		—	—	20.6	16.0	—	—			171.5	155.5
		420		—	—	34.4	26.7	—	—				

表 B.5 流道代号"H"的数据表

材料	阀门尺寸(进口×流道代号×出口)	公称压力 PN		最大整定压力/MPa 弹簧直接载荷式压力释放阀 弹簧材料						最大背压力 MPa		结构长度 mm	
阀体/阀盖		进口	出口	低温合金钢	合金钢			高温合金钢		常规	波纹管	L	L_1
				−268 ℃～−60 ℃	−60 ℃～−29 ℃	−29 ℃～38 ℃	38 ℃～260 ℃	260 ℃～427 ℃	427 ℃～538 ℃	38 ℃			
温度范围 −29 ℃≤t≤427 ℃													
碳钢	40H80	20	20	—	—	2.0	1.2	0.6	—	2.0	1.6	124	130
		50		—	—	2.0	2.0	2.0	—				
	50H80	50		—	—	5.2	4.2	2.9	—				
		110		—	—	10.4	8.4	5.8	—			162	154
		150		—	—	15.6	12.6	8.7	—				
		260	50	—	—	26.3	21.0	14.5	—	5.2	2.8		
温度范围 427 ℃≤t≤538 ℃													
铬钼钢	50H80	50	20	—	—	—	—	3.6	1.5	2.0	1.6	124	130
		110		—	—	—	—	7.1	3.0			162	154
		150		—	—	—	—	10.7	4.5				
		260	50	—	—	—	—	17.8	7.6	5.2	2.8		
温度范围 −268 ℃≤t≤538 ℃													
奥氏体不锈钢	40H80	20	20	1.9	1.9	1.9	1.2	0.6	0.1	1.9	1.6	124	130
		50		1.9	1.9	1.9	1.2	0.6	0.1				
	50H80	50		5.0	5.0	5.0	3.4	2.9	2.4				
		110		10.0	10.0	10.0	6.7	6.0	4.9			162	154
		150		10.1	15.2	15.2	10.0	8.9	7.4	4.1			
		260	50	11.0	25.3	25.3	16.8	14.8	12.3		2.8		
温度范围 −29 ℃≤t≤315 ℃													
镍/铜合金	40H80	20	20	—	—	0.9	0.9	0.9	—	0.9	0.9	124	130
		50		—	—	0.9	0.9	0.9	—				
	50H80	50		—	—	2.5	2.5	2.5	—				
		110		—	—	5.0	5.0	5.0	—			162	154
温度范围 −29 ℃≤t≤149 ℃													
20号合金	40H80	20	20	—	—	1.6	1.2	—	—	1.6	1.6	124	130
		50		—	—	1.6	1.2	—	—				
		50		—	—	4.1	3.2	—	—				
	50H80	110		—	—	8.2	6.4	—	—			162	154
		150		—	—	12.4	9.6	—	—				
		260	50	—	—	20.6	16.0	—	—	4.1	2.8		

表 B.6 流道代号“J”的数据表

材料 阀体/阀盖	阀门尺寸（进口×流道代号×出口）	公称压力 PN 进口	公称压力 PN 出口	最大整定压力/MPa 弹簧直接载荷式压力释放阀 弹簧材料 低温合金钢 −268 ℃～−60 ℃	合金钢 −60 ℃～−29 ℃	合金钢 −29 ℃～38 ℃	合金钢 38 ℃～260 ℃	高温合金钢 260 ℃～427 ℃	高温合金钢 427 ℃～538 ℃	最大背压力 MPa 38 ℃ 常规	最大背压力 MPa 38 ℃ 波纹管	结构长度 mm *L*	结构长度 mm L_1
温度范围 −29 ℃≤*t*≤427 ℃													
碳钢	50J80	20	20	—	—	2.0	1.2	0.6	—	2.0	1.6	124	136.5
		50		—	—	2.0	2.0	2.0	—				
	80J100	50		—	—	5.2	4.2	2.9	—			181	184
		110		—	—	10.4	8.4	5.8	—				
		150		—	—	15.6	12.6	8.7	—				
		260	50	—	—	26.3	21.0	14.5	—	4.1			
温度范围 427 ℃≤*t*≤538 ℃													
铬钼钢	80J100	50	20	—	—	—	—	3.6	1.5	2.0	1.6	181	184
		110		—	—	—	—	7.1	3.0				
		150		—	—	—	—	10.7	4.5				
		260	50	—	—	—	—	17.8	7.6	4.1			
温度范围 −268 ℃≤*t*≤538 ℃													
奥氏体不锈钢	50J80	20	20	1.9	1.9	1.9	1.2	0.6	0.1	1.9	1.6	124	136.5
		50		1.9	1.9	1.9	1.2	0.6	0.1				
	80J100	50		3.4	5.0	5.0	3.4	2.9	2.4			181	184
		110		4.3	10.0	10.0	6.7	6.0	4.9				
		150		5.5	15.2	15.2	10.0	8.9	7.4				
		260	50	5.5	18.6	18.6	16.8	14.8	12.3	4.1			
温度范围 −29 ℃≤*t*≤315 ℃													
镍/铜合金	50J80	20	20	—	—	0.9	0.9	0.9	—	0.9	0.9	124	136.5
		50		—	—	0.9	0.9	0.9	—				
	80J100	50		—	—	2.5	2.5	2.5	—			181	184
		110		—	—	5.0	5.0	5.0	—				
温度范围 −29 ℃≤*t*≤149 ℃													
20号合金	50J80	20	20	—	1.6	1.6	1.2	—	—	1.6	1.6	124	136.5
		50		—	1.6	1.6	1.2	—	—				
	80J100	50		—	4.1	4.1	3.2	—	—			181	184
		110		—	8.2	8.2	6.4	—	—				
		150		—	12.4	12.4	9.6	—	—				
		260	50	—	20.6	20.6	16.0	—	—	4.1			

表 B.7 流道代号“K”的数据表

<table>
<tr><td rowspan="3">材料</td><td rowspan="5">阀门尺寸（进口×流道代号×出口）</td><td colspan="2" rowspan="3">公称压力 PN</td><td colspan="6">最大整定压力/MPa</td><td colspan="2" rowspan="3">最大背压力 MPa</td><td colspan="2" rowspan="4">结构长度 mm</td></tr>
<tr><td colspan="6">弹簧直接载荷式压力释放阀</td></tr>
<tr><td colspan="6">弹簧材料</td></tr>
<tr><td rowspan="2">阀体/阀盖</td><td rowspan="2">进口</td><td rowspan="2">出口</td><td>低温合金钢</td><td colspan="3">合金钢</td><td colspan="2">高温合金钢</td><td>常规</td><td>波纹管</td></tr>
<tr><td>−268 ℃～−60 ℃</td><td>−60 ℃～−29 ℃</td><td>−29 ℃～38 ℃</td><td>38 ℃～260 ℃</td><td>260 ℃～427 ℃</td><td>427 ℃～538 ℃</td><td colspan="2">38 ℃</td><td>L</td><td>L_1</td></tr>
<tr><td colspan="14">温度范围 −29 ℃≤t≤427 ℃</td></tr>
<tr><td rowspan="6">碳钢</td><td rowspan="4">80K100</td><td>20</td><td rowspan="5">20</td><td>—</td><td>—</td><td>2.0</td><td>1.2</td><td>0.6</td><td>—</td><td rowspan="5">2.0</td><td rowspan="3">1.0</td><td rowspan="3">162</td><td rowspan="3">155.5</td></tr>
<tr><td>50</td><td>—</td><td>—</td><td>2.0</td><td>2.0</td><td>2.0</td><td>—</td></tr>
<tr><td>50</td><td>—</td><td>—</td><td>5.2</td><td>4.2</td><td>2.9</td><td>—</td></tr>
<tr><td>110</td><td>—</td><td>—</td><td>10.4</td><td>8.4</td><td>5.8</td><td>—</td><td rowspan="3">1.3</td><td>181</td><td>184</td></tr>
<tr><td rowspan="2">80K150</td><td>150</td><td>—</td><td>—</td><td>15.6</td><td>12.6</td><td>8.7</td><td>—</td><td rowspan="2">216</td><td>198</td></tr>
<tr><td>260</td><td>50</td><td>—</td><td>—</td><td>15.6</td><td>15.6</td><td>14.5</td><td>—</td><td>4.1</td><td>197</td></tr>
<tr><td colspan="14">温度范围 427 ℃≤t≤538 ℃</td></tr>
<tr><td rowspan="4">铬钼钢</td><td rowspan="2">80K100</td><td>50</td><td rowspan="3">20</td><td>—</td><td>—</td><td>—</td><td>—</td><td>3.6</td><td>1.5</td><td rowspan="3">2.0</td><td rowspan="2">1.0</td><td rowspan="2">162</td><td rowspan="2">155.5</td></tr>
<tr><td>110</td><td>—</td><td>—</td><td>—</td><td>—</td><td>7.1</td><td>3.0</td></tr>
<tr><td rowspan="2">80K150</td><td>150</td><td>—</td><td>—</td><td>—</td><td>—</td><td>10.7</td><td>4.5</td><td rowspan="2">1.3</td><td rowspan="2">216</td><td>198</td></tr>
<tr><td>260</td><td>50</td><td>—</td><td>—</td><td>—</td><td>—</td><td>17.8</td><td>7.6</td><td>4.1</td><td>197</td></tr>
<tr><td colspan="14">温度范围 −268 ℃≤t≤538 ℃</td></tr>
<tr><td rowspan="6">奥氏体不锈钢</td><td rowspan="4">80K100</td><td>20</td><td rowspan="5">20</td><td>1.9</td><td>1.9</td><td>1.9</td><td>1.2</td><td>0.6</td><td>0.1</td><td rowspan="5">1.9</td><td rowspan="3">1.0</td><td rowspan="3">162</td><td rowspan="3">155.5</td></tr>
<tr><td>50</td><td>1.9</td><td>1.9</td><td>1.9</td><td>1.2</td><td>0.6</td><td>0.1</td></tr>
<tr><td>50</td><td>3.6</td><td>5.0</td><td>5.0</td><td>3.4</td><td>2.9</td><td>2.4</td></tr>
<tr><td>110</td><td>4.1</td><td>10.0</td><td>10.0</td><td>6.7</td><td>6.0</td><td>4.9</td><td rowspan="3">1.3</td><td>181</td><td>184</td></tr>
<tr><td rowspan="2">80K150</td><td>150</td><td>4.1</td><td>15.2</td><td>15.2</td><td>10.0</td><td>8.9</td><td>7.4</td><td rowspan="2">216</td><td>198</td></tr>
<tr><td>260</td><td>50</td><td>5.1</td><td>15.3</td><td>15.3</td><td>16.8</td><td>14.8</td><td>12.3</td><td>4.1</td><td>197</td></tr>
<tr><td colspan="14">温度范围 −29 ℃≤t≤315 ℃</td></tr>
<tr><td rowspan="4">镍/铜合金</td><td rowspan="4">80K100</td><td>20</td><td rowspan="4">20</td><td>—</td><td>—</td><td>0.9</td><td>0.9</td><td>0.9</td><td>—</td><td rowspan="4">0.9</td><td rowspan="4">0.9</td><td rowspan="3">162</td><td rowspan="3">155.5</td></tr>
<tr><td>50</td><td>—</td><td>—</td><td>0.9</td><td>0.9</td><td>0.9</td><td>—</td></tr>
<tr><td>50</td><td>—</td><td>—</td><td>2.5</td><td>2.5</td><td>2.5</td><td>—</td></tr>
<tr><td>110</td><td>—</td><td>—</td><td>5.0</td><td>5.0</td><td>5.0</td><td>—</td><td>181</td><td>184</td></tr>
<tr><td colspan="14">温度范围 −29 ℃≤t≤149 ℃</td></tr>
<tr><td rowspan="6">20号合金</td><td rowspan="4">80K100</td><td>20</td><td rowspan="5">20</td><td>—</td><td>—</td><td>1.6</td><td>1.2</td><td>—</td><td>—</td><td rowspan="5">1.6</td><td rowspan="3">1.0</td><td rowspan="3">162</td><td rowspan="3">155.5</td></tr>
<tr><td>50</td><td>—</td><td>—</td><td>1.6</td><td>1.2</td><td>—</td><td>—</td></tr>
<tr><td>50</td><td>—</td><td>—</td><td>4.1</td><td>3.2</td><td>—</td><td>—</td></tr>
<tr><td>110</td><td>—</td><td>—</td><td>8.2</td><td>6.4</td><td>—</td><td>—</td><td rowspan="3">1.3</td><td>181</td><td>184</td></tr>
<tr><td rowspan="2">80K150</td><td>150</td><td>—</td><td>—</td><td>12.4</td><td>9.6</td><td>—</td><td>—</td><td rowspan="2">216</td><td>198</td></tr>
<tr><td>260</td><td>50</td><td>—</td><td>—</td><td>20.6</td><td>16.0</td><td>—</td><td>—</td><td>4.1</td><td>197</td></tr>
</table>

表 B.8 流道代号"L"的数据表

材料	阀门尺寸（进口×流道代号×出口）	公称压力 PN		最大整定压力/MPa 弹簧直接载荷式压力释放阀 弹簧材料						最大背压力 MPa		结构长度 mm	
				低温合金钢	合金钢			高温合金钢		常规	波纹管		
阀体/阀盖		进口	出口	−268 ℃ ～ −60 ℃	−60 ℃ ～ −29 ℃	−29 ℃ ～ 38 ℃	38 ℃ ～ 260 ℃	260 ℃ ～ 427 ℃	427 ℃ ～ 538 ℃	38 ℃		L	L_1
温度范围 −29 ℃≤t≤427 ℃													
碳钢	80L100	20	20	—	—	2.0	1.2	0.6	—	2.0	0.6	165	155.5
		50		—	—	2.0	2.0	2.0	—				
	100L150	50		—	—	5.2	4.2	2.9	—		1.2	181	179.5
		110		—	—	6.9	6.9	5.8	—			203	
		150		—	—	10.3	10.3	8.7	—			222	179
		260		—	—	—	—	10.3	—				
温度范围 427 ℃≤t≤538 ℃													
铬钼钢	100L150	50	20	—	—	—	—	3.6	1.5	2.0	1.2	181	179.5
		110		—	—	—	—	7.1	3.0			203	
		150		—	—	—	—	10.7	4.5			222	179
		260		—	—	—	—	10.7	7.6				
温度范围 −268 ℃≤t≤538 ℃													
奥氏体不锈钢	80L100	20	20	1.9	1.9	1.9	1.2	0.6	0.1	1.9	0.6	124	130
		50		1.9	1.9	1.9	1.2	0.6	0.1				
	100L150	50		3.7	5.0	5.0	3.4	2.9	2.4		1.2	181	179.5
		110		3.7	6.9	6.9	6.7	6.0	4.9			203	
		150		4.9	10.3	10.3	10.0	8.9	7.4			222	197
温度范围 −29 ℃≤t≤315 ℃													
镍/铜合金	80L100	20	20	—	—	0.9	0.9	0.9	—	0.9	0.6	124	130
		50		—	—	0.9	0.9	0.9	—				
	100L150	50		—	—	2.5	2.5	2.5	—		0.8	181	179.5
		110		—	—	5.0	5.0	5.0	—			203	
温度范围 −29 ℃≤t≤149 ℃													
20号合金	80L100	20	20	—	—	1.6	1.2	—	—	1.6	0.6	124	130
		50		—	—	1.6	1.2	—	—				
	100L150	50		—	—	4.1	3.2	—	—		1.2	181	179.5
		110		—	—	8.2	6.4	—	—			203	
		150		—	—	12.4	9.6	—	—			222	197
		260		—	—	20.6	16.0	—	—				

表 B.9 流道代号"M"的数据表

材料	阀门尺寸（进口×流道代号×出口）	公称压力PN		最大整定压力/MPa 弹簧直接载荷式压力释放阀 弹簧材料						最大背压力 MPa		结构长度 mm	
				低温合金钢	合金钢			高温合金钢		常规	波纹管		
阀体/阀盖		进口	出口	−268 ℃ ～ −60 ℃	−60 ℃ ～ −29 ℃	−29 ℃ ～ 38 ℃	38 ℃ ～ 260 ℃	260 ℃ ～ 427 ℃	427 ℃ ～ 538 ℃	38 ℃		L	L_1
温度范围 −29 ℃≤t≤427 ℃													
碳钢	100M150	20	20	—	—	2.0	1.2	0.6	—	2.0	0.5	184	178
		50		—	—	2.0	2.0	2.0	—				
		50		—	—	5.2	4.2	2.9	—		1.1		
		110		—	—	7.5	7.5	5.8	—			203	
		150		—	—	—	—	7.5	—			222	197
温度范围 427 ℃≤t≤538 ℃													
铬钼钢	100M150	50	20	—	—	—	—	3.6	1.5	2.0	1.1	184	178
		110		—	—	—	—	7.1	3.0			203	
		150		—	—	—	—	10.7	4.5			222	197
温度范围 −268 ℃≤t≤538 ℃													
奥氏体不锈钢	100M150	20	20	1.9	1.9	1.9	1.2	0.6	0.1	1.9	0.5	184	178
		50		1.9	1.9	1.9	1.2	0.6	0.1				
		50		3.6	5.0	5.0	3.4	2.9	2.4		1.1		
		110		4.1	6.9	6.9	6.7	6.0	4.9			203	
温度范围 −29 ℃≤t≤315 ℃													
镍/铜合金	100M150	20	20	—	—	0.9	0.9	0.9	—	0.9	0.5	184	178
		50		—	—	0.9	0.9	0.9	—				
		50		—	—	2.5	2.5	2.5	—		1.1		
		110		—	—	5.0	5.0	5.0	—			203	
温度范围 −29 ℃≤t≤149 ℃													
20号合金	100M150	20	20	—	—	1.6	1.2	—	—	1.6	0.5	184	178
		50		—	—	1.6	1.2	—	—				
		50		—	—	4.1	3.2	—	—		1.1		
		110		—	—	8.2	6.4	—	—			203	
		150		—	—	12.4	9.6	—	—			222	197

表 B.10 流道代号“N”的数据表

材料 阀体/阀盖	阀门尺寸（进口×流道代号×出口）	公称压力 PN 进口	公称压力 PN 出口	最大整定压力/MPa 弹簧直接载荷式压力释放阀 弹簧材料 低温合金钢 −268 ℃～−60 ℃	合金钢 −60 ℃～−29 ℃	合金钢 −29 ℃～38 ℃	合金钢 38 ℃～260 ℃	高温合金钢 260 ℃～427 ℃	高温合金钢 427 ℃～538 ℃	最大背压力 MPa 38 ℃ 常规	最大背压力 MPa 38 ℃ 波纹管	结构长度 mm L	结构长度 mm L_1
温度范围 −29 ℃≤t≤427 ℃													
碳钢	100N150	20	20	—	—	2.0	1.2	0.6	—	2.0	0.5	210	197
		50		—	—	2.0	2.0	2.0	—				
		50		—	—	5.2	4.2	2.9	—		1.1		
		110		—	—	6.9	6.9	5.8	—			222	
		150		—	—	—	—	6.9	—				
温度范围 427 ℃≤t≤538 ℃													
铬钼钢	100N150	50	20	—	—	—	—	3.6	1.5	2.0	1.1	210	197
		110		—	—	—	—	6.9	3.0			222	
		150		—	—	—	—	6.9	4.5				
温度范围 −268 ℃≤t≤538 ℃													
奥氏体不锈钢	100N150	20	20	1.9	1.9	1.9	1.2	0.6	0.1	1.9	0.5	210	197
		50		1.9	1.9	1.9	1.2	0.6	0.1				
		50		3.1	5.0	5.0	3.4	2.9	2.4		1.1		
		110		3.4	6.9	6.9	6.7	6.0	4.9			222	
温度范围 −29 ℃≤t≤315 ℃													
镍/铜合金	100N150	20	20	—	—	0.9	0.9	0.9	—	0.9	0.5	210	197
		50		—	—	0.9	0.9	0.9	—				
		50		—	—	2.5	2.5	2.5	—		0.9		
		110		—	—	5.0	5.0	5.0	—			222	
温度范围 −29 ℃≤t≤149 ℃													
20号合金	100N150	20	20	—	—	1.6	1.2	—	—	1.6	0.5	210	197
		50		—	—	1.6	1.2	—	—				
		50		—	—	4.1	3.2	—	—		1.1		
		110		—	—	8.2	6.4	—	—			222	
		150		—	—	12.4	9.6	—	—				

表 B.11 流道代号“P”的数据表

材料 阀体/阀盖	阀门尺寸（进口×流道代号×出口）	公称压力 PN 进口	公称压力 PN 出口	最大整定压力/MPa 弹簧直接载荷式压力释放阀 弹簧材料 低温合金钢 −268 ℃～−60 ℃	合金钢 −60 ℃～−29 ℃	合金钢 −29 ℃～38 ℃	合金钢 38 ℃～260 ℃	高温合金钢 260 ℃～427 ℃	高温合金钢 427 ℃～538 ℃	最大背压力 MPa 常规 38 ℃	最大背压力 MPa 波纹管 38 ℃	结构长度 mm L	结构长度 mm L_1
温度范围 −29 ℃≤t≤427 ℃													
碳钢	100P150	20	20	—	—	2.0	1.2	0.6	—	2.0	0.5	229	181
		50		—	—	2.0	2.0	2.0	—				
		50		—	—	3.6	3.6	2.9	—		1.0	254	206
		110		—	—	6.9	6.9	5.8	—				225
		150		—	—	—	—	6.9	—				
温度范围 427 ℃≤t≤538 ℃													
铬钼钢	100P150	50	20	—	—	—	—	3.6	1.5	2.0	1.0	254	225
		110		—	—	—	—	6.9	3.0				
		150		—	—	—	—	6.9	4.5				
温度范围 −268 ℃≤t≤538 ℃													
奥氏体不锈钢	100P150	20	20	1.2	1.9	1.9	1.2	0.6	0.1	1.9	0.5	229	181
		50		1.2	1.9	1.9	1.2	0.6	0.1				
		50		2.0	3.6	3.6	3.4	2.9	2.4		1.0	254	225
		110		3.3	6.9	6.9	6.7	6.0	4.9				
温度范围 −29 ℃≤t≤315 ℃													
镍/铜合金	100P150	20	20	—	—	0.9	0.9	0.9	—	0.9	0.5	229	181
		50		—	—	0.9	0.9	0.9	—				
		50		—	—	2.5	2.5	2.5	—		0.9	254	225
		110		—	—	5.0	5.0	5.0	—				
温度范围 −29 ℃≤t≤149 ℃													
20号合金	100P150	20	20	—	—	1.6	1.2	—	—	1.6	0.5	229	181
		50		—	—	1.6	1.2	—	—				
		50		—	—	4.1	3.2	—	—		1.0	254	225
		110		—	—	8.2	6.4	—	—				
		150		—	—	12.4	9.6	—	—				

表 B.12 流道代号“Q”的数据表

材料 阀体/阀盖	阀门尺寸（进口×流道代号×出口）	公称压力 PN 进口	公称压力 PN 出口	最大整定压力/MPa 弹簧直接载荷式压力释放阀 弹簧材料 低温合金钢 −268 ℃～−60 ℃	合金钢 −60 ℃～−29 ℃	合金钢 −29 ℃～38 ℃	合金钢 38 ℃～260 ℃	高温合金钢 260 ℃～427 ℃	高温合金钢 427 ℃～538 ℃	最大背压力 MPa 38 ℃ 常规	最大背压力 MPa 38 ℃ 波纹管	结构长度 mm L	结构长度 mm L_1
温度范围 −29 ℃≤t≤427 ℃													
碳钢	150Q200	20	20	—	—	1.1	1.1	0.5	—	0.8	0.4	241	240
		50		—	—	1.1	1.1	1.1	—				
		50		—	—	2.0	2.0	2.0	—		0.8		
		110		—	—	4.1	4.1	4.1	—				
温度范围 427 ℃≤t≤538 ℃													
铬钼钢	150Q200	50	20	—	—	—	—	1.1	1.1	0.8	0.8	241	240
		110		—	—	—	—	4.1	3.0				
温度范围 −268 ℃≤t≤538 ℃													
奥氏体不锈钢	150Q200	20	20	1.1	1.1	1.1	1.1	0.6	0.1	0.8	0.4	241	240
		50		1.1	1.1	1.1	1.1	0.6	0.1				
		50		1.7	2.0	2.0	2.0	2.0	2.0		0.8		
		110		2.0	4.1	4.1	4.1	4.1	4.1				
温度范围 −29 ℃≤t≤315 ℃													
镍/铜合金	150Q200	20	20	—	—	0.9	0.9	0.9	—	0.8	0.4	241	240
		50		—	—	0.9	0.9	0.9	—				
		50		—	—	2.5	2.5	2.5	—		0.8		
		110		—	—	5.0	5.0	5.0	—				
温度范围 −29 ℃≤t≤149 ℃													
20号合金	150Q200	20	20	—	—	1.1	1.1	—	—	0.8	0.4	241	240
		50		—	—	1.1	1.1	—	—				
		50		—	—	2.0	2.0	—	—		0.8		
		110		—	—	4.1	4.1	—	—				

表 B.13 流道代号“R”的数据表

材料	阀门尺寸（进口×流道代号×出口）	公称压力PN		最大整定压力/MPa						最大背压力MPa		结构长度mm	
				弹簧直接载荷式压力释放阀									
				弹簧材料									
阀体/阀盖		进口	出口	低温合金钢	合金钢			高温合金钢		常规	波纹管		
				−268 ℃～−60 ℃	−60 ℃～−29 ℃	−29 ℃～38 ℃	38 ℃～260 ℃	260 ℃～427 ℃	427 ℃～538 ℃	38 ℃		L	L_1
温度范围 −29 ℃≤t≤427 ℃													
碳钢	150R200	20	20	—	—	0.6	0.6	0.5	—	0.4	0.4	241	240
		50		—	—	0.6	0.6	0.6	—				
	150R250	50		—	—	1.6	1.6	1.6	—	0.6	0.6	267	
		110		—	—	2.0	2.0	2.0	—				
温度范围 427 ℃≤t≤538 ℃													
铬钼钢	150R200	50	20	—	—	—	—	0.6	0.6	0.4	0.4	241	240
	150R250	110		—	—	—	—	2.0	2.0	0.6	0.6	267	
温度范围 −268 ℃≤t≤538 ℃													
奥氏体不锈钢	150R200	20	20	—	—	0.6	0.6	0.5	0.1	0.4	0.4	241	240
		50		—	—	0.6	0.6	0.5	0.1				
	150R250	50		—	—	1.6	1.6	1.6	1.6	0.6	0.6	267	
		110		—	—	2.0	2.0	2.0	2.0				
温度范围 −29 ℃≤t≤315 ℃													
镍/铜合金	150R200	20	20	—	—	0.6	0.6	0.6	—	0.4	0.4	241	240
		50		—	—	0.6	0.6	0.6	—				
	150R250	50		—	—	1.6	1.6	1.6	—	0.6	0.6	267	
		110		—	—	2.0	2.0	2.0	—				
温度范围 −29 ℃≤t≤149 ℃													
20号合金	150R200	20	20	—	—	0.6	0.6	—	—	0.4	0.4	241	240
		50		—	—	0.6	0.6	—	—				
	150R250	50		—	—	1.6	1.6	—	—	0.6	0.6	267	
		110		—	—	2.0	2.0	—	—				

表 B.14 流道代号"T"的数据表

材料	阀门尺寸（进口×流道代号×出口）	公称压力PN		最大整定压力/MPa						最大背压力 MPa		结构长度 mm	
				弹簧直接载荷式压力释放阀									
				弹簧材料									
阀体/阀盖		进口	出口	低温合金钢	合金钢			高温合金钢		常规	波纹管		
				−268 ℃～−60 ℃	−60 ℃～−29 ℃	−29 ℃～38 ℃	38 ℃～260 ℃	260 ℃～427 ℃	427 ℃～538 ℃	38 ℃		L	L_1
温度范围 −29 ℃≤t≤427 ℃													
碳钢	200T250	20	20	—	—	0.4	0.4	0.4	—	0.2	0.2	279	276
		50		—	—	0.4	0.4	0.4	—				
		50		—	—	0.8	0.8	0.8	—	0.4	0.4		
		50		—	—	2.0	2.0	2.0	—	0.6	0.6		
温度范围 427 ℃≤t≤538 ℃													
铬钼钢	200T250	50	20	—	—	—	—	0.8	0.6	0.4	0.4	279	276
		50		—	—	—	—	2.0	1.5	0.6	0.6		
温度范围 −268 ℃≤t≤538 ℃													
奥氏体不锈钢	200T250	20	20	0.3	0.4	0.4	0.4	0.4	0.1	0.2	0.2	279	276
		50		0.3	0.4	0.4	0.4	0.4	0.1				
		50		0.4	0.8	0.8	0.8	0.8	0.8	0.4	0.4		
温度范围 −29 ℃≤t≤315 ℃													
镍/铜合金	200T250	20	20	—	—	0.4	0.4	0.4	—	0.2	0.2	279	276
		50		—	—	0.4	0.4	0.4	—				
		50		—	—	0.8	0.8	0.8	—	0.4	0.4		
温度范围 −29 ℃≤t≤149 ℃													
20合号金	200T250	20	20	—	—	0.4	0.4	—	—	0.2	0.2	279	276
		50		—	—	0.4	0.4	—	—				
		50		—	—	0.8	0.8	—	—	0.4	0.4		

附　录　C
（规范性附录）
先导式压力释放阀数据表

C.1　流道代号“D”～“T”的先导式压力释放阀其承压件的温度-压力额定值、阀体材料的温度范围和阀的结构长度按表C.1～表C.14数据表的规定。

C.2　表中的最大背压力在温度高于38 ℃时应不超过GB/T 12224中规定的额定值。

C.3　材料适用的温度-压力不高于表中所列的额定值，允许用其他等同于或优于的材料替代。

C.4　表中所列的压力额定值以对应材料的温度范围为准。

表 C.1　流道代号“D”的数据表

材料	阀门尺寸（进口×流道代号×出口）	公称压力 PN		先导式压力释放阀				结构长度 mm	
				最大整定压力 MPa			最大背压力 MPa		
阀体		进口	出口	−268 ℃～−29 ℃	−29 ℃～38 ℃	38 ℃～260 ℃	38 ℃	L	L_1
温度范围　−29 ℃≤t≤260 ℃									
碳钢	25D50	20	20	—	2.0	1.2	2.0	114	105
		50		—	5.2	4.2			111
		110		—	10.4	8.4			
		150	50	—	15.6	12.6	5.2	121	125
		260		—	26.3	21.0			
		420		—	43.4	35.0			
	40D50	20	20	—	2.0	1.2	2.0		124
		50		—	5.2	4.2			
		110		—	10.4	8.4			
		150	50	—	15.6	12.6	5.2	140	149
		260		—	26.3	21.0			
		420		—	43.4	35.0			
温度范围　−268 ℃≤t≤260 ℃									
奥氏体不锈钢	25D50	20	20	1.9	1.9	1.2	1.9	114	105
		50		5.0	5.0	3.4			111
		110		10.1	10.1	6.7			
		150	50	15.2	15.2	10.0	5.0	121	125
		260		25.3	25.3	16.8			
		420		42.2	42.2	28.0			
	40D50	20	20	1.9	1.9	1.2	1.9		124
		50		5.0	5.0	3.4			
		110		10.1	10.1	6.7			
		150	50	15.2	15.2	10.0	5.0	140	149
		260		25.3	25.3	16.8			
		420		42.2	42.2	28.0			

表 C.1（续）

<table>
<tr><td>材料</td><td rowspan="3">阀门
尺寸
（进口×
流道代号
×出口）</td><td colspan="2">公称压力
PN</td><td colspan="4">先导式压力释放阀</td><td colspan="2" rowspan="2">结构长度
mm</td></tr>
<tr><td rowspan="2">阀体</td><td rowspan="2">进口</td><td rowspan="2">出口</td><td colspan="3">最大整定压力
MPa</td><td>最大背压力
MPa</td></tr>
<tr><td>−268 ℃～
−29 ℃</td><td>−29 ℃～
38 ℃</td><td>38 ℃～
260 ℃</td><td>38 ℃</td><td>L</td><td>L_1</td></tr>
<tr><td colspan="10">温度范围　−29 ℃≤t≤260 ℃</td></tr>
<tr><td rowspan="12">镍/铜合金</td><td rowspan="6">25D50</td><td>20</td><td rowspan="3">20</td><td>—</td><td>1.0</td><td>1.0</td><td rowspan="3">1.9</td><td rowspan="3">114</td><td>105</td></tr>
<tr><td>50</td><td>—</td><td>2.5</td><td>2.5</td><td rowspan="2">111</td></tr>
<tr><td>110</td><td>—</td><td>5.0</td><td>5.0</td></tr>
<tr><td>150</td><td rowspan="3">50</td><td>—</td><td>7.4</td><td>7.4</td><td rowspan="3">5.0</td><td rowspan="6">121</td><td rowspan="3">125</td></tr>
<tr><td>260</td><td>—</td><td>12.4</td><td>12.4</td></tr>
<tr><td>420</td><td>—</td><td>20.6</td><td>20.6</td></tr>
<tr><td rowspan="6">40D50</td><td>20</td><td rowspan="3">20</td><td>—</td><td>1.0</td><td>1.0</td><td rowspan="3">1.9</td><td rowspan="3">124</td></tr>
<tr><td>50</td><td>—</td><td>2.5</td><td>2.5</td></tr>
<tr><td>110</td><td>—</td><td>5.0</td><td>5.0</td></tr>
<tr><td>150</td><td rowspan="3">50</td><td>—</td><td>7.4</td><td>7.4</td><td rowspan="3">5.0</td><td rowspan="3">140</td><td rowspan="3">149</td></tr>
<tr><td>260</td><td>—</td><td>12.4</td><td>12.4</td></tr>
<tr><td>420</td><td>—</td><td>20.6</td><td>20.6</td></tr>
<tr><td colspan="10">温度范围　−29 ℃≤t≤149 ℃</td></tr>
<tr><td rowspan="12">20号合金</td><td rowspan="6">25D50</td><td>20</td><td rowspan="3">20</td><td>—</td><td>1.6</td><td>1.2</td><td rowspan="3">1.9</td><td rowspan="3">114</td><td>105</td></tr>
<tr><td>50</td><td>—</td><td>4.1</td><td>3.2</td><td rowspan="2">111</td></tr>
<tr><td>110</td><td>—</td><td>8.2</td><td>6.4</td></tr>
<tr><td>150</td><td rowspan="3">50</td><td>—</td><td>12.4</td><td>9.6</td><td rowspan="3">5.0</td><td rowspan="6">121</td><td rowspan="3">125</td></tr>
<tr><td>260</td><td>—</td><td>20.6</td><td>16.0</td></tr>
<tr><td>420</td><td>—</td><td>34.4</td><td>26.7</td></tr>
<tr><td rowspan="6">40D50</td><td>20</td><td rowspan="3">20</td><td>—</td><td>1.6</td><td>1.2</td><td rowspan="3">1.9</td><td rowspan="3">124</td></tr>
<tr><td>50</td><td>—</td><td>4.1</td><td>3.2</td></tr>
<tr><td>110</td><td>—</td><td>8.2</td><td>6.4</td></tr>
<tr><td>150</td><td rowspan="3">50</td><td>—</td><td>12.4</td><td>9.6</td><td rowspan="3">5.0</td><td rowspan="3">140</td><td rowspan="3">149</td></tr>
<tr><td>260</td><td>—</td><td>20.6</td><td>16.0</td></tr>
<tr><td>420</td><td>—</td><td>34.4</td><td>26.7</td></tr>
</table>

表 C.2　流道代号"E"的数据表

材料 阀体	阀门尺寸（进口×流道代号×出口）	公称压力 PN 进口	公称压力 PN 出口	先导式压力释放阀 最大整定压力 MPa −268 ℃～−29 ℃	先导式压力释放阀 最大整定压力 MPa −29 ℃～38 ℃	先导式压力释放阀 最大整定压力 MPa 38 ℃～260 ℃	先导式压力释放阀 最大背压力 MPa 38 ℃	结构长度 mm L	结构长度 mm L_1
温度范围　−29 ℃≤t≤260 ℃									
碳钢	25E50	20	20	—	2.0	1.2	2.0	114	105
		50		—	5.2	4.2			111
		110		—	10.4	8.4			
		150	50	—	15.6	12.6	5.2	121	125
		260		—	26.3	21.0			
		420		—	43.4	35.0			
	40E50	20	20	—	2.0	1.2	2.0		124
		50		—	5.2	4.2			
		110		—	10.4	8.4			
		150	50	—	15.6	12.6	5.2	140	149
		260		—	26.3	21.0			
		420		—	43.4	35.0			
温度范围　−268 ℃≤t≤260 ℃									
奥氏体不锈钢	25E50	20	20	1.9	1.9	1.2	1.9	114	105
		50		5.0	5.0	3.4			111
		110		10.1	10.1	6.7			
		150	50	15.2	15.2	10.0	5.0	121	125
		260		25.3	25.3	16.8			
		420		42.2	42.2	28.0			
	40E50	20	20	1.9	1.9	1.2	1.9		124
		50		5.0	5.0	3.4			
		110		10.1	10.1	6.7			
		150	50	15.2	15.2	10.0	5.0	140	149
		260		25.3	25.3	16.8			
		420		42.2	42.2	28.0			

表 C.2（续）

材料	阀门尺寸（进口×流道代号×出口）	公称压力 PN		先导式压力释放阀				结构长度 mm	
				最大整定压力 MPa			最大背压力 MPa		
阀体		进口	出口	−268 ℃～−29 ℃	−29 ℃～38 ℃	38 ℃～260 ℃	38 ℃	L	L_1
温度范围　−29 ℃≤t≤260 ℃									
镍/铜合金	25E50	20	20	—	1.0	1.0	1.9	114	105
		50		—	2.5	2.5			111
		110		—	5.0	5.0			
		150	50	—	7.4	7.4	5.0	121	125
		260		—	12.4	12.4			
		420		—	20.6	20.6			
	40E50	20	20	—	1.0	1.0	1.9		124
		50		—	2.5	2.5			
		110		—	5.0	5.0			
		150	50	—	7.4	7.4	5.0	140	149
		260		—	12.4	12.4			
		420		—	20.6	20.6			
温度范围　−29 ℃≤t≤149 ℃									
20号合金	25E50	20	20	—	1.6	1.2	1.9	114	105
		50		—	4.1	3.2			111
		110		—	8.2	6.4			
		150	50	—	12.4	9.6	5.0	121	125
		260		—	20.6	16.0			
		420		—	34.4	26.7			
	40E50	20	20	—	1.6	1.2	1.9		124
		50		—	4.1	3.2			
		110		—	8.2	6.4			
		150	50	—	12.4	9.6	5.0	140	149
		260		—	20.6	16.0			
		420		—	34.4	26.7			

表 C.3 流道代号“F”的数据表

材料 阀体	阀门尺寸（进口×流道代号×出口）	公称压力PN 进口	公称压力PN 出口	先导式压力释放阀 最大整定压力 MPa −268 ℃～−29 ℃	先导式压力释放阀 最大整定压力 MPa −29 ℃～38 ℃	先导式压力释放阀 最大整定压力 MPa 38 ℃～260 ℃	最大背压力 MPa 38 ℃	结构长度 mm L	结构长度 mm L_1
温度范围 −29 ℃≤t≤260 ℃									
碳钢	25F50	20	20	—	2.0	1.2	2.0	114	105
		50		—	5.2	4.2			111
		110		—	10.4	8.4			
		150	50	—	15.6	12.6	5.2	121	125
		260		—	26.3	21.0			
		420		—	43.4	35.0			
	40F50	20	20	—	2.0	1.2	2.0		124
		50		—	5.2	4.2			
		110		—	10.4	8.4			
		150	50	—	15.6	12.6	5.2	140	149
		260		—	26.3	21.0			
		420		—	43.4	35.0			
温度范围 −268 ℃≤t≤260 ℃									
奥氏体不锈钢	25F50	20	20	1.9	1.9	1.2	1.9	114	105
		50		5.0	5.0	3.4			111
		110		10.1	10.1	6.7			
		150	50	15.2	15.2	10.0	5.0	121	125
		260		25.3	25.3	16.8			
		420		42.2	42.2	28.0			
	40F50	20	20	1.9	1.9	1.2	1.9		124
		50		5.0	5.0	3.4			
		110		10.1	10.1	6.7			
		150	50	15.2	15.2	10.0	5.0	140	149
		260		25.3	25.3	16.8			
		420		42.2	42.2	28.0			

表 C.3（续）

<table>
<tr><th>材料</th><th rowspan="2">阀门
尺寸
（进口×
流道代号
×出口）</th><th colspan="2">公称压力
PN</th><th colspan="4">先导式压力释放阀</th><th colspan="2" rowspan="2">结构长度
mm</th></tr>
<tr><th rowspan="3">阀体</th><th rowspan="3">进口</th><th rowspan="3">出口</th><th colspan="3">最大整定压力
MPa</th><th>最大背压力
MPa</th></tr>
<tr><th rowspan="2">−268 ℃～
−29 ℃</th><th rowspan="2">−29 ℃～
38 ℃</th><th rowspan="2">38 ℃～
260 ℃</th><th rowspan="2">38 ℃</th><th rowspan="2">L</th><th rowspan="2">L₁</th></tr>
<tr></tr>
<tr><td colspan="10">温度范围　−29 ℃≤t≤260 ℃</td></tr>
<tr><td rowspan="12">镍/铜合金</td><td rowspan="6">25F50</td><td>20</td><td rowspan="3">20</td><td>—</td><td>1.0</td><td>1.0</td><td rowspan="3">1.9</td><td rowspan="3">114</td><td>105</td></tr>
<tr><td>50</td><td>—</td><td>2.5</td><td>2.5</td><td rowspan="2">111</td></tr>
<tr><td>110</td><td>—</td><td>5.0</td><td>5.0</td></tr>
<tr><td>150</td><td rowspan="3">50</td><td>—</td><td>7.4</td><td>7.4</td><td rowspan="3">5.0</td><td rowspan="6">121</td><td rowspan="3">125</td></tr>
<tr><td>260</td><td>—</td><td>12.4</td><td>12.4</td></tr>
<tr><td>420</td><td>—</td><td>20.6</td><td>20.6</td></tr>
<tr><td rowspan="6">40F50</td><td>20</td><td rowspan="3">20</td><td>—</td><td>1.0</td><td>1.0</td><td rowspan="3">1.9</td><td rowspan="3">124</td></tr>
<tr><td>50</td><td>—</td><td>2.5</td><td>2.5</td></tr>
<tr><td>110</td><td>—</td><td>5.0</td><td>5.0</td></tr>
<tr><td>150</td><td rowspan="3">50</td><td>—</td><td>7.4</td><td>7.4</td><td rowspan="3">5.0</td><td rowspan="3">140</td><td rowspan="3">149</td></tr>
<tr><td>260</td><td>—</td><td>12.4</td><td>12.4</td></tr>
<tr><td>420</td><td>—</td><td>20.6</td><td>20.6</td></tr>
<tr><td colspan="10">温度范围　−29 ℃≤t≤149 ℃</td></tr>
<tr><td rowspan="12">20号合金</td><td rowspan="6">25F50</td><td>20</td><td rowspan="3">20</td><td>—</td><td>1.6</td><td>1.2</td><td rowspan="3">1.9</td><td rowspan="3">114</td><td>105</td></tr>
<tr><td>50</td><td>—</td><td>4.1</td><td>3.2</td><td rowspan="2">111</td></tr>
<tr><td>110</td><td>—</td><td>8.2</td><td>6.4</td></tr>
<tr><td>150</td><td rowspan="3">50</td><td>—</td><td>12.4</td><td>9.6</td><td rowspan="3">5.0</td><td rowspan="6">121</td><td rowspan="3">125</td></tr>
<tr><td>260</td><td>—</td><td>20.6</td><td>16.0</td></tr>
<tr><td>420</td><td>—</td><td>34.4</td><td>26.7</td></tr>
<tr><td rowspan="6">40F50</td><td>20</td><td rowspan="3">20</td><td>—</td><td>1.6</td><td>1.2</td><td rowspan="3">1.9</td><td rowspan="3">124</td></tr>
<tr><td>50</td><td>—</td><td>4.1</td><td>3.2</td></tr>
<tr><td>110</td><td>—</td><td>8.2</td><td>6.4</td></tr>
<tr><td>150</td><td rowspan="3">50</td><td>—</td><td>12.4</td><td>9.6</td><td rowspan="3">5.0</td><td rowspan="3">140</td><td rowspan="3">149</td></tr>
<tr><td>260</td><td>—</td><td>20.6</td><td>16.0</td></tr>
<tr><td>420</td><td>—</td><td>34.4</td><td>26.7</td></tr>
</table>

表 C.4　流道代号"G"的数据表

材料	阀门尺寸（进口×流道代号×出口）	公称压力 PN		先导式压力释放阀				结构长度 mm	
				最大整定压力 MPa			最大背压力 MPa		
阀体		进口	出口	−268 ℃～−29 ℃	−29 ℃～38 ℃	38 ℃～260 ℃	38 ℃	L	L_1
温度范围　−29 ℃≤t≤260 ℃									
碳钢	40G80	20	20	—	2.0	1.2	2.0	124	130
		50		—	5.2	4.2			
		110		—	10.4	8.4			
		150	50	—	15.6	12.6	5.2	171	162
		260		—	26.3	21.0			
		420		—	43.4	35.0			
	50G80	20	20	—	2.0	1.2	2.0	124	137
		50		—	5.2	4.2			
		110		—	10.4	8.4			
		150	50	—	15.6	12.6	5.2	171	167
		260		—	26.3	21.0			
		420		—	43.4	35.0			178
温度范围　−268 ℃≤t≤260 ℃									
奥氏体不锈钢	40G80	20	20	1.9	1.9	1.2	1.9	124	130
		50		5.0	5.0	3.4			
		110		10.1	10.1	6.7			
		150	50	15.2	15.2	10.0	5.0	171	162
		260		25.3	25.3	16.8			
		420		42.2	42.2	28.0			
	50G80	20	20	1.9	1.9	1.2	1.9	124	137
		50		5.0	5.0	3.4			
		110		10.1	10.1	6.7			
		150	50	15.2	15.2	10.0	5.0	171	167
		260		25.3	25.3	16.8			
		420		42.2	42.2	28.0			178

表 C.4（续）

材料	阀门尺寸（进口×流道代号×出口）	公称压力 PN		先导式压力释放阀				结构长度 mm	
				最大整定压力 MPa			最大背压力 MPa		
阀体		进口	出口	−268 ℃～−29 ℃	−29 ℃～38 ℃	38 ℃～260 ℃	38 ℃	L	L_1
温度范围　−29 ℃≤t≤260 ℃									
镍/铜合金	25G50	20	20	—	1.0	1.0	1.9	114	105
		50		—	2.5	2.5			111
		110		—	5.0	5.0			
		150	50	—	7.4	7.4	5.0	121	125
		260		—	12.4	12.4			
		420		—	20.6	20.6			
	40G50	20	20	—	1.0	1.0	1.9		124
		50		—	2.5	2.5			
		110		—	5.0	5.0			
		150	50	—	7.4	7.4	5.0	140	149
		260		—	12.4	12.4			
		420		—	20.6	20.6			
温度范围　−29 ℃≤t≤149 ℃									
20号合金	25G50	20	20	—	1.6	1.2	1.9	114	105
		50		—	4.1	3.2			111
		110		—	8.2	6.4			
		150	50	—	12.4	9.6	5.0	121	125
		260		—	20.6	16.0			
		420		—	34.4	26.7			
	40G50	20	20	—	1.6	1.2	1.9		124
		50		—	4.1	3.2			
		110		—	8.2	6.4			
		150	50	—	12.4	9.6	5.0	140	149
		260		—	20.6	16.0			
		420		—	34.4	26.7			

表 C.5　流道代号“H”的数据表

材料 阀体	阀门尺寸 (进口×流道代号×出口)	公称压力 PN 进口	公称压力 PN 出口	先导式压力释放阀 最大整定压力 MPa −268 ℃～−29 ℃	先导式压力释放阀 最大整定压力 MPa −29 ℃～38 ℃	先导式压力释放阀 最大整定压力 MPa 38 ℃～260 ℃	先导式压力释放阀 最大背压力 MPa 38 ℃	结构长度 mm L	结构长度 mm L_1
温度范围　−29 ℃≤t≤260 ℃									
碳钢	40H80	20	20	—	2.0	1.2	2.0	124	130
		50		—	5.2	4.2			
		110		—	10.4	8.4			
		150	50	—	15.6	12.6	5.2	171	162
		260		—	26.3	21.0			
		420		—	43.4	35.0			
	50H80	20	20	—	2.0	1.2	2.0	124	137
		50		—	5.2	4.2			
		110		—	10.4	8.4			
		150	50	—	15.6	12.6	5.2	171	167
		260		—	26.3	21.0			
		420		—	43.4	35.0			178
温度范围　−268 ℃≤t≤260 ℃									
奥氏体不锈钢	40H80	20	20	1.9	1.9	1.2	1.9	124	130
		50		5.0	5.0	3.4			
		110		10.1	10.1	6.7			
		150	50	15.2	15.2	10.0	5.0	171	162
		260		25.3	25.3	16.8			
		420		42.2	42.2	28.0			
	50H80	20	20	1.9	1.9	1.2	1.9	124	137
		50		5.0	5.0	3.4			
		110		10.1	10.1	6.7			
		150	50	15.2	15.2	10.0	5.0	171	167
		260		25.3	25.3	16.8			
		420		42.2	42.2	28.0			178

表 C.5（续）

<table>
<tr><td>材料</td><td rowspan="3">阀门
尺寸
（进口×
流道代号
×出口）</td><td colspan="2">公称压力
PN</td><td colspan="4">先导式压力释放阀</td><td colspan="2" rowspan="2">结构长度
mm</td></tr>
<tr><td rowspan="2">阀体</td><td rowspan="2">进口</td><td rowspan="2">出口</td><td colspan="3">最大整定压力
MPa</td><td>最大背压力
MPa</td></tr>
<tr><td>−268 ℃～
−29 ℃</td><td>−29 ℃～
38 ℃</td><td>38 ℃～
260 ℃</td><td>38 ℃</td><td>L</td><td>L_1</td></tr>
<tr><td colspan="10">温度范围　−29 ℃≤t≤260 ℃</td></tr>
<tr><td rowspan="12">镍/铜合金</td><td rowspan="6">25H50</td><td>20</td><td rowspan="3">20</td><td>—</td><td>1.0</td><td>1.0</td><td rowspan="3">1.9</td><td rowspan="3">114</td><td>105</td></tr>
<tr><td>50</td><td>—</td><td>2.5</td><td>2.5</td><td rowspan="2">111</td></tr>
<tr><td>110</td><td>—</td><td>5.0</td><td>5.0</td></tr>
<tr><td>150</td><td rowspan="3">50</td><td>—</td><td>7.4</td><td>7.4</td><td rowspan="3">5.0</td><td rowspan="6">121</td><td rowspan="3">125</td></tr>
<tr><td>260</td><td>—</td><td>12.4</td><td>12.4</td></tr>
<tr><td>420</td><td>—</td><td>20.6</td><td>20.6</td></tr>
<tr><td rowspan="6">40H50</td><td>20</td><td rowspan="3">20</td><td>—</td><td>1.0</td><td>1.0</td><td rowspan="3">1.9</td><td rowspan="3">124</td></tr>
<tr><td>50</td><td>—</td><td>2.5</td><td>2.5</td></tr>
<tr><td>110</td><td>—</td><td>5.0</td><td>5.0</td></tr>
<tr><td>150</td><td rowspan="3">50</td><td>—</td><td>7.4</td><td>7.4</td><td rowspan="3">5.0</td><td rowspan="3">140</td><td rowspan="3">149</td></tr>
<tr><td>260</td><td>—</td><td>12.4</td><td>12.4</td></tr>
<tr><td>420</td><td>—</td><td>20.6</td><td>20.6</td></tr>
<tr><td colspan="10">温度范围　−29 ℃≤t≤149 ℃</td></tr>
<tr><td rowspan="12">20号合金</td><td rowspan="6">25H50</td><td>20</td><td rowspan="3">20</td><td>—</td><td>1.6</td><td>1.2</td><td rowspan="3">1.9</td><td rowspan="3">114</td><td>105</td></tr>
<tr><td>50</td><td>—</td><td>4.1</td><td>3.2</td><td rowspan="2">111</td></tr>
<tr><td>110</td><td>—</td><td>8.2</td><td>6.4</td></tr>
<tr><td>150</td><td rowspan="3">50</td><td>—</td><td>12.4</td><td>9.6</td><td rowspan="3">5.0</td><td rowspan="6">121</td><td rowspan="3">125</td></tr>
<tr><td>260</td><td>—</td><td>20.6</td><td>16.0</td></tr>
<tr><td>420</td><td>—</td><td>34.4</td><td>26.7</td></tr>
<tr><td rowspan="6">40H50</td><td>20</td><td rowspan="3">20</td><td>—</td><td>1.6</td><td>1.2</td><td rowspan="3">1.9</td><td rowspan="3">124</td></tr>
<tr><td>50</td><td>—</td><td>4.1</td><td>3.2</td></tr>
<tr><td>110</td><td>—</td><td>8.2</td><td>6.4</td></tr>
<tr><td>150</td><td rowspan="3">50</td><td>—</td><td>12.4</td><td>9.6</td><td rowspan="3">5.0</td><td rowspan="3">140</td><td rowspan="3">149</td></tr>
<tr><td>260</td><td>—</td><td>20.6</td><td>16.0</td></tr>
<tr><td>420</td><td>—</td><td>34.4</td><td>26.7</td></tr>
</table>

表 C.6 流道代号"J"的数据表

材料	阀门尺寸（进口×流道代号×出口）	公称压力 PN		先导式压力释放阀				结构长度 mm	
				最大整定压力 MPa			最大背压力 MPa		
阀体		进口	出口	−268 ℃～−29 ℃	−29 ℃～38 ℃	38 ℃～260 ℃	38 ℃	L	L_1
温度范围 −29 ℃≤t≤260 ℃									
碳钢	50J80	20	20	—	2.0	1.2	2.0	124	137
		50		—	5.2	4.2			
		110		—	10.4	8.4			
		150	50	—	15.6	12.6	5.2	171	167
		260		—	25.1	21.0			
		420		—	25.1	25.1			178
	80J100	20	20	—	2.0	1.2	2.0	162	156
		50		—	5.2	4.2			
		110		—	10.4	8.4			162
		150	50	—	15.6	12.6	5.2	181	191
		260		—	26.3	21.0			
温度范围 −268 ℃≤t≤260 ℃									
奥氏体不锈钢	50J80	20	20	1.9	1.9	1.2	1.9	124	137
		50		5.0	5.0	3.4			
		110		10.1	10.1	6.7			
		150	50	15.2	15.2	10.0	5.0	171	167
		260		24.4	24.4	16.8			
		420		24.4	24.4	24.4			178
	80J100	20	20	1.9	1.9	1.2	1.9	162	156
		50		5.0	5.0	3.4			
		110		10.1	10.1	6.7			162
		150	50	15.2	15.2	10.0	5.0	181	191
		260		25.3	25.3	16.8			

表 C.6（续）

<table>
<tr><th>材料</th><th rowspan="3">阀门
尺寸
（进口×
流道代号
×出口）</th><th colspan="2">公称压力
PN</th><th colspan="4">先导式压力释放阀</th><th colspan="2" rowspan="2">结构长度
mm</th></tr>
<tr><th rowspan="2">阀体</th><th rowspan="2">进口</th><th rowspan="2">出口</th><th colspan="3">最大整定压力
MPa</th><th>最大背压力
MPa</th></tr>
<tr><th>−268 ℃～
−29 ℃</th><th>−29 ℃～
38 ℃</th><th>38 ℃～
260 ℃</th><th>38 ℃</th><th>L</th><th>L_1</th></tr>
<tr><td colspan="10">温度范围　−29 ℃≤t≤260 ℃</td></tr>
<tr><td rowspan="11">镍/铜合金</td><td rowspan="6">50J80</td><td>20</td><td rowspan="3">20</td><td>—</td><td>1.0</td><td>1.0</td><td rowspan="3">1.9</td><td rowspan="3">124</td><td rowspan="3">137</td></tr>
<tr><td>50</td><td>—</td><td>2.5</td><td>2.5</td></tr>
<tr><td>110</td><td>—</td><td>5.0</td><td>5.0</td></tr>
<tr><td>150</td><td rowspan="3">50</td><td>—</td><td>7.4</td><td>7.4</td><td rowspan="3">5.0</td><td rowspan="3">171</td><td rowspan="2">167</td></tr>
<tr><td>260</td><td>—</td><td>12.4</td><td>12.4</td></tr>
<tr><td>420</td><td>—</td><td>20.6</td><td>20.6</td><td>178</td></tr>
<tr><td rowspan="5">80J100</td><td>20</td><td rowspan="3">20</td><td>—</td><td>1.0</td><td>1.0</td><td rowspan="3">1.9</td><td rowspan="3">162</td><td rowspan="2">156</td></tr>
<tr><td>50</td><td>—</td><td>2.5</td><td>2.5</td></tr>
<tr><td>110</td><td>—</td><td>5.0</td><td>5.0</td><td>162</td></tr>
<tr><td>150</td><td rowspan="2">50</td><td>—</td><td>7.4</td><td>7.4</td><td rowspan="2">5.0</td><td rowspan="2">181</td><td rowspan="2">191</td></tr>
<tr><td>260</td><td>—</td><td>12.4</td><td>12.4</td></tr>
<tr><td colspan="10">温度范围　−29 ℃≤t≤149 ℃</td></tr>
<tr><td rowspan="11">20号合金</td><td rowspan="6">50J80</td><td>20</td><td rowspan="3">20</td><td>—</td><td>1.6</td><td>1.2</td><td rowspan="3">1.9</td><td rowspan="3">124</td><td rowspan="3">137</td></tr>
<tr><td>50</td><td>—</td><td>4.1</td><td>3.2</td></tr>
<tr><td>110</td><td>—</td><td>8.2</td><td>6.4</td></tr>
<tr><td>150</td><td rowspan="3">50</td><td>—</td><td>12.4</td><td>9.6</td><td rowspan="3">5.0</td><td rowspan="3">171</td><td rowspan="2">167</td></tr>
<tr><td>260</td><td>—</td><td>20.6</td><td>16.0</td></tr>
<tr><td>420</td><td>—</td><td>34.4</td><td>26.7</td><td>178</td></tr>
<tr><td rowspan="5">80J100</td><td>20</td><td rowspan="3">20</td><td>—</td><td>1.6</td><td>1.2</td><td rowspan="3">1.9</td><td rowspan="3">162</td><td rowspan="2">156</td></tr>
<tr><td>50</td><td>—</td><td>4.1</td><td>3.2</td></tr>
<tr><td>110</td><td>—</td><td>8.2</td><td>6.4</td><td>162</td></tr>
<tr><td>150</td><td rowspan="2">50</td><td>—</td><td>12.4</td><td>9.6</td><td rowspan="2">5.0</td><td rowspan="2">181</td><td rowspan="2">191</td></tr>
<tr><td>260</td><td>—</td><td>20.6</td><td>16.0</td></tr>
</table>

表 C.7 流道代号“K”的数据表

<table>
<tr><td>材料</td><td rowspan="2">阀门尺寸（进口×流道代号×出口）</td><td colspan="2">公称压力 PN</td><td colspan="4">先导式压力释放阀</td><td colspan="2" rowspan="2">结构长度 mm</td></tr>
<tr><td rowspan="2">阀体</td><td rowspan="2">进口</td><td rowspan="2">出口</td><td colspan="3">最大整定压力 MPa</td><td>最大背压力 MPa</td></tr>
<tr><td>−268 ℃～−29 ℃</td><td>−29 ℃～38 ℃</td><td>38 ℃～260 ℃</td><td>38 ℃</td><td>L</td><td>L_1</td></tr>
<tr><td colspan="10">温度范围 −29 ℃≤t≤260 ℃</td></tr>
<tr><td rowspan="5">碳钢</td><td rowspan="5">80K100</td><td>20</td><td rowspan="3">20</td><td>—</td><td>2.0</td><td>1.2</td><td rowspan="3">2.0</td><td rowspan="3">162</td><td rowspan="2">156</td></tr>
<tr><td>50</td><td>—</td><td>5.2</td><td>4.2</td></tr>
<tr><td>110</td><td>—</td><td>10.4</td><td>8.4</td><td>162</td></tr>
<tr><td>150</td><td rowspan="2">50</td><td>—</td><td>15.6</td><td>12.6</td><td rowspan="2">5.2</td><td rowspan="2">181</td><td rowspan="2">191</td></tr>
<tr><td>260</td><td>—</td><td>26.3</td><td>21.0</td></tr>
<tr><td colspan="10">温度范围 −268 ℃≤t≤260 ℃</td></tr>
<tr><td rowspan="5">奥氏体不锈钢</td><td rowspan="5">80K100</td><td>20</td><td rowspan="3">20</td><td>1.9</td><td>1.9</td><td>1.2</td><td rowspan="3">1.9</td><td rowspan="3">162</td><td rowspan="2">156</td></tr>
<tr><td>50</td><td>5.0</td><td>5.0</td><td>3.4</td></tr>
<tr><td>110</td><td>10.1</td><td>10.1</td><td>6.7</td><td>162</td></tr>
<tr><td>150</td><td rowspan="2">50</td><td>15.2</td><td>15.2</td><td>10.0</td><td rowspan="2">5.0</td><td rowspan="2">181</td><td rowspan="2">191</td></tr>
<tr><td>260</td><td>25.3</td><td>25.3</td><td>16.8</td></tr>
<tr><td colspan="10">温度范围 −29 ℃≤t≤260 ℃</td></tr>
<tr><td rowspan="5">镍/铜合金</td><td rowspan="5">80K100</td><td>20</td><td rowspan="3">20</td><td>—</td><td>1.0</td><td>1.0</td><td rowspan="3">1.9</td><td rowspan="3">162</td><td rowspan="2">152</td></tr>
<tr><td>50</td><td>—</td><td>2.5</td><td>2.5</td></tr>
<tr><td>110</td><td>—</td><td>5.0</td><td>5.0</td><td>162</td></tr>
<tr><td>150</td><td rowspan="2">50</td><td>—</td><td>7.4</td><td>7.4</td><td rowspan="2">5.0</td><td rowspan="2">181</td><td rowspan="2">191</td></tr>
<tr><td>260</td><td>—</td><td>12.4</td><td>12.4</td></tr>
<tr><td colspan="10">温度范围 −29 ℃≤t≤149 ℃</td></tr>
<tr><td rowspan="5">20号合金</td><td rowspan="5">80K100</td><td>20</td><td rowspan="3">20</td><td>—</td><td>1.6</td><td>1.2</td><td rowspan="3">1.9</td><td rowspan="3">162</td><td rowspan="2">152</td></tr>
<tr><td>50</td><td>—</td><td>4.1</td><td>3.2</td></tr>
<tr><td>110</td><td>—</td><td>8.2</td><td>6.4</td><td>162</td></tr>
<tr><td>150</td><td rowspan="2">50</td><td>—</td><td>12.4</td><td>9.6</td><td rowspan="2">5.0</td><td rowspan="2">181</td><td rowspan="2">191</td></tr>
<tr><td>260</td><td>—</td><td>20.6</td><td>16.0</td></tr>
</table>

表 C.8 流道代号“L”的数据表

材料 阀体	阀门尺寸（进口×流道代号×出口）	公称压力 PN 进口	公称压力 PN 出口	先导式压力释放阀 最大整定压力 MPa −268 ℃～−29 ℃	最大整定压力 MPa −29 ℃～38 ℃	最大整定压力 MPa 38 ℃～260 ℃	最大背压力 MPa 38 ℃	结构长度 mm L	结构长度 mm L_1
温度范围 −29 ℃≤t≤260 ℃									
碳钢	80L100	20	20	—	2.0	1.2	2.0	162	156
		50		—	5.2	4.2			
		110		—	8.5	8.4			162
		150	50	—	15.6	12.6	5.2	181	191
		260		—	20.0	20.0			
	100L150	20	20	—	2.0	1.2	2.0	210	197
		50		—	5.2	4.2			
		110		—	10.4	8.4			
		150	50	—	15.6	12.6	5.2	233	249
		260		—	26.3	21.0			
温度范围 −268 ℃≤t≤260 ℃									
奥氏体不锈钢	80L100	20	20	1.9	1.9	1.2	1.9	162	156
		50		5.0	5.0	3.4			
		110		8.2	8.2	6.7			162
		150	50	15.2	15.2	10.0	5.0	181	191
		260		19.4	19.4	16.8			
	100L150	20	20	1.9	1.9	1.2	1.9	210	197
		50		5.0	5.0	3.4			
		110		10.1	10.1	6.7			
		150	50	15.2	15.2	10.0	5.0	233	249
		260		25.3	25.3	16.8			
温度范围 −29 ℃≤t≤260 ℃									
镍/铜合金	80L100	20	20	—	1.0	1.0	1.9	162	156
		50		—	2.5	2.5			
		110		—	5.0	5.0			162
		150	50	—	7.4	7.4	5.0	181	191
		260		—	12.4	12.4			
	100L150	20	20	—	1.0	1.0	1.9	210	197
		50		—	2.5	2.5			
		110		—	5.0	5.0			
		150	50	—	7.4	7.4	5.0	233	249
		260		—	12.4	12.4			
温度范围 −29 ℃≤t≤149 ℃									
20号合金	80L100	20	20	—	1.6	1.2	1.9	162	156
		50		—	4.1	3.2			
		110		—	8.2	6.4			162
		150	50	—	12.4	9.6	5.0	181	191
		260		—	20.6	16.0			
	100L150	20	20	—	1.6	1.2	1.9	210	197
		50		—	4.1	3.2			
		110		—	8.2	6.4			
		150	50	—	12.4	9.6	5.0	233	249
		260		—	20.6	16.0			

表 C.9　流道代号“M”的数据表

材料	阀门尺寸（进口×流道代号×出口）	公称压力 PN		先导式压力释放阀				结构长度 mm	
				最大整定压力 MPa			最大背压力 MPa		
阀体		进口	出口	−268 ℃～−29 ℃	−29 ℃～38 ℃	38 ℃～260 ℃	38 ℃	L	L_1
温度范围　−29 ℃≤t≤260 ℃									
碳钢	100M150	20	20	—	2.0	1.2	2.0	210	197
		50		—	5.2	4.2			
		110		—	10.4	8.4			
		150	50	—	15.6	12.6	5.2	233	249
		260		—	26.3	21.0			
温度范围　−268 ℃≤t≤260 ℃									
奥氏体不锈钢	100M150	20	20	1.9	1.9	1.2	1.9	210	197
		50		5.0	5.0	3.4			
		110		10.1	10.1	6.7			
		150	50	15.2	15.2	10.0	5.0	233	249
		260		25.3	25.3	16.8			
温度范围　−29 ℃≤t≤260 ℃									
镍/铜合金	100M150	20	20	—	1.0	1.0	1.9	210	197
		50		—	2.5	2.5			
		110		—	5.0	5.0			
		150	50	—	7.4	7.4	5.0	233	249
		260		—	12.4	12.4			
温度范围　−29 ℃≤t≤149 ℃									
20号合金	100M150	20	20	—	1.6	1.2	1.9	210	197
		50		—	4.1	3.2			
		110		—	8.2	6.4			
		150	50	—	12.4	9.6	5.0	233	249
		260		—	20.6	16.0			

表 C.10 流道代号"N"的数据表

材料 阀体	阀门尺寸（进口×流道代号×出口）	公称压力 PN 进口	公称压力 PN 出口	先导式压力释放阀 最大整定压力 MPa −268 ℃～−29 ℃	先导式压力释放阀 最大整定压力 MPa −29 ℃～38 ℃	先导式压力释放阀 最大整定压力 MPa 38 ℃～260 ℃	先导式压力释放阀 最大背压力 MPa 38 ℃	结构长度 mm L	结构长度 mm L_1
温度范围 −29 ℃≤t≤260 ℃									
碳钢	100N150	20	20	—	2.0	1.2	2.0	210	197
		50		—	5.2	4.2			
		110		—	10.4	8.4			
		150	50	—	15.6	12.6	5.2	233	249
		260		—	26.3	21.0			
温度范围 −268 ℃≤t≤260 ℃									
奥氏体不锈钢	100N150	20	20	1.9	1.9	1.2	1.9	210	197
		50		5.0	5.0	3.4			
		110		10.1	10.1	6.7			
		150	50	15.2	15.2	10.0	5.0	233	249
		260		25.3	25.3	16.8			
温度范围 −29 ℃≤t≤260 ℃									
镍/铜合金	100N150	20	20	—	1.0	1.0	1.9	210	197
		50		—	2.5	2.5			
		110		—	5.0	5.0			
		150	50	—	7.4	7.4	5.0	233	249
		260		—	12.4	12.4			
温度范围 −29 ℃≤t≤149 ℃									
20号合金	100N150	20	20	—	1.6	1.2	1.9	210	197
		50		—	4.1	3.2			
		110		—	8.2	6.4			
		150	50	—	12.4	9.6	5.0	233	249
		260		—	20.6	16.0			

表 C.11 流道代号“P”的数据表

<table>
<tr><th rowspan="2">材料</th><th rowspan="3">阀门
尺寸
（进口×
流道代号
×出口）</th><th colspan="2" rowspan="2">公称压力
PN</th><th colspan="4">先导式压力释放阀</th><th colspan="2" rowspan="2">结构长度
mm</th></tr>
<tr><th colspan="3">最大整定压力
MPa</th><th>最大背压力
MPa</th></tr>
<tr><th>阀体</th><th>进口</th><th>出口</th><th>−268 ℃～
−29 ℃</th><th>−29 ℃～
38 ℃</th><th>38 ℃～
260 ℃</th><th>38 ℃</th><th>L</th><th>L_1</th></tr>
<tr><td colspan="10">温度范围 −29 ℃≤t≤260 ℃</td></tr>
<tr><td rowspan="7">碳钢</td><td rowspan="7">100P150</td><td>20</td><td rowspan="3">20</td><td>—</td><td>2.0</td><td>1.2</td><td rowspan="3">2.0</td><td rowspan="3">210</td><td rowspan="3">197</td></tr>
<tr><td>50</td><td>—</td><td>5.2</td><td>4.2</td></tr>
<tr><td>110</td><td>—</td><td>9.0</td><td>8.4</td></tr>
<tr><td>110</td><td rowspan="3">50</td><td>—</td><td>10.4</td><td>8.4</td><td rowspan="3">5.2</td><td rowspan="3">233</td><td rowspan="4">249</td></tr>
<tr><td>150</td><td>—</td><td>15.6</td><td>12.6</td></tr>
<tr><td>260</td><td>—</td><td>21.2</td><td>21.0</td></tr>
<tr><td>260</td><td>110</td><td>—</td><td>26.3</td><td>21.0</td><td>10.2</td><td>264</td></tr>
<tr><td colspan="10">温度范围 −268 ℃≤t≤260 ℃</td></tr>
<tr><td rowspan="5">奥氏体不锈钢</td><td rowspan="5">100P150</td><td>20</td><td rowspan="2">20</td><td>1.9</td><td>1.9</td><td>1.2</td><td rowspan="2">1.9</td><td rowspan="2">210</td><td rowspan="2">197</td></tr>
<tr><td>50</td><td>5.0</td><td>5.0</td><td>3.4</td></tr>
<tr><td>110</td><td rowspan="2">50</td><td>10.1</td><td>10.1</td><td>6.7</td><td rowspan="2">5.0</td><td rowspan="2">233</td><td rowspan="3">249</td></tr>
<tr><td>150</td><td>15.2</td><td>15.2</td><td>10.0</td></tr>
<tr><td>260</td><td>110</td><td>25.3</td><td>25.3</td><td>16.8</td><td>9.9</td><td>264</td></tr>
<tr><td colspan="10">温度范围 −29 ℃≤t≤260 ℃</td></tr>
<tr><td rowspan="6">镍/铜合金</td><td rowspan="6">100P150</td><td>20</td><td rowspan="3">20</td><td>—</td><td>1.0</td><td>1.0</td><td rowspan="3">1.9</td><td rowspan="3">210</td><td rowspan="3">197</td></tr>
<tr><td>50</td><td>—</td><td>2.5</td><td>2.5</td></tr>
<tr><td>110</td><td>—</td><td>5.0</td><td>5.0</td></tr>
<tr><td>150</td><td rowspan="2">50</td><td>—</td><td>7.4</td><td>7.4</td><td rowspan="2">5.0</td><td rowspan="2">233</td><td rowspan="3">249</td></tr>
<tr><td>260</td><td>—</td><td>12.4</td><td>12.4</td></tr>
<tr><td>260</td><td>110</td><td>—</td><td>12.4</td><td>12.4</td><td>9.9</td><td>264</td></tr>
<tr><td colspan="10">温度范围 −29 ℃≤t≤149 ℃</td></tr>
<tr><td rowspan="7">20号合金</td><td rowspan="7">100P150</td><td>20</td><td rowspan="3">20</td><td>—</td><td>1.6</td><td>1.2</td><td rowspan="3">1.9</td><td rowspan="3">210</td><td rowspan="3">197</td></tr>
<tr><td>50</td><td>—</td><td>4.1</td><td>3.2</td></tr>
<tr><td>110</td><td>—</td><td>8.2</td><td>6.4</td></tr>
<tr><td>110</td><td rowspan="3">50</td><td>—</td><td>8.2</td><td>6.4</td><td rowspan="3">5.0</td><td rowspan="3">233</td><td rowspan="4">249</td></tr>
<tr><td>150</td><td>—</td><td>12.4</td><td>9.6</td></tr>
<tr><td>260</td><td>—</td><td>20.6</td><td>16.0</td></tr>
<tr><td>260</td><td>110</td><td>—</td><td>20.6</td><td>16.0</td><td>9.9</td><td>264</td></tr>
</table>

表 C.12 流道代号“Q”的数据表

<table>
<tr><td>材料</td><td rowspan="3">阀门
尺寸
（进口×
流道代号
×出口）</td><td colspan="2">公称压力
PN</td><td colspan="4">先导式压力释放阀</td><td colspan="2" rowspan="2">结构长度
mm</td></tr>
<tr><td rowspan="2">阀体</td><td rowspan="2">进口</td><td rowspan="2">出口</td><td colspan="3">最大整定压力
MPa</td><td>最大背压力
MPa</td></tr>
<tr><td>−268 ℃～
−29 ℃</td><td>−29 ℃～
38 ℃</td><td>38 ℃～
260 ℃</td><td>38 ℃</td><td>L</td><td>L_1</td></tr>
<tr><td colspan="10">温度范围 −29 ℃≤t≤260 ℃</td></tr>
<tr><td rowspan="4">碳钢</td><td rowspan="4">150Q200</td><td>20</td><td rowspan="3">20</td><td>—</td><td>2.0</td><td>1.2</td><td rowspan="3">2.0</td><td rowspan="3">241</td><td rowspan="2">240</td></tr>
<tr><td>50</td><td>—</td><td>5.2</td><td>4.2</td></tr>
<tr><td>110</td><td>—</td><td>9.1</td><td>8.4</td><td rowspan="2">246</td></tr>
<tr><td>110</td><td>50</td><td>—</td><td>10.4</td><td>8.4</td><td>5.2</td><td>265</td></tr>
<tr><td colspan="10">温度范围 −268 ℃≤t≤260 ℃</td></tr>
<tr><td rowspan="4">奥氏体不锈钢</td><td rowspan="4">150Q200</td><td>20</td><td rowspan="3">20</td><td>1.9</td><td>1.9</td><td>1.2</td><td rowspan="3">1.9</td><td rowspan="3">241</td><td rowspan="2">240</td></tr>
<tr><td>50</td><td>5.0</td><td>5.0</td><td>3.4</td></tr>
<tr><td>110</td><td>10.1</td><td>8.8</td><td>6.7</td><td rowspan="2">246</td></tr>
<tr><td>110</td><td>50</td><td>15.2</td><td>10.1</td><td>6.7</td><td>5.0</td><td>265</td></tr>
<tr><td colspan="10">温度范围 −29 ℃≤t≤260 ℃</td></tr>
<tr><td rowspan="4">镍/铜合金</td><td rowspan="4">150Q200</td><td>20</td><td rowspan="3">20</td><td>—</td><td>1.0</td><td>1.0</td><td rowspan="3">1.9</td><td rowspan="3">241</td><td rowspan="2">240</td></tr>
<tr><td>50</td><td>—</td><td>2.5</td><td>2.5</td></tr>
<tr><td>110</td><td>—</td><td>5.0</td><td>5.0</td><td rowspan="2">246</td></tr>
<tr><td>110</td><td>50</td><td>—</td><td>5.0</td><td>5.0</td><td>5.0</td><td>265</td></tr>
<tr><td colspan="10">温度范围 −29 ℃≤t≤149 ℃</td></tr>
<tr><td rowspan="4">20号合金</td><td rowspan="4">150Q200</td><td>20</td><td rowspan="3">20</td><td>—</td><td>1.6</td><td>1.2</td><td rowspan="3">1.9</td><td rowspan="3">241</td><td rowspan="2">240</td></tr>
<tr><td>50</td><td>—</td><td>4.1</td><td>3.2</td></tr>
<tr><td>110</td><td>—</td><td>8.2</td><td>6.4</td><td rowspan="2">246</td></tr>
<tr><td>110</td><td>50</td><td>—</td><td>8.2</td><td>6.4</td><td>5.0</td><td>265</td></tr>
</table>

表 C.13 流道代号"R"的数据表

材料	阀门尺寸（进口×流道代号×出口）	公称压力 PN		先导式压力释放阀				结构长度 mm	
				最大整定压力 MPa			最大背压力 MPa		
阀体		进口	出口	−268 ℃～−29 ℃	−29 ℃～38 ℃	38 ℃～260 ℃	38 ℃	*L*	L_1
温度范围 −29 ℃≤*t*≤260 ℃									
碳钢	150R200	20	20	—	2.0	1.2	2.0	241	240
		50		—	5.2	4.2			
		110		—	6.3	6.3			246
温度范围 −268 ℃≤*t*≤260 ℃									
奥氏体不锈钢	150R200	20	20	1.9	1.9	1.2	1.9	241	240
		50		5.0	5.0	3.4			
		110		6.1	6.1	6.1			246
温度范围 −29 ℃≤*t*≤260 ℃									
镍/铜合金	150R200	20	20	—	1.0	1.0	1.9	241	240
		50		—	2.5	2.5			
		110		—	5.0	5.0			246
温度范围 −29 ℃≤*t*≤149 ℃									
20号合金	150R200	20	20	—	1.6	1.2	1.9	241	240
		50		—	4.1	3.2			
		110		—	8.2	6.4			246

表 C.14 流道代号"T"的数据表

材料	阀门尺寸（进口×流道代号×出口）	公称压力 PN		先导式压力释放阀				结构长度 mm	
				最大整定压力 MPa			最大背压力 MPa		
阀体		进口	出口	−268 ℃～−29 ℃	−29 ℃～38 ℃	38 ℃～260 ℃	38 ℃	*L*	L_1
温度范围 −29 ℃≤*t*≤260 ℃									
碳钢	200T250	20	20	—	2.0	1.2	2.0	279	276
		50		—	5.2	4.2			
		110		—	6.2	6.2			297
温度范围 −268 ℃≤*t*≤260 ℃									
奥氏体不锈钢	200T250	20	20	1.9	1.9	1.2	1.9	279	276
		50		5.0	5.0	3.4			
		110		6.1	6.0	6.0			297

表 C.14(续)

材料	阀门尺寸(进口×流道代号×出口)	公称压力 PN		先导式压力释放阀				结构长度 mm	
				最大整定压力 MPa			最大背压力 MPa		
阀体		进口	出口	−268 ℃～−29 ℃	−29 ℃～38 ℃	38 ℃～260 ℃	38 ℃	L	L_1
温度范围 −29 ℃≤t≤260 ℃									
镍/铜合金	200T250	20	20	—	1.0	1.0	1.9	279	276
		50		—	2.5	2.5			
		110		—	5.0	5.0			297
温度范围 −29 ℃≤t≤149 ℃									
20号合金	200T250	20	20	—	1.6	1.2	1.9	279	276
		50		—	4.1	3.2			
		110		—	8.2	6.4			297

ICS 23.060.99
J 16

中华人民共和国国家标准

GB/T 24921.1—2010

石化工业用压力释放阀的尺寸确定、选型和安装 第1部分:尺寸的确定和选型

Sizing, selection and installation of pressure relieving valves for petrochemical industries—Part 1: Sizing and selection

2010-08-09 发布

2010-12-31 实施

中华人民共和国国家质量监督检验检疫总局
中国国家标准化管理委员会 发布

前　　言

GB/T 24921《石化工业用压力释放阀的尺寸确定、选型和安装》分为两个部分：

——第1部分：尺寸的确定和选型；

——第2部分：安装。

本部分为GB/T 24921的第1部分。

本部分修改采用API 520-1:2000《精炼厂压力释放装置尺寸的确定、选型及安装　第1篇：尺寸的确定和选型》(英文版)。

本部分与API 520-1:2000相比主要技术差异如下：

——本部分不包含压力释放装置中的防爆膜等内容；

——API 520-1:2000标准中的部分术语，在我国有关标准中已有定义或本部分正文中未出现的，本标准不再定义；

——删除了API 520-1:2000中"2.3　防爆膜装置"和"2.4　销启动的装置"；

——删除了API 520-1:2000中"3.11　防爆膜装置尺寸的确定"；

——删除了API 520-1:2000中"附录C　泄压阀规范单"。

本部分附录A、附录B、附录C、附录D、附录E、附录F均为资料性附录。

本部分由中国机械工业联合会提出。

本部分由全国阀门标准化技术委员会(SAC/TC 188)归口。

本部分起草单位：合肥通用机械研究院、杭州华惠阀门有限公司、上海凯特阀门制造有限公司、上海安德森·格林伍德·克罗斯比阀门有限公司、国家油气田井口设备质量监督检验中心。

本部分主要起草人：黄明亚、陈立龙、张明、王德平、刘晓春、王秋林、辜志宏。

石化工业用压力释放阀的尺寸确定、选型和安装 第1部分:尺寸的确定和选型

1 范围

GB/T 24921 的本部分规定了石化工业用的气体、蒸汽、不可压缩性流体和两相流介质的压力释放阀的术语和定义、类型特征和尺寸的确定等。

本部分适用于石化工业用整定压力不小于 0.1 MPa 的压力释放阀。

2 规范性引用文件

下列文件中的条款通过 GB/T 24921 的本部分的引用而成为本部分的条款。凡是注日期的引用文件,其随后所有的修改单(不包括勘误的内容)或修订版均不适用于本部分,然而,鼓励根据本部分达成协议的各方研究是否可使用这些文件的最新版本。凡是不注日期的引用文件,其最新版本适用于本部分。

GB/T 12241 安全阀 一般要求

GB/T 12242 压力释放装置 性能试验规范

GB/T 24920 石化工业用钢制压力释放阀

3 术语和定义

GB/T 12241、GB/T 12242 确立的以及下列术语和定义适用于本部分。

3.1 压力释放阀

3.1.1

压力释放阀 pressure relief valve

是一种压力释放装置,设计为在恢复正常工况后重新关闭而防止介质继续流出。

3.1.2

弹簧直接载荷式压力释放阀 spring direct-loaded pressure relief valve

是一种由弹簧直接的加载并由进口静压力驱动的压力释放阀。

3.1.3

常规式压力释放阀 conventional pressure relief valve

是一种弹簧直接载荷式压力释放阀,其动作直接受到背压力的影响。

3.1.4

平衡式压力释放阀 balanced pressure relief valve

是一种弹簧直接载荷式压力释放阀,其结构设置了一个波纹管或其他的方法使背压力的变化给阀门动作带来的影响降到最低。

3.1.5

先导式压力释放阀 pilot-operated pressure relief valve

是一种压力释放阀,其主释放装置同辅助的自驱动压力释放阀组合在一起并受后者控制。

3.2 压力

3.2.1

积聚压力 accumulation pressure

在压力释放阀排放时允许超过系统最大允许工作压力的压力增量。当整定压力等于最大允许工作

压力时，积聚压力等于超过压力。通常用压力单位或用最大允许工作压力的百分数表示。

3.2.2

最大允许工作压力　maximum allowable working pressure

是指系统在特定材料和设计温度下，系统（气相）顶部所允许承受的最大表压力。

3.3　有效排量系数

3.3.1

有效排量系数　effective coefficient of discharge

是名义值，与有效排放面积一起用于计算压力释放阀所需的最小排放量。该排放量是根据给出的初步确定尺寸的相应公式计算确定的。

3.4　面积

3.4.1

有效面积　effective area

计算过程中，用于初步确定压力释放阀的尺寸。

3.4.2

有效排放面积　effective discharget area

计算面积，它与有效排量系数一起用来初步确定尺寸的公式中计算压力释放阀所需的最小排放量。

3.4.3

流道有效面积　flow effective area

标准中流道代号“D”～“T”所表示的规范流道孔面积。

4　类型特征

4.1　结构形式

4.1.1　常规压力释放阀的典型结构形式如图1所示。

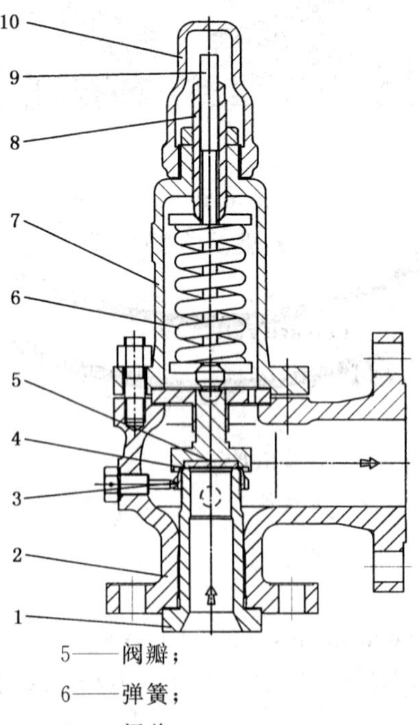

1——阀座；
2——阀体；
3——调节圈；
4——密封面；
5——阀瓣；
6——弹簧；
7——阀盖；
8——调节螺杆；
9——阀杆；
10——阀帽。

图1　常规压力释放阀

4.1.2 平衡式压力释放阀的典型结构形式如图2和图3所示。

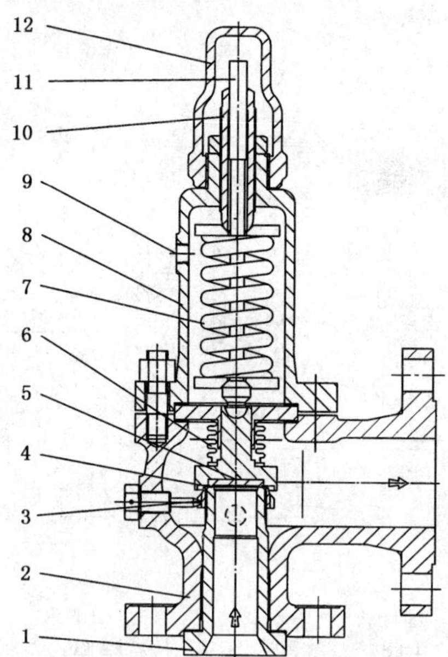

1——阀座； 5——阀瓣； 9——检漏孔；
2——阀体； 6——波纹管； 10——调节螺杆；
3——调节圈； 7——弹簧； 11——阀杆；
4——密封面； 8——阀盖； 12——阀帽。

图2 波纹管平衡式压力释放阀

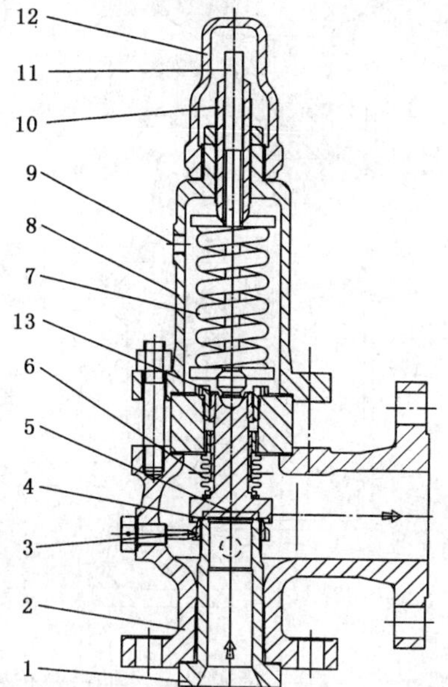

1——阀座； 6——波纹管； 11——阀杆；
2——阀体； 7——弹簧； 12——阀帽；
3——调节圈； 8——阀盖； 13——平衡活塞。
4——密封面； 9——检漏孔；
5——阀瓣； 10——调节螺杆；

图3 带辅助平衡活塞的波纹管平衡式压力释放阀

4.1.3 先导式压力释放阀的典型结构形式如图4所示。

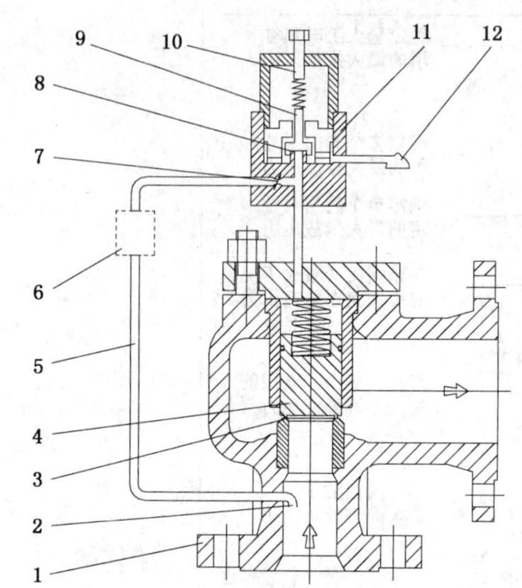

1——主阀； 5——导阀供应管； 9——导阀阀瓣；
2——内取压管； 6——过滤器； 10——调节螺杆；
3——阀座； 7——泄压调节装置； 11——导阀；
4——阀瓣； 8——导阀阀座； 12——导阀排放管。

a) 突开动作的先导式压力释放阀(流动型)

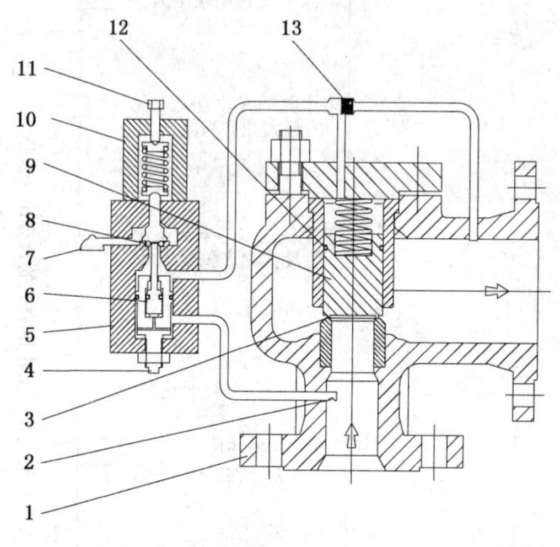

1——主阀； 6——泄压座； 11——调节螺钉；
2——内取压管； 7——导阀排放管； 12——密封件；
3——阀座； 8——导阀座； 13——防逆流装置。
4——泄压调节； 9——阀瓣；
5——导阀； 10——导阀调节机构；

b) 突开动作的先导式压力释放阀(非流动型)

图4 先导式压力释放阀

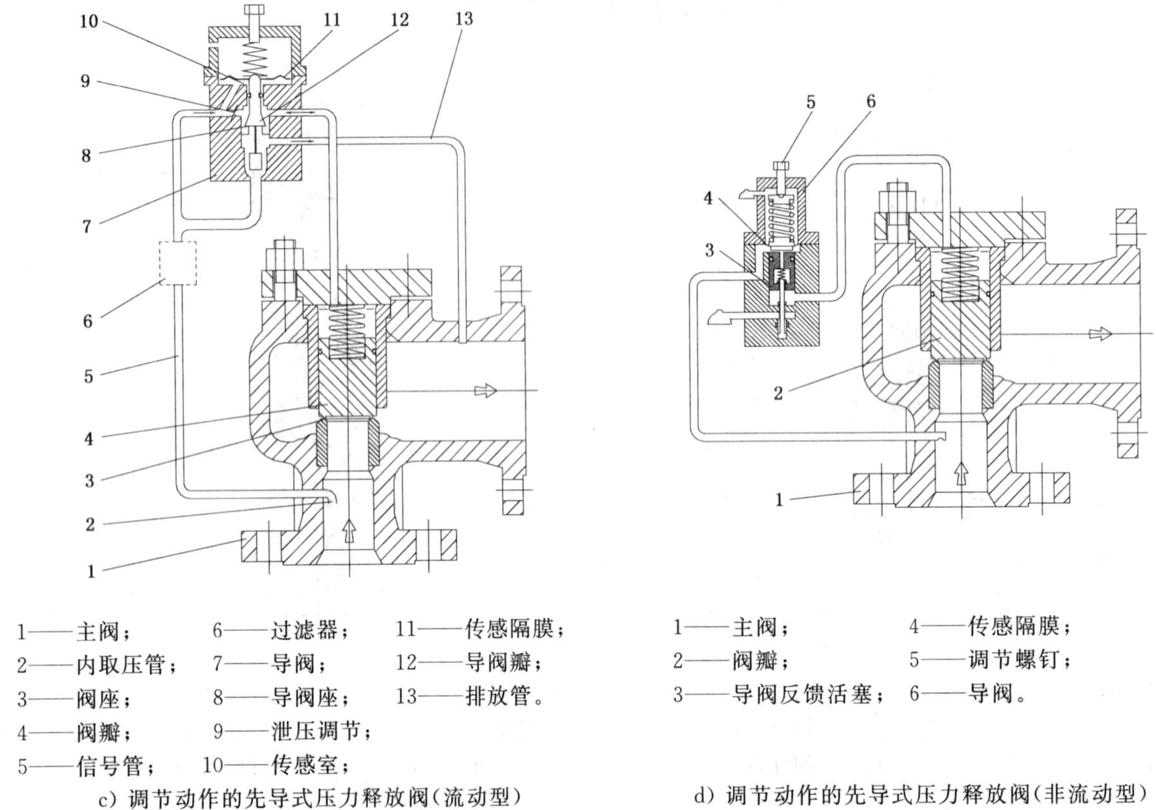

1——主阀； 6——过滤器； 11——传感隔膜；
2——内取压管； 7——导阀； 12——导阀瓣；
3——阀座； 8——导阀座； 13——排放管。
4——阀瓣； 9——泄压调节；
5——信号管； 10——传感室；

c）调节动作的先导式压力释放阀(流动型)

1——主阀； 4——传感隔膜；
2——阀瓣； 5——调节螺钉；
3——导阀反馈活塞； 6——导阀。

d）调节动作的先导式压力释放阀(非流动型)

图 4（续）

4.2 特性

4.2.1 压力释放阀与系统各压力之间的关系特性如图 5 所示。

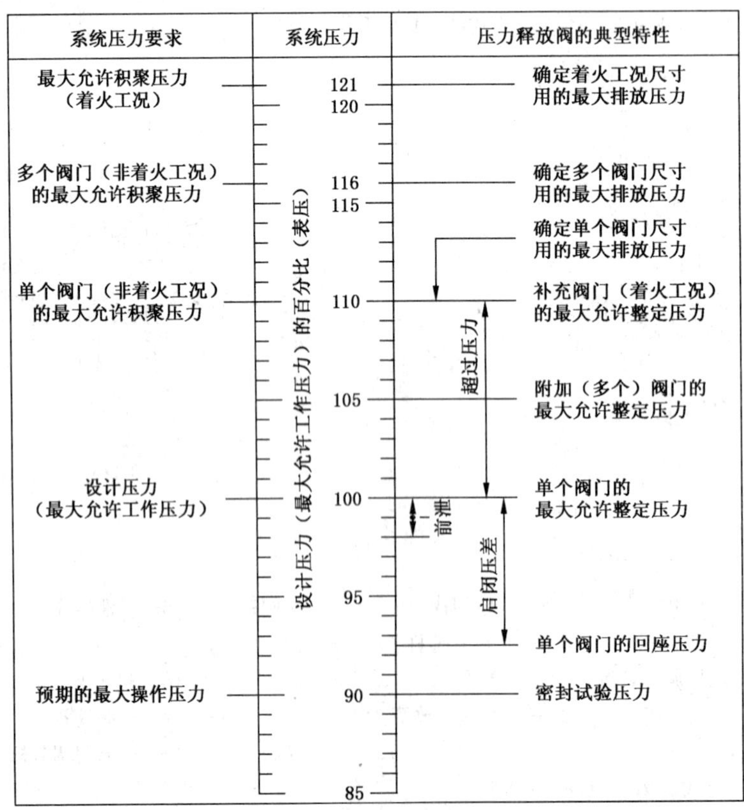

图 5　压力释放阀与系统各压力之间的关系

4.2.2 压力释放阀中开启高度和系统压力之间的典型关系如图 6 所示。

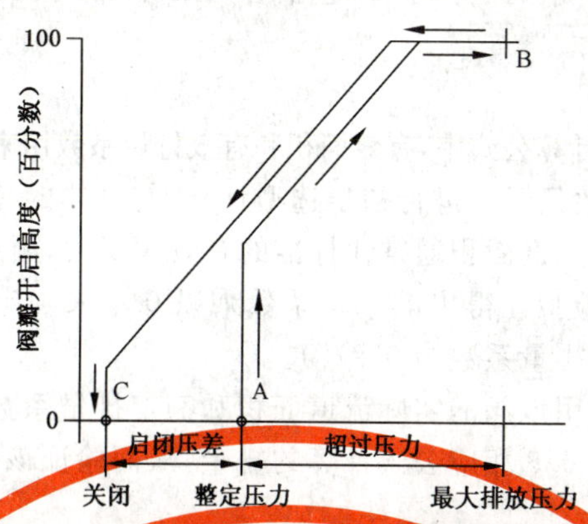

图 6 压力释放阀的阀瓣开启高度和系统压力之间的典型关系

4.2.3 先导式压力释放阀中开启高度和系统压力之间的典型关系如图 7 和图 8 所示。

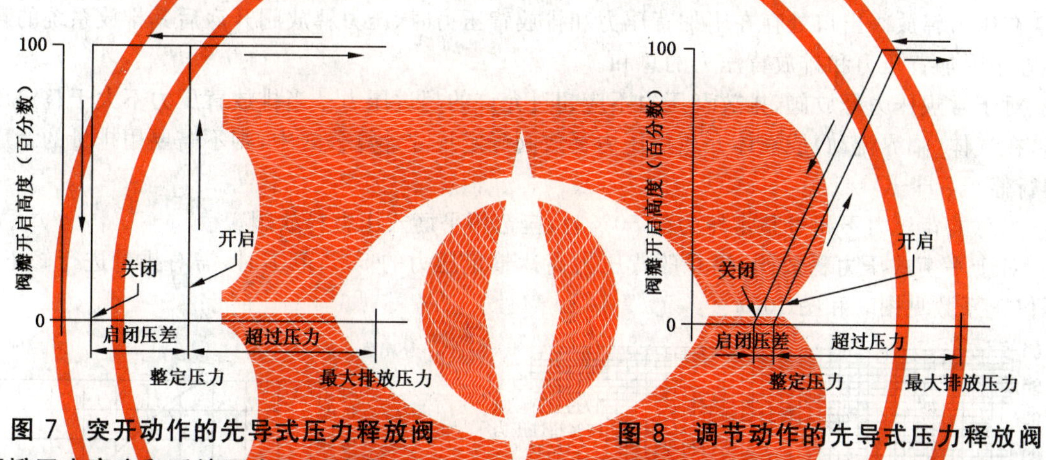

图 7 突开动作的先导式压力释放阀阀瓣开启高度和系统压力之间的典型关系

图 8 调节动作的先导式压力释放阀阀瓣开启高度和系统压力之间的典型关系

4.3 类型选用

4.3.1 常规式压力释放阀通常用于附加背压力是恒定的或排放背压力不大于整定压力的 10%的场合。

4.3.2 当排放背压力较大(大于整定压力的 10%)或相对于整定压力的附加背压力变动较大时，通常选用平衡式压力释放阀。

4.3.3 平衡式压力释放阀也可用于腐蚀性介质工况，通过其结构设置将排放介质与阀门内部零件(阀杆、导向套、弹簧、阀盖等)隔离，从而防止这些重要零部件因受介质腐蚀而失效。

4.3.4 当系统中预期的最大操作压力高于图 5 所示的百分数时，通常选用先导式压力释放阀。对单一介质常选用流动型，而多相介质常选用非流动型。

4.3.5 当用于可压缩介质时，其尺寸按 5.6.3、5.6.4 和 5.7 进行计算。当用于不可压缩介质时，其尺寸按 5.8 进行计算。

4.3.6 在选型计算中，应考虑压力释放阀的特性(见图 6～图 8)，当阀瓣开启高度小于流道直径的四分之一时，阀的排量取决于帘面积，当阀瓣开启高度不小于流道直径的四分之一时，阀的排量取决于流道面积。

5 尺寸确定

5.1 一般要求

5.1.1 应合理地考虑可能导致超压的各种意外事件，从而确定超压保护所要求的条件以及采用压力释放阀的尺寸和类型。

5.1.2 要估算导致超压的各种意外事件所产生的压力并计算出所需要释放的介质排量。计算排量时，需要工艺流程图、材料、管道、容器和设备设计规范等依据。

5.1.3　对需要进行超压保护的一系列运行条件(包括着火工况,非着火工况)下的释放要求应进行详细的分析和确认。

5.2　有效面积和有效排量系数

5.2.1　在5.6、5.7和5.8的相应计算公式中,有效面积和有效排量系数用来初步确定压力释放阀的尺寸。

5.2.2　有效面积和有效排量系数只用于进行初步选型计算,与具体的特定阀门的设计没有直接关系。最终满足使用要求的阀门其实际流道面积通常比标准的有效面积大,额定排量系数比有效排量系数小。

5.2.3　额定排量系数是通过试验验证得出的平均系数乘以0.9来确定,其值通常小于有效排量系数(尤其是蒸汽介质用阀门,该有效排量系数为0.975)。

5.2.4　当压力释放阀选定后,应用该阀的实际流道面积和额定排量系数来验证该阀的额定排量,验证的排量应达到或超过5.6、5.7和5.8相应公式计算的排量,从而验证该阀是否有足够的排量来满足应用要求。

5.3　背压力

5.3.1　背压力会引起开启压力的变化、流量的减少和排量的不稳定以及三种可能同时出现的情况。

5.3.2　在压力释放阀出口处存在附加背压力和排放背压力时,压力释放阀开启后其排放系统的背压力的大小等于附加背压力和排放背压力的总和。

5.3.3　对于常规压力释放阀,排放背压力不应超过允许的超过压力。当排放背压力不大于整定压力的10%时,在气体(临界流动)或液体介质用压力释放阀确定尺寸计算公式中,则不需要用排量的背压修正系数进行修正(即 $K_b=1.0$)。

5.3.4　当总的背压力不超过整定压力的50%时,应选用平衡式压力释放阀。

5.3.5　对于平衡式压力释放阀,当总的背压力高达整定压力的50%范围时,需对排量进行修正,排量的背压修正系数见图9和图10。

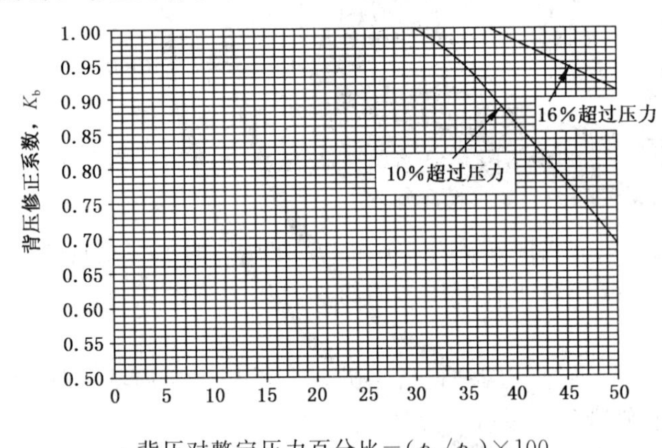

背压对整定压力百分比=(p_b/p_s)×100

p_b=背压(表压)p_s=整定压力(表压)

图9　波纹管平衡式压力释放阀(蒸汽或气体用)的背压修正系数 K_b

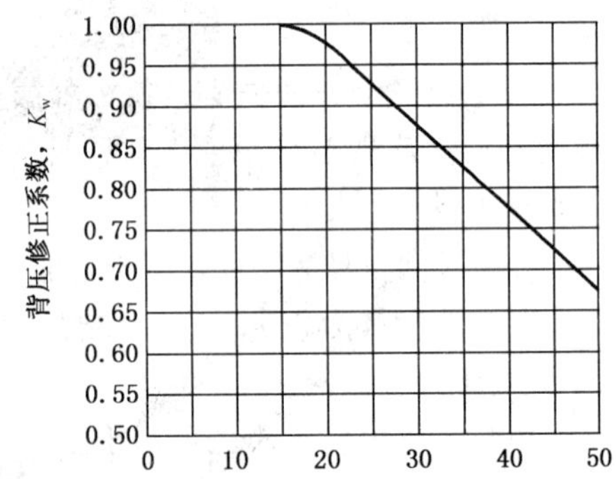

背压对整定压力百分比=(p_b/p_s)×100

p_b=背压(表压)p_s=整定压力(表压)

图10　波纹管平衡式压力释放阀(液体用)的背压修正系数 K_W

5.3.6　当用于可压缩流体(不包括多相)的总的背压力超过整定压力的50%时,此时的流动属于亚临界流动,应使用5.6.4中的计算式,其排量的背压修正系数可向制造厂进行咨询。

5.3.7　在先导式压力释放阀中,阀门的开启高度不受背压力的影响,对于临界流动的可压缩流体,其排量的背压修正系数为1.0。

5.4　冷态试验差压力

5.4.1　冷态试验差压力包含了对温度和背压力等运行条件所作的修正。

5.4.2　当常规压力释放阀在室温条件的试验台上进行整定压力试验而用于高温工作条件或用于恒定背压力下时,需要对整定压力进行修正。

5.4.3 冷态试验差压力的调整，对于有恒定背压力下的常规压力释放阀，应把所需的整定压力减去附加背压力；对于平衡式压力释放阀，附加背压力对整定压力没有影响；对于排放温度超过 120 ℃或低于 -59 ℃的压力释放阀，需要一个整定压力的温度修正系数进行修正，应向制造厂进行咨询。

5.5 排放压力

5.5.1 排放压力的确定

5.5.1.1 应根据相应规范所允许的积聚压力来确定允许的超过压力，按整定压力与所要保护系统的最大允许工作压力之间的不同关系，来确定允许的超过压力。当整定压力等于最大允许工作压力时，允许的超过压力等于允许的积聚压力(见图 5)。

5.5.1.2 设计时，应考虑到地面海拔相对应的大气压。

5.5.1.3 液体用压力释放阀排放压力的确定方法与蒸汽用压力释放阀排放压力的确定方法相似，或按订货合同的要求。

5.5.1.4 根据压力释放阀与所要保护系统各压力之间的关系，对压力释放阀最大积聚压力和整定压力的限制见表 1。

表 1 压力释放阀整定压力和积聚压力的限制

工况条件		单个阀门		多个阀门	
		最大整定压力 %	最大积聚压力 %	最大整定压力 %	最大积聚压力 %
非着火工况	第一个阀门	100	110	100	116
	附加阀门	—	—	105	116
着火工况	第一个阀门	100	121	100	121
	附加阀门	—	—	105	121
	补充阀门	—	—	110	121
注：表中数值为最大允许工作压力的百分数。					

5.5.2 操作意外

5.5.2.1 **单个阀门**

为防止操作(非着火)意外的在由单个阀门所受保护的系统中，其积聚压力应限制为最大允许工作压力的 110%，该阀门的整定压力不应超过系统最大允许工作压力。单个压力释放阀的排放压力按表 2 的要求。

表 2 单个阀门(操作意外)的排放压力

特 性		数值/%
整定压力小于 最大允许工作压力	受保护系统的最大允许工作压力	100.0
	最大积聚压力	110.0
	阀门整定压力 p_s	90.0
	允许的超过压力	20.0
	排放压力 p_d	110.0
整定压力等于 最大允许工作压力	受保护系统的最大允许工作压力	100.0
	最大积聚压力	110.0
	阀门整定压力 p_s	100.0
	允许的超过压力	10.0
	排放压力 p_d	110.0
注：当最大允许工作压力为 103 kPa～207 kPa 时，允许的积聚压力为 21 kPa。		

5.5.2.2 **多个阀门**

为防止操作(非着火)意外的在由多个阀门所保护的系统中,其积聚压力应限制为最大允许工作压力的116%。第一个阀门的整定压力不应超过最大允许工作压力。附加的一个或多个阀门的整定压力不应超过最大允许工作压力的105%。多个压力释放阀的排放压力按表3的要求。

表3 多个阀门(操作意外)的排放压力

特性		数值/%
第一个压力释放阀	受保护容器的最大允许工作压力	100.0
	最大积聚压力	116.0
	阀门整定压力 p_s	100.0
	允许的超过压力	16.0
	排放压力 p_d	116.0
附加压力释放阀	受保护容器的最大允许工作压力	100.0
	最大积聚压力	116.0
	阀门整定压力 p_s	105.0
	允许的超过压力	11.0
	排放压力 p_d	116.0
注:当最大允许工作压力为103 kPa~207 kPa时,允许的积聚压为28 kPa。		

5.5.3 **着火意外**

5.5.3.1 用于着火意外的压力释放阀,其所受保护的系统的积聚压力应限制为最大允许工作压力的121%,此规定适用于单个阀门、多个阀门的组合和补充阀门。

5.5.3.2 用于着火意外的单个或多个组合的压力释放阀也可以用于非着火意外操作而规定的压力释放要求,条件是非着火意外工况下的积聚压力应严格限制为最大允许工作压力的110%和116%。

5.5.3.3 单个阀门

当着火工况下的系统是通过单个阀门进行超压保护时,则单个阀门的整定压力不应超过最大允许工作压力。整定压力不大于系统最大允许工作压力的单个压力释放阀的排放压力按表4的规定。

表4 单个阀门(着火工况)的排放压力

特性		数值/%
阀门整定压力小于最大允许工作压力	受保护系统的最大允许工作压力	100.0
	最大积聚压力	121.0
	阀门整定压力 p_s	90.0
	允许的超过压力	31.0
	排放压力 p_d	121.0
阀门整定压力等于最大允许工作压力	受保护系统的最大允许工作压力	100.0
	最大积聚压力	121.0
	阀门整定压力 p_s	100.0
	允许的超过压力	21.0
	排放压力 p_d	121.0

5.5.3.4 多个阀门

多个阀门是要求用两个或多个压力释放阀的组合来进行超压保护时。第一个压力释放阀的整定压力不应超过系统的最大允许工作压力。最后一个压力释放阀的整定压力不应超过系统最大允许工作压力的 105%。多个压力释放阀的排放压力按表 5 的规定。

表 5 多个阀门(着火工况)的排放压力

特性		数值/%
第一个阀门 (阀门整定压力等于最大允许工作压力)	受保护系统的最大允许工作压力	100.0
	最大积聚压力	121.0
	阀门整定压力 p_s	100.0
	允许的超过压力	21.0
	排放压力 p_d	121.0
附加阀门 (阀门整定压力等于最大允许工作压力的 105%)	受保护系统的最大允许工作压力	100.0
	最大积聚压力	121.0
	阀门整定压力 p_s	105.0
	允许的超过压力	16.0
	排放压力 p_d	121.0

5.5.3.5 补充阀门

补充阀门为由于着火或其他未曾预料到的意外由内部热源产生所造成的附加危害提供了泄放量。用于着火工况的补充阀门的整定压力不应超过最大允许工作压力的 110%。补充压力释放阀仅用于操作意外(非着火)作为附加阀门。补充压力释放阀的排放压力按表 6 的规定。

表 6 补充阀门(着火工况)的排放压力

特性		数值/%
第一个阀门 (阀门整定压力等于最大允许工作压力)	受保护系统的最大允许工作压力	100.0
	最大积聚压力	121.0
	阀门整定压力 p_s	100.0
	允许的超过压力	21.0
	排放压力 p_d	121.0
补充阀门 (阀门整定压力等于最大允许工作压力的 110%)	受保护系统的最大允许工作压力	100.0
	最大积聚压力	121.0
	阀门整定压力 p_s	110.0
	允许的超过压力	11.0
	排放压力 p_d	121.0

5.6 气体用压力释放阀的尺寸确定

5.6.1 流动状态

当可压缩气体通过一个喷嘴(压力释放阀的阀座流道孔),其速度和比容会随着喷嘴下游压力的下降而上升,流量随着喷嘴下游压力的减小而增加。一旦下游压力的进一步减小而不会使流量继续增加时,形成临界流动状态,此时的下游压力与上游压力的比值为临界压力比,可用式(1)进行估算:

$$\frac{p_b}{p_d}=\left[\frac{2}{k+1}\right]^{k/(k-1)} \qquad \cdots\cdots(1)$$

式中：

p_b——背压力(下游压力)，单位为兆帕(MPa)(绝压)；

p_d——排放压力(上游压力)，单位为兆帕(MPa)(绝压)；

k——理想气体的比热容比。典型的气体介质的比热容比见表7。

5.6.2 临界流动与亚临界流动

气体介质用压力释放阀尺寸的确定公式可根据是临界流动还是亚临界流动划分成两类。当下游压力不大于临界压力 p_b 时，为临界流动，按5.6.3确定尺寸。当下游压力大于临界压力 p_b 时，为亚临界流动，按5.6.4确定尺寸。典型的气体介质的性能参数见表7。

表7 气体的性能参数

气体	分子量	在20 ℃和1个大气压下的比热容比 k	在20 ℃和1个大气压下的临界压力比	在20 ℃和1个大气压下的比重	临界恒量		一个大气压下的冷凝温度 K	可燃性(混合空气中的体积百分比)
					压力 MPa	温度 K		
甲烷	16.043	1.315	0.54	0.554	4.73	190.7	−162	5.0～15.0
乙烷	30.07	1.18	0.57	1.058	4.98	305.45	−89	2.9～13.8
乙烯	28.054	1.22	0.57[a]	0.969	5.16	283.05	−104	2.7～34.8
丙烷	44.097	1.13	0.58	1.522	4.34	369.95	−42	2.1～9.5
丙烯	47.081	1.15	0.58[a]	1.453	4.71	365.05	−48	2.8～10.8
异丁烷	58.124	1.11	0.59[a]	2.007	3.72	408.15	−11.7	1.8～8.4
正丁烷	58.124	1.10	0.59	2.007	3.871	425.15	−0.6	1.9～8.4
1-丁烯	56.108	1.11	0.59[a]	1.937	4.099	419.15	−6	1.4～9.3
异戊烷	72.151	1.07	0.59[a]	2.491	3.32	187.22	27.8	1.4～8.3
正戊烷	72.151	1.07	0.59[a]	2.491	3.437	469.75	36.1	1.4～7.8
1-戊烯	70.13	1.07	0.59[a]	2.421	4.04	191.67	30	1.4～8.7
正己烷	86.18	1.06	0.59[a]	2.973	3.01	234.4	68.9	1.2～7.7
苯	78.114	1.101	0.58	2.697	5.019	526.15	80	1.3～7.9
正庚烷	100.20	1.05	0.60[a]	3.459	2.74	495.22	98.3	1.0～7.0
甲苯	92.13	1.09	0.59	3.181	4.065	317.78	110.5	1.2～7.1
正辛烷	114.22	1.05	0.60[a]	3.944	2.49	295.56	125.5	0.96
正壬烷	128.23	1.04	0.60[a]	4.428	3.80	321.1	105.6	0.87～2.9
正癸烷	142.28	1.03	0.60[a]	4.912	2.09	333.3	173.9	0.78～2.6
空气	28.96	1.4	0.53	1.000	3.84	132.48	−191.7	—
氨气	17.03	1.32	0.53	0.588	11.5	405.65	−33.3	15.5～27.0
二氧化碳	44.01	1.295	0.55	1.519	7.528	304.19	−78.3	—
氢气	2.016	1.412	0.52	0.069 6	1.32	32.976	−252.8	4.0～74.2
硫化氢	34.08	1.32	0.53	1.176	9.18	373.55	−60.5	4.3～45.5
二氧化硫	64.04	1.25	0.55	2.212	8.04	430.65	−10	—
蒸汽	18.01	1.33	0.54	0.622	22.09	374.44	100	—

[a] 估算值。

5.6.3 临界流动时的尺寸确定

临界流动的气体介质用压力释放阀的尺寸确定按式(2)～式(4)计算。每个公式都可用来计算达到必需的排量所要求的压力释放阀的有效排放面积 A。并从 GB/T 24920 中选取标准流道的有效面积不小于计算值 A 的压力释放阀。计算示例参见附录 A。

$$A=\frac{13\ 160\times W}{CK_{\mathrm{d}}p_{\mathrm{d}}K_{\mathrm{b}}K_{\mathrm{c}}}\sqrt{\frac{TZ}{M}} \qquad \cdots\cdots(2)$$

$$A=\frac{35\ 250\times V\sqrt{TZM}}{CK_{\mathrm{d}}p_{\mathrm{d}}K_{\mathrm{b}}K_{\mathrm{c}}} \qquad \cdots\cdots(3)$$

$$A=\frac{189\ 750\times V\sqrt{TZG}}{CK_{\mathrm{d}}p_{\mathrm{d}}K_{\mathrm{b}}K_{\mathrm{c}}} \qquad \cdots\cdots(4)$$

式中：

A——有效排放面积，单位为平方毫米(mm^2)；

W——必需的排量，单位为千克每小时(kg/h)；

C——在排放条件下由进口处气体的比热容比($k=C_p/C_v$)确定的系数。可利用图 11 或表 8 获得。当 k 值不能确定时，建议取 C 值为 315；

K_d——有效排量系数。用于初步计算时，可以使用 0.975；

p_d——排放压力，整定压力加上允许的超过压力再加大气压，单位为千帕(kPa)(绝压)；

K_b——背压修正系数。可从制造商的文件中获得，或利用图 9 进行初步计算。对于常规压力释放阀和先导式压力释放阀，可取 $K_b=1.0$；

K_c——综合修正系数。通常不装防爆膜时 $K_c=1.0$，装防爆膜时 $K_c=0.9$；

T——排放温度，单位为开尔文(K)(℃+273)；

Z——压缩系数。在许多情况下 Z 为 1；

M——气体的分子量，单位为千克每千摩尔(kg/kmol)。典型的气体介质的分子量见表 7；

V——必需的体积排量，单位为在 101.3 kPa (绝压)和 0 ℃时标准立方米每分钟(Nm^3/min)；

G——标准状态下的气体对应于标准状态下的空气的比重，[在 101.325 kPa(绝压)和 0 ℃时的空气的比重 $G=1.00$]。

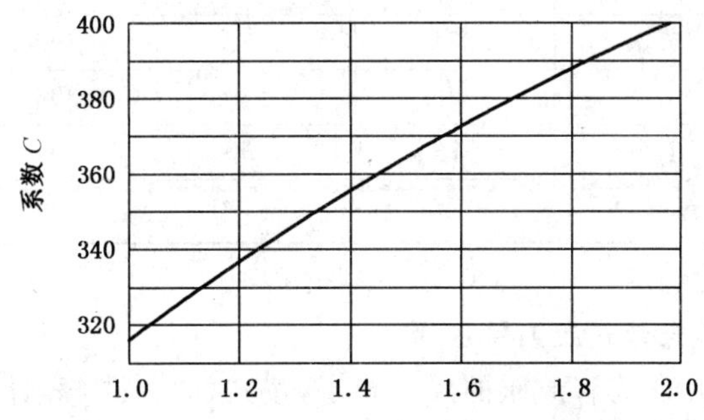

图 11 假定为理想气体状况，利用比热容比估算流量等式中的系数 C

表 8 系数 C 的值

k	C	k	C	k	C	k	C
1.00	315[a]	1.30	347	1.60	372	1.90	394
1.01	317	1.31	348	1.61	373	1.91	395
1.02	318	1.32	349	1.62	374	1.92	395
1.03	319	1.33	350	1.63	375	1.93	396
1.04	320	1.34	351	1.64	376	1.94	397
1.05	321	1.35	352	1.65	376	1.95	397
1.06	322	1.36	353	1.66	377	1.96	398
1.07	323	1.37	353	1.67	378	1.97	398
1.08	325	1.38	354	1.68	379	1.98	399
1.09	326	1.39	355	1.69	379	1.99	400
1.10	327	1.40	356	1.70	380	2.00	400
1.11	328	1.41	357	1.71	381	—	—
1.12	329	1.42	358	1.72	382	—	—
1.13	330	1.43	359	1.73	382	—	—
1.14	331	1.44	360	1.74	383	—	—
1.15	332	1.45	360	1.75	384	—	—
1.16	333	1.46	361	1.76	384	—	—
1.17	334	1.47	362	1.77	385	—	—
1.18	335	1.48	363	1.78	386	—	—
1.19	336	1.49	364	1.79	386	—	—
1.20	337	1.50	365	1.80	387	—	—
1.21	338	1.51	365	1.81	388	—	—
1.22	339	1.52	366	1.82	389	—	—
1.23	340	1.53	367	1.83	389	—	—
1.24	341	1.54	368	1.84	390	—	—
1.25	342	1.55	369	1.85	391	—	—
1.26	343	1.56	369	1.86	391	—	—
1.27	344	1.57	370	1.87	392	—	—
1.28	345	1.58	371	1.88	393	—	—
1.29	346	1.59	372	1.89	393	—	—
1.30	347	1.60	373	1.90	394	—	—

[a] k 约为 1.00 时,C 的限值为 315。

5.6.4 亚临界流动时的尺寸确定

5.6.4.1 常规压力释放阀和先导式压力释放阀

亚临界流动的气体介质用压力释放阀的尺寸确定,按式(5)～式(7)计算。每个公式都可用来计算通过对弹簧载荷的调节以补偿附加背压力的常规压力释放阀和先导式压力释放阀需要的有效排放面积 A。并从 GB/T 24920 中选取标准流道的有效面积不小于计算值 A 的压力释放阀。计算示例参见附录 B。

$$A=\frac{17.9\times W}{F_2K_dK_c}\sqrt{\frac{ZT}{Mp_d(p_d-p_b)}} \quad \cdots\cdots(5)$$

$$A=\frac{47.95\times V}{F_2K_dK_c}\sqrt{\frac{ZTM}{p_d(p_d-p_b)}} \quad \cdots\cdots(6)$$

$$A=\frac{258\times V}{F_2K_dK_c}\sqrt{\frac{ZTG}{p_d(p_d-p_b)}} \quad \cdots\cdots(7)$$

式中：

F_2——亚临界流动下的排量修正系数，利用式(8)计算：

$$F_2=\sqrt{\left(\frac{k}{k-1}\right)(r)^{2/k}\left[\frac{1-r^{(k-1)/k}}{1-r}\right]} \quad \cdots\cdots(8)$$

式中：

r——背压力与排放压力之比，p_b/p_d；

F_2的值也可由图 12 获得。

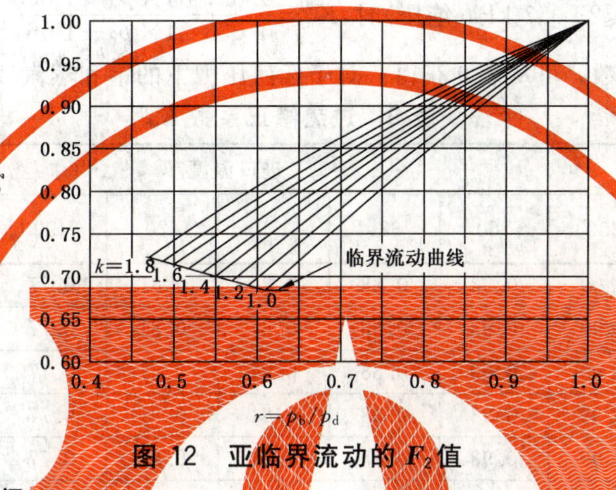

图 12 亚临界流动的 F_2 值

5.6.4.2 平衡式压力释放阀

平衡式压力释放阀的尺寸确定，按式(2)～式(4)计算。这时的背压修正系数考虑到了亚临界流动的情况以及阀瓣的开启高度保持不变(亚临界流动公式仅适用于开启高度保持不变的情况)。此时，背压修正系数 K_b 应从制造商处获取。

5.6.4.3 计算的替代方法

在亚临界流动中，也可以使用临界流动公式替代亚临界流动公式来确定常规压力释放阀或先导式压力释放阀的尺寸。在使用这个替代方法时，通过设定亚临界流动公式等于临界流动公式，用代入法获得背压修正系数 K_b。图 13 给出了 K_b的图解。当使用式(2)～式(4)时，用图 13 给出的 K_b(此时 K_b不等于 1.0)进行计算得出的面积与用亚临界流动公式算得的面积是相同的。该方法仅适用于可以通过调节弹簧载荷来补偿附加背压力的常规压力释放阀或先导式压力释放阀的计算。计算示例参见附录 C。

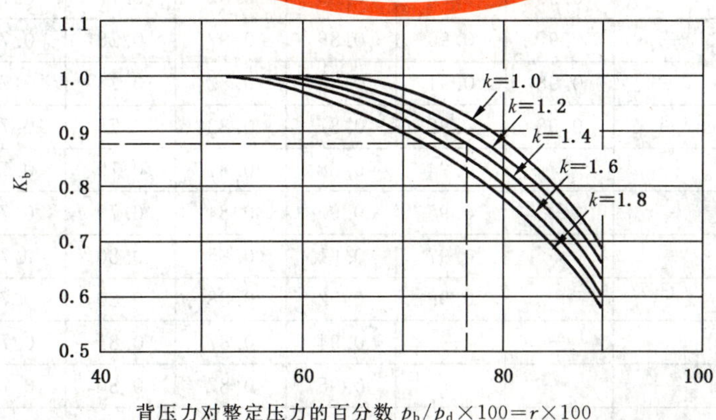

图 13 仅指气体用常规压力释放阀恒定背压修正系数 K_b

5.7 蒸汽用压力释放阀的尺寸确定

临界流动的蒸汽介质用压力释放阀的尺寸确定，按式(9)计算。计算达到必需的排量所需要的压力释放阀的有效排放面积 A。并从 GB/T 24920 中选取标准流道的有效面积不小于计算值 A 的压力释放阀。计算示例参见附录 D。

$$A=\frac{190.4\times W}{p_d K_d K_b K_c K_n K_{sh}} \qquad (9)$$

式中：

K_n——压力修正系数，

当 $p_d \leqslant 10\ 339$ kPa(绝压)时，$K_n=1$，

当 $10\ 339$ kPa$<p_d\leqslant 22\ 057$ kPa(绝压)时，$K_n=\frac{0.027\ 64\times p_d-1\ 000}{0.033\ 24\times p_d-1\ 061}$；

K_{sh}——过热修正系数。可从表 9 获得。对于任何压力下的饱和蒸汽，$K_{sh}=1.0$。

表 9 过热修正系数 K_{sh}

整定压力(绝压) MPa	进口温度/℃									
	150	200	260	320	370	420	490	540	590	640
0.2	1.00	0.99	0.93	0.88	0.84	0.81	0.77	0.74	0.72	0.70
0.3	1.00	0.99	0.93	0.88	0.84	0.81	0.77	0.74	0.72	0.70
0.4	1.00	0.99	0.93	0.88	0.84	0.81	0.77	0.74	0.72	0.70
0.5	1.00	0.99	0.93	0.88	0.84	0.81	0.77	0.74	0.72	0.70
0.6		0.99	0.93	0.88	0.84	0.81	0.77	0.74	0.72	0.70
0.7		0.99	0.94	0.88	0.84	0.81	0.77	0.74	0.72	0.70
0.8		1.00	0.94	0.88	0.85	0.81	0.77	0.75	0.72	0.70
0.9		1.00	0.94	0.88	0.85	0.81	0.77	0.75	0.72	0.70
1.0		1.00	0.94	0.88	0.85	0.81	0.77	0.75	0.72	0.70
1.2		1.00	0.94	0.89	0.85	0.81	0.77	0.75	0.72	0.70
1.3		1.00	0.94	0.89	0.85	0.81	0.77	0.75	0.72	0.70
1.4		1.00	0.95	0.89	0.85	0.81	0.77	0.75	0.72	0.70
1.6	—	1.00	0.95	0.89	0.85	0.82	0.77	0.75	0.72	0.70
1.8	—	—	0.95	0.89	0.85	0.82	0.77	0.75	0.72	0.70
2.0	—	—	0.96	0.89	0.85	0.82	0.77	0.75	0.72	0.70
2.2	—	—	0.96	0.90	0.85	0.82	0.77	0.75	0.72	0.70
2.5	—	—	0.96	0.90	0.86	0.82	0.77	0.75	0.72	0.70
2.8	—	—	0.97	0.90	0.86	0.82	0.78	0.75	0.73	0.70
3.4	—	—	0.98	0.91	0.86	0.82	0.78	0.75	0.73	0.70
4.2	—	—	0.98	0.92	0.87	0.83	0.78	0.75	0.73	0.71
5.6	—	—	—	0.94	0.88	0.84	0.79	0.76	0.73	0.71
7.0	—	—	—	0.95	0.90	0.84	0.79	0.76	0.73	0.71
8.5	—	—	—	0.97	0.91	0.85	0.80	0.77	0.74	0.71
10.0	—	—	—	0.99	0.92	0.88	0.80	0.77	0.75	0.71
12.0	—	—	—	—	0.94	0.87	0.81	0.77	0.74	0.72
13.5	—	—	—	—	0.95	0.87	0.80	0.76	0.74	0.70
17.5	—	—	—	—	0.95	0.88	0.78	0.74	0.71	0.68
20.5	—	—	—	—	—	0.85	0.76	0.71	0.68	0.64

5.8 液体用压力释放阀的尺寸确定

5.8.1 需要排量验证

当有排量验证要求并已经试验确认在10%超过压力下的额定排量系数的液体介质用压力释放阀。可按公式(10)初步确定阀的尺寸。计算示例参见附录E。

$$A=\frac{11.78\times Q}{K_{d}K_{w}K_{c}K_{v}}\sqrt{\frac{G}{p_{d}-p_{b}}} \quad\cdots\cdots(10)$$

式中：

Q——排量，单位为升每分钟(L/min)；

K_d——有效排量系数。用于初步计算时，取0.65；

K_w——背压修正系数，可见图10；

G——在排放温度下，液体对标准状况下水的比重；

p_b——背压力，单位为千帕(kPa)(表压)；

p_d——排放压力，单位为千帕(kPa)(表压)；

K_v——黏度修正系数。其值利用式(11)计算：

$$\left(0.9935+\frac{2.878}{Re^{0.5}}+\frac{342.75}{Re^{1.5}}\right)^{-1.0} \quad\cdots\cdots(11)$$

式中：

Re——雷诺数；

K_v值也可由图14确定。

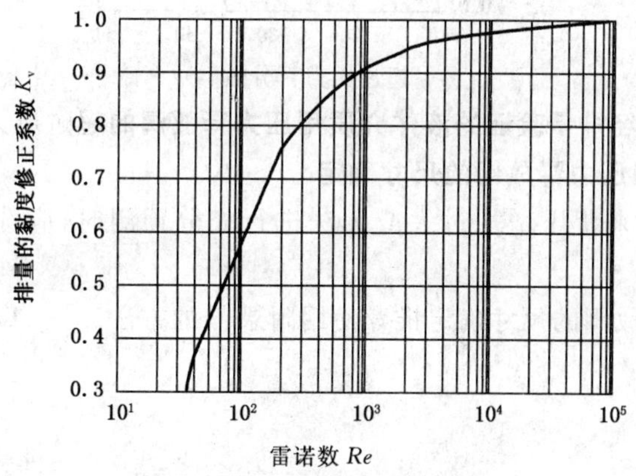

图14 排量的黏度修正系数 K_v

对于黏性液体，可利用式(10)按非黏性液体(即 $K_v=1.0$)初步确定阀的有效排放面积 A。并按GB/T 24920选择比计算值 A 大一级的标准流道的有效面积，按下列公式中的任何一个以确定雷诺数 Re。

$$Re=\frac{Q(18\,800\times G)}{\mu\sqrt{A}} \quad\cdots\cdots(12)$$

或

$$Re=\frac{85\,220\times Q}{U\sqrt{A}} \quad\cdots\cdots(13)$$

式中：

μ——介质流动温度下的绝对黏度(动力黏度)，单位为厘泊(cP)；

U——介质流动温度下的黏度(运动黏度)，赛氏通用黏度秒数SSU。

注：对于黏度小于赛氏通用黏度秒数SSU 100的情况，不推荐使用式(13)。

利用图14由雷诺数确定 K_v，按式(10)来初步修正需要的排放面积。如果修正后的面积超过所选择的标准流道的有效面积，则应用比此面积大一级的标准流道的有效面积重复上述计算。

5.8.2 **未经排量验证**

对于未经排量验证的液体介质用压力释放阀，通常用式(14)来确定阀的尺寸。

$$A=\frac{11.78\times Q}{K_{d}K_{w}K_{c}K_{v}K_{p}}\sqrt{\frac{G}{1.25p_{s}-p_{b}}} \qquad \cdots\cdots(14)$$

式中：

K_p——超过压力修正系数。当超过压力为25%时，$K_p=1.0$，当超过压力为10%时，$K_p=0.6$，当超过压力不等于25%时，见图15；

K_d——有效排量系数。用于初步计算时，取0.62；

p_s——整定压力，单位为千帕(kPa)(表压)。

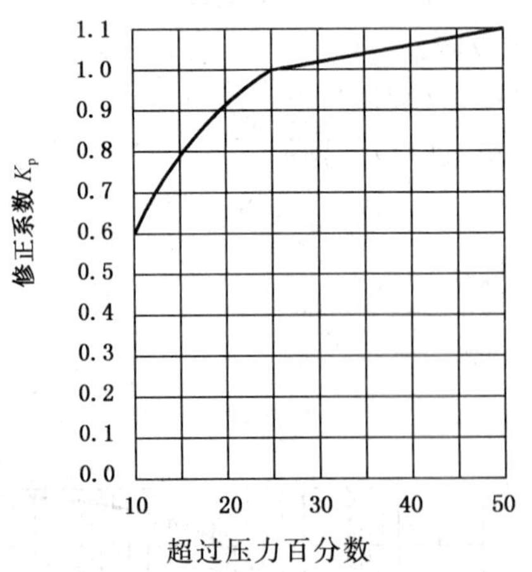

图15 未经排量验证的液体介质用压力释放阀的超过压力修正系数

5.9 液体/蒸汽两相介质用压力释放阀的尺寸确定

5.9.1 当两相介质工况带来背压增加过大或无法进行充分预测时，应选用平衡式或先导式压力释放阀。

5.9.2 两相介质用压力释放阀的尺寸确定推荐使用附录F的方法。

附 录 A
（资料性附录）
临界流动时气体介质的尺寸确定实例

A.1 工况条件

A.1.1 由于操作失误引起，烃类混合气所需的流量 W 为 24 260 kg/h。

A.1.2 烃类混合气主要成分为丁烷(C4)和戊烷(C5)，烃类混合气的分子量 M 为 65。

A.1.3 排放温度为 75 ℃，即(T=273+75=348 K)。

A.1.4 压力释放阀的整定压力为 517 kPa(表压)，即超压保护设备的设计压力。

A.1.5 背压力为 101.3 kPa(绝压)。

A.2 参数

A.2.1 允许的积聚压为 10%。

A.2.2 排放压力，p_d=517×1.1+101.3=670 kPa(绝压)。

A.2.3 计算的压缩系数 Z 为 0.84。(当压缩系数不能确定时，可取 Z=1.0)。

A.2.4 临界流动压力(根据表 7)为 670×0.59=395.3 kPa(绝压)。

A.2.5 $C_p/C_v=k$(根据表 7)为 1.09，根据表 8，C=326。

A.2.6 排量的背压修正系数，K_b 为 1.0。

A.2.7 综合修正系数，K_c 为 1.0。

A.2.8 有效排量系数，用于初步计算时，K_d 为 0.975。

A.2.9 因背压力 101.3 kPa(绝压)小于临界流动压力 395.3 kPa(绝压)，故按临界流动公式[见式(2)和 5.6.3]确定压力释放阀的尺寸。

A.3 计算

A.3.1 1 台压力释放阀的有效排放面积按式(2)计算如下：

$$A=\frac{13\ 160\times W}{CK_d p_d K_b K_c}\sqrt{\frac{TZ}{M}}$$

$$=\frac{13\ 160\times 24\ 260}{326\times 0.975\times 670\times 1.0\times 1.0}\sqrt{\frac{348\times 0.84}{65}}=3\ 179\ \text{mm}^2。$$

A.3.2 按 GB/T 24920 选取“D”至“T”的流道代号，对应于计算的 A，选取流道代号为“P”(4 116 mm^2)的标准流道有效面积的 1 台压力释放阀。

附 录 B
(资料性附录)
亚临界流动时气体介质的尺寸确定实例

B.1 工况条件

B.1.1 由于操作失误引起,烃类混合气的所需流量 W 为 24 260 kg/h。

B.1.2 烃类混合气主要成分为丁烷(C4)和戊烷(C5),烃类混合气的分子量 M 为 65。

B.1.3 排放温度为 75 ℃,即(T=273+75=348 K)。

B.1.4 压力释放阀的整定压力为 517 kPa(表压),即超压保护设备的设计压力。

B.1.5 恒定背压力为 379 kPa(表压)。对于常规压力释放阀,应根据恒定背压力的数值通过对弹簧载荷的调整,对整定压力进行修正。本实例中,冷态试验差压力为 138 kPa(表压)。

B.2 参数

B.2.1 允许的积聚压为 10%。

B.2.2 排放压力,p_d=517×1.1+101.3=670 kPa(绝压)。

B.2.3 计算的压缩系数 Z 为 0.84。(当压缩系数不能确定时,可取 Z=1.0)。

B.2.4 临界流动压力(根据表 7)为 670×0.59=395.3 kPa(绝压)。

B.2.5 积聚压力为 517×0.1=51.7 kPa(表压)。

B.2.6 总背压力为 379+51.7=431 kPa(表压)。(绝对压力为 532.3 kPa)。

B.2.7 $C_p/C_v=k$(根据表 7)为 1.09。

B.2.8 综合修正系数,K_c为 1.0。

B.2.9 有效排量系数,用于初步计算时,K_d为 0.975。

B.2.10 背压力与排放压力之比 p_b/p_d(临界压力比)为(431+101.3)/670=0.794。

B.2.11 亚临界流动下的排量修正系数 F_2为 0.86(查图 13)。

B.2.12 因背压力 480.3 kPa(绝压)大于临界流动压力 395.3 kPa(绝压),故按亚临界流动公式[见式(5)和 5.6.4]确定压力释放阀的尺寸。

B.3 计算

B.3.1 1 台压力释放阀的有效排放面积按式(5)计算如下:

$$A=\frac{17.9\times W}{F_2K_dK_c}\sqrt{\frac{ZT}{MP_d(p_d-p_b)}}$$

$$=\frac{17.9\times 24\ 260}{0.86\times 0.975\times 1.0}\sqrt{\frac{0.84\times 348}{65\times 670(670-532.3)}}=3\ 616\ \text{mm}^2。$$

B.3.2 按 GB/T 24920 中选取“D”至“T”的流道代号,对应于计算的 A,选取流道代号为“P”(4 116 mm²)的标准流道有效面积的 1 台压力释放阀。

附　录　C
（资料性附录）
替代方法气体介质的尺寸确定实例

C.1　工况条件

C.1.1　由于操作失误引起，烃类混合气所需的流量 W 为 24 260 kg/h。

C.1.2　烃类混合气主要成分为丁烷(C4)和戊烷(C5)，烃类混合气的分子量 M 为 65。

C.1.3　排放温度为 75 ℃，即(273+75=348 K)。

C.1.4　超压保护设备的设计压力 517 kPa(表压)，即压力释放阀的整定压力。

C.1.5　恒定背压力为 379 kPa(表压)。对于常规阀门，弹簧组件根据所得的恒定背压的数值进行调整。本例中，冷态试验差压力是 138 kPa(表压)。

C.2　参数

C.2.1　允许 10%的积聚压力。

C.2.2　排放压力，p_d=517×1.1+101.3=670 kPa(绝压)。

C.2.3　算得的压缩系数 Z 为 0.84。(如果无法计算压缩系数，可取 Z=1.0)。

C.2.4　临界流动压力(根据表 7)为 670×0.59=395 kPa(绝压)。

C.2.5　系统积聚压力为 517×0.1=51.7 kPa(表压)。

C.2.6　总背压力为 379+51.7=431 kPa(表压)。(绝压为 532.3 kPa)。

C.2.7　$C_p/C_v=k$(根据表 7)为 1.09，根据表 8，C=326。

C.2.8　综合修正系数，K_c为 1.0。

C.2.9　有效排量系数，用于初步计算时，K_d为 0.975。

C.2.10　背压力与排放压力之比 p_b/p_d(临界压力比)为(431+101.3)/670=0.794。

C.2.11　流量的背压修正系数，K_b为 0.88(见图 14)。

C.2.12　因为背压力 480.3 kPa(绝压)大于临界流动压力 395 kPa(绝压)，则应根据亚临界流动公式，而本例采用 5.6.4.3 的替代方法[见式(2)和 5.6.3]确定压力释放阀的尺寸。

C.3　计算

C.3.1　将以上条件和数据代入式(2)，得出单个压力释放阀的有效排放面积为：

$$A=\frac{13\ 160\times W}{CK_d p_d K_b K_c}\sqrt{\frac{TZ}{M}}$$

$$=\frac{13\ 160\times 24\ 260}{326\times 0.975\times 670\times 0.88\times 1.0}\sqrt{\frac{348\times 0.84}{65}}=3\ 612\ \text{mm}^2。$$

C.3.2　利用 GB/T 24920 中选取“D”至“T”的流道代号，对照计算的 A，选取标准流道有效面积为 4 116 mm^2，相应的流道代号为“P”。

C.4　结论

此方法的结果与附录 B 的结果基本一致。

附　录　D
（资料性附录）
临界流动时蒸汽介质的尺寸确定实例

D.1　工况条件

D.1.1　由于操作失误引起向大气排放，饱和蒸汽所需的流量 W 为 69 615 kg/h。

D.1.2　超压保护设备的设计压力 11 032 kPa（表压），即压力释放阀的整定压力。

D.1.3　积聚压力 10%。

D.2　参数

D.2.1　排放压力，p_d=11 032×1.1+101.3=12 236 kPa（绝压）。

D.2.2　有效排量系数 K_d 为 0.975。

D.2.3　流量的背压修正系数，K_b 为 1.0。

D.2.4　综合修正系数，K_c 为 1.0。

D.2.5　压力修正系数 K_n=[0.027 64(12 236)−1 000]/[0.033 24(12 236)−1 061]=1.01。

D.2.6　过热修正系数 K_{sh} 为 1.0。

D.2.7　有效排量系数，用于初步计算时，K_d 为 0.975。

D.3　计算

D.3.1　将以上条件和数据代入式(9)，得出单个压力释放阀的有效排放面积为：

$$A=\frac{190.4\times W}{p_d K_d K_b K_c K_n K_{sh}}$$

$$=\frac{190.4\times 69\,615}{12\,236\times 0.975\times 1\times 1.01\times 1}=1\,100\ \mathrm{mm}^2。$$

D.3.2　利用 GB/T 24920 中选取“D”至“T”的流道代号，对照计算的 A，选取标准流道有效面积为 1 186 mm^2，相应的流道代号为“K”。

附 录 E
（资料性附录）
需排量验证的液体介质的尺寸确定实例

E.1 工况条件

E.1.1 由于排出阻塞引起，所需原油的体积流量 Q 为 6 814 L/min。

E.1.2 超压保护设备的设计压力 1 724 kPa（表压），即压力释放阀的整定压力。

E.1.3 变动背压 0 kPa～345 kPa（表压）。

E.1.4 原油的比重为 0.90，在流动温度下的黏度为赛氏通用黏度 2 000 s。

E.2 参数

E.2.1 超过压力 10%。

E.2.2 排放压力，$p_d = 1\,724 \times 1.1 = 1\,896$ kPa（表压）。

E.2.3 背压力对整定压力的百分比为 $(p_b/p_s) \cdot 100 = (345/1\,724) \times 100 = 20\%$。

E.2.4 排量的背压修正系数，查图 11 得 K_w 为 0.97。

E.2.5 用于初步计算的有效排量系数 K_d 为 0.65。

E.2.6 综合修正系数，K_c 为 1.0。

E.3 计算 1

E.3.1 将以上条件和数据代入式(10)，先得出非黏性液体（$K_v = 1.0$）的一台压力释放阀有效排放面积为：

$$A_R = \frac{11.78 \times Q}{K_d K_w K_c K_v} \sqrt{\frac{G}{p_d - p_b}}$$

$$= \frac{11.78 \times 6\,814}{0.65 \times 0.97 \times 1.0 \times 1.0} \sqrt{\frac{0.9}{1\,896 - 345}} = 3\,066 \text{ mm}^2。$$

E.3.2 按照 A_R 从 GB/T 24920 中选取 4 116 mm^2 代号为“P”的面积。

E.4 计算 2

E.4.1 将选取的数值 A_R 代入式(13)，得出雷诺数 Re：

$$Re = \frac{85\,220 \times Q}{U\sqrt{A_R}}$$

$$= \frac{85\,220 \times 6\,814}{2\,000 \times \sqrt{4\,116}} = 4\,525。$$

E.4.2 根据式(11)或图 15，确定排量的黏度修正系数 $K_V = 0.964$。

E.4.3 非黏性液体（$K_V = 0.964$）的单个压力释放阀有效排放面积为：

$$A = \frac{11.78 \times Q}{K_d K_w K_c K_v} \sqrt{\frac{G}{p_d - p_b}}$$

$$= \frac{11.78 \times 6\,814}{0.65 \times 0.97 \times 1.0 \times 0.964} \sqrt{\frac{0.9}{1\,896 - 345}} = 3\,180 \text{ mm}^2。$$

E.4.4 利用 GB/T 24920 中选取“D”至“T”的流道代号，对照计算的 A，选取 4 166 mm^2 标准流道有效面积，相应的流道代号为“P”。

附 录 F
（资料性附录）
两相介质用压力释放阀的尺寸确定

F.1 液体/蒸汽两相介质用压力释放阀的尺寸确定

F.1.1 本附录提供的两相介质用压力释放阀的尺寸确定方法是目前应用的几种方法之一，并且随着时间的推移更新的方法不断地完善。建议应充分了解该项用于两相介质的特定方法。应注意的是，本附录提供的方法并未经试验证实，也没有任何公认的两相介质用压力释放阀进行排量认证的程序。

F.1.2 在液体/蒸汽两相介质流动的范畴下可能有许多不同的情况。在所有这些情况下，不是假设两相混合介质进入压力释放阀，就是假设当液体通过阀门时产生两相混合介质。对于因闪蒸而发生的蒸发可能会减少阀门的有效质量流量，必须给予考虑。F.2.1 至 F.2.3 提供的方法可用来确定液体/蒸汽两相介质用压力释放阀的尺寸。此外，F.2.1 还可用于冷凝两相介质流中的超临界流体。对于特定的两相介质流工况，用表 F.1 来确定所要参考的章节。

表 F.1 液体/蒸汽两相介质用压力释放阀的工况

液体/蒸汽两相介质的工况	实 例	章节
两相介质(饱和液体和饱和蒸汽)进入压力释放阀并出现闪蒸。无不可冷凝气体[a]存在。也包括在冷凝两相介质流中低于和高于热力平衡点的介质	丙烷饱和液体/蒸汽进入压力释放阀且液态的丙烷闪蒸	F.2.1
两相介质(高度过冷[b]液体并包含不可冷凝气体或可冷凝蒸汽或包含两者)进入压力释放阀且不闪蒸	高度过冷的丙烷和氮气进入压力释放阀且丙烷不闪蒸	F.2.1
过冷液体(包括饱和液体)进入压力释放阀并闪蒸。无可冷凝蒸汽或不可冷凝气体存在	过冷丙烷进行压力释放阀并闪蒸	F.2.2
两相介质(不可冷凝气体或既有可冷凝蒸汽又有不可冷凝气体两者，加上过冷液体或饱和液体)进入压力释放并闪蒸。有不可冷凝气体存在	丙烷饱和液体/蒸汽和氮气进入压力释放阀且液体丙烷闪蒸	F.2.3
[a] 不可冷凝气体是指在正常工艺条件下不易冷凝的气体，通常不可冷凝气体包括空气、氧气、氮气、氢气、二氧化碳、一氧化碳和硫化氢。 [b] 术语高度过冷用来强调液体在通过压力释放阀时不闪蒸。		

F.1.3 F.2.1 至 F.2.3 中提供的公式是基于莱恩(Leung)欧米加方法。此方法建立在下列假设的基础上(其他特定的假设或限制要求在相应的章节中提供)。

注：对于两相介质的高冲量排放，可以假设热平衡和机械力平衡两项假设。此假设对应于单相的平衡流动模型(HEM)。

F.1.4 可以考虑使用更精确的方法：将液体/蒸汽两相平衡(VLE)模型与基于单相的平衡流动(HEM)模型的计算机分析方法相结合。

F.2 尺寸确定方法

F.2.1 对闪蒸或非闪蒸两相介质的压力释放阀的尺寸确定

F.2.1.1 总则

本节提供的方法可用于确定闪蒸流或非闪蒸流工况的压力释放阀的尺寸。对于闪蒸流，两相介质必须由饱和液体和饱和蒸汽组成且不得包括不可冷凝气体。对于非闪蒸流，两相介质必须由高度过冷的液体同不可冷凝的气体或可冷凝的蒸汽之一或两者组成。在冷凝的两相介质流中位于热力学临界点以上和以下的介质亦可适用。可以使用下列程序：

第一步：计算欧米加 ω 参数

对于多组分闪蒸介质（公称沸点范围[1]小于 150 ℉）或单一组分闪蒸介质，使用式（F.1）、式（F.2）或式（F.3）。如果使用式（F.1）或式（F.2），单一组分闪蒸介质必须远离其热动力临界点[2]（$T_r \leqslant 0.9$ 或 $p_r \leqslant 0.5$）。

$$\omega=\frac{x_o v_{vo}}{v_o}\left(1-\frac{0.37 p_o v_{vlo}}{h_{vlo}}\right)+\frac{0.185 C_p T_o p_o}{v_o}\left(\frac{v_{vlo}}{h_{vlo}}\right)^2 \quad \cdots\cdots(\mathrm{F}.1)$$

$$\omega=\frac{x_o v_{vo}}{v_o k}+\frac{0.185 C_p T_o p_o}{v_o}\left(\frac{v_{vlo}}{h_{vlo}}\right)^2 \quad \cdots\cdots(\mathrm{F}.2)$$

式中：

x_o——压力释放阀进口处的蒸汽质量比率；

v_{vo}——压力释放阀进口处蒸汽的比容，单位为立方英尺/磅；

v_o——压力释放阀进口处两相介质的比容，单位为立方英尺/磅；

p_o——压力释放阀进口压力，单位为磅/平方英寸（psi）（绝压）。等于整定压力（psi）（表压）加允许的超过压力（psi）再加大气压；

v_{vlo}——压力释放阀进口处蒸汽比容与液体比容之差，单位为立方英尺/磅；

h_{vlo}——压力释放阀进口处蒸发潜热，单位为 Btu/lb。对于多组分介质，h_{vlo} 为蒸汽比焓和液体比焓之差；

C_p——压力释放阀进口处液体的定压比热，单位为 Btu/lb·R；

T_o——压力释放阀进口处温度（R）；

k——蒸汽的比热容比。如果该比热容比未知，可取 1.0。

对于公称沸点范围大于 150 ℉的多组分闪蒸介质，接近热动力临界点的单一组分闪蒸介质，或者在冷凝两相介质流中的超临界介质，使用式（F.3）：

$$\omega=9\left(\frac{v_9}{v_o}-1\right) \quad \cdots\cdots(\mathrm{F}.3)$$

式中：

v_9——在 90% 压力释放阀进口压力 p_o 下估算的比容，单位为立方英尺/磅。当确定 v_9 时，闪蒸计算应按等焓过程进行，对于等焓（绝热）闪蒸过程也就足够了。

对于非闪蒸介质，使用式（F.4）：

$$\omega=\frac{x_o v_{vgo}}{v_o k} \quad \cdots\cdots(\mathrm{F}.4)$$

式中：

x_o——压力释放阀进口处的蒸汽、气体或蒸汽和气体混合气质量比率；

v_{vgo}——压力释放阀进口处蒸汽、气体或蒸汽和气体混合气的比容（立方英尺/磅）；

k——蒸汽、气体或蒸汽和气体混合气的比热容比。如果该比热容比未知，可取 1.0。

第二步：确定介质流动为临界流动或亚临界流动

$p_c > p_a$　临界流动

$p_c < p_a$　亚临界流动

式中：

p_c——临界压力，单位为（psi）（绝压）；

1）　公称沸点范围是指介质中最轻和最重组分在大气压下的沸点之差值。

2）　其他适用的假设包括：理想气体的状况，通过喷嘴时的介质的蒸发热和热容量是恒定的，介质的蒸汽压-温度特性遵循 Clapeyron 方程，等焓流动过程。

$$p_c = \eta_c p_o$$

η_c——从图 F.1 得到的临界压力比。此值亦可由下列表达式得出：

$$\eta_c^2 + (\omega^2 - 2\omega)(1-\eta_c)^2 + 2\omega^2 \ln\eta_c + 2\omega^2(1-\eta_c) = 0$$

p_o——压力释放阀进口处压力(psi)(绝压)。等于整定压力(psi)(表压)加允许的超过压力(psi)再加大气压力。

p_a——出口背压力(下游压力)(psi)(绝压)。

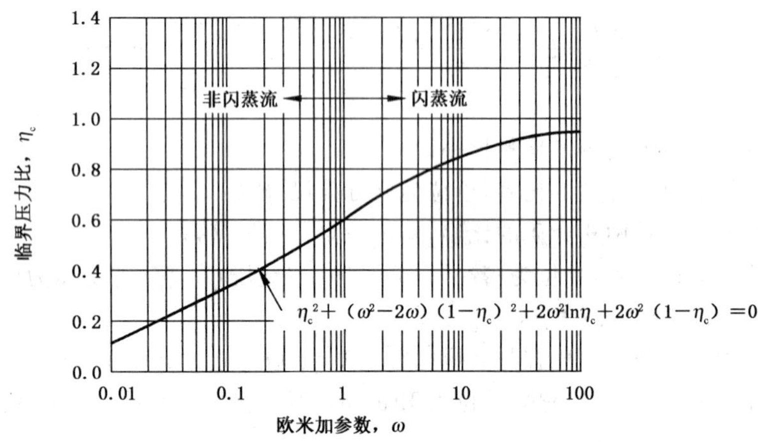

图 F.1 闪蒸和非闪蒸介质的临界压力比

第三步:计算质量流量

对于临界流动,使用式(F.5)。对于亚临界流动,使用式(F.6)。

$$G = 68.09\eta_c\sqrt{\frac{p_o}{v_o\omega}} \quad \cdots\cdots(F.5)$$

$$G = \frac{68.09\{-2[\omega\ln\eta_a + (\omega-1)(1-\eta_a)]\}^{1/2}}{\omega\left(\frac{1}{\eta_a}-1\right)+1}\sqrt{p_o/v_o} \quad \cdots\cdots(F.6)$$

式中：

G——单位面积质量流量,单位为磅/秒·平方英尺；

η_a——背压比。$\eta_a = \frac{p_a}{p_o}$。

第四步:计算所需的压力释放阀排放面积,使用式(F.7)：

$$A = \frac{0.04W}{K_d K_b K_c G} \quad \cdots\cdots(F.7)$$

式中：

A——所需的有效排放面积,单位为平方英寸；

W——质量流量,单位为磅/小时(lb/h)；

K_d——应从制造商获得的有效排量系数。初步估算尺寸时,可取 $K_d = 0.85$；

K_b——应从制造商获得的蒸汽背压修正系数。初步估算尺寸时,可使用图 10。该背压修正系数仅适用于平衡式压力释放阀；

K_c——当在压力释放阀进口装有防爆膜时的综合修正系数;不装防爆膜时 $K_c = 1.0$。当防爆膜和压力释放阀组合安装又未给出组合的综合修正系数时,$K_c = 0.9$。

E.2.1.2 实例

在本实例中,已知下列排放要求：

a) 由于操作失误引起的原油两相介质流的所需流量为 477 430 磅/小时。该流量发生在冷凝器出口侧；

b) 压力释放阀进口处的温度为 200 ℉(659.7R)；

c) 压力释放阀整定在 60 psig，即设备的设计压力；

d) 出口背压为 15 psig(29.7 psi)(绝压)[附加背压为 0 psi(表压)，排放背压为 15 psi(表压)]；

e) 压力释放阀进口处两相介质的比容为 0.311 6 立方英尺/磅。

在本实例中，可得出下列数据：

a) 允许的积聚压为 10%；

b) 排放压力为 1.10×60=66 psig(80.7 psi)(绝压)；

c) 背压(表压)对整定压力(表压)的百分比为(15/60)×100=25%。

背压修正系数 $K_b=1.0$(从图 10 得出)。由于出口排放背压力大于整定压力的 10%，因此，应使用平衡式压力释放阀。

第一步：计算欧米加 ω 参数：

因为原油两相介质流介质是一种多组分闪蒸介质，且公称沸点范围大于 150 ℉，故选择式(F.3)计算欧米加参数 ω。利用过程模拟计算机进行等焓(绝热)闪蒸计算得出，在 0.9×80.7=72.63 psi(绝压)时估算得到的比容值为 0.362 9 立方英尺/磅。而按公式(F.3)得出的参数 ω 为：

$$\omega=9\left(\frac{0.362\,9}{0.311\,6}-1\right)=1.482$$

第二步：确定流动为临界流动或亚临界流动：

临界压力比 η_c 为 0.66(从图 F.1 得出)。而临界压力 p_c 计算如下：

$p_c=0.66\times80.7=53.26$ psi(绝压)

因 $p_c>p_a$(53.26>29.7)，故确定为临界流动。

第三步：计算质量流量：

根据式(F.5)算得质量流量 G 为：

$$G=68.09\times0.66\times\sqrt{\frac{80.7}{0.311\,6\times1.482}}=594.1\text{(磅/秒·平方英尺)}$$

第四步：计算压力释放阀所需的排放面积：

所需的压力释放阀排放面积 A 按公式(F.7)计算如下：

$$A=\frac{0.04\times477\,430}{0.85\times1\times1\times594.1}=37.8\text{(平方英寸)}$$

选择二台流道代号为“Q”和一台流道代号为“R”的压力释放阀(2×11.05+1×16.00=38.1 平方英寸)。

此实例得出了多台压力释放阀，因此所需的排放面积可以按 16%超过压力重新计算。

F.2.2 对进口处为过冷液体的场合的压力释放阀尺寸的确定

F.2.2.1 总则

本节提供的方法可用于确定在进口处为过冷液体(包括饱和液体)的压力释放阀尺寸。在阀门进口处应无可冷凝蒸汽或不可冷凝气体存在。过冷液体或在压力释放阀的上游侧或在其下游侧闪蒸，取决于流体所处的过冷区域。本节中的公式也适用于全液体的情形。可使用下列程序确定尺寸。

第一步：计算饱和欧米加参数，ω_s：

对于多组分闪蒸介质(公称沸点范围[3]小于 150 ℉)或单一组分闪蒸介质，使用式(F.8)或式(F.9)。当使用式(F.8)时，介质必须远离其热动力临界点($T_r\leqslant0.9$ 或 $p_r\leqslant0.5$)[4]。

---

3) 公称沸点范围是指介质中最轻和最重组分在大气压下的沸点之差值。

4) 其他适用的假设包括：通过喷嘴时的介质的蒸发热和热容量是恒定的，介质的蒸汽压-温度特性遵循 Clapeyron 方程，等焓流动过程。

$$\omega_s = 0.185\rho_{lo} C_p T_o p_s \left(\frac{v_{vls}}{h_{vls}}\right)^2 \qquad \cdots\cdots\text{(F.8)}$$

式中：

ρ_{lo}——压力释放阀进口处的液体密度，单位为磅/立方英尺；

C_p——压力释放阀进口处的液体定压比热，单位为 Btu/lb·R；

T_o——压力释放阀进口处的温度(R)；

p_s——与温度 T_o 对应的饱和蒸汽压，单位为(psi)(绝压)。对于多组分介质，用对应于 T_o 的沸点压力；

v_{vls}——在 p_s 压力时的蒸汽比容与液体比容之差值，单位为立方英尺/磅；

h_{vls}——在 p_s 压力时的蒸发潜热(Btu/lb)。对于多组分介质，h_{vlo} 是在 p_s 压力时的蒸汽比焓和液体比焓之差值。

对于公称沸点范围大于 150 ℉的多组分介质或在接近热力临界点的单一组分介质，使用式(F.9)。

$$\omega_s = 9\left(\frac{\rho_{lo}}{\rho_9} - 1\right) \qquad \cdots\cdots\text{(F.9)}$$

式中：

ρ_9——用对应于压力释放阀进口温度 T_o 的饱和蒸汽压 p_s 的 90%所估算的密度。对于多元系统，使用与 T_o 相对应的气泡点压力作为饱和蒸汽压 p_s。确定 ρ_9 时，可采用等焓法计算闪蒸，但等焓(绝热线)闪蒸应充分。

第二步：确定过冷区域：

$p_s > \eta_{st} p_o$　低过冷区域(闪蒸出现在喉部上游)。

$p_s < \eta_{st} p_o$　高过冷区域(闪蒸出现在喉部)。

式中：

η_{st}——过渡饱和压比率。

$$\eta_{st} = \frac{2\omega_s}{1 + 2\omega_s}$$

p_o＝压力释放阀进口处的压力(psi)(绝压)。是压力释放阀的整定压力(psi)(表压)加允许的超过压力(psi)加大气压力。

第三步：确定介质流动是临界流动还是亚临界流动：

对于低过冷区域，用下式进行比较。

$p_c > p_a$　临界流动

$p_c < p_a$　亚临界流动

对于高过冷区域，用下式进行比较。

$p_s > p_a$　临界流动

$p_s < p_a$　亚临界流动(全液体流动)

式中：

p_c——临界压力，单位为(psi)(绝压)；

$$p_c = \eta_c p_o$$

η_c——根据图 F.2，并利用 η_s 值得出的临界压力比；

η_s——饱和压力比；

$$\eta_s = \frac{p_s}{p_o}$$

p_a——下游背压(psi)(绝压)。

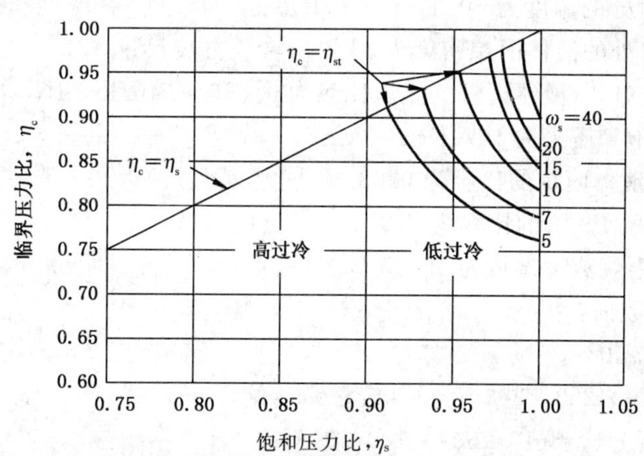

图 F.2 喷嘴进口过冷液体临界流的修正

第四步:计算质量流量:

在低过冷区域,用式(F.10)。如果介质流动为临界流动,用 η_c 代替 η;如果介质流动为亚临界流动,用 η_a 代替 η。在高过冷区域,用式(F.11)。如果介质流动为临界流动,用 p_s 代替 p;如果介质流动为亚临界流动,用 p_a 代替 p。

$$G=\frac{68.09\left\{2(1-\eta_s)+2\left[\omega_s\eta_s\ln\left(\frac{\eta_s}{\eta}\right)-(\omega_s-1)(\eta_s-\eta)\right]\right\}^{1/2}}{\omega_s\left(\frac{\eta_s}{\eta}-1\right)+1}\sqrt{p_o\rho_{lo}} \quad \text{(F.10)}$$

$$G=96.3\left[\rho_{lo}(p_o-p)\right]^{1/2} \quad \text{(F.11)}$$

式中:

G——质量流量,单位为磅/秒·平方英尺;

η_a——背压比。$\eta_a=\frac{p_a}{p_o}$。

第五步:计算压力释放阀所必需具有的排放面积:

式(F.12)只适用于紊流系统。许多两相泄压情况都属于紊流情况。

$$A=0.3208\frac{Q\rho_{lo}}{K_dK_bK_cG} \quad \text{(F.12)}$$

式中:

A——压力释放阀所必需具有的有效排放面积,单位为平方英寸;

Q——体积流率,单位为加仑/分;

K_d——应从制造商处获得的有效排量系数。初步确定尺寸时,对于过冷液体可取 $K_d=0.65$,对于饱和液体,可取 $K_d=0.85$;

K_b——应从制造商处获得的液体背压修正系数。初步确定尺寸时,可使用图10。背压修正系数仅适用于平衡波纹管式泄压阀;

K_c——在压力释放阀上游装有防爆膜的设备的综合修正系数。不装防爆膜时,$K_c=1.0$。防爆膜和泄压阀一起安装,但没有给出公认值时,$K_c=0.9$。

F.2.2.2 实例

本例中,已知下列排放要求:

a) 由于泵路阻塞引起的所需丙烷体积流量为100加仑/分;

b) 压力释放阀整定在260 psig,即设备的设计压力;

c) 出口总背压力为10 psig(24.7 psi)(绝压)[附加背压=0 psi(表压),排放背压=10 psi(表压)];

d) 压力释放阀进口处的温度为 60 ℉(519.67R);

e) 压力释放阀进口处的液体丙烷密度为 31.92 磅/立方英尺;

f) 在压力释放阀进口处,液体丙烷的定压比热为 0.636 5 Btu/lb·R;

g) 60 ℉时丙烷的饱和压力为 107.6 psi(绝压);

h) 在饱和压力下,液体丙烷的比容为 0.031 60 立方英尺/磅;

i) 在饱和压力下,丙烷蒸汽的比容为 1.001 立方英尺/磅;

j) 在饱和压力下,丙烷蒸发潜热为 152.3 Btu/磅。

本例中,可得出下列数据:

a) 允许的积聚压为 10%;

b) 排放压力为 1.10×260=286 psig(300.7 psi)(绝压);

c) 背压力(表压)百分比=(10/260)×100=3.8%。

由于下游排放背压力小于整定压力的 10%,应使用常规压力释放阀。因此,背压修正系数 $K_b=1.0$;

d) 因为丙烷处于过冷工况,可取排放系数 $K_d=0.65$。

第一步:计算饱和欧米加参数,ω_s

因丙烷属于单元系统且远低于其热动力学临界点,因此可用式(F.8)计算饱和欧米加参数 ω_s:

$$\omega_s=0.185\times 31.92\times 0.636\ 5\times 519.67\times 107.6\times\left(\frac{1.001-0.031\ 60}{152.3}\right)^2=8.515$$

第二步:确定过冷区:

临界饱和压力比 η_{st} 计算如下:

$$\eta_{st}=\frac{2\times 8.515}{1+2\times 8.515}=0.944\ 5$$

因为 $p_s<\eta_{st}p_o$,可确定液体进入的是高过冷区域。

107.6<0.944 5×300.7=284.0

第三步:确定介质流是临界流动还是亚临界流动:

因为 $p_s>p_a$,所以是临界流动。

107.6>24.7。

第四步:计算质量流量:

根据公式(F.11)算得质量流量 G 为:

$G=96.3\times[31.92\times(300.7-107.6)]^{1/2}=7\ 560$(磅/秒·平方英尺)。

第五步:计算压力释放阀所必需具有的面积:

压力释放阀必需的面积 A 用式(F.12)计算如下:

$$A=0.320\ 8\times\frac{100\times 31.92}{0.65\times 1\times 1\times 7\ 560}=0.208 \text{ 平方英寸}$$

选择一个流道代号为"F"的压力释放阀(0.307 平方英寸)。

F.2.3 有不可冷凝气体通过压力释放阀的两相闪蒸介质流用压力释放阀的尺寸确定

F.2.3.1 概述

本节讲述的方法可用于确定处理存在不可冷凝气体或即有可冷凝蒸汽又有不可冷凝气体的两相闪蒸介质流压力释放阀的尺寸。当不可冷凝气体在液体中具有明显的溶解性时,此方法不再有效。对于此种情况,应使用 F.2.1 讲述的方法。

在本方法中,术语蒸汽(用下标 v 表示)特指两相介质流中存在的可冷凝蒸汽,而术语气体(用下标 g 表示)特指不可冷凝气体。可使用下列步骤确定尺寸。

第一步:计算空隙比率 α_o,用式(F.13):

$$\alpha_o=\frac{x_o v_{vgo}}{v_o} \qquad \text{(F.13)}$$

式中：

x_o——压力释放阀进口处气体或蒸汽与气体混合气的质量分数(质量)；

v_{vgo}——压力释放阀进口处气体或蒸汽与气体混合气的比容，单位为立方英尺/磅；

v_o——压力释放阀进口处两相介质的比容，单位为立方英尺/磅。

第二步：计算参数欧米加 ω：

对于满足下列所有条件的系统，使用式(F.14)。

a) 氢气含量(质量)小于 0.1%。

b) 公称沸点范围[5] 小于 150 ℉。

c) p_{vo}/p_o 小于 0.9 或 p_{go}/p_o 大于 0.1。

d) 介质远离热动力学临界点($T_r \leqslant 0.9$ 或 $p_r \leqslant 0.5$)[6]。

$$\omega = \frac{\alpha_o}{k} + 0.185(1-\alpha_o)\rho_{lo} C_p T_o p_{vo}\left(\frac{v_{vlo}}{h_{vlo}}\right)^2 \quad \cdots\cdots\cdots\cdots (F.14)$$

式中：

p_{vo}——进口温度为 T_o 时的饱和蒸汽压，单位为(psi)(绝压)。对于多元系统，采用对应于温度 T_o 的气泡点压力；

p_o——压力释放阀进口处的压力，单位为(psi)(绝压)。此压力为压力释放阀的整定压力(psi)(表压)加上允许的超过压力(psi)加上大气压；

p_{go}——压力释放阀进口处不可冷凝气体的分压力，单位为(psi)(绝压)；

k——气体或蒸汽与气体混合气比热容比。如果比热容比未知，可取 1；

ρ_{lo}——压力释放阀进口处的液体密度，单位为磅/立方英尺；

C_p——压力释放阀进口处常压下的液体比热，单位为(Btu/lb·R)；

T_o——压力释放阀进口处的温度(R)。

v_{vlo}——压力释放阀进口处蒸汽[7](不包括任何不可冷凝气体)与液体比容之差，单位为立方英尺/磅；

h_{vlo}——压力释放阀进口处的蒸发潜热，单位为(Btu./lb)。多元系统的 h_{vlo} 是蒸汽和液体比焓之差。

跳到第三步，确定介质流是临界流还是次临界流。

对于满足下列条件之一的，使用式(F.15)。

a) 氢气含量(质量)大于 0.1%。

b) 公称沸点范围大于 150 ℉。

c) p_{vo}/p_o 大于 0.9 或 p_{go}/p_o 小于 0.1。

d) 介质接近热动力学临界点($T_r \geqslant 0.9$ 或 $p_r \geqslant 0.5$)。

$$\omega = 9\left(\frac{v_9}{v_o} - 1\right) \quad \cdots\cdots\cdots\cdots (F.15)$$

式中：

v_9——用压力释放阀进口压力 p_o 的 90% 所估算的比容，单位为立方英尺/磅。确定 v_9 时，可采用等焓法计算闪蒸，但等焓(绝热线)闪蒸要充分。

跳到第四步，确定介质流动是临界流动还是亚临界流动。

---

5) 公称沸点范围是指系统中最轻和最重部件间大气压沸点之差。

6) 其他适用的假设有：具有理想气体的行为，通过喷嘴的介质的汽化热和热容量是恒定的，介质的蒸汽压-温度特性应遵循 Clapeyron 等式和等焓(不变的热焓)过程。

7) 当泄压阀进口存在不可冷凝气体时，要获得蒸汽的比容，可用蒸汽分压力(根据摩尔成分)和理想气体规律计算此比容。

第三步：确定介质流动是临界流动还是亚临界流动[ω 是用式(F.14)计算得出时]：

$p_c > p_a$ 临界流动

$p_c < p_a$ 亚临界流动

其中：

p_c——临界压力，单位为(psi)(绝压)。

$$p_c = [y_{go}\eta_{gc} + (1 - y_{go})\eta_{vc}]p_o$$

y_{go}——进口气相中气体摩尔分数，可用已知的摩尔成分信息或 $y_{go} = \frac{p_{go}}{p_o}$ 计算确定；

η_{gc}——用 $\omega = \alpha_{o/k}$ 值从图 F.1 得出的非闪蒸临界压力比；

η_{vc}——用 ω 值从图 F.1 得出的闪蒸临界压力比；

p_a——下游背压(psi)(绝压)。

跳到第五步。

第四步：确定介质流动是临界流动还是亚临界流动[ω 是用式(F.15)计算得出时]：

$p_c > p_a$ 临界流动

$p_c < p_a$ 亚临界流动

其中：

p_c——临界压力，单位为(psi)(绝压)，$p_c = \eta_c p_o$；

η_c——从图 F.1 得出的临界压力比。此比值还可用下列表达式得出：

$$\eta_c^2 + (\omega^2 - 2\omega)(1 - \eta_c)^2 + 2\omega^2 \ln\eta_c + 2\omega^2(1 - \eta_c) = 0$$

p_a——下游背压，单位为(psi)(绝压)。

跳到第六步。

第五步：计算质量流量[ω 是用式(F.14)计算得出时]：

对于临界流动，用式(F.16)：

$$G = 68.09\left[\frac{p_o}{v_o}\left(\frac{y_{go}\eta_{gc}^2 k}{\alpha_o} + \frac{(1 - y_{go})\eta_{vc}^2}{\omega}\right)\right]^{1/2} \qquad \text{(F.16)}$$

式中：

G——质量流量，单位为磅/秒·平方英尺。

对于亚临界流动，要求迭代解。用式(F.17)和式(F.18)同时解出 η_g 和 η_v。

$$\eta_a = y_{go}\eta_g + (1 - y_{go})\eta_v \qquad \text{(F.17)}$$

$$\frac{\alpha_o}{k}\left(\frac{1}{\eta_g} - 1\right) = \omega\left(\frac{1}{\eta_v} - 1\right) \qquad \text{(F.18)}$$

式中：

η_g——非闪蒸分压比；

η_v——闪蒸分压比。

用式(F.19)计算质量流量。

$$G = [y_{go}G_g^2 + (1 - y_{go})G_v^2]^{1/2} \qquad \text{(F.19)}$$

式中：

G_g——非闪蒸质量流量，单位为磅/秒·平方英尺。

$$G_g = \frac{68.09\left\{-2\left[\frac{\alpha_o}{k}\ln\eta_g + \left(\frac{\alpha_o}{k} - 1\right)(1 - \eta_g)\right]\right\}^{1/2}}{\frac{\alpha_o}{k}\left(\frac{1}{\eta_g} - 1\right) + 1}\sqrt{p_o/v_o}$$

G_v——闪蒸质量流量，单位为磅/秒·平方英尺。

$$G_v=\frac{68.09\left\{-2\left[\omega\ln\eta_v+(\omega-1)(1-\eta_v)\right]\right\}^{1/2}}{\omega\left(\frac{1}{\eta_v}-1\right)+1}\sqrt{p_o/v_o}$$

跳到第七步。

第六步:计算质量流量[ω 是用式(F.15)计算得出时]

对于临界流动,用式(F.20);对于亚临界流动,用式(F.21)。

$$G=68.09\eta_c\sqrt{\frac{p_o}{v_o\omega}} \quad\cdots\cdots\text{(F.20)}$$

$$G=\frac{68.09\left\{-2\left[\omega\ln\eta_a+(\omega-1)(1-\eta_a)\right]\right\}^{1/2}}{\omega\left(\frac{1}{\eta_a}-1\right)+1}\sqrt{p_o/v_o} \quad\cdots\cdots\text{(F.21)}$$

式中:

G——质量流量,单位为磅/秒·平方英尺;

η_a——背压比,$\eta_a=\frac{p_a}{p_o}$。

第七步:计算压力释放阀所必需具有的面积,按式(F.22):

$$A=\frac{0.04W}{K_dK_bK_cG} \quad\cdots\cdots\text{(F.22)}$$

式中:

A——装置所必需具有的有效排放面积,单位为平方英寸;

W——质量流率,单位为磅/小时;

K_d——应从制造商处获得的有效排放系数。初步确定尺寸时,可取 $K_d=0.85$;

K_b——应从制造商处获得的液体背压修正系数。初步确定尺寸时,可使用图 10。背压修正系数仅适用于平衡波纹管式阀门;

K_c——在压力释放阀上游装有防爆膜的设备的综合修正系数。不装防爆膜时,$K_c=1.0$。防爆膜和压力释放阀一起安装,但没有给出公认值时,$K_c=0.9$。

F.2.3.2 示例

本例中,已知下列排放要求。

a) 操作加压要求柴油加氢器(GOHT)的流量为 153 830 磅/小时;

b) 压力释放阀进口处的温度为 450 ℉(909.67R);

c) 压力释放阀设定在 600 psig,设备的设计压力;

d) 下游总背压力为 55 psig(69.7 psi)(绝压)[附加背压力=0 psi(表压),排放背压力=55 psi(表压)];

e) 压力释放阀进口处的两相比容为 0.154 9 立方英尺/磅;

f) 压力释放阀进口蒸汽和气体的质量分量为 0.559 6;

g) 压力释放阀进口处,蒸汽和气体的混合比容为 0.246 2 立方英尺/磅;

h) 蒸汽相中的气体摩尔分数为 0.469 6。柴油加氢器系统中不可冷凝气体中包括氢气、氮气和硫化氢气体;

i) 由于比热容比 k 未知,可以取 $k=1.0$。

本例中,可得出下列数据:

a) 超过压力 10%;

b) 排放压力为 1.10×600=660 psi(表压)(674.7 psi)(绝压);

c) 背压力(表压)百分比=(55/600)×100=9.2%。

由于下游背压力小于整定压力的 10%,应使用常规压力释放阀。因此背压修正因数 $K_b=1.0$。

第一步:计算进口空隙比 α_o。

用式(F.13)计算得出的进口空隙比 α_o 如下:

$$\alpha_o = \frac{0.559\ 6 \times 0.246\ 2}{0.154\ 9} = 0.889\ 4$$

第二步:计算参数欧米加 ω

因为柴油加氢器系统的公称沸点范围大于 150 ℉,因此用式(F.15)计算参数欧米加 ω。利用程序模拟器进行等焓(绝热)闪蒸计算得出在 0.9×674.7=607.2 psi(绝压)时估算的比容为 0.173 7 立方英尺/磅。则用式(F.15)得出的参数欧米加 ω 为:

$$\omega = 9\left(\frac{0.173\ 7}{0.154\ 9} - 1\right) = 1.092$$

第四步:确定介质流动是临界流动还是亚临界流动

临界压力比 η_c 为 0.62(根据图 F.1,利用 ω=1.092)。此比率也可利用下式得出:

$$\eta_c^2 + (\omega^2 - 2\omega)(1 - \eta_c)^2 + 2\omega^2 \ln\eta_c + 2\omega^2(1 - \eta_c) = 0$$

则得出临界压力 p_c 为:

$$p_c = 0.62 \times 674.7 = 418.3 \text{ psi(绝压)}$$

因为 $p_c > p_a$(418.3>69.7)由此可确定为临界流动。

第六步:计算质量流量 G

用式(F.20)得出质量流量为:

$$G = 68.09 \times 0.62\sqrt{\frac{674.7}{0.154\ 9 \times 1.092}} = 2\ 666\ (\text{磅 / 秒 · 平方英尺})$$

第八步:计算压力释放阀所必需具有的面积

用式(F.22)可得出压力释放阀必需的面积为:

$$A = \frac{0.04 \times 153\ 830}{0.85 \times 1 \times 1 \times 2\ 666} = 2.72(\text{平方英寸})$$

因此选择一个流道代号为"L"的压力释放阀(2.853 平方英寸)。

ICS 23.060.99
J 16

中华人民共和国国家标准

GB/T 24921.2—2010

石化工业用压力释放阀的尺寸确定、选型和安装 第2部分：安装

Sizing, selection and installation of pressure relieving valves for petrochemical industries—Part 2: Installation

2010-08-09 发布　　2010-12-31 实施

中华人民共和国国家质量监督检验检疫总局
中国国家标准化管理委员会　发布

前　　言

GB/T 24921《石化工业用压力释放阀的尺寸确定、选型和安装》分为两个部分：

——第1部分：尺寸的确定和选型；

——第2部分：安装。

本部分为GB/T 24921的第2部分。

本部分修改采用API 520-2：2003《精炼厂泄压装置尺寸的确定、选型及安装　第2篇：安装》(英文版)。

本部分与API 520.2：2003相比主要差异如下：

——对结构进行了调整。将API 520.2：2003中第4章～第12章中的共性内容在本部分中单独设立为“4　安装一般要求”；

——本部分仅涉及泄压装置中压力释放阀的安装，取消了防爆膜等其他类型的泄压装置的安装内容。

本部分附录A为资料性附录。

本部分由中国机械工业联合会提出。

本部分由全国阀门标准化技术委员会(SAC/TC 188)归口。

本部分起草单位：杭州华惠阀门有限公司、合肥通用机械研究院、上海安德森·格林伍德·克罗斯比阀门有限公司、上海凯特阀门制造有限公司、国家油气田井口设备质量监督检验中心。

本部分主要起草人：陈立龙、王晓钧、张明、王秋林、王德平、刘晓春、辜志宏。

石化工业用压力释放阀的
尺寸确定、选型和安装
第2部分:安装

1 范围

GB/T 24921 的本部分规定了石化工业用压力释放阀的安装一般要求、进口和排放管道、隔离阀安装、通气孔的安装、不同整定压力的多阀安装、安装前检查。

本部分适用于石化工业用整定压力不小于 0.1 MPa 的压力释放阀。

2 规范性引用文件

下列文件中的条款通过 GB/T 24921 的本部分的引用而成为本部分的条款。凡是注日期的引用文件,其随后所有的修改单(不包括勘误的内容)或修订版均不适用于本部分,然而,鼓励根据本部分达成协议的各方研究是否可使用这些文件的最新版本。凡是不注日期的引用文件,其最新版本适用于本部分。

GB/T 12241 安全阀一般要求

GB/T 12242 压力释放装置 性能试验规范

GB/T 24920 石化工业用钢制压力释放阀

GB/T 24921.1 石化工业用压力释放阀的尺寸确定、选型和安装 第1部分:尺寸的确定和选型

3 术语和定义

GB/T 12241、GB/T 12242 和 GB/T 24921.1 中确立的术语和定义适用于本部分。

4 安装一般要求

4.1 为了使承压设备系统可靠正常的运行,应正确安装压力释放阀。

4.2 承压设备或管道上的压力释放阀必须竖直安装,如图 1、图 2 所示。

4.3 对于气体、蒸汽等可压缩性介质,压力释放阀必须直接安装在被保护设备气相空间的最高部位。

4.4 对于液体等不可压缩性介质,压力释放阀必须直接安装在正常液面的下方。

4.5 为了便于压力释放阀的调试、检修、校验、保养和维护,保障其动作性能的可靠,压力释放阀应安装于易于靠近、移动和更换的位置,并且周围要有足够的工作空间。

5 进口和排放管道

5.1 进口管道要求

5.1.1 进口管道与压力释放阀的典型安装示意图见图 1、图 2、图 3 和图 5。

5.1.2 压力释放阀的进口管道设计时,应考虑介质流动时在进口管道中产生的压力损失,当一个进口管道上只安装一个压力释放阀时,进口管道的内径最小截面积应不小于压力释放阀进口截面积,并且其管道的压力损失不超过阀门整定压力的 3%。

5.1.3 当几个压力释放阀共用一条进口管道时,进口管道的截面积不小于各个压力释放阀的进口支管截面积总和,如图 3 所示。

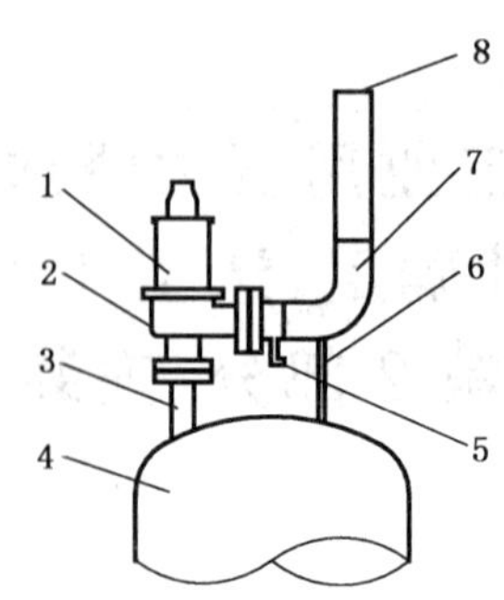

1——压力释放阀；
2——阀体排污孔；
3——进口管道；
4——容器；
5——低位排污管；
6——支撑；
7——大圆角弯管；
8——风帽。

图 1　压力释放阀的典型安装-直排大气

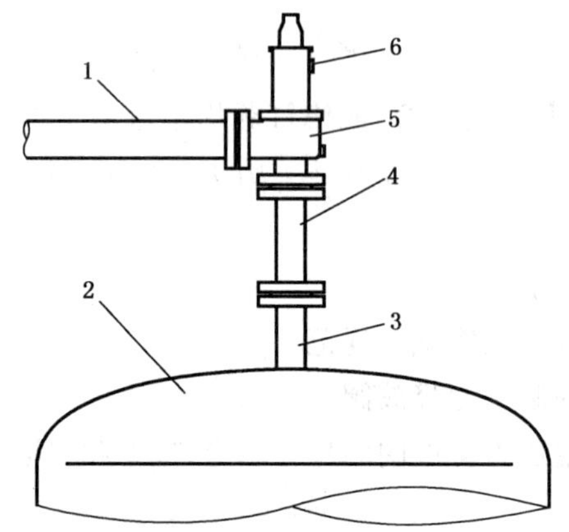

1——至密闭排放系统；
2——容器；
3——进口管道；
4——法兰连接进口支管；
5——压力释放阀；
6——阀盖通气孔。

图 2　压力释放阀的典型安装-排向封闭系统

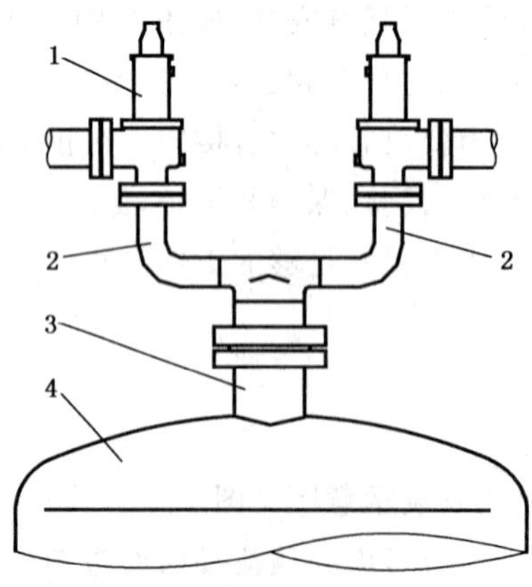

1——压力释放阀；
2——各阀的进口支管；
3——共用进口管道；
4——容器。

图 3　压力释放阀的安装-多台阀门共用进口管道

5.1.4　进口管道与进口支管相接应短而直，对高压和/或大排量的工况，进口管道的入口处应有足够大的圆角或锥形通道，以降低压力损失，如图 4 所示。

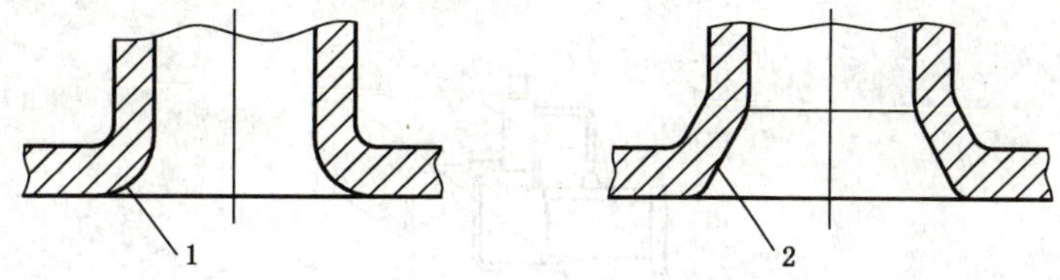

1——圆角；

2——锥形通道。

图 4　进口管道的入口处

5.1.5　进口的工艺支管不应与压力释放阀的进口管道相连，如图 5 所示。特殊情况时，应仔细分析，确保压力释放阀进口允许的压力损失不超过压力释放阀额定排放和工艺支管中流过最大流量时所产生的压降。

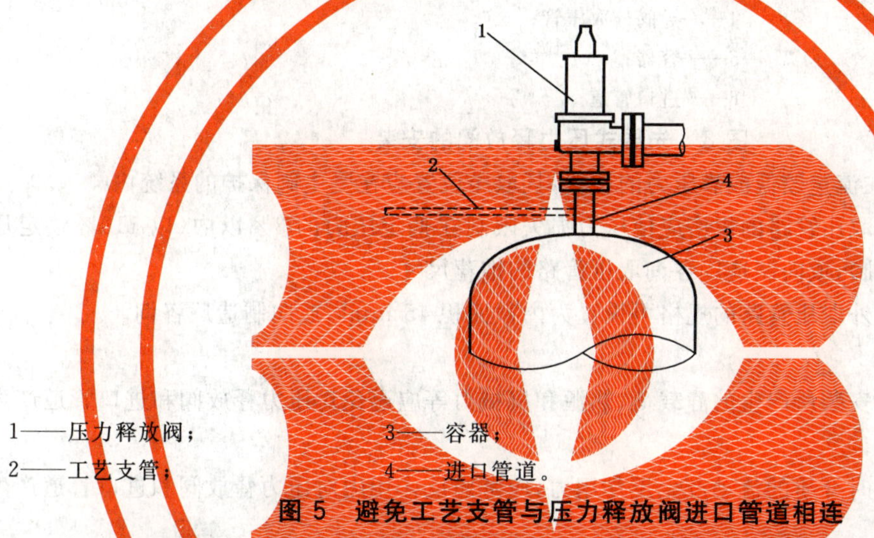

1——压力释放阀；

2——工艺支管；

3——容器；

4——进口管道。

图 5　避免工艺支管与压力释放阀进口管道相连

5.1.6　当压力释放阀直接安装在与容器相连的管道上，或安装于长进口管道上时，如图 6、图 7 所示，受保护设备和压力释放阀之间压力损失应控制在阀门整定压力的 3%以内。

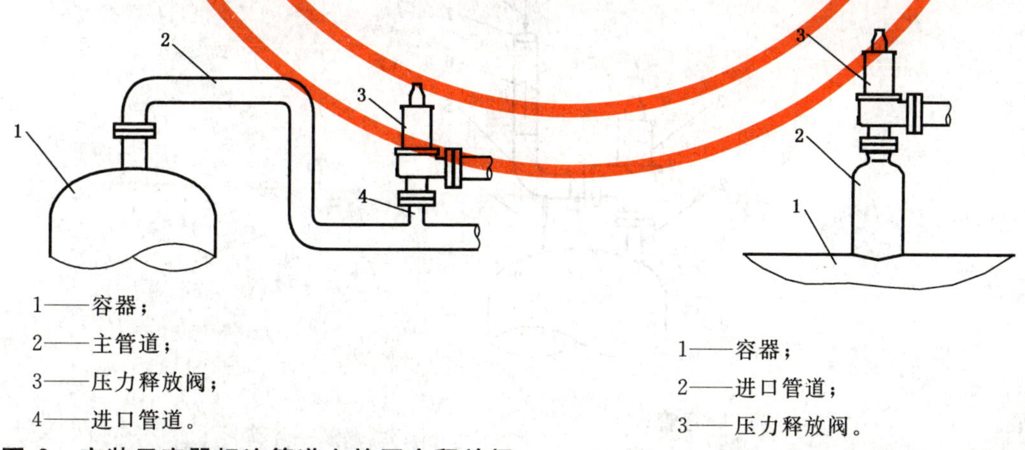

1——容器；

2——主管道；

3——压力释放阀；

4——进口管道。

图 6　安装于容器相连管道上的压力释放阀

1——容器；

2——进口管道；

3——压力释放阀。

图 7　安装于长进口管道上的压力释放阀

5.1.7　对于主管道可能有上游压力源或不稳定的介质流时，如图 6 所示，安装主管道的规格应比进口管道大一号，并有足够的圆角(见图 4)以减少紊流和流阻。同时进口管道应安装在距上游压力源不小于 10 倍主管径的位置，以避免产生不稳定介质流。

5.1.8 对先导式压力释放阀,如图 8 所示,当进口管道中的压力损失过大或因主阀使用受限而要求主阀进口压力与导阀取压位置压力源不同时,可选用先导式压力释放阀的外取压管。

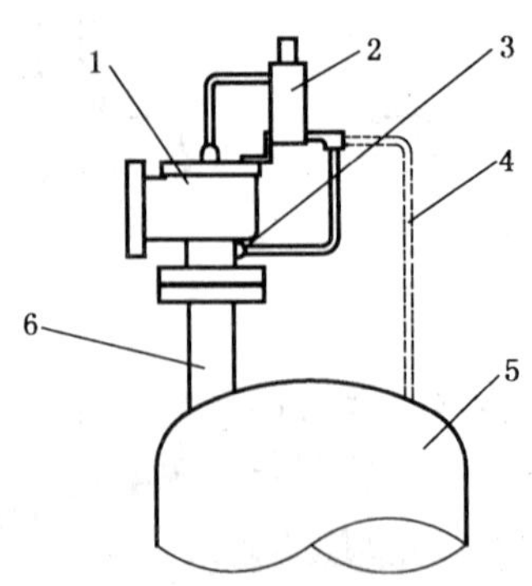

1——主阀;
2——导阀;
3——导阀内取压管;
4——导阀外取压管;
5——容器;
6——进口管道。

图 8 先导式压力释放阀的安装

外取压管路应设置在流速较低或静压力的位置,且取压位置应在受主阀保护的系统内。

对于流动型导阀,外取压管路的规格应使压力损失限制在整定压力的 3%以内(以 110%整定压力时导阀的最大排量为基础),或向制造厂咨询取压管路的推荐尺寸。

对于非流动型导阀,外取压管路的规格可设置为内截面积 45 mm^2,或向制造厂咨询。

5.2 进口管道应力

5.2.1 所有相关管道的安装所产生的静载荷、热源和机械力等应避免对压力释放阀和进口管道产生过大的应力。

5.2.2 压力释放阀排放时介质的流动产生反作用力,应考虑反作用力对压力释放阀和进口管道产生过大的应力,如图 9 所示。

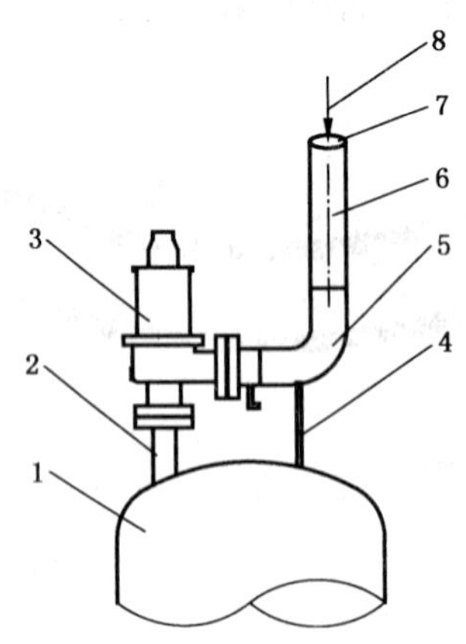

1——容器;
2——进口管道;
3——压力释放阀;
4——支撑;
5——弯管;
6——排放管中线;
7——排放管面积 A;
8——排放反作用力 F。

图 9 带排放管的压力释放阀的安装

对于临界稳定流动的可压缩流体通过弯管和竖直排放管直排大气时排放反作用力(F)可按式(1)计算：

$$F = 129 \times W\sqrt{\frac{k \times T}{(k+1) \times M}} + (A \times p) \qquad \cdots\cdots(1)$$

式中：

F——排放点(向大气排放)的反作用力，单位为牛(N)；

W——任何气体、蒸汽或水蒸气的排量，单位为千克每秒(kg/s)；

k——出口工况下介质的比热容比($k=C_p/C_v$)；

T——排放温度，单位为开尔文(K)(℃+273)；

M——介质的摩尔重量；

A——排放管面积，单位为平方毫米(mm^2)；

p——排放点出口的静压力，单位为兆帕(MPa)。

两相介质混合物的排放反作用力可按式(2)计算(此公式假定是无滑动)：

$$F = \frac{W^2}{12.96A}\left[\frac{x}{\rho_g} + \frac{(1-x)}{\rho_l}\right] + \frac{A}{1\,000}(p_e - p_a) \qquad \cdots\cdots(2)$$

式中：

x——出口工况下蒸汽的重量分量；

ρ_g——出口工况下蒸汽的密度，单位为千克每立方米(kg/m^3)；

ρ_l——出口工况下液体的密度，单位为千克每立方米(kg/m^3)；

p_e——管道出口处的压力，单位为千帕(kPa)(绝压)；

p_a——大气压力，单位为千帕(kPa)(绝压)。

5.3 排放管道要求

5.3.1 排放管道与压力释放阀的典型安装见图2和图9。

5.3.2 排放管的安装必须确保不影响压力释放阀的动作性能，并考虑合适的排水。应充分考虑排放系统的类型，压力释放阀的背压力，以及系统中各压力释放阀间整定压力间的关系。

5.3.3 排放管道的横截面积应不小于压力释放阀出口截面积，当多个压力释放阀向一个总管排放时，计算排放总管的横截面积应考虑5.3.2的要求。

5.3.4 排放管道中背压力应不超过系统中各种类型的压力释放阀的允许值。可见GB/T 24921.1。

5.3.5 在附加背压力高于先导式压力释放阀进口压力时，会开启主阀产生逆流。当安装先导式压力释放阀的排放管道时，尤其是多阀通向一个共同的排放总管时，应当考虑安装辅助装置防止逆流的现象。

5.3.6 当压力释放阀的出口会积聚液体时，应设置排污管或疏水管。此排污管或疏水管可以安装在排放管道上(见图1)或安装在压力释放阀阀体的排液口上，或者另设置的连接排污口处。

5.3.7 对排放管道内有易燃的、有毒的、腐蚀性的危险介质时，安装时必须考虑能排放到安全地点。

5.3.8 由排放管道产生的排放反作用力，应考虑反作用力对压力释放阀和进口管道产生过大的应力。

5.3.9 在排放管道上安装了消音器，应考虑消音器有足够的流通面积，并满足5.3.2的要求。

6 隔离阀安装

6.1 安装要求

6.1.1 压力释放阀的进口和排放管道上隔离阀的典型安装见图10～图13。典型安装示例参见附录A。

6.1.2 在压力释放阀的进口和排放管道上安装隔离阀时，应不违背国家的法律或规范的要求。

6.1.3 应正确安装和使用隔离阀，并有锁定装置以确保不危及系统的安全。对于有关的潜在危险，必须有适当的控制措施。

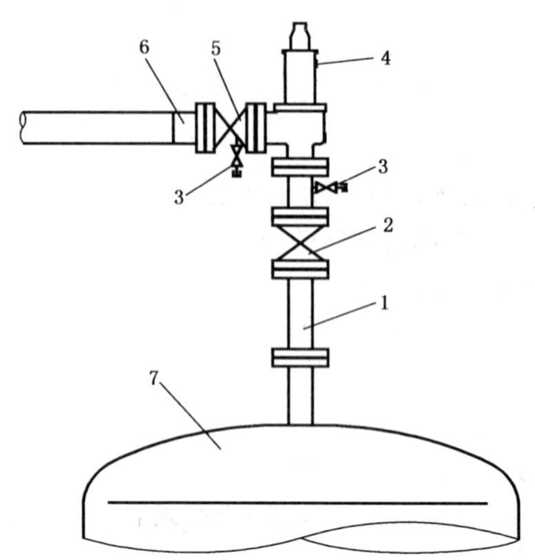

1——法兰接管；
2——带铅封或开启上锁装置的进口隔离阀；
3——排放阀；
4——压力释放阀；
5——带铅封或开启上锁装置的出口隔离阀；
6——接密封系统或大气管道；
7——容器。

图 10　带隔离阀的压力释放阀的安装

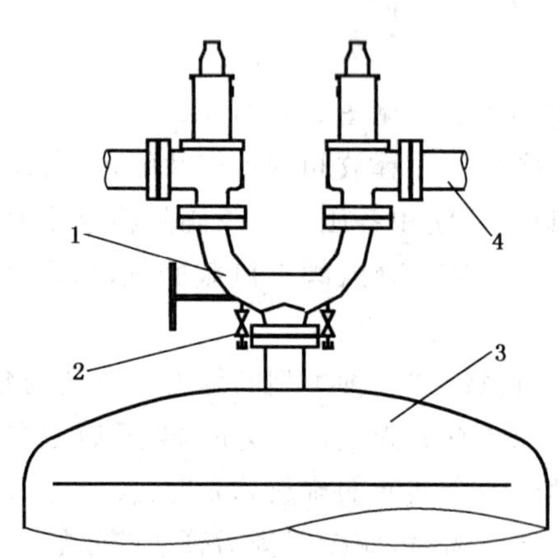

1——带铅封或开启上锁装置的进口隔离阀；
2——排放阀；
3——容器；
4——通向封闭排放系统或与大气相通的排放系统。

图 11　备用可选取压力释放阀的安装

6.1.4　如图10、图12所示，隔离阀可选用闸阀、截止阀、球阀等截断类阀门，当选用安装闸阀时应防止闸板掉落从而阻断介质流。

6.1.5　在隔离阀和压力释放阀之间应安装排放阀，以便在执行维护操作之前使系统能安全泄压。

6.1.6　隔离阀应是全通径的，压力等级应与压力释放阀进、出口管道一致，通径最小面积应不小于压力释放阀的进、出口通径截面。

6.1.7　应对安装于系统管道中的隔离阀进行定期检查，以检验隔离阀的位置和锁紧或铅封的情况。

6.1.8　应考虑为隔离阀漆上一种特殊的颜色或提供其他标识。

6.1.9 应同时符合 5.1.2 对进口管道压力损失和 5.3.2 对排放管道背压力限制要求。

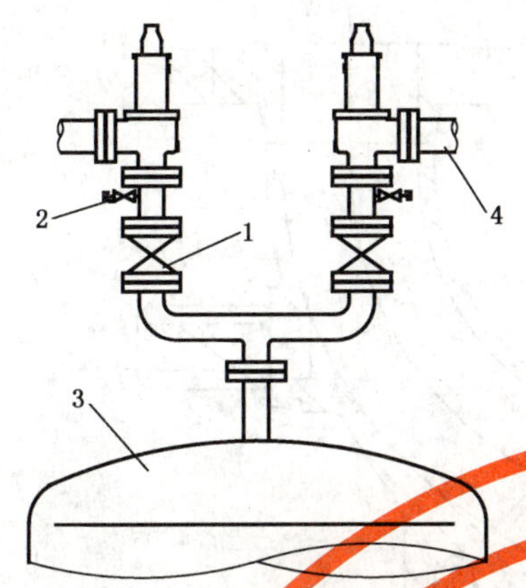

1——带铅封或开启上锁装置的进口隔离阀；
2——排放阀；
3——容器；
4——通向封闭排放系统或与大气相通的排放系统。

图 12 备用可选取压力释放阀的安装

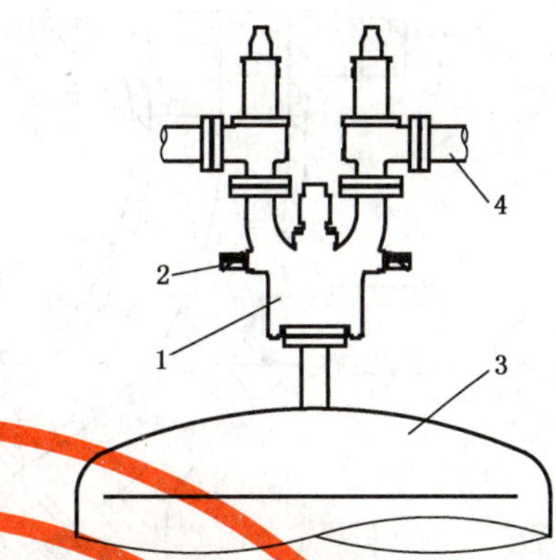

1——带铅封或开启上锁装置的进口隔离阀；
2——排放阀；
3——容器；
4——通向封闭排放系统或与大气相通的排放系统。

图 13 备用可选取压力释放阀的安装

6.2 换向隔离阀安装

6.2.1 常用的三通换向隔离阀有往复型和回转型，典型结构见图 14、图 15 所示。

6.2.2 对于腐蚀性和易结垢工况，或其他可能需要对压力释放阀进行频繁检查、试验和维修的工况，应考虑安装三通换向隔离阀和备用压力释放阀相结合的排放系统，典型安装如图 11 和图 13 所示。

6.2.3 设计三通换向隔离阀应防止两个压力释放阀在切换操作过程中的任一时刻出现同时被隔离现象，三通换向隔离阀必须具有可靠指示装置，以明确哪个压力释放阀在使用中。

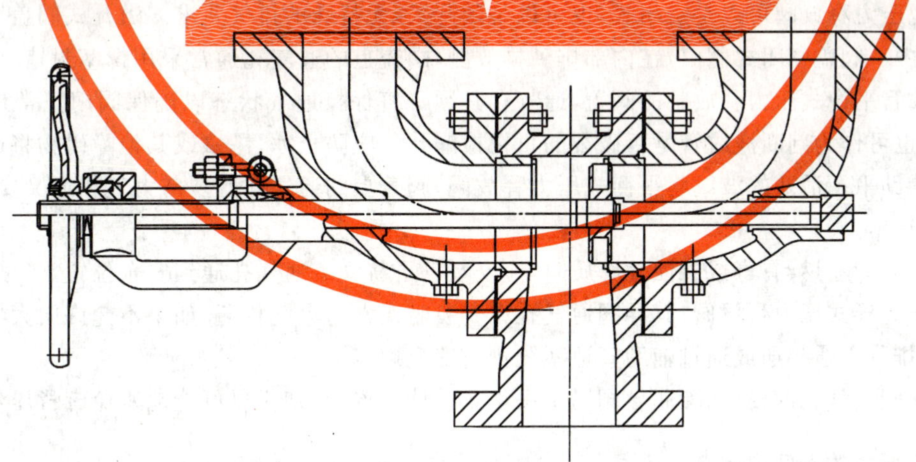

图 14 三通换向隔离阀——往复型

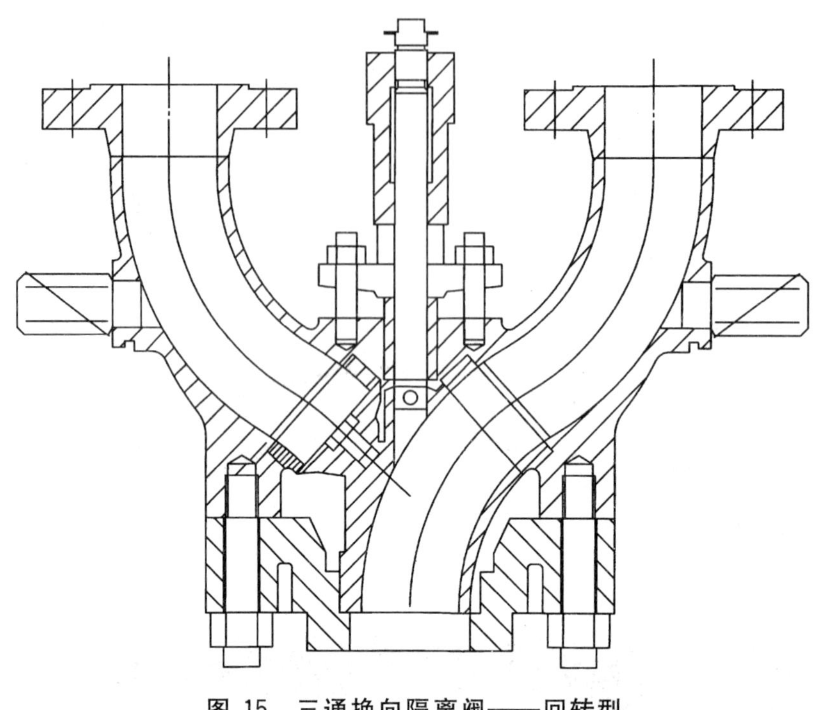

图 15 三通换向隔离阀——回转型

7 通气孔的安装

7.1 一般要求

根据压力释放阀的不同类型和使用工况，在安装压力释放阀时，在阀盖和导阀上可设置通气孔，以确保阀门正常的运行。

7.2 安装方式

7.2.1 常规压力释放阀可以是密闭式，也可以是敞开式，无特殊的排气要求。敞开式阀盖用于蒸汽，直接排到大气中。阀盖密闭式阀门，在内部排到排放侧，阀盖上的通气孔通常采用螺塞封堵。

7.2.2 波纹管平衡式压力释放阀的阀盖，通气孔必须一直保持通气状态以确保阀门正常地运行，阀盖上的通气孔也可作为判断波纹管是否破裂的目视检漏孔。应防止冰、昆虫或其他障碍物将通气孔堵上。

7.2.3 带辅助平衡活塞的波纹管平衡式压力释放阀，阀盖上的通气孔既要与大气相通又要能使部分介质从通气口流出。

7.2.4 当介质为易燃、有毒或腐蚀性介质时，应安装管子将阀盖通气孔通到安全位置。

7.2.5 对于先导式压力释放阀，其导阀通气孔在安装时通常与大气相通，如果不允许向大气中排放，则可将导阀与排放管道相通或通过辅助管道系统排向安全地点。

7.2.6 对导阀通气孔的设计，除非导阀属于平衡式设计结构，否则应尽可能地避免有背压作用于导阀。

8 不同整定压力的多阀安装

8.1 一般要求

为了确保承压设备系统的压力、大排量以及压力释放阀的动作和密封性能，避免单个的低压大规格压力释放阀给设备的运行、维护等带来不便，系统中通常安装不同整定压力的多个压力释放阀，以实现超压排放，如图 16 所示。

8.2 安装要求

8.2.1 当多个压力释放阀的进口管道为共用管道时，则其共用管道的流道面积必须至少等于与其相连的各个压力释放阀进口面积之和，如图 16a)所示。

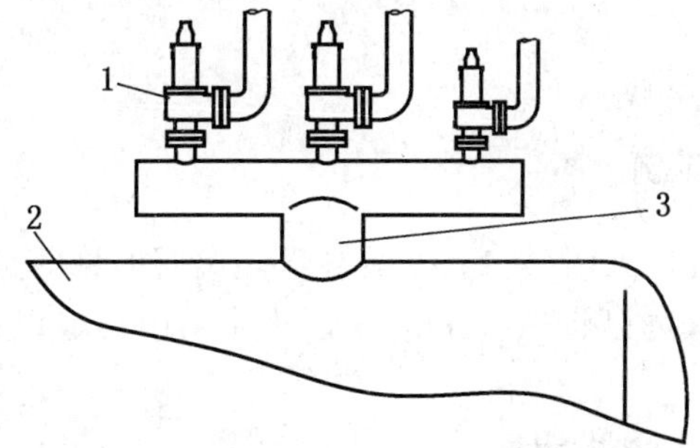

1——压力释放阀；
2——容器；
3——进口共用管道。

a) 共用管道多个压力释放阀的安装

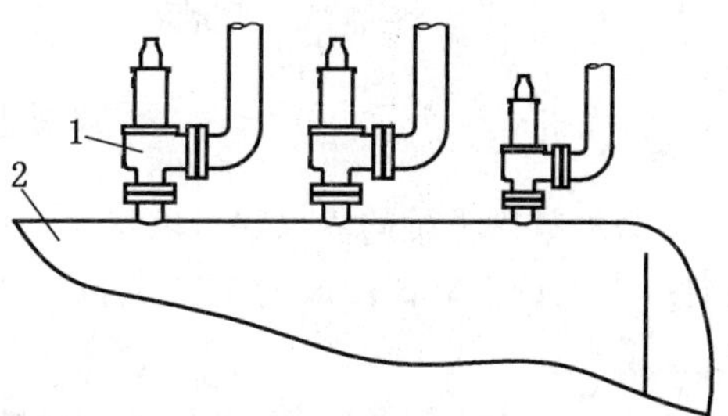

1——压力释放阀；
2——容器。

b) 多个压力释放阀的安装

图 16 压力释放阀的安装

8.2.2 在排量频繁变化的系统中，宜安装多个不同整定压力的压力释放阀，一般最低整定压力阀门用于排放最小要求的排量。随着要求排放的介质流量增加，其他整定压力阀门逐步开启。如图 16 所示。

8.2.3 关于多个压力释放阀按最大允许积聚压力确定其整定压力的要求应符合 GB/T 24921.1 的规定。或用调节型先导式压力释放阀代替整定压力交错设置的多个压力释放阀。

9 安装前检查

9.1 一般要求

为了提高压力释放阀的使用寿命和运行质量以及对系统的安全起到可靠的保障，有必要在安装前对管道系统以及压力释放阀进行严格检查。

9.2 阀的检查

9.2.1 安装前应目视检查压力释放阀的状况。完全清除法兰或螺纹连接处的所有保护性材料以及阀体和阀座喷嘴内的所有无关材料。

9.2.2 平衡式压力释放阀其阀盖上的螺塞必须去除。当阀门试验时，粘贴在阀座喷嘴内壁上的外物会被吹过密封面产生泄漏，因此内表面必须清洁。

9.2.3 安装前应对压力释放阀进行校验，以证实阀门的整定压力和密封性。相关要求应符合 GB/T 24920 的规定。

9.3 系统检查

9.3.1 安装前必须彻底吹管和清扫承压设备和管道系统，尤其是与压力释放阀相接的管路系统。

9.3.2 在安装压力释放阀之前应对系统(安装阀和最终测试阀的系统)进行仔细的吹扫。对新安装系统易有焊渣、管道氧化物和其他外物存在，应彻底排除异物。

9.3.3 在对系统进行检查的同时，压力释放阀不宜参与系统的液压试验或气压试验，可通过隔断或隔离实现，但系统应确保在意外泄漏时不损坏压力释放阀。

附 录 A
(资料性附录)
典型隔离阀安装示例

A.1 压力释放阀下游的隔离阀可以安装在工艺设备的界区,见图 A.1。安装界区隔离阀的目的是:当其他向厂内主扩口集管排放的工艺设备处于使用状态时,可以将一些工艺设备从使用中移走以进行维护。

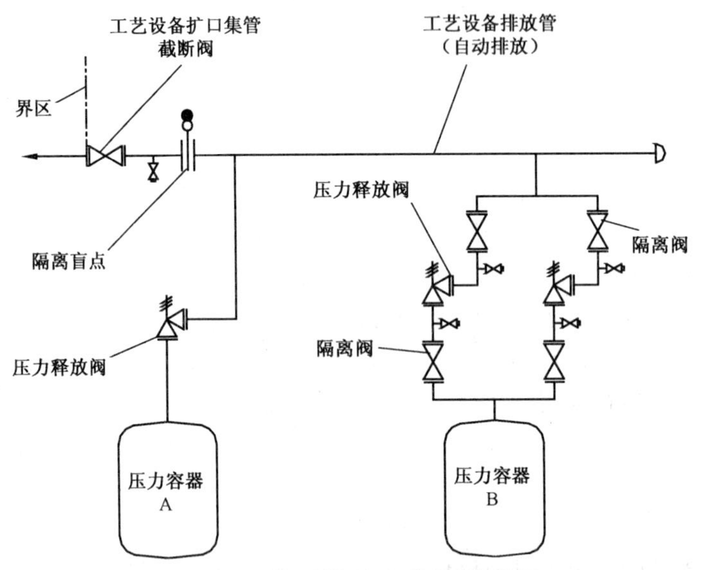

图 A.1 典型的扩口集管截断阀

A.2 排放系统隔离阀也可安装在有压缩机、烘盐缸或煤油水分过滤器等设备的系统中,见图 A.2。当这些备件设备仍在线时,需要关闭这些隔离阀以便对设备进行维护。

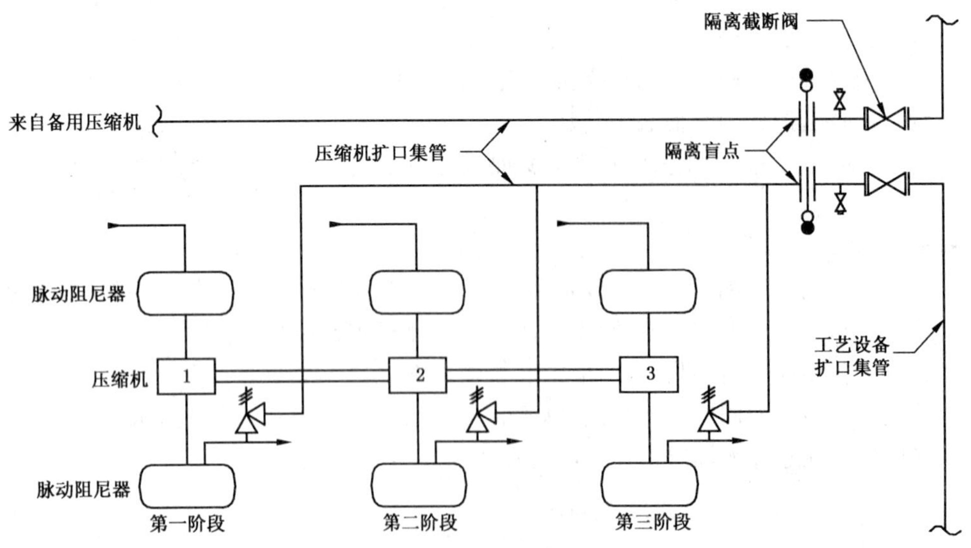

图 A.2 备用压缩机的典型隔离截断阀

ICS 23.060.99
J 16

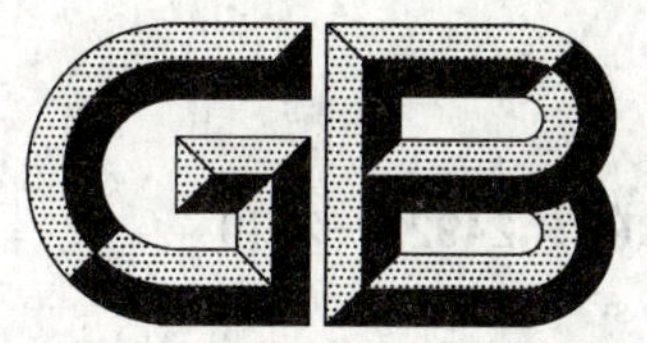

中华人民共和国国家标准

GB/T 24922—2010

隔爆型阀门电动装置技术条件

Technical specifications of explosion-proof version electric valve actuators

2010-08-09 发布　　2010-12-31 实施

中华人民共和国国家质量监督检验检疫总局
中国国家标准化管理委员会　发布

前　言

本标准由中国机械工业联合会提出。

本标准由全国阀门标准化技术委员会(SAC/TC 188)归口。

本标准主要起草单位:合肥通用机械研究院、天津百利二通机械有限公司、天津埃柯特阀门控制设备有限公司、中国·特福隆集团有限公司、黄山良业阀门有限公司、扬州电力设备修造厂、常州电站辅机总厂有限公司。

本标准主要起草人:黄明亚、王学雷、曹式录、李锦硕、刘怀富、项美根、朱乐尧、姜迎新、陈华祥、赵龙。

隔爆型阀门电动装置技术条件

1 范围

本标准规定了隔爆型阀门电动装置(以下简称隔爆型电动装置)的术语和定义、技术要求、试验方法、检验规则、标志、包装和贮存。

本标准适用于防爆型式为d、类别为Ⅱ类,爆炸性气体混合物为A、B、C三级,允许最高表面温度为85 ℃(T6)~135 ℃(T4)的电动装置的设计、制造及检验。

2 引用标准

下列文件中的条款通过本标准的引用而成为本标准的条款。凡是注日期的引用文件,其随后所有的修改单(不包括勘误的内容)或修订版均不适用于本标准,然而,鼓励根据本标准达成协议的各方研究是否可使用这些文件的最新版本。凡是不注日期的引用文件,其最新版本适用于本标准。

GB 3836.1—2000 爆炸性气体环境用电气设备 第1部分:通用要求(eqv IEC 60079-0:1998)

GB 3836.2—2000 爆炸性气体环境用电气设备 第2部分:隔爆型"d"(eqv IEC 60079-1:1990)

GB 3836.3—2000 爆炸性气体环境用电气设备 第3部分:增安型"e"(eqv IEC 60079-7:1990)

GB 4208—2008 外壳防护等级(IP代码)(IEC 60529:2001,IDT)

GB/T 24923—2010 普通型阀门电动装置技术条件

JB/T 8670—1997 YBDF2系列阀门电动装置用隔爆型三相异步电动机技术条件

3 术语和定义

下列术语和定义适用于本标准。

3.1

防爆型式 type of protection

为防止电气设备引起周围爆炸性气体环境引燃而采取的特定措施。

3.2

爆炸性环境 potentially explosive atmosphere

可能发生爆炸的环境。

3.3

爆炸性气体环境 explosive gas atmosphere

大气条件下,气体、蒸汽或雾状的可燃物质与空气构成的混合物,在该混合物中点燃后,燃烧将传遍整个未燃混合物的环境。

3.4

隔爆外壳 flameproof enclosure

电气设备的一种防爆型式。其外壳能够承受通过外壳任何接合面或结构间隙渗透到外壳内部的可燃性混合物在内部爆炸而不损坏,并且不会引起外部一种、多种气体或蒸汽形成的爆炸性环境的点燃。

3.5

隔爆接合面 flameproof joint

隔爆外壳不同部件相对应的表面配合在一起(或外壳连接处)且火焰或燃烧生成物可能会由此从外壳内部传到外壳外部的部位。

3.6

隔爆间隙 gap (diametral cearane)

隔爆接合面相对应表面之间的距离。对于圆筒形表面,该间隙是两直径之差。

3.7

最高表面温度 maximum service temperature

电气设备在允许的最不利条件下运行时,其表面或任一部分可能达到的并有可能引燃周围爆炸性气体环境的最高温度。

4 技术要求

4.1 隔爆型电动装置的性能参数及技术指标应符合 GB/T 24923 的规定。

4.2 隔爆型电动装置应符合本标准的要求,并按照经规定程序批准的图样及技术条件制造。

4.3 隔爆外壳允许使用不低于 HT200 灰铸铁或轻合金。当采用轻合金外壳时,其材料的抗拉强度应不低于 120 MPa、含镁量不允许大于 6%(质量百分比)。

4.4 隔爆外壳和外壳部件须进行耐压试验,ⅡA、ⅡB 类:压力为 1.0 MPa;ⅡC 类:压力为 1.5 MPa,保压时间均为 10 s~12 s。试验后,隔爆外壳不得损伤,不得发生永久变形;接合面的任何部位不得有永久性的增大。

4.5 隔爆外壳上的观察窗或透明件的选用与安装应符合 GB 3836.2—2000 中 8.1、8.2 的规定。

4.6 具有隔爆要求的橡胶件应符合 GB 3836.1—2000 中 D.3.3 的规定。

4.7 隔爆型电动装置配用的电动机应符合 JB/T 8670 的规定,或有关专用电动机标准的规定。

4.8 隔爆外壳所用紧固件的材料和结构应符合 GB 3836.1—2000 中第 9 章和 GB 3836.2—2000 中第 10 章的规定。

4.9 隔爆接合面的结构参数应符合 GB 3836.2—2000 中第 5 章的规定。

4.10 隔爆外壳部件采用 O 形圈或衬垫作为防护措施时,应符合 GB 3836.2—2000 中 5.4 的规定。

4.11 隔爆零件的隔爆面在加工后应及时涂上防锈油或进行其他防锈措施处理。在贮藏、运输过程中不得磕碰和锈蚀。

4.12 隔爆型电动装置的电缆或导线的引入及连接有间接引入与直接引入两种方式,无论采用何种方式均应符合 GB 3836.2—2000 中第 12 章的规定。

4.13 隔爆型电动装置的连接件和接线空腔应符合 GB 3836.1—2000 中第 14 章的规定。

4.14 接线空腔结构应符合相应防爆型式的要求。其结构及尺寸设计应便于导线、电缆的可靠接线。接线空腔内部导线的电气间隙和爬电距离应符合 GB 3836.3—2000 中 4.3 和 4.4 的规定。

4.15 电气箱壳盖上应设有“断电源后开盖”字样的警示牌,并应符合 GB 3836.1—2000 中 18.6 的规定。

4.16 隔爆型电动装置的接地与接线均应符合 GB 3836.1 中第 15 章和第 16 章的规定。

4.17 隔爆型电动装置承受 GB 3836.2—2000 中 15.1 和 15.2 规定的隔爆试验时,所有隔爆零件应无结构损坏或可能影响隔爆性能的永久变形。

4.18 隔爆型电动装置外壳任意一部分的最高表面温度不高于:135 ℃(T4)、85 ℃(T6)。

4.19 隔爆型电动装置的防护等级应不低于 IP54。

4.20 隔爆型电动装置的非金属外壳和外壳的非金属部件,应按 GB 3836.1—2000 中 23.4.7.3、23.4.7.4和 23.4.7.7 的规定依次做耐热试验、耐寒试验、光老化试验、机械试验,最后做有关的防爆试验。

4.21 隔爆型电动装置的观察窗玻璃,应按 GB 3836.1—2000 中 23.4.3.1 和 23.4.6.2 的要求进行冲击试验及热剧变试验,试验后不得破裂。

4.22 当环境温度低于-20 ℃时,隔爆外壳须采用满足相应低温使用要求的材料。

5 试验方法

5.1 隔爆外壳的耐压试验

试验方法按 GB 3836.2—2000 中 15.1.2.1 的规定。

5.2 橡胶件的老化试验

橡胶件的老化试验按 GB 3836.1—2000 中 D.3.3 的规定进行。

5.3 电缆引入装置试验

电缆引入装置试验按 GB 3836.2—2000 中附录 D 的规定进行。

5.4 隔爆性能试验

隔爆性能试验按 GB 3836.2—2000 中 15.2 的规定进行。

5.5 最高表面温度的测定

最高表面温度的测定按 GB 3836.1—2000 中 23.4.6 的规定进行。

5.6 外壳防护等级试验

外壳防护等级试验按 GB 4208 的规定进行。

6 检验规则

6.1 隔爆型电动装置生产之前，应履行 GB 3836.1 附录 A 中检验程序的规定。

6.2 出厂检验

6.2.1 每台隔爆型电动装置均应进行出厂检验，检验项目全部合格方能出厂。

6.2.2 出厂检验的项目和技术要求除按 GB/T 24923—2010 中 6.1 的规定外，还应符合表 1 的规定。

6.3 抽查试验

隔爆型电动装置抽查检验的项目和技术要求除应按 GB/T 24923—2010 中 6.2 的规定外，还应符合表 1 的规定。

6.4 型式试验

隔爆型电动装置型式检验的项目和技术要求除应按 GB/T 24923—2010 中 6.3 的规定外，还应符合表 1 的规定。

表 1 检验项目和技术要求

序号	检验项目	检验规则			技术要求
		出厂检验	抽查检验	型式检验	
1	隔爆结合面	√	√	√	应符合 4.9 的规定
2	接地与接线	√	√	√	应符合 4.16 的规定
3	外壳耐压试验	√	√	√	应符合 4.4 的规定
4	透明件冲击试验	—	—	√	应符合 4.21 的规定
5	热剧变试验	—	—	√	应符合 4.21 的规定
6	橡胶件老化试验	—	—	√	应符合 4.6 的规定
7	非金属外壳和外壳的非金属部件的试验	—	—	√	应符合 4.20 的规定
8	电缆引入装置试验	—	—	√	应符合 4.12 的规定
9	隔爆性能试验	—	—	√	应符合 4.17 的规定
10	最高表面温度的测定	—	—	√	应符合 4.18 的规定
11	外壳防护等级试验	—	√	√	应符合 4.19 的规定

7 标志、包装、运输和贮存

7.1 标志

7.1.1 隔爆型电动装置外壳明显处,应设置防爆标志“Ex”,且其标志应清晰耐久。

7.1.2 所有警告牌、铭牌均应使用耐化学腐蚀的材料,如不锈钢或黄铜。

7.1.3 铭牌上数据的刻划方法,应保证其字迹在隔爆型电动装置整个使用期内不易磨灭。

7.1.4 铭牌应固定在隔爆型电动装置主箱体的明显处,应加注的内容:

a) 制造厂名称及注册商标。

b) 产品名称及型号。

c) 符号 Ex。

d) 防爆标志,注明防爆型式、类别、级别和温度组别等标志。

e) 防爆合格证号。

f) 产品编号。

7.2 包装

隔爆型电动装置的包装应符合 GB/T 24923—2010 中 7.2 的规定。

7.3 运输与贮存

隔爆型电动装置的运输与贮存应符合 GB/T 24923—2010 的规定。

ICS 23.060.99
J 16

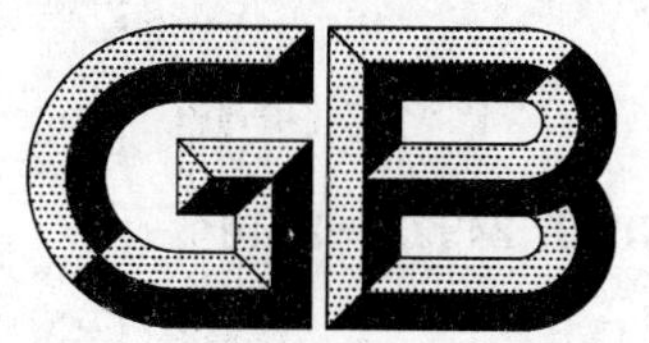

中华人民共和国国家标准

GB/T 24923—2010

普通型阀门电动装置技术条件

Technical specifications of basic version electric valve actuators

2010-08-09 发布　　2010-12-31 实施

中华人民共和国国家质量监督检验检疫总局
中国国家标准化管理委员会　发布

前　言

本标准由中国机械工业联合会提出。

本标准由全国阀门标准化技术委员会(SAC/TC 188)归口。

本标准负责起草单位:天津百利二通机械有限公司、合肥通用机械研究院、扬州电力设备修造厂、常州电站辅机总厂有限公司、中国·特福隆集团有限公司、天津埃柯特阀门控制设备有限公司、黄山良业阀门有限公司。

本标准主要起草人:王学雷、宋忠荣、刘怀富、朱乐尧、姜迎新、李锦硕、曹式录、项美根、陈华祥、赵龙。

普通型阀门电动装置技术条件

1 范围

本标准规定了普通型阀门电动装置的术语和定义、技术要求、试验方法、检验规则、标志、包装、运输和贮存。

本标准适用于开关型阀门用普通型阀门电动装置(以下简称电动装置)。

2 规范性引用文件

下列文件中的条款通过本标准的引用而成为本标准的条款。凡是注日期的引用文件,其随后所有的修改单(不包括勘误的内容)或修订版均不适用于本标准,然而,鼓励根据本标准达成协议的各方研究是否可使用这些文件的最新版本。凡是不注日期的引用文件,其最新版本适用于本标准。

GB/T 3181—2008 漆膜颜色标准

GB/T 3797—2005 电气控制设备

GB 4208 外壳防护等级(IP代码)(GB 4208—2008,IEC 60529:2001,IDT)

GB/T 12222 多回转阀门驱动装置的连接(GB/T 12222—2005,ISO 5210:1991,MOD)

GB/T 12223 部分回转阀门驱动装置的连接(GB/T 12223—2005,ISO 5211:2001,MOD)

GB/T 21465 阀门 术语

JB/T 2195—1998 YDF2系列阀门电动装置用三相异步电动机技术条件

JB/T 8862 阀门电动装置 寿命试验规程

3 术语和定义

GB/T 21465确立的以及下列术语和定义适用于本标准。

3.1

公称转矩 nominal torque

表明电动装置输出的转矩大小的标识,为便于电动装置设计、制造、选用、流通、使用和维护而统一规定的转矩值,其数值与工作转矩有关。

3.2

公称推力 nominal thrust

表明电动装置输出轴驱动阀杆螺母产生的轴向力大小的标识,为便于电动装置设计、制造、选用、流通、使用和维护而统一规定的推力值,其数值与工作推力有关。

3.3

工作转矩 working torque

阀门开启、关闭所需要的转矩,工作转矩应不大于公称转矩。

3.4

工作推力 working thrust

阀门开启、关闭所需要的推力值,工作推力应不大于公称推力。

3.5

堵转转矩 blocking torque

电动装置负载不断增大,使电动机堵转时的转矩值。

3.6

输出转速　output speed

单位时间内电动装置输出轴的转圈数。

4　技术要求

4.1　电动装置应能在下列条件下正常工作：

a）海拔不高于 1 000 m；

b）工作环境温度－20 ℃～60 ℃；

c）工作环境湿度不大于 90%(25 ℃时)；

d）短时工作制，视载荷特性的不同时间定额为 10 min，15 min，30 min；

e）工作环境中无易燃易爆混合气体和腐蚀性气体。

4.2　电动装置一般由下列部件组成：

a）专用电动机；

b）减速机构；

c）转矩控制机构；

d）行程控制机构；

e）位置指示机构；

f）手电动切换机构；

g）手动操作机构；

h）控制器(根据合同要求提供)。

4.3　电动装置与阀门的连接，应符合 GB/T 12222 和 GB/T 12223 的规定。也可按合同要求。

4.4　电动装置公称转矩和公称推力的数值应符合表 1、表 2 的规定。也可按合同要求。

表 1　多回转电动装置公称转矩和公称推力值

法兰代号	F07	F10	F12	F14	F16		F25		F30		F35		F40	
公称转矩 N·m	40	100	250	400	600	700	900	1 200	1 800	2 500	3 500	5 000	8 000	10 000
公称推力 kN	20	40	70	100	130	150	175	200	260	325	520	700	900	1 100

表 2　部分回转电动装置公称转矩值

法兰代号	F03	F04	F05	F07	F10		F12		F14		F16	
公称转矩 N·m	32	63	125	250	350	500	800	1 000	1 500	2 000	3 000	4 000
法兰代号	F25		F30		F35		F40		F48		F60	
公称转矩 N·m	6 000	8 000	12 000	16 000	24 000	32 000	50 000	63 000	80 000	125 000	160 000	250 000

4.5　电动装置配用的电动机应符合 JB/T 2195—1998 或有关专用电动机标准的规定。

4.6　电动装置出厂前，箱体内部应清洁、无杂物，并应按规定要求注入润滑油或油脂。

4.7　电动装置外表面涂层应牢固、光滑、色泽均匀、无油污及其他机械损伤。涂层颜色按照 GB/T 3181—2008 选择。涂层种类应按照使用场合合理选择。

4.8　电动装置主箱体上应有接地螺栓及标志“⏚”，允许在接地螺栓上增设接地标志牌。接地螺栓的规格应不小于表 3 的规定。

表 3　接地螺栓规格

电动机功率 P/kW	接地螺栓规格
≤0.25	M6
>0.25～5.5	M8
>5.5～10	M10
>10	M12

4.9　电动装置手轮(柄)转动方向(面向手轮看),输出轴转动方向(沿输出轴轴线面向阀门看),顺时针为关,逆时针为开。且手轮(柄)上应标有方向指示。

4.10　电动装置手电动切换应灵敏可靠,确保操作者的安全。电动时手轮不得转动(摩擦力带动除外)。

4.11　电动装置的电气接线应符合图纸要求,固定牢固,导线绝缘层不得损伤,动力电源与控制信号的进线应分开。

4.12　电动装置各裸露带电回路之间,以及带电零部件与导电零部件或接地零部件之间的电气间隙和爬电距离应符合表 4 的规定。

表 4　电气间隙和爬电距离

额定绝缘电压 U_i/V	电气间隙/mm	爬电距离/mm
≤60	2	3
>60～250	3	4
>250～380	4	6

4.13　电动装置指示灯颜色为:

a)　电源用白色;

b)　开的过程或开到位用红色;

c)　关的过程或关到位用绿色;

d)　过转矩或故障用黄色。

4.14　电动装置主要机械零件材料的化学成分和机械性能检验报告应符合国家相关标准规定的要求。

4.15　电动装置的主要外购件有安全性要求的应提供相关证书。

4.16　电动装置工作时位置指示机构、控制器开度表的指示与电动装置输出轴实际位置的偏差皆应在±5%范围内。

4.17　电动装置在空载下的噪声应不大于声压级 75 dB(A)。

4.18　电动装置所有通电的部分和外壳间的绝缘电阻应不小于 1 MΩ。

4.19　电动装置动力进线和外壳之间应能承受频率为 50 Hz,试验电压为表 5 规定的正弦交流电,历时 1 min 的耐电压试验。在试验过程中不应发生绝缘击穿、表面闪络、漏泄电流明显增大或电压突然下降等现象。

表 5　试验电压

额定绝缘电压 U_i(交流有效值或直流) V	试验电压 V
≤60	500
>60～250	$2U_i$+1 000
>250～500	

4.20　电动装置的堵转转矩应符合表 6 的规定。

表 6　堵转转矩与公称转矩的比值

公称转矩 N·m		堵转转矩/公称转矩
多回转电动装置	≤2 000	1.1～2
	>2 000	1.1～1.8
部分回转电动装置	≤5 000	1.1～1.8
	>5 000	1.1～1.6

4.21　转矩控制机构应灵敏可靠，控制转矩的重复偏差应符合表 7 的规定。

表 7　转矩重复偏差

电动装置类型	转矩重复偏差
多回转	≤ 7%
部分回转	≤10%

4.22　行程控制机构应灵敏可靠，控制输出轴位置的重复偏差应符合表 8 的规定，并应有调整“开”、“关”的标志。

表 8　行程控制机构位置重复偏差

电动装置类型	位置重复偏差
多回转	±5°
部分回转	±1°

4.23　电动装置瞬时承受表 9 规定的载荷时，所有承载零件不应有损坏现象。

表 9　载荷要求

公称转矩 N·m	载荷要求
≤5 000	2 倍公称转矩或公称推力
>5 000	1.8 倍公称转矩或公称推力

4.24　电动装置的防护等级应不低于 IP54。

4.25　电动装置应能承受至少 8 000 次连续运行工作的寿命试验。

5　试验方法

5.1　试验电源

无特殊要求时均为 50 Hz，380 V±10 V。

5.2　外观和装配检查

外观和装配采用目视或测量检查，检查结果应符合 4.7、4.8、4.11 和 4.12 的规定。

5.3　手轮(柄)转动方向和输出轴转动方向检查

将手电动切换机构切换到手动操作位置，顺、逆时针方向分别转动手轮，检查电动装置输出轴的转动方向，检查结果应符合 4.9 的规定。

5.4　指示灯颜色检查

空载起动电动装置，模拟开、关运行及转矩机构动作，检查指示灯颜色，检查结果应符合 4.13 的规定。

5.5　位置指示机构检查

将电动装置安装在试验台上，把位置指示机构的指针调至零位(相当于阀门全关位置)，空载起动电动装置，当达到规定的转圈数(相当于阀门全开位置)时，测量指针的实际指示刻度与全刻度的差值应符合4.16的规定。试验次数不少于三次。

5.6 噪声检查

噪声检查按GB/T 3797—2005规定的试验方法进行，其结果应符合4.17的规定。

5.7 绝缘电阻与耐压试验

按GB/T 3797—2005规定的试验方法进行，其结果应符合4.18和4.19的规定。

5.8 手电动切换检查

5.8.1 空载切换检查。将手电动切换机构从电动切换到手动状态，转动手轮使输出轴正、反方向转动不少于一圈；从手动状态切换到电动状态，起动电动装置使输出轴正、反方向转动不少于一圈；各重复三次，皆应符合4.10的规定。

5.8.2 加载切换检查。将电动装置安装在试验台上，分别调整开、关方向控制转矩至公称转矩的1.0～1.1倍，起动电动装置并逐渐加载，直至转矩控制机构动作，停止后不卸载荷，重复5.8.1试验，其结果应符合4.10的规定。

5.9 堵转转矩试验

将电动装置安装在试验台上，使转矩控制机构不起作用，空载起动电动装置并逐渐加载，直至电动机停止转动。此过程中输出的最大转矩值应符合4.20的规定。

5.10 公称转矩试验

将电动装置安装在试验台上，分别调整开、关方向控制转矩至公称转矩状态，起动电动装置并逐渐加载，直至转矩控制机构动作。开、关方向各测量三次，每次测得的转矩值应不小于4.4的规定。

5.11 转矩控制机构控制转矩的重复偏差试验

5.11.1 将电动装置安装在试验台上，转矩控制机构在开、关方向分别调至该档公称转矩范围内的某一转矩值。在开、关方向分别空载起动电动装置，逐渐加载直至转矩控制机构动作，测量输出转矩值。

5.11.2 在上述状态下，各测量三次，并按表10记录。

表10 转矩重复偏差试验记录表

方向	转矩实测值 M_S N·m			平均值 M_Z N·m	δ %
	1	2	3		
开					
关					

5.11.3 重复偏差(δ)按式(1)计算：

$$\delta=\left|\frac{M_S-M_Z}{M_Z}\right|\times 100\% \qquad \cdots\cdots(1)$$

式中：

M_S——转矩实测值，单位为牛米(N·m)；

M_Z——三次测量值的平均值，单位为牛米(N·m)；

δ——转矩的重复偏差(M_S取与M_Z偏差最大的值)。

上述实测值的计算结果应符合4.21的规定。

5.12 行程控制机构控制输出轴位置的重复偏差试验

5.12.1 将电动装置安装在试验台上，把行程控制机构的开、关(或触点)调至两个动作位置(相当于阀门全开和全关位置)。

5.12.2 起动电动装置，加载荷约为三分之一公称转矩值，由行程控制机构使电动装置停止在全开和全关位置(预先调好的动作位置)，此位置为基准位置。

5.12.3 起动电动装置，载荷不变，向开及关方向分别运行三次，每次停止位置与基准位置的偏差皆应符合 4.22 的规定。

5.13 强度试验

5.13.1 电动装置仅承受转矩时。将电动装置安装在试验台上，使转矩控制机构不起作用，用大功率电动机或手轮(柄)使电动装置输出表 9 的规定值，持续时间不少于 0.5 s 后立即卸载，解体检查电动装置所有承载零件，其结果应符合 4.23 的规定。

5.13.2 电动装置同时承受转矩和推力时。将电动装置安装在试验台上，使输出轴轴线方向承受表 9 的规定值，持续时间不少于 0.5s 后立即卸载，解体检查电动装置所有承载零件，其结果应符合 4.23 的规定。

5.14 寿命试验

电动装置的寿命试验按 JB/T 8862 的规定进行，其结果应符合 4.25 的规定。

6 检验规则

6.1 出厂检验

6.1.1 每台电动装置均应进行出厂检验，全部项目合格后方可出厂。

6.1.2 出厂检验的项目和技术要求按表 11 的规定。

6.2 抽样检验

6.2.1 正常生产时，定期或积累一定产量后，应进行周期性抽样检验。

6.2.2 抽样检验采取从生产厂质检部门检查合格的库存电动装置中随机抽取的方法。同一规格的抽检率为 3%(不少于两台)。

6.2.3 抽样检验的项目和技术要求按表 11 的规定。如有一项不合格应加倍抽检。再次检验后，仍有不符合项时，应逐台检验。

6.3 型式检验

6.3.1 凡属下列情况之一者，应进行型式试验：

a) 新产品的试制定型鉴定；

b) 正式生产后，如结构、材料、工艺有重大改变，可能影响产品性能时；

c) 成批大量生产的电动装置生产 5 年以后；

d) 停产 5 年以上的电动装置再次生产时；

e) 国家质量监督机构提出型式试验要求时。

6.3.2 型式检验的项目和技术要求按表 11 的规定。

6.3.3 对于同结构、同材料、同工艺、同机座号的产品，型式试验的样品数为一台，检验合格后方可成批生产。

6.3.4 国家质量监督机构提出型式试验要求时，采取抽样检验。抽样可以在经检验合格的产品中随机抽取一台。

6.3.5 型式试验的项目应全部合格。

表 11 检验项目

序号	检验项目	检验规则			技术要求
		出厂检验	抽查检验	型式检验	
1	外观检查	√	√	√	应符合 4.7、4.8 的规定
2	手轮(柄)方向	√	√	√	应符合 4.9 的规定
3	电气接线、导线	√	√	√	应符合 4.11 的规定
4	指示灯颜色	√	√	√	应符合 4.13 的规定

表 11（续）

序　号	检验项目	检验规则			技术要求
		出厂检验	抽查检验	型式检验	
5	位置指示机构	√	√	√	应符合 4.16 的规定
6	噪声	—	√	√	应符合 4.17 的规定
7	绝缘电阻	√	√	√	应符合 4.18 的规定
8	耐电压试验	—	√	√	应符合 4.19 的规定
9	手电动切换	√	√	√	应符合 4.10 的规定
10	堵转转矩试验	—	√	√	应符合 4.20 的规定
11	公称转矩试验	√	√	√	应符合 4.4 的规定
12	转矩重复偏差	—	√	√	应符合 4.21 的规定
13	行程重复偏差	—	√	√	应符合 4.22 的规定
14	强度试验	—	—	√	应符合 4.23 的规定
15	外壳防护等级试验	—	—	√	应符合 4.24 的规定
16	寿命试验	—	—	√	应符合 4.25 的规定

7　标志、包装、运输和贮存

7.1　标志

7.1.1　铭牌材料及铭牌上数据的刻划方法，应保证其字迹在电动装置整个使用期内不易磨灭。

7.1.2　铭牌应固定在电动装置主箱体的明显处，应注明的内容如下：

a)　制造厂名称；

b)　产品名称、型号；

c)　公称转矩；

d)　输出转速；

e)　防护等级；

f)　电源、功率(内藏式电机)；

g)　产品编号；

h)　出厂日期。

7.2　包装

7.2.1　电动装置应装箱发运，并应在箱中固定。

7.2.2　包装箱应防雨、牢固。

7.2.3　包装箱外表面的文字和标志应清楚、整齐且不易擦除，内容如下：

a)　制造厂名称；

b)　产品入库日期；

c)　产品名称、型号；

d)　产品编号；

e)　有“不可倒置”字样及符号。

7.2.4　电动装置出厂时应附有产品合格证、产品使用说明书和装箱单等文件。

7.2.5　产品装箱单应注明下列内容，并应加盖检验人员印章：

a)　制造厂名称、地址；

b） 产品名称、型号；

c） 产品编号；

d） 所附文件名称、数量；

e） 装箱产品数量；

f） 装箱日期。

7.3 运输与贮存

7.3.1 产品在运输过程中应避免剧烈碰撞。

7.3.2 产品出厂前，外露加工表面应涂防锈油。

7.3.3 产品应存放在通风、干燥、无腐蚀性介质的库房内。

7.3.4 贮存期限超过 12 个月的产品，出厂前应进行实物质量和性能参数的复测。

ICS 23.060.30
J 16

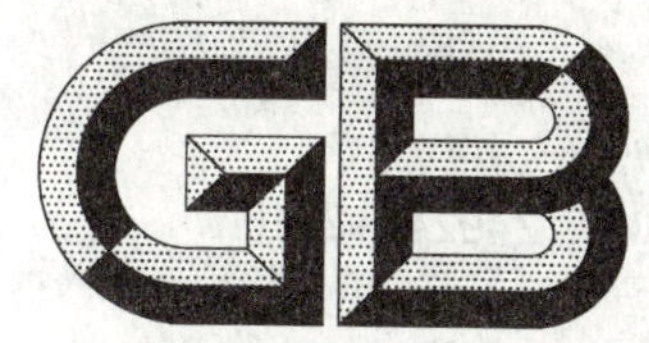

中华人民共和国国家标准

GB/T 24924—2010

供水系统用弹性密封闸阀

Resilient-seated gate valves for water supply service

2010-08-09 发布　　　　2010-12-31 实施

中华人民共和国国家质量监督检验检疫总局
中国国家标准化管理委员会　发布

前　言

本标准修改采用 AWWA C509:2001《供水系统用弹性密封闸阀》(英文版)。

本标准与 AWWA C509:2001 主要差异如下:

——AWWA C509 中引用的标准均改为引用我国有关标准;

——AWWA C509 采用美制单位,本标准采用公制单位;

——删除了 AWWA C509 的前言;

——AWWA C509 标准公称尺寸 75 mm～750 mm,按 GB/T 1047 的数值系列,本标准中分别取 DN80,DN800;将本标准的适用范围由 DN75～DN750 扩展到 DN50～DN800;

——增加了明杆型闸阀和暗杆型闸阀的结构示意图;

——增加了方帽的结构示意图和尺寸;

——对表 2 中阀杆直径的数值进行了圆整,并删除了阀门开启圈数一项;

——增加了“8　检验规则”一章;

——增加了附录 A(规范性附录)“试验扭矩”。

本标准的附录 A 为规范性附录。

本标准由中国机械工业联合会提出。

本标准由全国阀门标准化技术委员会(SAC/TC 188)归口。

本标准负责起草单位:合肥通用机械研究院、安徽省白湖阀门厂有限责任公司、上海华通阀门有限公司、开维喜阀门集团有限公司、上海正丰阀门制造有限公司、株洲南方阀门股份有限公司、上玉集团有限公司、安徽省青阳县方兴实业有限公司、江苏苏阀高压阀门有限公司。

本标准主要起草人:胡军、陈江山、张永辉、李国华、陈铁军、殷建国、葛克克、方作胜、周宝强。

供水系统用弹性密封闸阀

1 范围

本标准规定了弹性密封闸阀(以下简称闸阀)的术语和定义、结构形式和结构长度、技术要求、材料、试验方法、检验规则、标志和供货要求。

本标准适用于公称尺寸不大于DN300,公称压力不大于PN25,或公称尺寸大于DN300~DN800,公称压力不大于PN16;使用温度不大于80 ℃;法兰连接;供水系统用铁制闸阀的采购、设计、制造和验收。

2 规范性引用文件

下列文件中的条款通过本标准的引用而成为本标准的条款。凡是注日期的引用文件,其随后所有的修改单(不包括勘误的内容)或修订版均不适用于本标准,然而,鼓励根据本标准达成协议的各方研究是否可使用这些文件的最新版本。凡是不注日期的引用文件,其最新版本适用于本标准。

GB/T 1220 不锈钢棒

GB/T 3452.1 液压气动用O形橡胶密封圈 第1部分:尺寸系列及公差(GB/T 3452.1—2005, ISO 3601-1:2002,MOD)

GB/T 5796.3 梯形螺纹 第3部分:基本尺寸(GB/T 5796.3—2005,ISO 2904:1977,MOD)

GB/T 5796.4 梯形螺纹 第4部分:公差(GB/T 5796.4—2005,ISO 2903:1993,MOD)

GB/T 6739—2006 色漆和清漆 铅笔法测定漆膜硬度(ISO 15184:1998,IDT)

GB/T 8923—1988 涂装前钢材表面锈蚀等级和除锈等级(eqv ISO 8501-1:1988)

GB/T 9286—1998 色漆和清漆 漆膜的划格试验(eqv ISO 2409:1992)

GB/T 12220 通用阀门 标志(GB/T 12220—1989,idt ISO 5209:1977)

GB/T 12221 通用阀门 结构长度(GB/T 12221—2005,ISO 5752:1982,MOD)

GB/T 12225 通用阀门 铜合金铸件技术条件

GB/T 12226 通用阀门 灰铸铁件技术条件

GB/T 12227 通用阀门 球墨铸铁件技术条件

GB/T 13927 通用阀门 压力试验

GB/T 17219 生活饮用水输配水设备及防护材料的安全性评价标准

GB/T 17241.6 整体铸铁法兰

GB/T 17241.7 铸铁管法兰 技术条件(GB/T 17241.7—1998,neq ISO 7005-2:1988)

JB/T 7928 通用阀门 供货要求

HG/T 3091 橡胶密封件 给、排水管及污水管道用接口密封圈 材料规范

3 术语和定义

下列术语和定义适用于本标准。

3.1

弹性密封 resilient-seat

弹性闸板与平底阀座(与阀体整体铸造)组成的一种闸阀密封结构。

3.2

轴封 stem sealing

在阀盖或阀杆上,充填密封圈或填料,用来阻止阀杆处渗漏的结构。

3.3

弹性闸板 resilient gate

内部骨架为球墨铸铁整体铸造，骨架内外表面全部包覆橡胶，密封面在关闭时产生弹性变形的一种闸板。

4 结构形式和结构长度

4.1 明杆型弹性密封闸阀典型结构形式见图1所示，暗杆型弹性密封闸阀典型结构形式见图2所示。

4.2 闸阀的结构长度及偏差按GB/T 12221的规定，或按订货合同的要求。

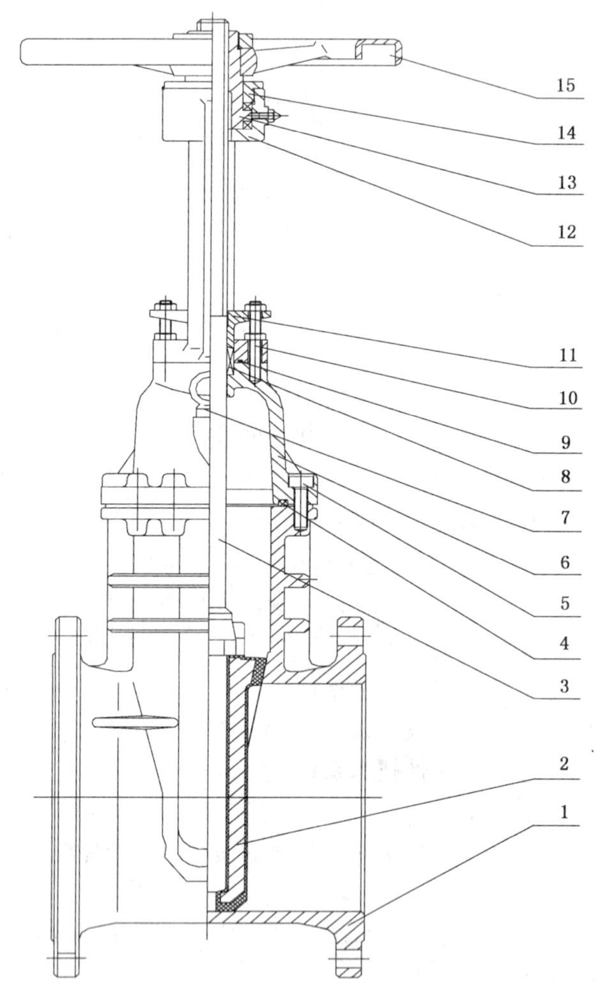

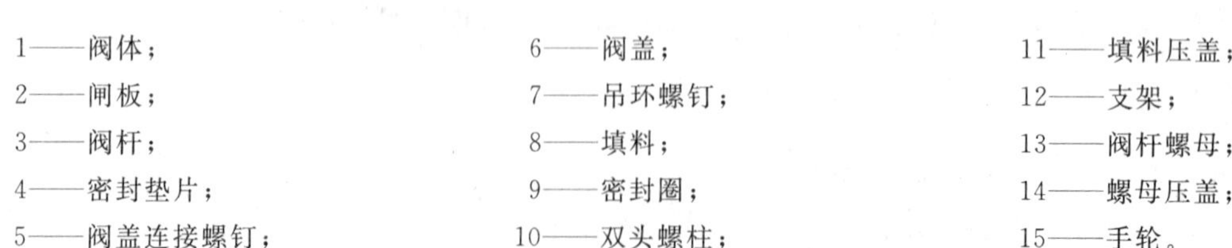

1——阀体；	6——阀盖；	11——填料压盖；
2——闸板；	7——吊环螺钉；	12——支架；
3——阀杆；	8——填料；	13——阀杆螺母；
4——密封垫片；	9——密封圈；	14——螺母压盖；
5——阀盖连接螺钉；	10——双头螺柱；	15——手轮。

图1 明杆型弹性密封闸阀典型结构示意图

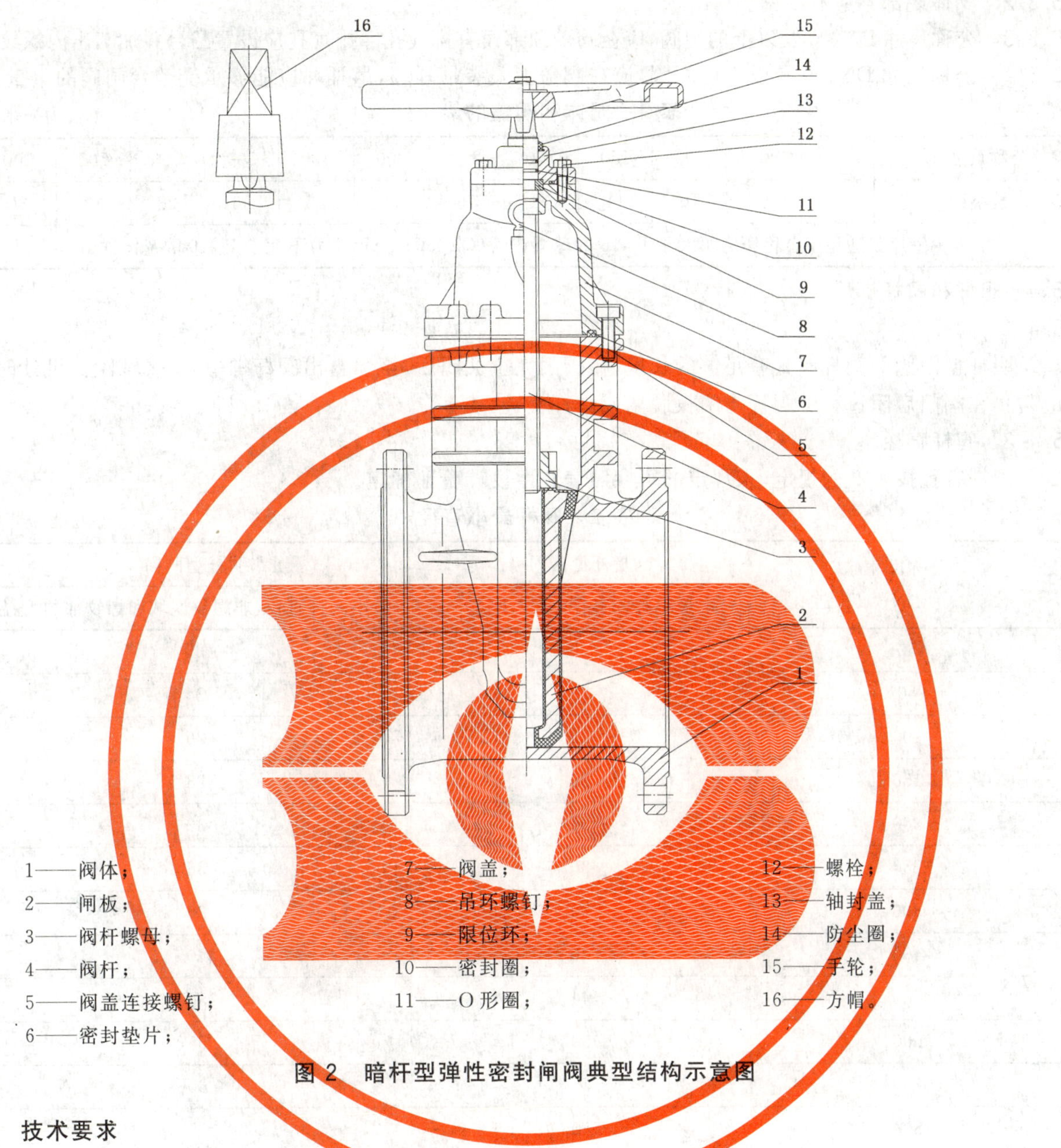

图 2　暗杆型弹性密封闸阀典型结构示意图

5　技术要求

5.1　结构

5.1.1　所有闸阀零部件设计不允许有结构性设计缺陷。

5.1.2　阀门应能承受 2 倍的公称压力。在最大工作压力下阀门能够进行从全开位置到全关位置的动作。

5.1.3　闸阀操作时，各部位应灵活可靠，无卡阻。按 7.3 进行动作试验时，其动作扭矩值应不超过附录 A 的规定。

5.1.4　阀门应能承受 7.4 规定的强度扭矩试验。试验后，闸阀各零件不应产生任何结构损伤。

5.1.5　闸阀开启时，水流通道应无阻挡，水流通道的直径应不小于闸阀的公称尺寸。

5.2　法兰连接

闸阀为法兰连接，其法兰尺寸按 GB/T 17241.6 的规定，技术要求按 GB/T 17241.7 的规定。

5.3　阀体、阀盖

5.3.1　阀体和阀盖的壁厚应不小于表 1 的规定，未规定的可参照表 1 由设计验证确定。

5.3.2 阀体底部不应有凹槽。

5.3.3 公称尺寸DN200及以上的闸阀，应在阀盖顶部设有排气孔。排气孔应设置凸台并加工出内螺纹。

5.3.4 公称尺寸DN200及以上的闸阀，应在阀盖上安装吊耳环，吊耳环应能够承受整台闸阀的重量。

表1 阀体和阀盖的最小壁厚

单位为毫米

公称尺寸DN	50	80	100	150	200	250	300	400	500	600	700	800
最小壁厚	8	9	10	11	13	16	17	22	25	28	32	36
注：表中壁厚仅适用于公称压力不大于PN16的球墨铸铁(QT450)，公称压力不大于PN16的灰铸铁(HT200)。												

5.4 阀杆和阀杆螺母

5.4.1 阀杆

明杆型闸阀的阀杆应具有足够的长度，在阀门完全关闭后，至少露出阀杆螺母1～2螺距。设计时，应防止在阀门启闭过程中阀杆与闸板脱离或阀杆旋转。

5.4.2 阀杆直径

阀杆直径按表2的规定，未规定的可参照表2由设计验证确定。

表2 阀杆最小直径

单位为毫米

公称尺寸DN	暗杆型阀门	明杆型阀门
	最小阀杆直径(螺纹小径)	最小阀杆直径，非螺纹区域和螺纹部的大径
50	20	22
80	22	24
100	22	26
150	26	28
200	26	32
250	30	36
300	30	36
400	36	40
500	44	50
600	50	55
700	55	60
800	60	65
注：表中阀杆直径仅适用于公称压力不大于PN16的不锈钢棒材质。		

5.4.3 暗杆型阀门的阀杆限位环应是一体式或对开环式的。

5.4.4 阀杆螺母与阀杆螺纹的基本尺寸和公差按GB/T 5796.3和GB/T 5796.4的规定。

5.4.5 阀杆与阀杆螺母的旋合长度应不小于阀杆直径的1.4倍。

5.5 闸板

5.5.1 闸板应为弹性闸板，其骨架为球墨铸铁整体铸造，骨架内外表面全部包覆橡胶。采用模压硫化或注压硫化成型工艺，硫化后的橡胶不应有气泡、裂纹、疤痕、创伤、铸铁外露等缺陷。

5.5.2 闸板包覆橡胶的设计厚度应不小于2 mm。

5.5.3 同一制造商、同一公称尺寸、同一公称压力的闸阀，在同一结构形式之间，闸板应可互换。

5.5.4 闸板螺母与闸板的连接结构，应符合下列要求：

a) 阀杆与闸板应连接牢固，在试验和工作条件下闸板不会脱落。

b) 闸板螺母与闸板的连接部位，不会由于包覆的橡胶磨损，出现铸铁外露锈蚀现象。

5.6 支架

对于明杆型闸阀,阀盖上的支架可以是整体式或分体式结构。

5.7 轴封

5.7.1 在密封试验时,轴封副应能保证阀杆处无可见泄漏。

5.7.2 轴封为O形圈密封时,轴封宜具有至少三道O形密封圈,O形密封圈应符合GB/T 3452.1的规定。其顶端应设有防尘圈,以防止周围环境中的杂物进入。

5.7.3 暗杆型闸阀在全开并带有水压时,其轴封部分密封圈应允许更换,更换时允许有不影响更换操作的渗漏。

5.8 填料压盖

填料压盖应该是一体式的,或套管式或两片式结构。

5.9 方帽和手轮

5.9.1 方帽的结构如图3所示,除非买方有明确的要求,否则方帽的尺寸按表3的规定。

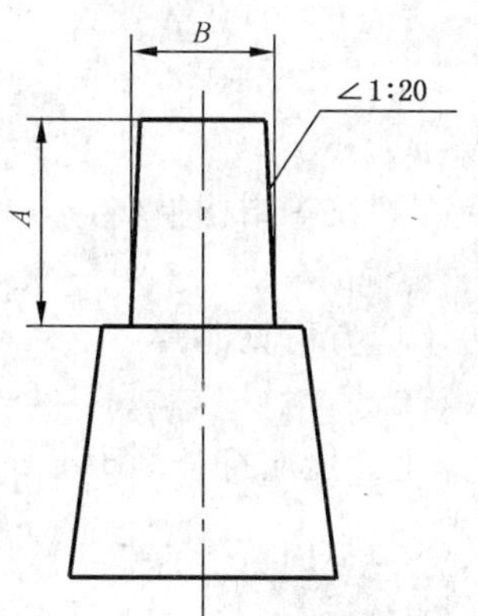

图3 方帽结构示意图

表3 方帽尺寸

单位为毫米

公称尺寸 DN	A	B
50,80,100,150,200,250,300	63	35
400,500,600,700,800	75	48

5.9.2 手轮外径应不小于表4中的数据,未规定的可参照表4由设计确定。手轮应是轮辐式的。不允许设计成网式或盘式的。手轮上应有指示开启阀门方向的箭头。

表4 手轮外径

单位为毫米

公称尺寸 DN	50	80	100	150	200	250	300
手轮最小直径	160	180	250	300	350	400	400

5.9.3 暗杆型阀门应提供方帽或手轮。明杆型阀门应配有手轮。

5.9.4 开启方向

从顶部向下看,逆时针方向应是开启方向。如买方要求,顺时针方向可以是开启方向。

5.9.5 固定方法

方帽或手轮应用机械方法安装在暗杆型阀门的阀杆上。手轮应用机械方法安装在明杆型阀门的阀杆螺母上。

5.10 紧固件

螺栓、螺钉和螺母等紧固件,应符合有关标准的规定。如有特殊需求,经供需双方协商在订货合同中注明。

5.11 齿轮驱动、齿轮箱

5.11.1 如果买方订货合同要求采用齿轮驱动，则齿轮驱动装置须有精确的结构和平稳的运转性能，其轴承应为自润滑型或永久性密封的减摩擦型。

5.11.2 齿轮传动比应不小于表5的规定。

表5 齿轮传动比

公称尺寸 DN	400	500	600	700	800
最小传动比	2∶1	2∶1	3∶1	3∶1	4∶1

5.11.3 采用O圈密封的闸阀，可以使齿轮箱直接连接在阀门上。除非买方有特别规定，否则齿轮驱动的阀门应配有封闭式齿轮箱。

5.12 零件互换性

所有的零部件都应符合相应的尺寸要求，并且没有影响阀门正常功能的缺陷。按本标准生产的阀门，在装配后都应调试好。由同一制造商生产的相同类型、相同公称尺寸的阀门，其相同的零部件应可互换。

5.13 性能要求

5.13.1 壳体强度

壳体在经过压力试验后，闸阀不应有裂纹等结构损伤，不应有任何可见泄漏。

5.13.2 密封性能

在经过密封试验后，闸阀任何部位不应有可见泄漏。

5.13.3 卫生要求

用于生活饮用水管道上的阀门的卫生性能应符合 GB/T 17219 的规定。

6 材料

6.1 主要零部件材料

6.1.1 阀体、阀盖应用灰铸铁或球墨铸铁制造，闸板应用球墨铸铁制造，灰铸铁材料应符合 GB/T 12226 的规定，球墨铸铁材料应符合 GB/T 12227 的规定。

6.1.2 阀杆应用不锈钢棒制成，不锈钢材料应符合 GB/T 1220 的规定。

6.1.3 支架螺母、阀杆螺母应用强度高和耐磨性能好的铜合金制成，也可使用性能不低于铜合金的其他材料，铜合金材料应符合 GB/T 12225 的规定。

6.1.4 支架可采用与阀盖相同的材料或性能高于阀盖的材料制成。

6.1.5 填料压盖可以由铜合金、合成聚合物、灰铸铁或球墨铸铁材料制造。

6.1.6 填料压盖螺栓材料可以为铜合金或钢，填料压盖螺母可以为铜合金或不锈钢材料。

6.1.7 垫片应由人工矿物纤维，橡胶或不含腐蚀性成分的纸制成。O形圈或其他合适的弹性密封件也可用做垫片。

6.1.8 方帽和手轮应由灰铸铁或球墨铸铁材料制成。

6.1.9 闸板橡胶、密封圈应用合成橡胶制成，材料应符合 HG/T 3091 的规定。严禁使用再生橡胶或含石棉的材料。

6.1.10 闸阀主要零部件材料也可按订货合同的要求。

6.2 铸件

闸阀所有的铸件都应平整，没有影响其结构和功能的缺陷。除非买方同意，否则不允许对结构性缺陷进行焊补。焊补后的阀门应符合本标准的试验要求。不允许对任何法兰面螺栓孔处进行焊补。

6.3 表面处理

6.3.1 所有铸件表面应清洁光滑，密封面和运动部位不应有气孔、砂眼、裂纹、疤痕、毛刺或其他影响使用的缺陷。其他部位的气孔、创伤等轻微缺陷，在买方认可后可进行电焊或填充环氧树脂修补。

6.3.2 铸件应经喷砂处理，除去氧化皮、铁锈、油污等一切杂质，应达到 GB/T 8923—1988 中规定的

Sa2.5表面处理等级，并应在喷砂处理后6 h内进行涂装。

6.3.3 闸阀内外表面应采用环氧树脂粉末静电喷涂，涂层固化后应不溶解于水，不应影响水质，表面应均匀光滑，无杂物、小洞等缺陷。

6.3.4 除接触面、装配部位、运动部位外，内外表面涂层厚度应在0.15 mm以上，涂层硬度应达到GB/T 6739—2006规定的铅笔硬度的2H，涂层附着力应达到GB/T 9286—1998规定的划格法1 mm^2不脱落。

7 试验方法

7.1 壳体试验

闸阀的壳体试验方法按GB/T 13927的规定，试验介质为水，试验压力为2倍的公称压力。试验过程中壳体、承压接头应无可见的泄漏。对于阀杆处用填料密封的闸阀，壳体试验期间阀杆密封应能保持阀门的试验压力；对于阀杆处用O形圈密封的闸阀，壳体试验期间不允许有可见的泄漏。

7.2 密封试验

闸阀的密封试验方法按GB/T 13927的规定，阀门应在每个端口进行密封试验，试验介质为水，试验压力为1.1倍的公称压力。试验过程中壳体、承压接头和阀杆密封位置应没有可见泄漏。

7.3 动作试验

7.3.1 从阀门的任一端施加公称压力值的水压。

7.3.2 将闸阀全开、全关、再全开，在操作过程中测定阀杆上的扭矩，扭矩应满足5.1.3的要求。

7.4 操作强度试验

7.4.1 将闸阀全关，任一端施加压力达到公称压力，试验介质为水，将强度试验扭矩按顺时针方向加在阀杆上。试验后检查阀门各零件，应满足5.1.4的要求。

7.4.2 泄除水压，将闸阀全开，将强度试验扭矩按逆时针方向加在阀杆上。试验后检查阀门各零件，应满足5.1.4的要求。

7.5 卫生要求

闸阀用于饮用水时，卫生要求按照GB/T 17219的规定进行检验。

8 检验规则

8.1 检验项目

出厂检验和型式检验的项目、技术要求、试验方法按表6的规定。

表6 检验项目

检验项目	检验类别		技术要求	检验和试验方法
	出厂检验	型式试验		
阀体、阀盖壁厚	—	√	5.3.1	使用测量工具进行检测
壳体检验	√	√	5.13.1	7.1
密封试验	√	√	5.13.2	7.2
动作试验	—	√	5.1.3	7.3
操作强度试验	—	√	5.1.4	7.4
饮用水卫生检验	√[a]	√[a]	5.13.3	7.5
标志	√	√	9.1	目测
注：“√”表示应检验的项目，“—”表示无需检验的项目。				
[a] 需方有饮用水要求时，进行该项目检验。				

8.2 出厂检验

每台闸阀应进行出厂检验，经检验合格后方可出厂。

8.3 型式检验

8.3.1 有下列情况之一时，应提供1～2台阀门进行型式试验，试验合格后方可成批生产：

a) 新产品试制定型鉴定；

b) 正式生产后，如结构、材料、工艺有较大改变可能影响产品性能时；

c) 产品长期停产后恢复生产时。

8.3.2 有下列情况之一时，应抽样进行型式试验：

a) 正常生产时，定期或积累一定产量后，应进行周期性检验；

b) 国家质量监督机构提出进行型式检验的要求时。

8.4 抽样方法

8.4.1 抽样可以在生产线的终端经检验合格的产品中随机抽取，也可以在产品成品库中随机抽取，或者从已供给用户但未使用并保持出厂状态的产品中随机抽取。每一规格供抽样的最少基数和抽样数按表7的规定。到用户抽样时，供抽样的最少基数不受限制，抽样数仍按表7的规定。对整个系列产品进行质量考核时，根据该系列范围大小情况从中抽取2～3个典型规格进行检验。

表7 抽样的最少基数和抽样数

公称尺寸 DN	最少基数 台	抽样数 台
≤250	5	1
300～500	3	
≥600	2	

8.4.2 型式检验的全部检验项目都应符合表6中技术要求的规定。

8.5 工厂检验和拒收

依据本标准进行的所有试验，都应该接受买方的检验和验收。买方可以在任何工作时间，访问产品的生产现场或试验现场。任何不符合本标准要求的闸阀或零件都应采取措施，使买方满意或者被拒收且由制造商修补或更换。焊补的闸阀应由买方验收，并且由买方明确表示接受。无论买方是否派代表去制造商工厂，制造商应依照9.3的要求提供一份书面保证书。

9 标志和供货要求

9.1 标志

闸阀的标志按GB/T 12220的规定。

9.2 供货要求

9.2.1 闸阀的供货要求按JB/T 7928的规定。

9.2.2 制造商应将闸阀包装好后再装运。闸阀在装运前应将阀体内的水排尽、吹干，阀门应微微开启，使闸板处于自由状态。

9.3 质保书

当买方有要求时，制造商应向买方提供一份质保书，该质保书应表明闸阀及其零部件使用的材料应符合本标准或订货合同的要求，并提供满足本标准或订货合同试验要求的试验报告。

附 录 A
（规范性附录）
闸阀试验扭矩

闸阀试验扭矩见表 A.1。

表 A.1 闸阀试验扭矩

<table>
<tr><th rowspan="2">公称尺寸
DN</th><th rowspan="2">强度扭矩试验
N·m</th><th colspan="4">动作扭矩试验/(N·m)</th></tr>
<tr><th>PN6</th><th>PN10</th><th>PN16</th><th>PN25</th></tr>
<tr><td>50</td><td>150</td><td>50</td><td colspan="2">50</td><td>80</td></tr>
<tr><td>80</td><td>225</td><td>50</td><td colspan="2">75</td><td>110</td></tr>
<tr><td>100</td><td>300</td><td>70</td><td colspan="2">100</td><td>150</td></tr>
<tr><td>150</td><td>450</td><td>105</td><td colspan="2">150</td><td>225</td></tr>
<tr><td>200</td><td>600</td><td>140</td><td colspan="2">200</td><td>300</td></tr>
<tr><td>250</td><td>750</td><td>175</td><td colspan="2">250</td><td>375</td></tr>
<tr><td>300</td><td>900</td><td>210</td><td colspan="2">300</td><td>450</td></tr>
<tr><td>400</td><td>1 050</td><td>245</td><td colspan="2">350</td><td>—</td></tr>
<tr><td>500</td><td>1 675</td><td>365</td><td colspan="2">525</td><td>—</td></tr>
<tr><td>600</td><td>2 400</td><td>560</td><td colspan="2">800</td><td>—</td></tr>
<tr><td>700</td><td>3 300</td><td>770</td><td colspan="2">1 100</td><td>—</td></tr>
<tr><td>800</td><td>3 750</td><td>875</td><td colspan="2">1 250</td><td>—</td></tr>
</table>

ICS 23.060.99
J 16

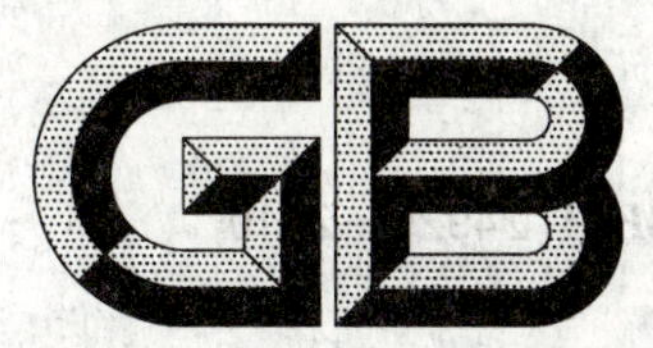

中华人民共和国国家标准

GB/T 24925—2010

低温阀门　技术条件

Cryogenic valve technical specifications

2010-08-09 发布　　2010-12-31 实施

中华人民共和国国家质量监督检验检疫总局
中国国家标准化管理委员会　发布

前　言

本标准附录 A 为资料性附录。

本标准由中国机械工业联合会提出。

本标准由全国阀门标准化技术委员会(SAC/TC 188)归口。

本标准主要起草单位:上海良工阀门厂有限公司、上海高科阀门制造有限公司、合肥通用机械研究院、苏州纽威阀门有限公司、浙江超达阀门股份有限公司、浙江华东阀门有限公司、五洲阀门制造有限公司。

本标准主要起草人:杨恒、金成波、黄明亚、高开科、邱晓来、金公元、郑祖辉。

低温阀门　技术条件

1　范围

本标准规定了低温阀门的术语、结构形式、技术要求、试验方法、检验规则、标志、装运及贮存。

本标准适用于公称压力 PN16～PN420，公称尺寸 DN15～DN600，介质温度 −196 ℃～−29 ℃的法兰、对夹和焊接连接的低温闸阀、截止阀、止回阀、球阀和蝶阀。其他低温阀门亦可参照使用。

2　规范性引用文件

下列文件中的条款通过本标准的引用而成为本标准的条款。凡是注日期的引用文件，其随后所有的修改单(不包括勘误的内容)或修订版均不适用于本标准，然而，鼓励根据本标准达成协议的各方研究是否可使用这些文件的最新版本。凡是不注日期的引用文件，其最新版本适用于本标准。

GB/T 229　金属材料　夏比摆锤冲击试验方法(GB/T 229—2007，ISO 148:2006，MOD)

GB/T 12220　通用阀门　标志(GB/T 12220—1989，idt ISO 5209:1977)

GB/T 12221　金属阀门　结构长度(GB/T 12221—2005，ISO 5752:1982，MOD)

GB/T 12225　通用阀门　铜合金铸件技术条件

GB/T 12230　通用阀门　不锈钢铸件技术条件

GB/T 12234　石油、天然气工业用螺柱连接阀盖的钢制闸阀

GB/T 12235　石油、石化及相关工业用钢制截止阀和升降式止回阀[GB/T 12235—2007，BS 1873—1975(R1998)，NEQ]

GB/T 12236　石油、化工及相关工业用的钢制旋启式止回阀

GB/T 12237　石油、石化及相关工业用的钢制球阀

JB/T 6438　阀门密封面等离子弧堆焊技术要求

JB/T 6899　阀门的耐火试验

JB/T 7248　阀门用低温钢铸件技术条件

JB/T 7746　紧凑型钢制阀门

JB/T 7927　阀门铸钢件外观质量要求

JB/T 7928　通用阀门　供货要求

JB/T 8527　金属密封蝶阀

JB/T 8937　对夹式止回阀

JB/T 9092　阀门的检验和试验

ASTM A182/182M　高温设备用锻制或轧制的合金钢管法兰、锻制管件

ASTM A193/193M　高温或高压或者其他特殊用途用合金钢和不锈钢螺栓材料标准规范

ASTM A194/194M　高压或高温作业或者高压高温作业用螺栓的碳钢及合金钢螺母的标准规范

ASTM A350/350M　要求冲击韧性试验的管件用碳钢及低合金钢锻件标准规范

ASTM A351/351M　承压件用奥氏体，奥氏体-铁素体(双相)钢铸件规范

ASTM A352/352M　低温承压件用铁素体和马氏体钢铸件标准规范

ASTM A320/320M　低温用合金钢栓接材料

3 术语和定义

3.1

颈部伸长量 bonnet extension

阀盖支承最上端至阀盖填料函底部的距离。

3.2

低温冲击试验 low-temperature impact test

在规定低温条件下通过摆锤一次打击夏比缺口冲击试样，测定冲击吸收能量的试验方法。

4 结构形式

低温阀门的典型结构形式如图1～图6所示。

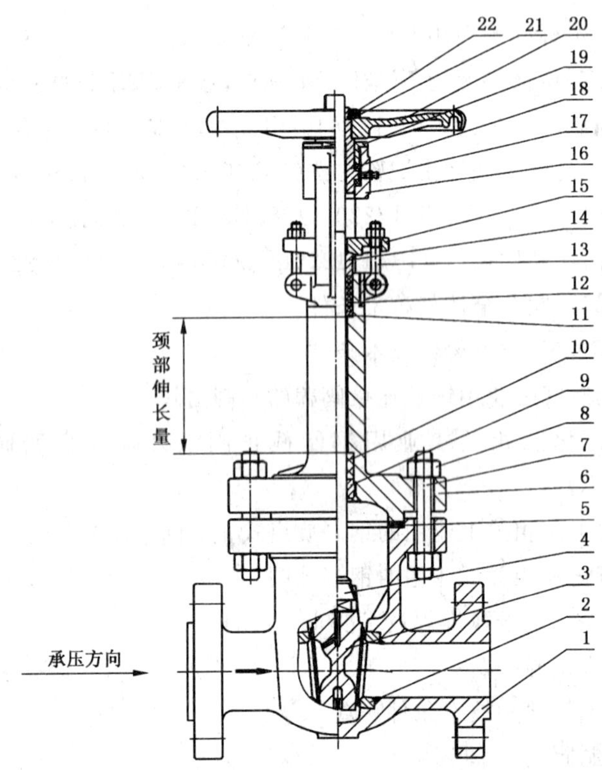

1——阀体；	7——螺柱；	13——活节螺栓；	18——阀杆螺母；
2——阀座；	8——螺母；	14——填料压套；	19——压盖；
3——闸板；	9——上密封座；	15——填料压盖；	20——手轮；
4——阀杆；	10——支撑轴承；	16——支架；	21——螺母；
5——垫片；	11——填料垫；	17——油杯；	22——螺钉。
6——阀盖；	12——填料；		

图1 低温闸阀

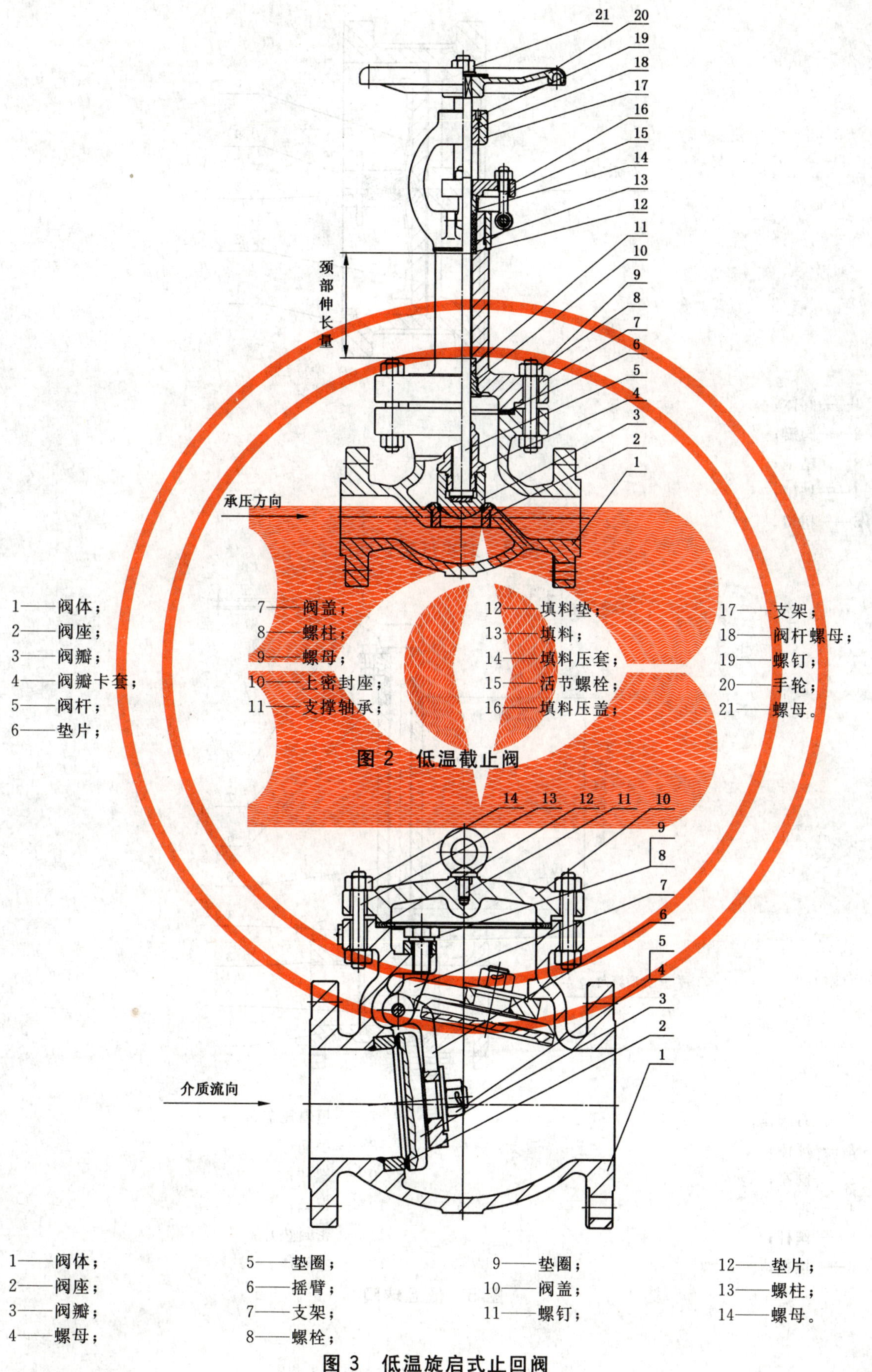

1——阀体；
2——阀座；
3——阀瓣；
4——阀瓣卡套；
5——阀杆；
6——垫片；
7——阀盖；
8——螺柱；
9——螺母；
10——上密封座；
11——支撑轴承；
12——填料垫；
13——填料；
14——填料压套；
15——活节螺栓；
16——填料压盖；
17——支架；
18——阀杆螺母；
19——螺钉；
20——手轮；
21——螺母。

图 2　低温截止阀

1——阀体；
2——阀座；
3——阀瓣；
4——螺母；
5——垫圈；
6——摇臂；
7——支架；
8——螺栓；
9——垫圈；
10——阀盖；
11——螺钉；
12——垫片；
13——螺柱；
14——螺母。

图 3　低温旋启式止回阀

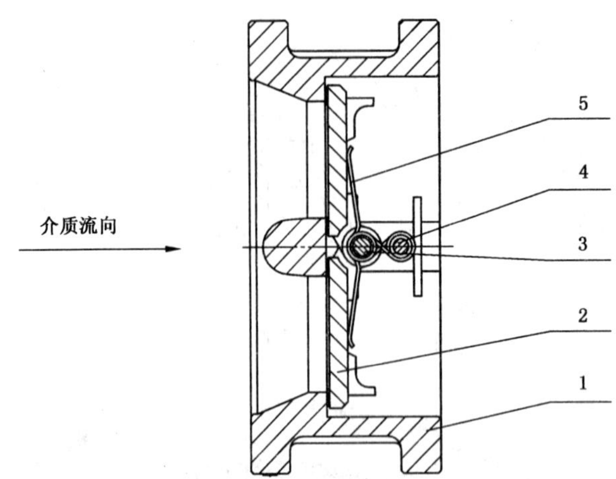

1——阀体；
2——阀瓣；
3——销轴；
4——挡销；
5——扭簧。

图 4　对夹低温止回阀

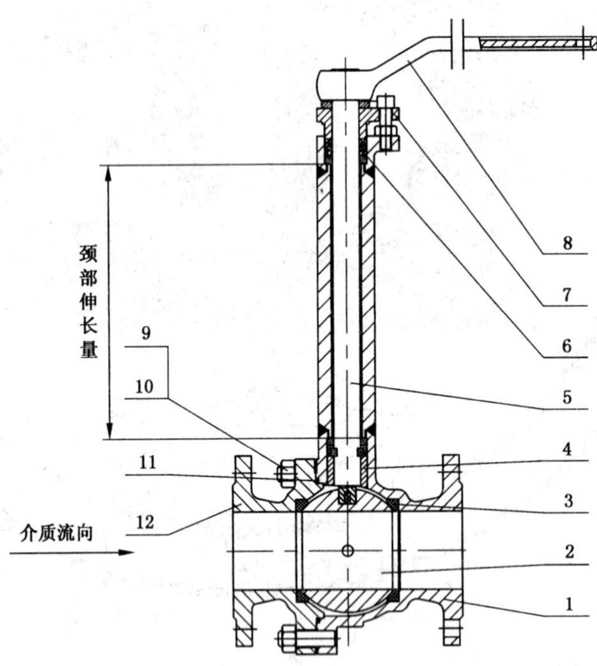

1——右阀体；
2——球体；
3——阀座；
4——轴承；
5——阀杆；
6——填料；
7——填料压盖；
8——手柄；
9——螺柱；
10——螺母；
11——密封垫片；
12——左阀体。

图 5　低温球阀

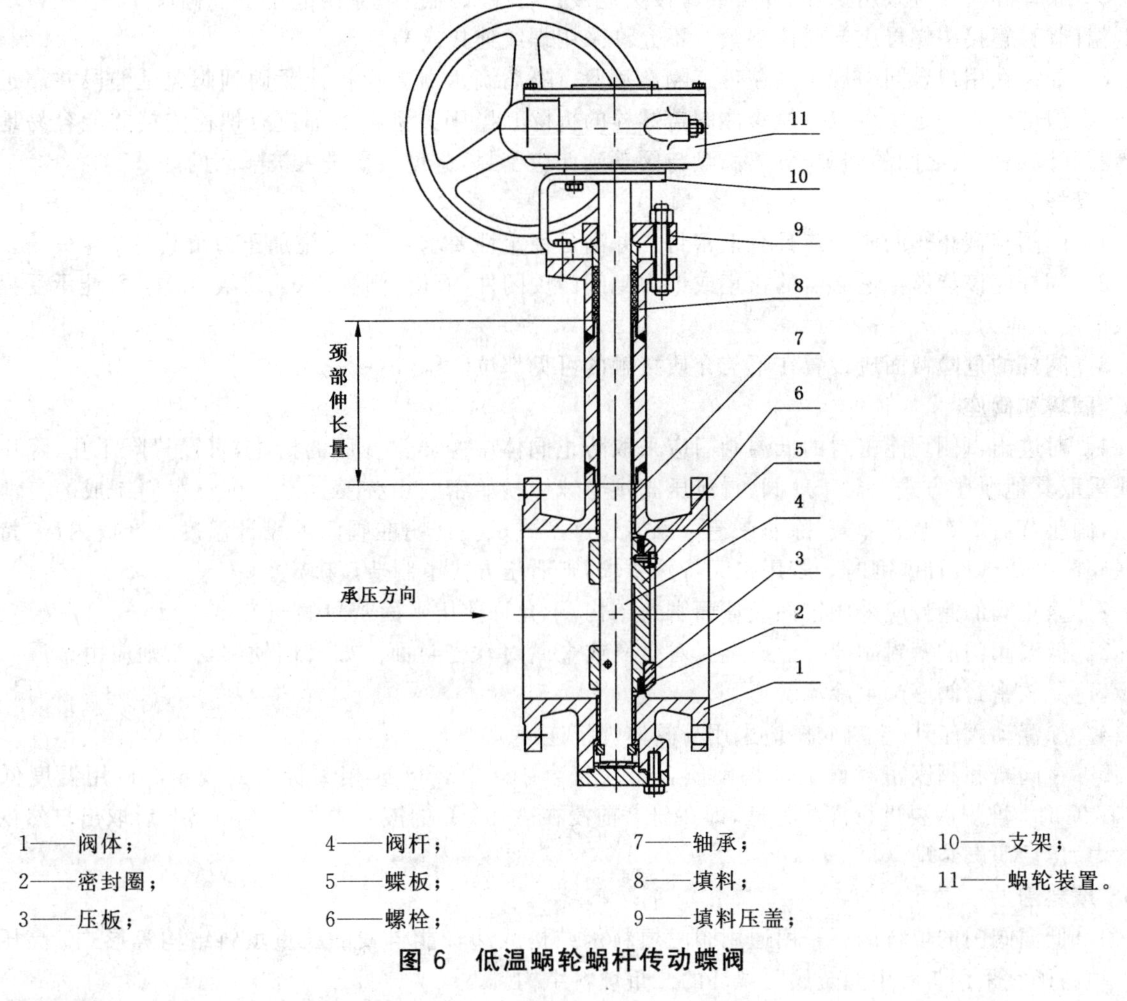

1——阀体；
2——密封圈；
3——压板；
4——阀杆；
5——蝶板；
6——螺栓；
7——轴承；
8——填料；
9——填料压盖；
10——支架；
11——蜗轮装置。

图6　低温蜗轮蜗杆传动蝶阀

5　技术要求

5.1　一般要求

低温阀门除应符合本标准的规定外，还应符合 GB/T 12234、GB/T 12235、GB/T 12236、GB/T 12237、JB/T 8527、JB/T 7746 和 JB/T 8937 等相应阀门产品标准的规定。

5.2　阀体

5.2.1　低温阀门的结构长度按 GB/T 12221 的规定或按订货合同要求。

5.2.2　阀体在受介质压力和温度交变产生的应力及管道安装引起的附加应力的总载荷下，应能保持足够的强度。

5.2.3　对有流动方向要求的阀门，应在阀体上铸造或打印永久性指示介质流向的标志。

5.3　阀盖

5.3.1　低温闸阀、截止阀、球阀、蝶阀的阀盖应根据不同的使用温度要求设计成便于保冷的长颈阀盖结构，以保证填料函底部的温度保持在 0 ℃以上。

5.3.2　长颈部分与阀盖可以浇铸成一体，也可采用与本体材质相同的无缝钢管对焊到阀盖和填料箱上，对于公称尺寸不大于 DN50 的小口径的锻造阀门，也可以使用承插焊连接。焊后应消除焊接应力。

5.3.3　阀杆与长颈部分之间的间隙应按对流热损失尽可能小来设计，长颈部分的壁厚应保证与阀门公称压力和机械强度与刚度要求相适应的最小厚度以利于热传导。

5.3.4　对闸阀、截止阀等有上密封要求的低温阀门应设置上密封，上密封座密封面堆焊硬质合金。对奥氏体不锈钢阀门的上密封座密封面，可直接加工而成。

5.3.5 阀体和阀盖应采用螺栓、焊接或管接头连接。管接头连接阀盖仅适用于公称尺寸不大于DN50的低温阀门，管接头螺母应与阀体锁紧。不允许采用螺纹连接阀盖。

5.3.6 如果在用户合同中规定阀盖带有隔离滴盘。隔离滴盘需要焊接或紧固到阀盖延伸段并靠近阀盖法兰，但应保持一定距离以方便阀体阀盖螺栓的拆除。紧固类型在上部应有螺栓连接并能容易地调整阀盖和隔离滴盘之间的间隙，隔离滴盘与阀盖延伸应密封，避免结露进入被隔离的区域。

5.4 阀杆

5.4.1 闸阀与截止阀的阀杆应具有上密封。并满足稳定性要求，以防止施加压力负载时产生失稳。

5.4.2 阀杆应该能够传递必需的扭矩或推力到阀门关闭件(阀瓣、闸板、球或蝶板等)上，并能承受操作的载荷附加应力。

5.4.3 阀杆的危险截面应设置在不与介质接触的可见部位。

5.5 阀瓣和阀座

5.5.1 对进出口侧均能密封的低温阀门应采取防止阀体中腔异常升压的措施，可设置降压孔、降压通道或采取其他泄压方式。对于球阀，自泄压阀座与球体初始密封由弹簧加载。弹性材料制成的自泄压阀座，阀座背后应有金属弹簧，除非制造厂家能通过型式试验证明在阀门的设计温度下释放内压，特别是在阀门的最低设计温度时。若用户无特殊要求，则泄压方式由制造厂确定。

5.5.2 截止阀的阀瓣应采用锥面或球面密封结构，不允许使用平面密封的阀瓣。

5.5.3 低温阀门的密封副应设计成金属对金属或金属对软密封面。如采用软密封面则应由金属阀座支承，避免软密封阀座产生冷流变形。

5.5.4 除浮动阀座外，金属阀座应采用与阀体焊接连接。

5.5.5 在阀瓣和阀座密封面上堆焊硬质合金应符合JB/T 6438或相关标准的规定。使用温度低于－101 ℃时，堆焊后要进行深冷处理，即在研磨前浸在－196 ℃的液氮中保冷2 h～6 h后取出自然恢复到常温，然后研磨装配。

5.6 填料函

5.6.1 低温阀门的填料函可采用通用阀门填料函结构或阀杆能自紧的二重填料结构等形式。高压情况下填料函宜采用带有中间金属隔离环的二重填料结构。

5.6.2 填料压紧装置不得采用与阀盖螺纹连接形式来对填料施加预紧力。

5.6.3 若合同规定，阀杆处密封可采用波纹管式密封。

5.7 操作力

在工作条件下，手动操作阀门时，在手柄或手轮边缘最大作用力应不超过350 N，在阀门开启和关闭瞬间，允许增加到1 000 N，当装有减速机构和执行机构时，应适应于环境温度及工况要求。

5.8 防静电设计

用于易燃介质的阀门应设计成防静电结构，以保证阀门的导电性。用于易燃蒸气或液体的具有软阀座或软的关闭插入部件的阀门，在设计时应保证阀体和阀杆具有导电连贯性，放电路径最大电阻不应超过10 Ω。为了检测防静电性，一个新的干燥阀门至少开关五次，然后，用直流电源测试时，电阻不超过12 V。

5.9 防火要求

当合同有防火要求时还应满足JB/T 6899的规定。

5.10 材料

5.10.1 低温阀门用材料按工作温度及材料性能进行选择，并应符合下列要求：

a) 在工作温度下，材料不应产生低温脆性破坏，同时还应考虑耐介质的腐蚀性等要求；

b) 在工作温度下，材料的组织结构应稳定，以防止材料相变而引起体积变化。用于－101 ℃以下的低温阀门，其阀体、阀盖、阀瓣、阀座、阀杆等零件在精加工前应进行深冷处理；

c) 采用焊接结构时，应考虑到材料焊接性能及低温下焊缝的可靠性；

d) 低温阀门内件材料的选择应能避免在频繁操作情况下引起的卡阻、咬合和擦伤等现象，并考虑材料的电化学腐蚀，其耐腐蚀性能应不低于阀体。

5.10.2 主要零件材料选用参见附录A。

5.10.3 低温钢铸件按JB/T 7248的规定；铜合金铸件按GB/T 12225的规定；奥氏体不锈钢铸件的化学成分和力学性能按GB/T 12230的规定，铸件的外观质量按JB/T 7927的规定。

5.10.4 低温冲击试验按GB/T 229的规定，低温冲击值应符合JB/T 7248的要求，奥氏体不锈钢的三个试样的冲击试验结果，其冲击值不得低于表1的规定。

表1 奥氏体不锈钢低温冲击值

材　料	试验温度/℃	冲击值/J	
		最小	平均
ZG0Cr18Ni9(0Cr18Ni9Ti) 0Cr18Ni12Mo2Ti	−196	27	34

5.11 无损探伤

无损探伤检验应符合JB/T 7248的规定。

5.12 脱脂处理

当合同有规定时，低温阀门应进行脱脂处理。

6 试验方法

6.1 常温试验

常温试验应符合JB/T 9092的规定。

对于不锈钢阀门使用的水压试验介质，其氯离子含量不得超过25×10^{-6}。

6.2 低温试验

6.2.1 低温试验在常温试验合格后进行。

6.2.2 试验条件

试验前应清除阀门的水分和油脂，拧紧螺栓至预定的扭矩或拉力，记录其数值。用符合试验要求的热电偶与阀门连接，试验过程中监测阀体、阀盖的温度。根据低温阀门的温度级要求，低温试验冷却介质可以为液氮或液氮与酒精的混合液，试验介质为氮气或氦气。

6.2.3 手动阀门试验步骤

6.2.3.1 低温阀门典型试验装置见图7。如图所示将阀门安装在试验容器里，并连接好所有接头，保证阀门填料压盖位于保温箱盖以上，且温度保持在0℃以上。

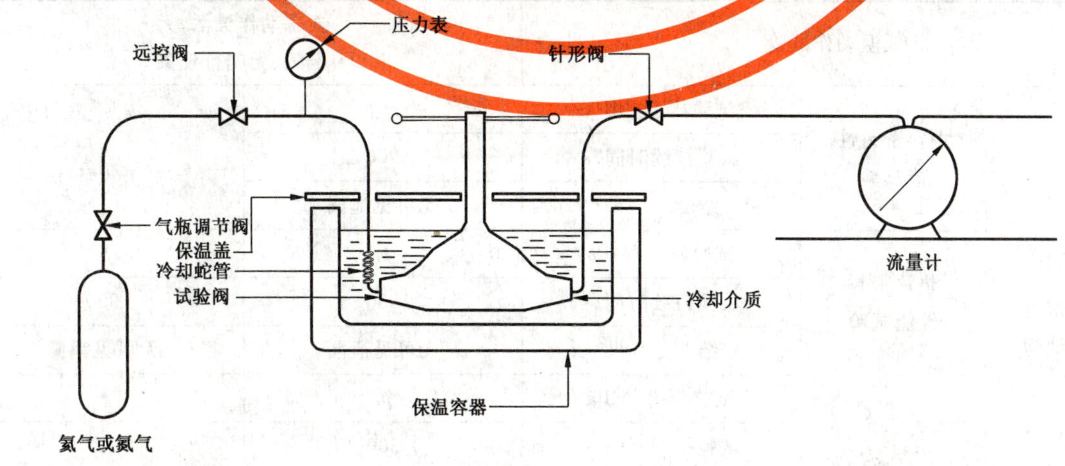

注：阀杆填料应在容器顶部平面上方。

图7 低温阀门典型试验装置

6.2.3.2　在常温及阀门公称压力下，使用氮气或空气做初始检测试验，确保阀门在合适的条件下进行试验。

6.2.3.3　将阀门浸入低温介质中，低温介质盖住阀体与阀盖连接部位上端，并使阀门冷却至阀门相应的低温试验温度。

6.2.3.4　在低温试验温度下，按下列步骤进行操作：

a）试验温度应跟阀门的设计最低温度相一致，浸泡阀门直到各处的温度稳定为止，用热电偶测量保证阀门各部位温度的均匀性；热电偶温度变化应在±5 ℃范围内；

b）在试验温度下，重复6.2.3.2的初始检测试验；在高压气体试验条件下，应注意气体试验的危险性。测试压力增量值按表2的规定；

表2　阀座密封试验最大允许测试值及测试压力增量值

公称压力 PN	阀座密封试验最大允许测试值 p_c MPa	测试压力增量值 MPa
16	1.6	0.4
20	2.0	0.5
25	2.5	0.5
40	4.0	1.0
50	5.0	1.25
150	15	3
160	16	4.0
250及以上	25	5.0
注1：高压气体试验时，应从较低压力开始试验，并按测试压力增量值逐渐增加压力，直到达到最大允许测试值。 注2：对低温仪表阀测试值按合同规定。		

c）在试验温度和阀门的公称压力下，开关阀门5次做低温操作性能试验，配有驱动装置的阀门按上述要求做操作循环试验；

d）在试验温度和阀门的公称压力下，按阀门的正常流向做阀门密封试验，对于双向密封的阀门应分别进行试验，用流量计测量泄漏量时，其泄漏率应符合表3的规定；

表3　低温性能的试验结果

<table>
<tr><td colspan="4">试　验　项　目</td><td>闸阀、截止阀、
球阀、蝶阀</td><td>止　回　阀</td></tr>
<tr><td colspan="4">低温动作试验</td><td colspan="2">要求动作灵活，无
卡阻、无爬行现象</td></tr>
<tr><td rowspan="10">低温密封
性能试验</td><td rowspan="3">填料密封性
能试验</td><td colspan="2">试验压力/MPa</td><td>p_c</td><td rowspan="3">—</td></tr>
<tr><td colspan="2">试验持续时间/s</td><td>900</td></tr>
<tr><td colspan="2">结　　果</td><td>无可见泄漏</td></tr>
<tr><td rowspan="3">垫片密封
性能试验</td><td colspan="2">试验压力/MPa</td><td>p_c</td><td>p_c</td></tr>
<tr><td colspan="2">试验持续时间/s</td><td>900</td><td>900</td></tr>
<tr><td colspan="2">结　　果</td><td>无可见泄漏</td><td>无可见泄漏</td></tr>
<tr><td rowspan="4">密封性能试验</td><td colspan="2">试验压力/MPa</td><td>p_c</td><td>p_c</td></tr>
<tr><td colspan="2">试验持续时间/s</td><td>300</td><td>300</td></tr>
<tr><td rowspan="2">泄漏率
mL/s</td><td>硬密封</td><td>0.1DN</td><td>0.2DN</td></tr>
<tr><td>软密封</td><td>无可见泄漏</td><td>无可见泄漏</td></tr>
</table>

e) 阀门处在半开启位置时，关闭阀门出口端的针形阀(见图7)，并向阀体加压至密封试验压力，保持15 min，检查阀门填料处、阀体和阀盖连接处的密封性。

6.2.3.5 低温性能的试验结果应符合表3的规定。

6.2.3.6 将阀门恢复到环境温度，重复6.2.3.2氮气或空气检验试验，测量并记录阀门的泄漏量、开关扭矩并将结果与6.2.3.2所得读数进行比较。

6.2.4 止回阀的试验步骤

6.2.4.1 低温阀门试验装置见图7。试验装置应能使气源和测量系统反向。如图所示将阀门安装在试验容器里，并连接好所有接头。

6.2.4.2 按6.2.3.2所述在止回阀正常流向上进行初始系统验证试验，然后再在反方向做密封试验。

6.2.4.3 继续按6.2.3.3的要求进行，在正常流向上应保持氦气的纯度。

6.2.4.4 在低温工况温度下，按下列步骤进行操作：

a) 在试验温度下，浸泡阀门直到各处的温度稳定为止，用热电偶测量保证阀门各处温度的均匀性；

b) 在试验温度下，重复6.2.4.2的初始验证试验3次；

c) 在逆向流的条件下做密封性能试验，直至达到阀门的最大使用压力为止。测试压力增量值按表2的规定；

d) 用流量计测量泄漏量时，其泄漏率应符合表3规定；

e) 关闭阀门出口端的针形阀(见图7)，并按正常流向向阀体加压至密封试验压力，保持15 min，检查阀体和阀盖连接处的密封性。

6.2.4.5 低温性能的试验结果应符合表3的规定。

6.2.4.6 将阀门恢复至环境温度，然后重复6.2.4.2所述的氮气或空气验证试验，测量并记录阀门的泄漏量，并将结果与6.2.4.2所得读数进行比较。

6.2.5 试验结束后，在干净无尘的环境下拆阀，检验拆卸的难易程度以及各零部件的磨损程度。

6.2.6 低温试验合格的阀门应进行清洁、干燥，阀门处于关闭状态。

7 检验规则

7.1 检验分类和检验项目

7.1.1 低温阀门的检验分为出厂检验和型式检验。

7.1.2 检验项目和技术要求按表4的规定。

表4 低温阀门检验项目及技术要求

检验项目		检验类别		技术要求
		出厂检验	型式检验	
连接尺寸		√	√	按5.2.1
承压部件材料	化学成分	√	√	按5.10.3
	机械性能	√	√	按5.10.3
	低温冲击试验	√	√	按5.10.4
常温性能试验		√	√	按6.1
低温性能试验		—	√	按6.2
阀体标志、铭牌		√	√	按8
涂漆、包装检查		√	√	按9

7.2 出厂检验

7.2.1 每台阀门应进行出厂检验，检验合格后方可出厂。

7.2.2 出厂检验项目按表4的规定。

7.2.3 出厂检验的技术要求按表4的规定。

7.3 型式试验

7.3.1 有下列情况之一时，应提供1～2台阀门进行型式试验，试验合格后方可成批生产：

a) 新产品试制定型鉴定；

b) 正式生产后，如结构、材料、工艺有较大改变可能影响产品性能时；

c) 产品长期停产后恢复生产时。

7.3.2 有下列情况之一时，应抽样进行型式试验：

a) 正常生产时，定期或积累一定产量后，应进行周期性检验；

b) 国家质量监督机构提出进行型式检验的要求时。

7.4 抽样方法

7.4.1 抽样可以在生产线的终端经检验合格的产品中随机抽取，也可以在产品成品库中随机抽取，或者从已供给用户但未使用并保持出厂状态的产品中随机抽取。每一规格供抽样的最少基数和抽样数按表5的规定。到用户抽样时，供抽样的最少基数不受限制，抽样数仍按表5的规定。对整个系列产品进行质量考核时，根据该系列范围大小情况从中抽取2～3个典型规格进行检验。

表5 抽样方案

公称尺寸 DN	供抽样的最少基数 台	抽样数 台
<50	10	3
50～200	5	2
250～350	3	1
≥400	1	1

7.4.2 合格判定

a) 每台阀门的抽样检验项目全部符合标准要求，该批产品全部合格；

b) 若被检阀门中有一台阀门的一项指标不符合本标准时，允许从该批中重新抽取相同数量的阀门进行检验，检验项目全部符合标准要求，则该批产品全部合格。若仍有一项不符合要求，则判定该批次为不合格品；

c) 若被检阀门中有两项以上(可以是一台阀门，也可以是两台阀门)指标不符合本标准的要求时，则判定该批次为不合格品。

8 标志

低温阀门的标志按GB/T 12220的规定，最低设计温度应标志在铭牌上。

9 装运及贮存

低温阀门装运和贮存应按JB/T 7928的规定。

附 录 A
（资料性附录）
低温阀门推荐选用材料表

A.1 低温阀门常用铸件材料见表 A.1。

表 A.1 低温阀门常用铸件材料

材料类别	材料牌号	最低使用温度/℃	材料标准
碳钢	LCA	−32	ASTM A352/A352M
	LCB	−46	
碳锰钢	LCC	−46	
碳钼钢	LC1	−59	
2.5%镍钢	LC2	−73	
镍铬钼钢	LC2-1	−73	
3.5%镍钢	LC3	−101	
4.5%镍钢	LC4	−115	
9%镍钢	LC9	−196	
13%铬镍钼钢	CA6NM	−73	
奥氏体不锈钢	ZG03Cr18Ni10	−196	GB/T 12230
	ZG08Cr18Ni9		
	ZG12Cr18Ni9		
	ZG08Cr18Ni9Ti		
	ZG12Cr18Ni9Ti		
	ZG08Cr18Ni12Mo2Ti		
	ZG12Cr18Ni12Mo2Ti		
	CF8C	−198	ASTM A351/A351M
	CF3	−254	
	CF3M		
	CF8		
	CF8M		

A.2 低温阀门常用锻件材料见表 A.2。

表 A.2 低温阀门常用锻件材料

<table>
<tr><th>材料类别</th><th>材料牌号</th><th>最低使用温度/℃</th><th>材料标准</th></tr>
<tr><td>碳钢</td><td>LF2</td><td>−46</td><td>ASTM A350/A350M</td></tr>
<tr><td>3.5%镍钢</td><td>LF3</td><td>−101</td><td>ASTM A350/A350M</td></tr>
<tr><td rowspan="12">奥氏体不锈钢</td><td>03Cr18Ni10</td><td rowspan="7">−196</td><td rowspan="7">GB/T 12230</td></tr>
<tr><td>08Cr18Ni9</td></tr>
<tr><td>12Cr18Ni9</td></tr>
<tr><td>08Cr18Ni9Ti</td></tr>
<tr><td>12Cr18Ni9Ti</td></tr>
<tr><td>08Cr18Ni12Mo2Ti</td></tr>
<tr><td>12Cr18Ni12Mo2Ti</td></tr>
<tr><td>F304</td><td>−254</td><td rowspan="5">ASTM A182/A182M</td></tr>
<tr><td>F316</td><td>−198</td></tr>
<tr><td>F304L</td><td>−254</td></tr>
<tr><td>F316L</td><td>−254</td></tr>
<tr><td>F347</td><td>−254</td></tr>
</table>

A.3 低温阀门常用密封材料见表 A.3。

表 A.3 低温阀门常用密封材料

<table>
<tr><th>温　度</th><th>≥−46 ℃</th><th>≥−101 ℃</th><th><−101 ℃</th></tr>
<tr><td rowspan="6">密　封　面</td><td colspan="3">F2201F(JBF22-45、SH、F221)</td></tr>
<tr><td colspan="3">(SJ-Co42、Co42、F221)</td></tr>
<tr><td colspan="3">F2202F(F22-42、Co-1)</td></tr>
<tr><td colspan="3">F2203F(F222、SH)(F222、F22-47)</td></tr>
<tr><td colspan="3">F2204F(StelliteNo6)</td></tr>
<tr><td colspan="3">F2205F (StelliteNo12)</td></tr>
<tr><td rowspan="3">填　料</td><td colspan="2">柔性石墨</td><td rowspan="3">柔性石墨</td></tr>
<tr><td colspan="2">聚四氟乙烯</td></tr>
<tr><td colspan="2">聚三氟氯乙烯</td></tr>
<tr><td rowspan="5">中法兰垫片</td><td colspan="3">纯铜</td></tr>
<tr><td colspan="3">纯铝</td></tr>
<tr><td colspan="2">不锈钢缠绕柔性石墨</td><td rowspan="3">不锈钢缠绕柔性石墨</td></tr>
<tr><td colspan="2">不锈钢缠绕聚三氟氯乙烯</td></tr>
<tr><td colspan="2">不锈钢缠绕聚四氟乙烯</td></tr>
</table>

A.4 低温阀门常用紧固件材料见表 A.4。

表 A.4 低温阀门常用紧固件材料

	材料类别	材料牌号	最低使用温度/℃	材料标准
螺栓或螺栓材料	铬钼钢	B7、B7M	－48	ASTM A193/193M
		L7、L7A、L7B、L7C	－101	ASTM A320/320M
	不锈钢	B8 C1.2、B8M C1.2、B8T C1.2、B8C C1.2	－198	ASTM A193/193M
		B8 C1.1、B8C C1.1	－254	
螺母材料	碳钢	2H、2HM	－48	ASTM A194/194M
	铬钼钢	7、7M	－101	
	不锈钢	8MA、8TA	－198	
		8、8CA	－254	
注：紧固件除不锈钢外的所有材料用于＜－46 ℃时，应按 ASTM A320 要求进行低温冲击试验。				

ICS 43.040.40
T 24

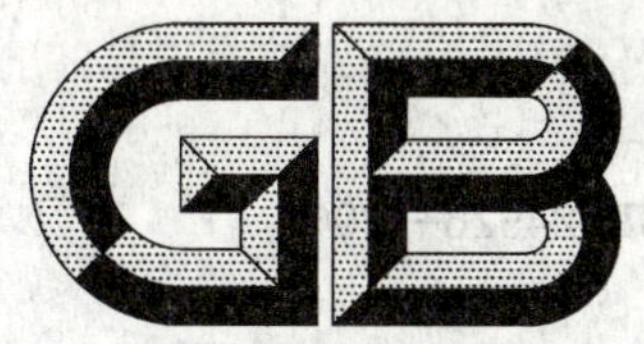

中华人民共和国国家标准

GB 24926—2010

全地形车制动性能要求及试验方法

Performance and measurement method for braking of all-terrain vehicles

2010-08-09 发布　　　　2011-01-01 实施

中华人民共和国国家质量监督检验检疫总局
中国国家标准化管理委员会　发布

前　言

本标准第4章、第5章、第6章、附录A和附录B为强制性的，其余为推荐性的。

本标准由全国四轮全地形车标准化技术委员会(SAC/TC 344)提出并归口。

本标准负责起草单位：国家摩托车质量监督检验中心(重庆)。

本标准参加起草单位：上海机动车检测中心、春风控股集团杭州摩托车制造有限公司、重庆建设摩托车股份有限公司、步阳集团有限公司、番禺华南摩托企业有限公司、重庆航天巴山摩托车制造有限公司。

本标准主要起草人：何大军、傅汉安、姜勇、丁建立、彭立林、沈昌群、骆建华、朱珠、王江东。

本标准过渡实施期为：对于新定型产品，自标准实施之日起施行；对于已定型的产品，自标准实施之日起12个月后施行。

全地形车制动性能要求及试验方法

1 范围

本标准规定了全地形车的制动性能要求及试验方法。

本标准适用于全地形车。

2 规范性引用文件

下列文件中的条款通过本标准的引用而成为本标准的条款。凡是注日期的引用文件，其随后所有的修改单(不包括勘误的内容)或修订版均不适用于本标准，然而，鼓励根据本标准达成协议的各方研究是否可使用这些文件的最新版本。凡是不注日期的引用文件，其最新版本适用于本标准。

GB/T 24936　全地形车　术语

3 术语和定义

GB/T 24936 确立的及下列术语和定义适用于本标准。

3.1

控制器　control

由驾驶员直接操作，用以向传能装置提供制动或控制所需能量的部件。该能量可以是驾驶员肌肉伸缩的能量或是来自驾驶员控制的其他能量，或者是这些能量的组合。

3.2

传能装置　transmission

控制器和制动器之间连接其功能的零部件组合。如果制动力并非由驾驶员产生，而是由驾驶员控制的能源产生或辅助，则该能量贮存装置也属于传能装置的一部分。

3.3

行车制动系统(主制动)　service brake system

用于行驶车辆减速的主要制动系统。

3.4

联动制动系统　combined brake system，CBS

由单一的控制器控制全部车轮的制动器的行车制动系统。

3.5

应急制动系统　secondary brake system

装配联合制动系统的车辆的第二个行车制动系统。

3.6

独立制动系统　single brake system

仅仅作用在一个轴上的一套制动系统。

3.7

多回路行车制动系统　split service brake system，SSBS

由液压制动组成的联动制动系统中，一个液压制动系统由两个或两个以上子系统组成，由一个单一控制信号控制。

3.8

防抱死制动系统　antilock brake system, ABS

一个能够判别车轮相对于地面的打滑程度，且能自动调整车轮的制动力，从而限制车轮相对于地面的打滑程度的系统。

3.9

脱开发动机　engine disconnected

发动机与驱动轮力传递链断开，不再传递力矩。

3.10

初始制动温度　initial brake temperature

制动开始实施前制动盘表面或制动鼓外侧表面的温度。

3.11

制动初速度　test speed

在开始实施制动力时车辆瞬时速度。

3.12

车轮抱死　wheel lock

发生滑移系数为100％的情况。

3.13

平均控制力　average control force

在制动过程中，车辆在制动初速度的80％～10％之间的控制力的平均值。

3.14

负载　load

车辆加载的载货为制造厂规定的车辆额定载货。

4　结构和功能要求

4.1　制动装备

4.1.1　总体要求

4.1.1.1　全地形车应设置满足性能要求的减速、停车和驻车的制动系统。

4.1.1.2　制动器摩擦片不应含有石棉。

4.1.1.3　经过适当的润滑和调整，制动系统的操作应灵活自如。

4.1.1.4　在不拆卸制动器的情况下，摩擦材料的厚度是可见的；或者摩擦材料不可见，但磨损量能够通过一个按照此目的而设计的装置来评估。

4.1.1.5　制动器的磨损应能通过手动或自动调整装置进行调整补偿，在制动器摩擦片磨损到需要更换的位置点之前，制动器应能调整到有效工作位置。

4.1.1.6　经正确调整后制动系统的零部件在工作中不应与无关零部件接触。

4.1.1.7　对于液压制动系统

4.1.1.7.1　在多回路行车制动系统中，当一个子液压制动系统出现渗漏时不应影响其他子制动系统的制动能力。

4.1.1.7.2　每一个制动回路应有一个储油器。储油器的最小储液容量为满足本制动回路中所有制动器的摩擦片从最新位置到磨损到极限位置调整所需液体容量的1.5倍。

4.1.1.7.3　在设计和制造储液器时，应考虑到便于检查其液面高度。

4.1.1.7.4　制动液不应对制动系统的相关零部件有腐蚀作用。

4.1.1.8 测试期间和测试完成后，摩擦材料不应和蹄块分离；若是液压制动器，制动液不应泄漏。

4.1.1.9 装配 ABS 系统的车辆应安装一个黄色的警示灯。车辆 ABS 系统发生影响制动功能的故障时，警示灯点亮。

4.1.1.10 功能检测时，点火开关启动，警示灯亮，检测完毕之后警示灯灭。当点火开关在“开”的位置发生故障时，警示灯点亮。

4.1.2 全地形车装备要求

4.1.2.1 全地形车沙滩车

4.1.2.1.1 全地形车沙滩车应具有独立操纵的前制动系统和独立操纵的后制动系统或能同时控制前、后制动器的联动制动系统或者上述两种制动系统兼有的行车制动系统。

4.1.2.1.2 独立操纵的前制动器系统的控制器应由位于右侧手把上的制动手柄进行操纵，当操纵前制动器手柄时，手不能离开手把。

4.1.2.1.3 独立操纵的后制动器系统应由位于右侧搁脚处的脚制动踏板进行操纵。没有离合器操纵杆的车辆可由位于左侧手把的左制动手柄进行操纵；当用制动手柄制动时，手不能离开手把。

4.1.2.1.4 联动制动系统的前、后制动器由右侧搁脚处的脚制动踏板进行操纵；或由位于右侧手把的右制动手柄进行操纵；当没有离合器操纵手柄时可由位于手把左侧的左制动手柄进行操纵或者两者兼有。当用手制动手柄制动时，手不能离开手把。

4.1.2.1.5 当采用联动制动系统时，全地形车应设有应急制动系统。该应急制动系统可是驻车制动系统，但应急制动系统的控制器和传能装置不应与行车制动的控制器和传能装置为同一装置。

4.1.2.2 多功能地形车和娱乐用场地车

4.1.2.2.1 多功能地形车和娱乐用场地车应装备有脚制动踏板操纵联动控制的行车制动系统。

4.1.2.2.2 多功能地形车和娱乐用场地车还应装备应急制动系统，应急制动系统可是驻车制动系统。

4.1.3 制动系统的功能

4.1.3.1 行车制动系统

不论车速高低、载荷大小、车辆上坡或下坡，行车制动系统须能控制车辆的行驶，并能使车辆安全、迅速、有效地停止；该制动操作应是渐进的；车辆的构造应能保证驾驶员在正常的驾驶位置方便地操作控制器，且双手不离开方向盘或方向把。

4.1.3.2 应急制动系统

在行车制动系统失效的情况下，使用应急制动系统采取应急制动，在适当的一段距离内使车辆停住；该制动操作应是渐进的；驾驶员应能在正常的驾驶位置至少一只手握住方向盘或方向把的情况下实现应急制动。

4.1.3.3 驻车制动系统

驻车制动应能通过纯机械装置把工作部件锁住，使车辆停在上坡或下坡的地方，即使驾驶员离开车辆亦如此。驾驶员应能在座位上实现该制动系统的操作。

5 制动系统试验及性能要求

5.1 试验条件

5.1.1 总体要求

5.1.1.1 行车制动系统（包括应急制动系统）的性能用制动距离和/或充分发出的平均减速度来判定。制动系统的性能指在规定的条件下通过测量相应初速度下的制动距离或充分发出的平均减速度来确定。

5.1.1.2 制动初速度应在试验规定速度的 ±2 km/h 内。在允差范围内，实际速度偏离指定速度的情况下，使用下面的公式对实际的制动距离进行修正，用修正距离来判定。

制动距离基本的运动方程：

$$S = 0.1V + X \times V^2$$

式中：

S——制动距离，单位为米(m)；

V——车辆速度，单位为千米每小时(km/h)；

X——每种试验的系数。

用实际的车辆速度来计算修正的制动距离：

$$S_s = 0.1V_s + (S_a - 0.1V_a) \times V_s^2 / V_a^2$$

式中：

S_s——修正的制动距离，单位为米(m)；

V_s——规定的车辆试验速度，单位为千米每小时(km/h)；

S_a——实际的制动距离，单位为米(m)；

V_a——实际的车辆试验初速度，单位为千米每小时(km/h)。

5.1.1.3 充分发出的平均减速度(d_m)通过下面公式进行计算：

$$d_m = \frac{V_b^2 - V_e^2}{25.92 \times (S_e - S_b)}$$

式中：

d_m——充分发出的平均减速度，单位为米每二次方秒(m/s^2)；

V_b——$0.8V_a$，单位为千米每小时(km/h)；

V_e——$0.1V_a$，单位为千米每小时(km/h)；

S_b——从 V_a 到 V_b 的距离，单位为米(m)；

S_e——从 V_a 到 V_e 的距离，单位为米(m)。

5.1.2 试验仪器设备

5.1.2.1 仪器能够持续记录控制力和车辆的减速度。

5.1.2.2 测量速度和距离的仪器准确度小于或等于1%。

5.1.2.3 测量制动力的设备应能记录制动力增长过程中的最大值及最大差值，仪器准确度小于或等于5%。

5.1.3 试验路面

5.1.3.1 动态的制动试验测试区域路面应清洁、干燥和表面水平，纵向坡度小于1%，横向坡度小于3%，路面的滑移附着系数不小于0.7。

5.1.3.2 试验通道宽度为2.5 m加车宽。

5.1.4 环境条件要求

5.1.4.1 环境温度为0 ℃～45 ℃。

5.1.4.2 风速不超过5 m/s。

5.1.5 车辆要求

5.1.5.1 试验期间，轮胎充气至生产厂规定的车辆在负载条件下的轮胎气压。

5.1.5.2 车辆应调整到正常的行驶状态。

5.1.5.3 全地形车的轮胎的磨损量不大于花纹深度的20%。

5.1.5.4 被试车辆应按制造厂要求的质量分配加载，载荷状态应符合各型试验的规定，并在试验报告中予以说明。

5.1.5.5 对于装有可拆卸式最高车速限制装置的车辆应将该装置拆除，对于装有可调节式最高车速限制装置的车辆应将最高车速限制装置调整到能使车辆达到最高车速的状态。

5.1.6 试验要求

5.1.6.1 驾驶员质量约为75 kg(含行李)。

5.1.6.2 驾驶员应坐在正常驾驶的位置上，并且整个试验期间应保持同一位置。

5.1.6.3 应按各型试验规定的方式和速度进行。

5.1.6.4 每次制动开始时车辆处于试验通道的中间，应在车轮不抱死、车辆不偏离试验通道和无异常振动的条件下测量制动性能。

5.1.6.5 试验期间作用在控制器上的力不应超过该类型试验车辆所规定的最大值。

5.1.6.6 对装有自动离合器的车辆，不论试验要求发动机离合器接合还是分离，离合器都处于自然的使用状态；但如果自动离合器车辆有一个空挡位置，对于脱开发动机的试验选择空挡位置。

5.1.6.7 除非另有规定，制动器在每次制动开始时的温度应在大于等于 55 ℃和小于等于 100 ℃的范围内。

5.1.6.8 制动器温度测量尽量在制动盘和制动鼓外表面的中心部位，使用摩擦热电偶接触制动盘和制动鼓的表面。

5.1.6.9 除非另有规定，试验初速度为：

——最高车速≤50 km/h：40 km/h 或 90% V_{max} 中取较低者；

——最高车速>50 km/h：60 km/h 或 90% V_{max} 中取较低者。

5.1.6.10 制动次数：除非另有规定，直到车辆制动性能满足要求，但最多 6 次。

5.1.6.11 试验应记录制动器的初始温度、制动时的初速度、平均控制力、制动距离、平均减速度等参数。

5.1.7 控制力施加点、方向及要求

5.1.7.1 对于手动控制柄，控制力(F)施加在制动手柄前端面，在制动手柄转动平面内，垂直于制动手柄转动支点与手柄最外端点之间的连接轴线(见图 1)。

施加力的作用点与制动手柄最外端点距离为 50 mm。距离测量时，沿着制动手柄支点与制动手柄最外端点的连接轴线进行测量。

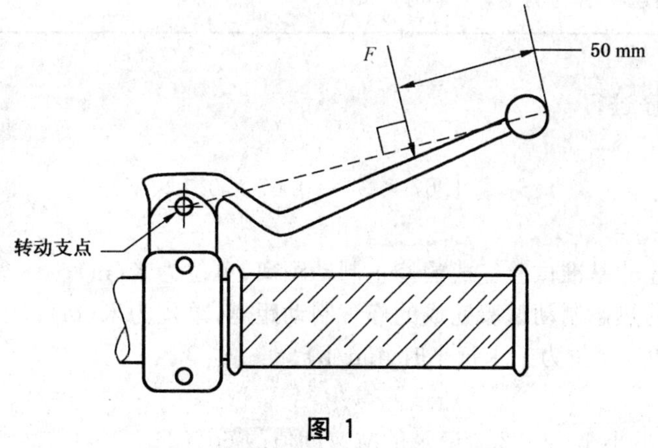

图 1

5.1.7.2 对于脚控制踏板，控制力以合适的角度施加在踏板的中心。

5.1.7.3 作用在行车控制器上的平均控制力：

——手控制力≤200 N；

——脚控制力≤500 N。

作用在驻车制动上的控制力：

——手控制力≤400 N；

——脚控制力≤500 N。

5.2 性能要求

5.2.1 行车制动

5.2.1.1 制动力

前轮制动力应不小于前轴荷的60%,后轮制动力应不小于后轮轴荷的55%。

5.2.1.2 制动力的平衡

5.2.1.2.1 不适用于在一整体轴上安装的左右轮。

5.2.1.2.2 行车制动力在同一轴上的左右轮之间要合理分配。

5.2.1.2.3 在制动力增长的全过程中同时测得的同一轴左右轮制动力差的最大值,与全过程中测得的该轴上左右轮上最大制动力中大者之比,对前轴不大于20%;对后轴(及其他轴)在制动力不大于该轴轴荷的60%时,不大于24%。当后轴(及其他轴)在制动力不小于该轴轴荷的60%时,在制动力增长的全过程中同时测得的左右轮制动力差的最大值,不应大于该轴轴荷的8%。

5.2.1.2.4 5.2.1.1和5.2.1.2的要求是生产过程中对制动性能的台架试验评估,在对制动性能出现质疑时,以路试的制动距离或制动减速度结果为准。

5.2.1.3 0型制动

行车制动按照相应的条件试验后,0型制动试验制动性能应满足表1的要求。

表1 0型制动试验性能要求

试验类型	制动距离 S/m	减速度 d_m/(m/s^2)
仅前制动系统	$S \leqslant 0.1V+V^2/115$	≥4.4
仅后制动系统	$S \leqslant 0.1V+V^2/75$	≥2.9
联动制动(CBS)	$S \leqslant 0.1V+V^2/130$	≥5.0
应急制动系统	$S \leqslant 0.1V+V^2/65$	≥2.5
结合发动机	$S \leqslant 0.1V+V^2/130$	≥5.0
注1:如因附着力所限,仅前制动或仅后制动不能达到规定限值时,可在负载情况下前、后制动同时制动,制动性能应满足联动制动的要求。 注2:V是规定的试验速度,单位为千米每小时(km/h)。		

5.2.1.4 热衰退试验

按照6.6的试验程序进行。

制动距离:

$$S_2 \leqslant 1.67 \times S_1 - 0.67 \times 0.1 \times V$$

式中:

S_1——6.6.2.3描述的基准试验完成的修正制动距离,单位为米(m);

S_2——6.6.3描述的热态制动试验完成的修正制动距离,单位为米(m);

V——指定试验速度,单位为千米每小时(km/h)。

或:

制动减速度(d_m)应不小于6.6.2.3记录的减速度值的60%。

5.2.2 应急制动

应急制动按照相应的条件试验后,制动性能应满足表1的要求。

5.2.3 驻车制动

在车辆朝上和朝下的情况下,驻车制动系统都能够使车辆在18%的坡道上保持稳定。

6 试验方法[1)]

6.1 试验顺序

试验按以下的试验顺序进行:

1) 出口美国及相应国家的全地形车的制动性能及试验方法参见附录C。

——制动器磨合；
——制动力的试验；
——脱开发动机的干式制动试验(0 型试验)；
——结合发动机的干式制动试验(0 型试验)；
——热衰退试验(Ⅰ型试验)；
——驻车制动系统试验。

6.2 制动器磨合

6.2.1 车辆在制动性能评估之前需要进行磨合。

注：磨合程序可由生产厂完成。

6.2.2 车辆在整备质量状态。

6.2.3 脱开发动机。

6.2.4 磨合初速度为 50 km/h 或 80% V_{max} 的较低者；结束速度为 5 km/h～10 km/h。

6.2.5 每个控制器单独执行。

6.2.6 车辆减速度为 3.0 m/s^2～3.5 m/s^2；减速度不能达到 3.0 m/s^2～3.5 m/s^2 的，按车辆所能达到的最大减速度进行。

6.2.7 每个制动系统进行 100 次。

6.2.8 每次制动前的制动器的初始温度≤100 ℃。

6.3 制动力的试验

6.3.1 试验条件

6.3.1.1 车辆在整备质量状态。

6.3.1.2 其余条件按照 5.1。

6.3.2 试验程序

6.3.2.1 测量驾驶员按正常骑行或驾驶姿势坐在全地形车上时全地形车前后轮的载荷或前后轴的轴荷。

6.3.2.2 将全地形车移到制动力测试台上，车辆的纵向中心平面与滚筒轴线垂直，固定全地形车防止在测试过程中移动；驾驶员按正常骑行或驾驶姿势坐在全地形车上。

6.3.2.3 有空挡的全地形车应挂空挡。

6.3.2.4 同一轴上的左右轮分别测试和同时测试。

6.3.2.5 启动滚筒 2 s 后，使用制动，加到要求的最大控制力，测量制动力增长全过程中的左右轮制动力差和各轮制动力的最大值。

在测量制动力时，为了获得足够的附着力，允许在全地形车上增加足够的附加质量或附加相当于附加质量的作用力(附加质量或作用力不计入轴荷)。

在测量制动时，可采取防止全地形车移动的措施(例如加三角垫块或采取牵引等方法)。当采取上述方法之后，仍出现车轮抱死并在滚筒上打滑或整车随滚筒向后移出的现象，而制动力仍未达到合格要求时，应改用本标准中规定的路试方法检测。

6.3.2.6 在平板制动力试验台上进行制动力试验时，驾驶员将全地形车对正平板制动检验台，以 5 km/h～10 km/h 的速度(或制动检验台制造厂家推荐的速度)行驶，置变速器于空挡(自动变速的机动车可置变速器于高挡)，急踩制动，使机动车停止，测量 5.2.1.1 和 5.2.1.2 所要求的参数值。

6.3.2.7 各轮的制动力测量 3 次，取 3 次测量中的最大值作为各轮的制动力最大值；3 次测量左右轮制动力的最大差值的平均值作为左右轮制动力的最大差值。

6.4 脱开发动机的干式制动试验(0 型试验)

6.4.1 试验条件

6.4.1.1 车辆条件为负载。

6.4.1.2 按照5.1的试验条件。

6.4.2 试验程序

6.4.2.1 每一个行车制动系统的控制器单独执行(包括联动制动和应急制动)。

6.4.2.2 每次试验前确认制动器温度,最热的制动器温度应在5.1规定的范围内。

6.4.2.3 沿着试验通道中心线,按照正常的挡位逐步加速车辆至比试验车速高5 km/h,停止加速,脱开发动机;当车速降至试验车速时,迅速实施制动。直到车辆完全停止时结束一次制动。

6.4.2.4 按照6.4.2.2和6.4.2.3重复上述试验,直到制动性能满足要求为止,但最多不超过6次。

6.5 结合发动机的干式制动试验(0型试验)

6.5.1 试验条件

6.5.1.1 车辆条件为整备质量状态。

6.5.1.2 按照5.1的试验条件。

6.5.2 试验程序

6.5.2.1 装配两个行车制动系统的车辆,则两个控制器同时执行。

6.5.2.2 本试验不适用于车速不大于50 km/h的车辆。

6.5.2.3 试验车速在30%、55%、80%的最高车速下分别进行。

6.5.2.4 每次试验前确认制动器温度,最热的制动器温度应在5.1规定的范围内。

6.5.2.5 沿着试验通道,按照正常的挡位加速车辆至最高挡位,车辆车速比试验车速高5 km/h,停止加速;当车速降至试验车速时,迅速实施制动。当车速降至最低稳定车速时,脱开发动机,直到车辆完全停止时结束一次制动。

6.5.2.6 按照6.5.2.4和6.5.2.5重复上述试验,直到制动性能满足要求为止,但最多不超过6次。

6.6 热衰退试验(Ⅰ型试验)

6.6.1 试验条件和程序

6.6.1.1 本试验不适用于驻车制动和应急制动系统。

6.6.1.2 本试验不适用于最高车速不大于50km/h的车辆。

6.6.1.3 所有的制动在车辆负载的情况下进行。

6.6.1.4 脱开发动机。

6.6.1.5 按照5.1的试验条件。

6.6.2 试验程序

6.6.2.1 试验包含如下三部分,对每一个制动系统要连续执行:

a) 基准试验:基于干式制动试验;

b) 加热试验:一系列重复的制动,以加热制动器;

c) 热态制动:加热试验程序后,基于干式制动试验。

6.6.2.2 加热试验要求安装在车辆上的仪器能够连续记录制动控制力和车辆减速度。基准试验和热态制动要求测量减速度或制动距离。加热试验不需要测量减速度和制动距离。

6.6.2.3 基准试验

按照6.4的要求和程序进行一次制动试验。

6.6.2.4 加热试验

6.6.2.4.1 第一次加热制动的初始制动器温度≤100 ℃。

6.6.2.4.2 试验速度:

——仅单前制动系统:100 km/h或70% V_{max},二者取较低者;

——仅单后制动系统:80 km/h或70% V_{max},二者取较低者;

——联动制动系统:100 km/h或70% V_{max},二者取较低者。

6.6.2.4.3 每个行车制动系统分别实施制动。

6.6.2.4.4 制动控制力：在加热试验程序中第一次制动时，使平均减速度为 3.0 m/s^2～3.5 m/s^2 范围内，在指定速度 80%～10%之间的平均制动控制力。

6.6.2.4.5 如果车辆达不到规定的 3.0 m/s^2～3.5 m/s^2 范围内的减速度，则按车辆所能达到的最大减速度要求进行。

6.6.2.4.6 如果车辆装有手动变速器或可手动脱开变速箱的自动变速器，在每次制动停车过程中应使用能够得到试验初速度的最高挡位进行试验。当车速降到试验初速度的 50%时，应脱开发动机。

6.6.2.4.7 使用第一次制动试验时的恒定平均制动控制力连续进行 10 次相同的制动，当制动时车辆的速度降到 5 km/h～10 km/h 时，可视为此次磨合制动结束。立即使用最大的加速度使车辆达到指定速度，并且一直保持到下一次制动，两次制动的距离间隔为 1 km。

6.6.3 热态制动

当制动系统已经按照 6.6.2.4 的规定完成了加热试验程序后，应在 1 min 内在 6.6.2.3 的条件下执行一次制动，并且控制力不大于 6.6.2.3 试验中使用的控制力。

6.7 驻车制动系统试验

6.7.1 试验要求

6.7.1.1 车辆条件为负载。

6.7.1.2 脱开发动机。

6.7.1.3 初始制动器温度≤100 ℃。

6.7.1.4 试验路面坡度：18%。

6.7.1.5 制动控制力：

——手控制力≤400 N；

——脚控制力≤500 N。

6.7.1.6 按照 5.1 的试验条件。

6.7.2 试验程序

6.7.2.1 将车辆车头朝上，沿坡道方向，通过制动系统实施制动，停放在斜坡表面。如果车辆保持稳定，开始测试持续时间。

6.7.2.2 完成车辆车头沿斜坡朝上的试验后，再将车辆车头朝下，重复相同的试验程序。

6.8 装有 ABS 制动系统的全地形车制动性能试验

试验方法见附录 A。

附　录　A
（规范性附录）
装有ABS制动系统的全地形车制动性能试验

A.1　总则

A.1.1　本附录的目的是限定安装在全地形车上带有防抱死装置的制动系统的最低性能。

本附录并非强制车辆安装防抱死装置，但如果在车辆上安装了这种装置，那么该装置就应满足以下要求。

A.1.2　目前这种装置通常由一个或多个传感器、一个或多个控制器和一个或多个调制器组成。如果这种装置的性能至少达到本附录所规定的内容，那么任何不同设计的这种装置均被认为是本附录所指的防抱死装置。

A.2　定义

A.2.1　“防抱死装置”是行车制动系统的一个部件，在制动过程中它可以自动控制车辆一个或多个车轮在旋转方向上的打滑程度。

A.2.2　“传感器”指识别并传递车轮旋转状况或车辆动态状况的部件。

A.2.3　“ABS控制器”指用来分析由传感器传来的数据并将信号传递给调制器的部件。

A.2.4　“调制器”指根据从ABS控制器接受的信号改变制动力的部件。

A.3　系统的特性

A.3.1　每个受控车轮应能至少使其自身的装置进入工作状态。

A.3.2　当装置的电源和/或电子控制器外电路出现断路时，应通过光学报警信号显示给驾驶员，该信号应在白天可见，而且应使驾驶员便于检查其工作是否正常。

A.3.3　在防抱死装置失效的情况下，满载车辆的制动性能不应低于5.2.1.3规定的值。

A.3.4　该装置的工作不应受到电磁场的干扰。

A.3.5　在任何制动停车过程中，当全部施加制动作用力时，防抱死装置应保持其性能。

A.4　附着力利用率

A.4.1　总则

A.4.1.1　装有防抱死装置制动系统的全地形车应满足附着力利用率 $\varepsilon \geqslant 0.70$（这里附着力利用率 ε 见附录B中的定义）。

A.4.1.2　应在附着系数不大于0.45和不小于0.8的两种路面上测定附着力利用率 ε。

A.4.1.3　试验应在空载车辆上进行。

A.4.1.4　确定附着系数（K）的试验方法和附着力利用率（ε）的计算公式应按附录B中的规定。

A.5　附加检查

应对空载车辆进行下列附加检查。

A.5.1　以80% V_{max} 但不超过80 km/h的车速在A.4.1.2所规定的两种路面上行驶，当突然在控制器施加满控制力时，由防抱死装置控制的车轮不应抱死。

A.5.2　当在控制器上施加满控制力，从A.4.1.2所述的高附着力路面通过低附着力路面时，由防抱死装置控制的车轮不应抱死。行驶速度和施加制动的时刻应这样确定：防抱死装置整个工作循环发生在高附着力路面上，当车辆从一种路面通过另一种路面时，车辆速度为 50% V_{max} 但不超过 50 km/h。

A.5.3 当在控制器上施加满控制力，从 A.4.1.2 所述的低附着力路面通过高附着力路面时，车辆的减速度应在恰当的时间内达到适当高的值，且车辆不能偏离初始行驶路线。行驶速度和施加制动的时刻应这样确定：防抱死装置整个工作循环发生在低附着力路面上，当车辆从一种路面通过另一种路面时，车辆速度为 $0.5V_{max}$ 但不超过 50 km/h。

A.5.4 两套独立的制动装置装有一套防抱死装置时，应同时使用这两套制动装置进行 A.5.1～A.5.3 规定的试验，在各次试验中车辆应保持稳定。

A.5.5 在上述 A.5.1～A.5.4 规定的试验中，在车辆的稳定性没有受到不利影响的情况下，允许有时车轮抱死或极度打滑，当车速低于 10 km/h 时允许车轮抱死。

附　录　B
（规范性附录）
附着系数（K）和附着力利用率（ε）的确定

B.1　附着系数（K）的确定

B.1.1　附着系数应在车辆脱开防抱死装置、两轮同时制动且无抱死的情况下由最大制动速率来确定。

B.1.2　应在初速度为 60 km/h（当车辆不能达到 60 km/h 时，取 90% V_{max}）且车辆保持空载（必要的测试仪器和安全装置除外）的条件下进行制动试验。试验期间控制力保持恒定。

B.1.3　为了确定车辆的最大制动速率，可通过改变前轮和后轮的制动力进行一系列试验来找到车轮恰好抱死之前的临界点。

B.1.4　制动速率（Z）由下式确定：

$$Z=\frac{0.56}{t}$$

式中：

t——车速由 40 km/h 降到 20 km/h 时所测定的时间，单位为秒（s）。

如果车速达不到 50 km/h，应以车速从 80% V_{max} 降到（80% V_{max}－20）时所测定的时间来确定制动速率，其中 V_{max} 是以千米每小时（km/h）为单位的实测最大车速。

Z 的最大值即为 K。

B.2　附着力利用率（ε）的确定

B.2.1　附着力利用率定义为防抱死装置工作状态下的最大制动速率（Z_{max}）与它在脱开状态下的最大制动速率（Z_m）的比值。如果每个车轮都装有防抱死装置，每个车轮都应进行试验。

B.2.2　Z_{max} 为按照 B.1.4 的要求进行 3 次试验所测得时间的平均值。

B.2.3　附着力利用率（ε）由下式确定：

$$\varepsilon=\frac{Z_{max}}{Z_m}$$

附 录 C
（资料性附录）
出口美国的全地形车制动性能

C.1 总则

C.1.1 制定本附录的目的是为生产单位和检测机构在生产或测试出口美国的全地形车产品的制动性能时提供一个参考的试验方法。

C.1.2 本附录适用于出口美国的全地形车。

C.2 要求

本标准中的5.2和附录A的内容不适用于本附录，其他内容适用于本附录。

C.3 试验

C.3.1 行车制动系统制动性能要求及试验方法

C.3.1.1 试验条件

C.3.1.1.1 受试车的质量应符合以下要求：

如果全地形车的额定载质量不小于97.5 kg，受试车的质量应为整车整备质量加上97.5 kg（包括驾驶员和仪器质量）。如果在座位或载物区固定有附加物，则所加质量中将包括这部分质量。如果全地形车的额定载质量小于97.5 kg，受试车的质量应为整车整备质量加上车辆额定载质量（包括驾驶员和仪器质量），如果在座位或载物区固定有附加物，则所加质量中将包括这部分质量。

C.3.1.1.2 轮胎压力应为制造商建议的适合试验时车重的轮胎气压。

C.3.1.1.3 发动机怠速和点火正时应按照制造商建议调整。

C.3.1.1.4 环境温度应在0 ℃～38 ℃之间。

C.3.1.1.5 试验表面应是干净、干燥、平整并且水平的水泥或类似路面。

C.3.1.1.6 对于装有可拆卸式最高速限制装置的车辆应将装置拆除，对于装有可调节式最高速限制装置的车辆应将最高速限制装置调整到能使车辆达到最高车速。

C.3.1.2 试验程序

C.3.1.2.1 先测试全地形车的最高车速能力。以此来决定制动试验测试速度（V）。制动试验测试速度应为8 km/h的倍数，且比全地形车的测定最高车速能力低6 km/h～13 km/h。

C.3.1.2.2 应按制造厂推荐的磨合次数对前、后制动器进行磨合。方法：以制动试验测试速度或48 km/h中的较低者为制动初速行驶，当达到制动初速度时实施制动。制动应前、后制动同时进行，并且制动减速度应在1.96 m/s^2～4.90 m/s^2（0.2g～0.5g）之间。停车后立即加油门使车辆达到规定速度再次制动。磨合完成后，按制造厂提供的使用说明书所规定的方法调整制动器。

C.3.1.2.3 以制动试验测试速度或48 km/h中的较低速行驶，过程中进行6次制动，制动应前、后制动同时进行，并且制动减速度在1.96 m/s^2～4.90 m/s^2（0.2g～0.5g）之间。

C.3.1.2.4 以制动试验测试速度行驶过程中进行4次制动，制动应前、后制动同时进行。在主制动器开始制动时测量车速。为精确测量制动起始点，应使用适当的记号和测量工具。测量车辆的制动停止距离S。除Y类全地形车外，应用在手操纵制动器触发制动的力应不小于22 N，且不大于245 N；应用在脚操纵制动器触发制动的力应不小于44 N，且不大于400 N。

对于Y类全地形车，应用在手操纵制动器触发制动的力应不小于22 N，且不大于133 N；应用在脚操纵制动器触发制动的力应不小于44 N，且不大于222 N。

对于除Y类外其他全地形车，施加在制动器手柄上的起始力作用点应距离制动器手柄尾端30 mm。对于Y类全地形车，施加在制动器手柄上的起始力作用点应距离制动器手柄尾端25 mm。作用在手操纵制动器手柄上的作用力的方向应垂直于手把，并和手柄旋转构成的平面处于同一平面。作用在脚操纵制动器踏板上的力作用点应在脚与踏板接触面的中心，作用力的方向应垂直于踏板，并和踏板旋转构成的平面处于同一平面。

C.3.1.3 性能要求

C.3.1.3.1 最高非限制车速不大于29 km/h的全地形车在按C.3.1.2进行4次制动测试时，应能至少做一次符合公式(C.1)要求的制动距离。

$$S \leqslant V/5.28 \qquad \cdots\cdots(\text{C.1})$$

式中：

S——制动停止距离，单位为米(m)；

V——制动测试速度，单位为千米每小时(km/h)。

C.3.1.3.2 最高非限制车速不小于29 km/h的全地形车在按C.3.1.2进行4次制动测试时，应能至少做一次平均制动减速度不小于5.88 m/s^2 要求的制动。

平均制动减速度计算公式：

$$a = \frac{V^2}{25.92 \times S} \qquad \cdots\cdots(\text{C.2})$$

式中：

a——平均制动减速度，单位为米每二次方秒(m/s^2)；

S——制动停止距离，单位为米(m)；

V——制动测试速度，单位为千米每小时(km/h)。

C.3.2 驻车制动器/制动机构性能要求及试验方法

C.3.2.1 试验条件

C.3.2.1.1 全地形车测试质量应为整车整备质量加上乘载质量(包括驾驶员和仪器质量)，以及任何被固定在车座位或货物区(如果车辆装备有)的附加物质量。

C.3.2.1.2 轮胎压力应为制造商建议的适合测试时车重的轮胎气压。

C.3.2.1.3 试验表面应是干净、干燥、平整并且水平的水泥或类似路面，附着系数不小于0.7。

C.3.2.2 试验程序

C.3.2.2.1 如果主制动器与驻车制动器合一，按C.3.1.2.2的规定磨合主制动器。

C.3.2.2.2 磨合完成后，按制造商提供的用户手册所规定的方法调整制动器。

C.3.2.2.3 将全地形车面向下坡方向，全地形车的纵轴方向与坡度方向一致，放置在测试表面并制动主制动器。将传动系置于空挡，并制动驻车制动机构，解除主制动。将全地形车面向上坡方向重复该测试。

C.3.2.3 性能要求

当根据C.3.2.2要求进行试验时，驻车制动机构应有能力使全地形车驻停在坡度为30%的试验表面，制动轮轮胎应无任何移动，试验持续5 min，面向上坡和下坡各进行一次。

ICS 43.040.60
T 26

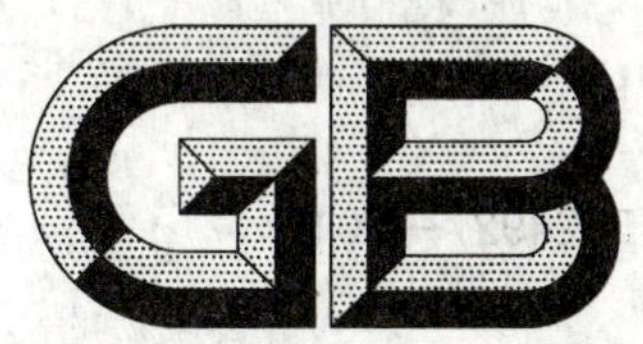

中华人民共和国国家标准

GB 24927—2010

全地形车安全带及其安装固定点要求

Safety-belt and safety-belt anchorages for all-terrain vehicles

2010-08-09 发布　　2011-01-01 实施

中华人民共和国国家质量监督检验检疫总局
中国国家标准化管理委员会　发布

前　　言

本标准的第4章(除4.3.3.7外)为强制性的,其余均为推荐性的。

本标准的附录A和附录B为规范性附录。

本标准由全国四轮全地形车标准化技术委员会(SAC/TC 344)提出并归口。

本标准负责起草单位:上海机动车检测中心。

本标准参加起草单位:番禺华南摩托企业有限公司、江苏林海动力机械集团公司、重庆航天巴山摩托车制造有限公司、中国汽车技术研究中心、国家摩托车质量监督检验中心(重庆)、隆鑫工业有限公司。

本标准主要起草人:钱春雷、赵丽娜、骆建华、何谆、朱珠、欧阳涛、李连、黄琼、冯本贞。

全地形车安全带及其安装固定点要求

1 范围

本标准规定了全地形车安全带安装固定点位置、强度的要求和相应试验方法。

本标准适用于全地形车各种前向乘座式座椅成年乘员用安全带安装固定点。

2 规范性引用文件

下列文件中的条款通过本标准的引用而成为本标准的条款。凡是注日期的引用文件,其随后所有的修改单(不包括勘误的内容)或修订版均不适用于本标准,然而,鼓励根据本标准达成协议的各方研究是否可使用这些文件的最新版本。凡是不注日期的引用文件,其最新版本适用于本标准。

GB 11551—2003 乘用车正面碰撞的乘员保护(ECE R94:1995,NEQ)

GB 11552—1999 轿车内部凸出物(eqv 74/60/EEC 及修正案)

3 术语和定义

下列术语和定义适用于本标准。

3.1

安全带 safety-belt

总成包括织带、带扣、调节件以及将其固定在车内的附件,还可能有吸能或卷收织带装置。车辆骤然减速或撞车时,能限制佩戴者身体的运动,减轻其受伤害程度。

3.2

腰带 lap belt

横跨佩戴者盆骨部位前方的安全带。

3.3

肩带 diagonal belt

从臀部斜挎前胸至另一侧前部的安全带。

3.4

三点式安全带 three-point belt

一条腰带和一条肩带的组合。

3.5

全背带式安全带 harness belt age

一条腰带和多条肩带的组合。

3.6

安全带固定点 safety-belt anchorages

车身、座椅或车辆其他构件上用于安装、固定安全带总成的结构件。

3.7

安全带有效固定点 effective belt anchorage

用于确定 4.3 规定的安全带各部分相对于使用者角度的点;将织带系于该点即可获得设计预期的安全带佩带状态。它可以是也可以不是安全带实际固定点,主要取决于与固定点相连接的安全带金属接头的形状。如:

——如果安全带用刚性构件与下固定点连接,对在座椅(不论是固定式还是自由旋转式)可调节范围内的任何位置，安全带有效固定点都是织带与刚性构件的连接点；

——如果车身或座椅构架上设有织带的导向件，则应以织带朝向使用者一侧的导向件的中点作为安全带的有效固定点；

——如果安全带越过使用者后直通卷收器而不带导向件，则应以卷轴与通过织带中心线的卷收平面的交点作为安全带有效固定点。

3.8

座椅 seat

可供一个成年人乘坐、带完整装饰的装置。可与车身框架一体，也可独立。可以是单独的，也可以是长条座椅的供一人乘坐的部分。

3.9

长条座椅 bench seat

可供两个（或两个以上）成年人乘坐的，带完整装饰的座椅。

3.10

折叠式座椅 tip-up seat

备用的座椅。不用时处于折叠状态。

3.11

调节装置 adjustment system

调节座椅或座椅各部件的相对位置以改变乘员坐姿的装置，能使座椅：

——前后移动；

——上下移动；

——调整靠背的倾斜角度。

3.12

位移装置 displacement system

移动或转动座椅或其一部分，以方便乘员进入后排座位的装置。

3.13

锁止装置 locking system

保持靠背与椅座和/或座椅与车辆处某一相对位置不变的机构。

4 要求

4.1 一般要求

4.1.1 固定点应能安装一般型式的各种安全带。如果只适用于某些特殊型式的安全带，应在检测报告中说明。

除车辆已经装有其他型式的带卷收器的安全带外，前排外侧座椅的安全带扣座应适合于装具卷收器和导向件的安全带（特别在强度上）。

4.1.2 正确佩戴时应无安全带滑脱的可能。

4.1.3 织带不可因接触车辆或座椅构架上的凸出零件而受到损伤。

4.1.4 如果固定点能为方便乘员进入车辆后排座位而改变位置，本标准所提要求仅适用于处有效约束位置时的固定点。

4.2 安全带固定点的最少数量

4.2.1 前排座椅应有两个下安全带固定点和一个上安全带固定点。前排中间座椅，挡风玻璃位于GB 11552—1999中附录A所定义的基准区以外时，可只设两个下固定点；如果位于基准区内，则要求有三个下固定点，此时挡风玻璃被认为是基准区的一部分。

4.2.2 外侧座椅必须有两个下固定点和一个上固定点。

4.2.3 除折叠式座椅外，各种前向式座椅至少有两个下固定点。

4.2.4 如果为折叠式座椅安装了安全带固定点，则这些固定点应符合 4.2 的规定。

4.3 安全带固定点的位置和强度

4.3.1 总则

4.3.1.1 安全带的固定点可设在车架、座椅等部件的结构件上，亦可分设于两个部件。

4.3.1.2 一个固定点可同时扣两个安全带端头。这时仍应符合只扣系一个端头时的要求。

4.3.2 安全带的下有效固定点的位置（见附录 A 的图 A.1）

4.3.2.1 在任何正常使用位置上，座椅的 α_1 和 α_2 都应在 30°～80°范围内。

4.3.2.2 后排长条座椅以及带调节装置的座椅，当靠背角小于 20°时（见附录 A 的图 A.1），α_1 和 α_2 可低于 4.3.2.1 规定的下限（30°），但在任何正常使用位置均不应小于 20°。

4.3.2.3 分别通过同一安全带的两个下固定点扣座 L_1、L_2，且平行于车辆纵向中心平面的两个平面之间的距离不小于 350 mm。座椅的纵向中心平面应在 L_1 和 L_2 点之间，且与 L_1、L_2 点之间的距离不小于 120 mm。

4.3.3 安全带的上有效固定点的位置（见附录 A 的图 A.2）

4.3.3.1 因采用织带导向件或类似装置而改变安全带的上有效固定点的位置时，应根据织带纵向中心线通过 J_1 点时固定点的位置来确定有效固定点的位置。从 R 点开始，经下述三个步骤确定 J_1 点：

RZ：从 R 点向上沿躯干线截取长 530 mm 的线段，终点 Z；

ZX：从 Z 点沿垂直于汽车纵向中心面的直线，向固定点方向截取长 120 mm 的线段，终点 X；

XJ_1：从 X 点沿由 RZ 和 ZX 所确定的平面的垂直线，向前截取长 60 mm 的线段，终点 J_1。

J_2 点与 J_1 点对称于通过安放在座椅上的人体模型的躯干线的纵向铅垂面。

4.3.3.2 安全带的上有效固定点应位于垂直于座椅纵向中心面并与躯干线成 65°角的 FN 平面的下方。后排座椅安全带的上有效固定点，此夹角可小至 60°。FN 平面与躯干线相交于 D 点，此时须保证 $DR=315\ \text{mm}+1.8S$，但当 S 小于等于 200 mm 时，$DR=675$ mm。

4.3.3.3 安全带上有效固定点应在垂直于座椅纵向中心面并与躯干线成 120°角且与躯干线相交于 B 点的 FK 平面的后方。此时应使 $BR=260\ \text{mm}+S$。仅当 S 大于等于 280 mm 时，才允许制造商选用 $BR=260\ \text{mm}+0.8S$。

4.3.3.4 S 值不得小于 140 mm。

4.3.3.5 安全带的上有效固定点应位于通过 R 点并垂直于车辆纵向中心平面的铅垂平面的后面，如附录 A 的图 A.1 及图 A.2 所示。

4.3.3.6 安全带的上有效固定点应在通过 A.1.3 所规定的 C 点的水平面的上方。

4.3.3.7 除 4.3.3.1 所述的上固定点外，还可设置满足下述三项条件之一的附加上有效固定点：

a) 附加固定点符合 4.3.3.1～4.3.3.6 各项的要求；

b) 无需借助工具即能使用附加固定点，该固定点符合 4.3.3.5 和 4.3.3.6 的要求，并处于附录 A 的图 A.1 所示沿铅垂方向自 FN 平面上下 80 mm 区域内；

c) 符合 4.3.3.6 规定要求的全背带式安全带的固定点位于通过躯干线的横向平面的后面，并处于下述位置：

——如果是单个附加固定点，固定点位于通过 4.3.3.1 所定义的 J_1 或 J_2 点的两铅垂面的夹角内，铅垂面间区域的水平截面见本标准附录 A 的图 A.2 的阴影部分；

——如果是两个附加固定点，固定点可位于同一个通过 J_1 或 J_2 点的两个铅垂面的夹角内，两个固定点对称于 A.1.5 所定义的 P 平面，且之间距离不大于 50 mm。

4.3.4 安全带固定点的强度

4.3.4.1 所有的安全带固定点应能经受 5.3 和 5.4 规定的试验。在规定的时间内，持续按规定加载，允许固定点或周围区域有永久变形，部分断裂或发生裂纹。试验期间，下有效固定点的最小间隔应满足

4.3.2.3的要求，上有效固定点扣座应满足4.3.3.6和4.3.3.7的要求。

4.3.4.2 卸载后，所有座位上的乘员手动操作位移装置和锁止装置即可撤离车辆。

4.3.4.3 固定点的螺纹孔应为7/16″(20UNF2B)。

4.3.4.4 如果随车提供安全带，这些固定点只需符合本标准的其他规定，而无需满足4.3.4.3提出的要求。此外，4.3.4.3的要求还不适用于4.3.3.7c)所述的附加固定点。

4.3.4.5 拆卸安全带时，应不会损坏安全带固定点。

5 试验方法

5.1 总则

5.1.1 在满足5.2规定的前提下，可接受制造商的要求，允许：

——试验既可以在车身框架上进行，亦可在整车上进行；

——可以装门、窗，亦可不装；门、窗可以关闭，亦可打开；

——允许保留增强车辆结构的正常装备。

5.1.2 座椅应放置在对强度最不利的驾驶或使用位置。应在检验报告中予以说明座椅的位置。如果靠背的倾斜角可调，应调至制造商指定的位置；如果靠背倾斜角不可调，应该设计为25°。

5.2 车辆的固定

5.2.1 试验时，所有固定车辆的方法均不应加强固定点或其周围部分，同时亦不应减弱构架的正常变形。

5.2.2 所有固定车辆的装置应在被测固定点前方500 mm外，或者后方300 mm外，且不应影响固定车身框架结构。

5.2.3 允许将车身框架固定于接近车轮轴线或悬架连接点的支承物上。

5.3 试验条件

5.3.1 同时试验同一组座椅的所有安全带固定点。

5.3.2 沿平行于车辆纵向中心平面并与水平线成向上10°±5°的方向施加载荷。

5.3.3 以尽可能快的速度加载至规定值，并至少持续0.2 s。

5.3.4 用于试验的人体模块见5.4和附录B。

5.3.5 安全带上固定点的试验条件应满足以下要求。

5.3.5.1 对前排外侧座椅，安全带固定点应进行5.4.1规定的试验。试验时利用配有卷收器或上部织带导向件的模拟三点式安全带，将载荷传递至三个固定点。如果固定点的数量比4.2所规定的多，这些固定点应按5.4.5规定的试验。试验时用模拟安全带加载。

5.3.5.1.1 如果安全带外侧下固定点未装卷收器，或者卷收器装在安全带上固定点，其下固定点也需进行5.4.3规定的试验。

5.3.5.1.2 如果制造商要求，上述5.4.1和5.4.3规定的试验可分别在不同的车身框架上进行。

5.3.5.2 对后排外侧座椅和中间座椅，安全带固定点应进行5.4.2和5.4.3规定的试验。前者用模拟无卷收器三点式安全带加载，后者用模拟腰带对两个下固定点加载。若制造商要求，两项试验可以分别在不同的车身框架上进行。

5.3.5.3 如果有随车安全带，可按制造商要求用车辆上的安全带试验。

5.3.6 如果中间座椅无安全带上固定点，下固定点应进行5.4.3规定的试验，用模拟腰带将载荷传递至固定点。

5.3.7 如果按车辆设计安全带通过导向件与固定点(包括4.2规定范围外的扣座)连接，安全带应进行5.4规定的试验。此时用原设计装置将安全带或安全模拟带扣系在安全带固定点上。

5.3.8 允许采用可证明与上述试验方法等效的试验方法。

5.4 试验方法

5.4.1 上固定点装有导向件或织带导向环(带卷收器)的三点式安全带的试验

5.4.1.1 在安全带上固定点装用于传递试验载荷的绳索或织带的导向件、导向环(可以由制造商提供)。

5.4.1.2 用模拟织带对上人体模块(见附录B的图B.2)施加6 750 N±200 N试验载荷。

5.4.1.3 与此同时,对下人体模块(见附录B的图B.1)施加6 750 N±200 N试验载荷。

5.4.2 无卷收器或卷收器装于上固定点的三点式安全带的试验

5.4.2.1 对连接安全带上、下固定点的上人体模块(见附录B的图B.2)施加6 750 N±200 N试验载荷。

5.4.2.2 与此同时,对下人体模块(见附录B的图B.1)施加6 750 N±200 N试验载荷。

5.4.3 两点式安全带(腰带)固定点的试验

对连接腰带的下人体模块(见附录B的图B.1)施加11 100 N±200 N试验载荷。

5.4.4 设在座椅骨架上或分设于座椅骨架和车身框架上的安全带固定点

在进行5.4.1、5.4.2和5.4.3规定的试验时,同时在座椅质心位置施加一个相当于10倍座椅总成质量的力。

5.4.5 其他类型安全带固定点的试验

5.4.5.1 利用模拟织带的装置,对连接固定点上的上人体模块(见附录B的图B.2)施加6 750 N±200 N试验载荷。

5.4.5.2 与此同时,对连接下固定点的下人体模块(见附录B的图B.3)施加6 750 N±200 N试验载荷。

附 录 A
（规范性附录）
有效固定点的位置

A.1 定义

A.1.1 H 点为基准点，按 GB 11551—2003 中附录 C 规定的程序确定。H' 点为按座椅各个正常使用位置确定的，对应于 H 点的参考点。R 点为座椅基准点。

A.1.2 L_1 和 L_2 点为安全带下有效固定点。

A.1.3 C 点在 R 点上方 450 mm 处。如果 S(定义见 A.1.5)不小于 280 mm，且按制造商要求选用 4.3.3.3 规定的换算公式 $BR=260\ \text{mm}+0.8S$，则 C 和 R 之间的距离应为 500 mm。

A.1.4 α_1 为通过 R、L_1 点的垂直于车辆纵向中心面的平面与水平面之间的夹角。α_2 为通过 R、L_2 点的垂直于车辆纵向中心面的平面与水平面之间的夹角。

A.1.5 S 为安全带上有效固定点至平行于车辆纵向中心平面的基准平面 P 的距离(mm)，P 平面的位置规定如下：

a) 如果乘坐位置是由座椅形状决定的，P 平面即为座椅的中心平面。

b) 在不能确定乘坐位置的情况下：驾驶员座椅的 P 平面为通过方向盘中心(如果是可调式方向盘，取正中位置)且平行于汽车纵向中心面的铅垂平面。前排外侧乘员座椅，P 平面应为与驾驶员座椅的 P 平面对称的平面。后排外侧乘员座椅，P 平面与车辆纵向平面之间的距离为 A。A 由制造商按下述条件认定：

——$A>200$ mm(仅供 2 人乘坐的长条座椅)；

——$A>300$ mm(供 2 人以上乘坐的长条座椅)。

A.2 位置

见图 A.1 和图 A.2。

单位为毫米

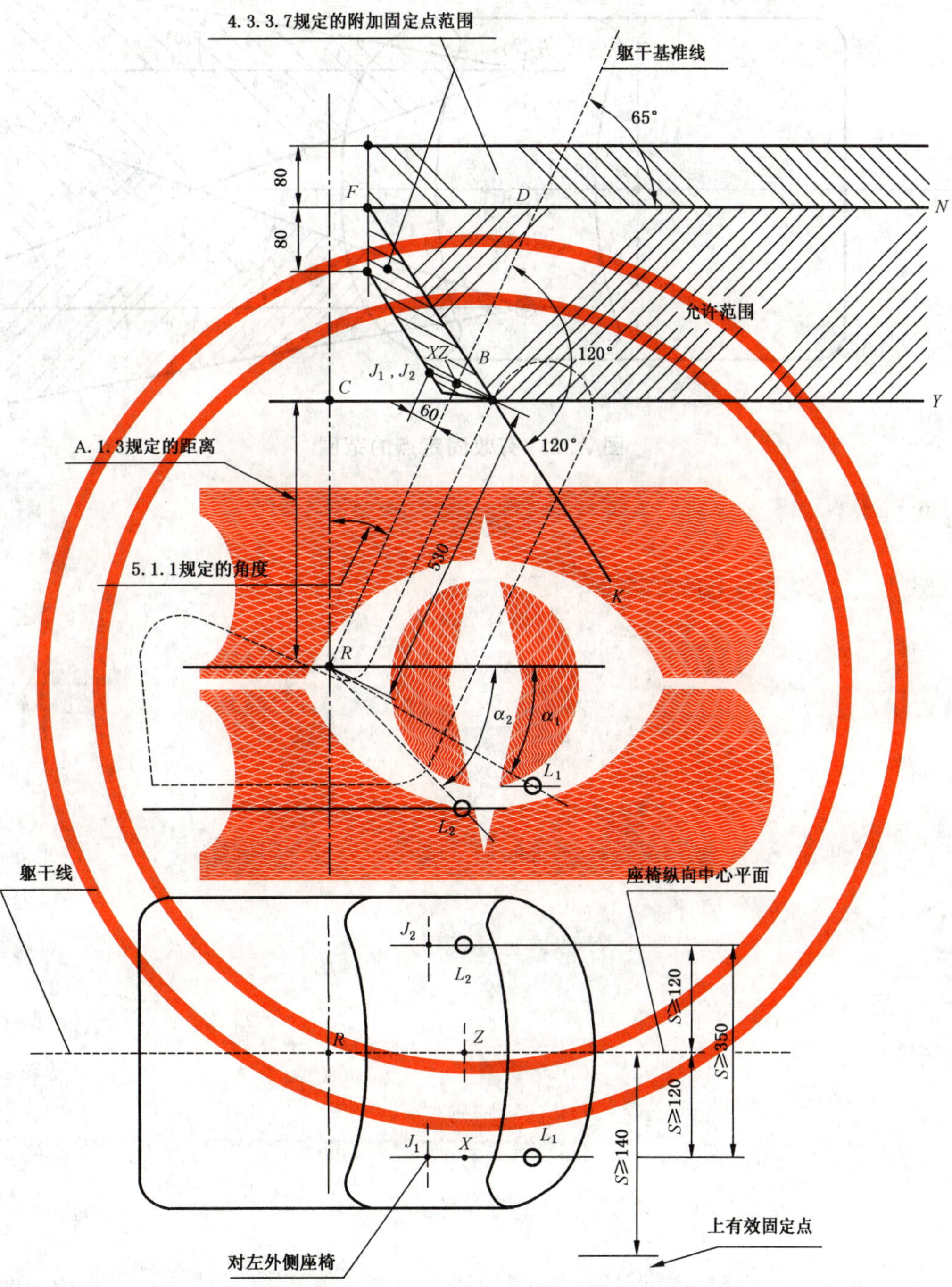

图 A.1 有效固定点的范围

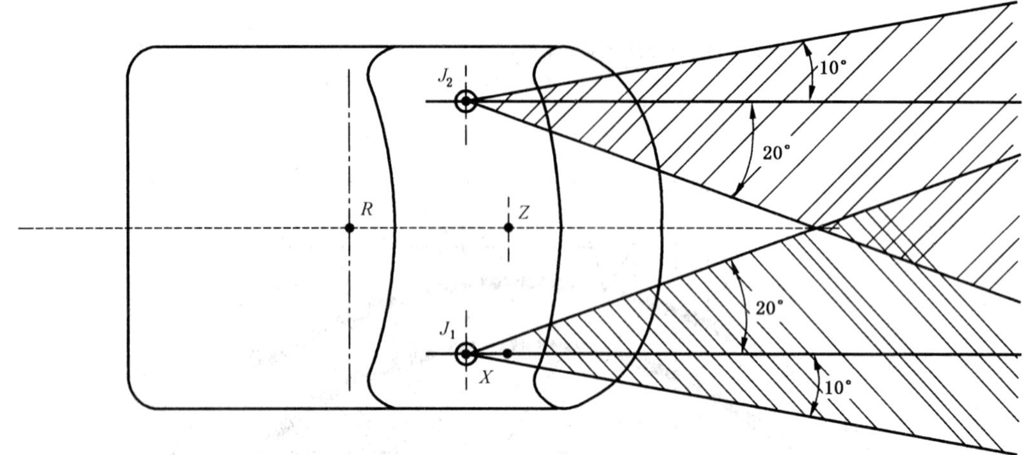

图 A.2　有效固定点的范围

附　录　B
（规范性附录）
人体模块示意图

单位为毫米

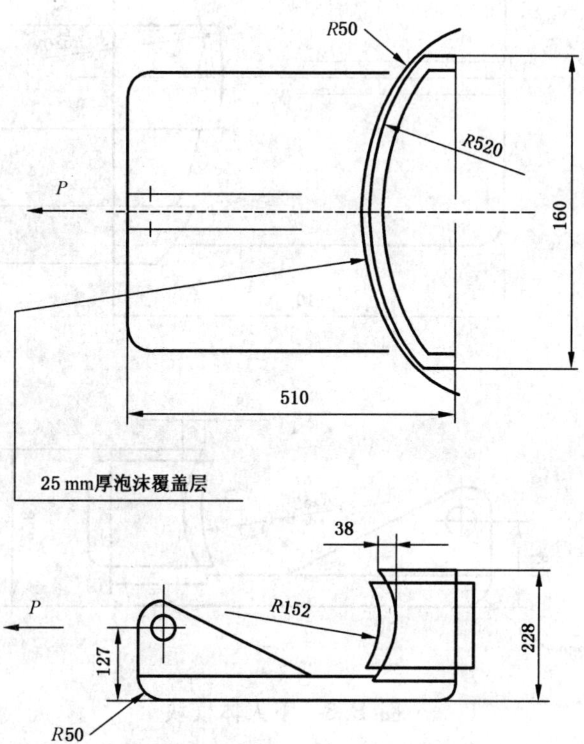

图 B.1　下人体模块

单位为毫米

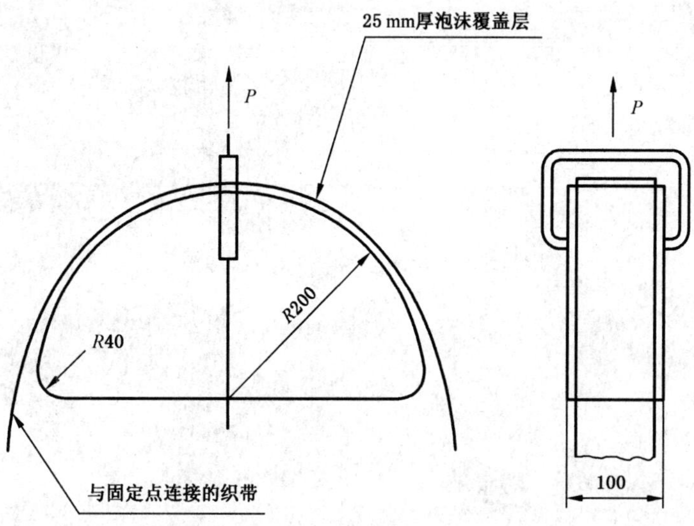

图 B.2　上人体模块

单位为毫米

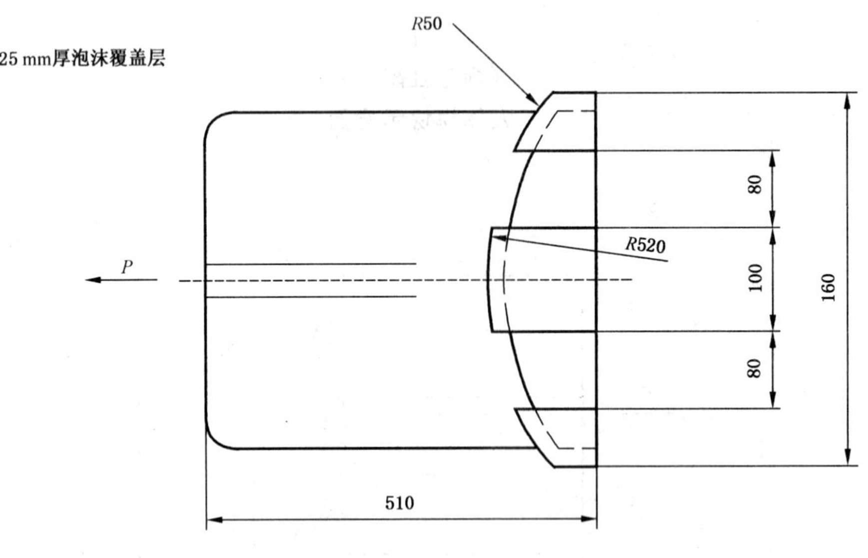

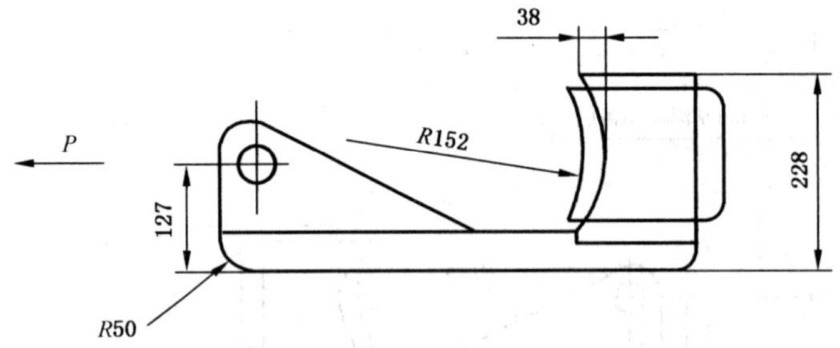

图 B.3 下人体模块